AF330149

HISTOIRE

NATURELLE

DES POISSONS.

STRASBOURG, IMPRIMERIE DE F. G. LEVRAULT,
IMPRIMEUR DU ROI.

HISTOIRE

NATURELLE

DES POISSONS,

PAR

M. LE B.^{ON} CUVIER,

Grand-Officier de la Légion d'honneur, Conseiller d'État et au Conseil royal de l'Instruction publique, l'un des quarante de l'Académie française, Secrétaire perpétuel de celle des Sciences, membre des Sociétés et Académies royales de Londres, de Berlin, de Pétersbourg, de Stockholm, de Turin, de Gœttingue, de Munich, etc.;

ET PAR

M. VALENCIENNES,

Aide-Naturaliste au Muséum d'Histoire naturelle

TOME PREMIER.

A PARIS,

Chez F. G. LEVRAULT, rue de la Harpe, n.° 81;

STRASBOURG, même maison, rue des Juifs, n.° 33;

BRUXELLES, Librairie parisienne, rue de la Magdeleine, n.° 438.

1828.

AVERTISSEMENT.

—

Les détails où nous sommes entrés dans le premier livre de cet ouvrage, sur l'état où nous avons pris l'ichtyologie, et sur les moyens qui ont été à notre disposition pour l'enrichir, nous dispensent de nous étendre sur ce sujet dans une préface. Nous nous bornerons donc à prévenir que notre ouvrage étant en grande partie rédigé, les livraisons s'en succéderont avec exactitude, et que toutes les précautions ont été prises pour que l'exécution des planches et l'impression du texte ne souffrent aucun retard.

Il est aussi de notre devoir de dire ici que les deux premiers volumes étaient déjà imprimés, lorsque nous avons reçu l'ouvrage de M. Carus *sur les parties essentielles de l'appareil osseux et coquillier*[1], où se trouve une théorie générale du squelette et surtout de la vertèbre, assez différente de celles de ses prédécesseurs, et une application de cette théorie à la composition de la tête des poissons, dont nous aurions dû rendre compte dans notre premier livre, si cet ouvrage intéressant nous était arrivé à temps ; mais nous retrouverons d'autres occasions d'en parler, lorsque nous donnerons des monographies anatomiques des poissons des familles qui suivront celle des perches.

C'est aussi depuis l'impression de ces deux volumes que nous avons reçu les premières livraisons du bel ouvrage de Mme Bowdich *sur les poissons d'eau douce de l'Angleterre.* Les excellentes figures

---

1. *Ueber die Ur-Theile des Knochen- und Schalengerüstes;* Leipzig, 1828, in-folio.

dont il est rempli, nous fourniront dans nos volumes suivans de nombreuses et utiles citations.

Nous aurons soin d'indiquer de même par la suite les ouvrages d'ichtyologie qui viendront à paraître, de manière à compléter, autant qu'il sera en nous, le tableau abrégé que nous donnons aujourd'hui de l'histoire de cette science.

TABLE

DU PREMIER VOLUME.

LIVRE PREMIER.

Pages.

CHAPITRE IV.

CHAPITRE V.

Pages.

CHAPITRE VI.

CHAPITRE VII.

CHAPITRE VIII.

CHAPITRE IX.

CHAPITRE X.

HISTOIRE

NATURELLE

DES POISSONS.

LIVRE PREMIER.

Tableau historique des progrès de l'Ich-tyologie, depuis son origine jusqu'à nos jours.

L'HISTOIRE NATURELLE est une science de faits, et le nombre des faits qu'elle embrasse est tellement considérable, qu'aucun homme ne pourrait recueillir ni constater par lui-même la totalité de ceux qui forment une seule de ses branches : elle ne peut donc être étudiée avec fruit qu'en consultant tous les auteurs qui s'en sont occupés, et en comparant leurs témoignages entre eux et avec la nature; mais pour consulter des écrivains avec fruit, pour pouvoir apprécier le degré de confiance dû à chacun d'eux, pour distinguer même ce qu'ils rapportent d'après leurs propres observations, de ce qu'ils ont puisé dans les écrits de leurs prédécesseurs, il est nécessaire de connaître les circonstances sous l'empire desquelles ils ont travaillé, l'époque où ils ont vécu, l'état où ils ont trouvé la science, les facilités que leur procuraient soit leur position personnelle, soit les secours de leurs amis et de leurs protecteurs, ou la coopération de leurs élèves. Ces détails, disposés dans l'ordre des temps et dans l'enchaînement selon lequel ils se lient, constituent l'histoire de la science, base nécessaire de tout ouvrage dans lequel on voudra en présenter l'ensemble; base sans laquelle il serait surtout impossible de faire comprendre les discussions sur ce que l'on nomme la synonymie, ou la concordance des noms des espèces, qui elle-même est indispensable pour recueillir sans confusion et sans erreurs ce que l'on sait de leurs propriétés.

C'est ce qui nous a déterminé à commencer cet ouvrage par une histoire de l'ichtyologie.

Nous essayerons d'y suivre les connaissances que les hommes ont eues dans les différens âges sur les poissons; d'y faire connaître les auteurs qui ont traité de cette partie de l'histoire naturelle; les moyens dont ils ont disposé pour s'en instruire; les progrès que chacun d'eux lui a fait faire; l'influence mutuelle de leurs travaux, et l'utilité que leurs ouvrages conservent encore.

Nous reconnaissons dans les progrès de l'ichtyologie trois époques principales. Elle ne se compose d'abord, pendant bien des siècles, comme toutes les branches de l'histoire de la nature, que d'observations partielles. Aristote, trois cent cinquante ans avant notre ère, commence à en faire un corps de doctrine, mais faible encore, et ne reposant que sur des aperçus et des règles à peine vérifiées, destitué surtout de moyens sûrs de faire distinguer les espèces. Pendant plus de dix-huit cents ans ceux qui écrivent sur l'histoire naturelle se bornent presque à copier Aristote, ou à le commenter : mais, au milieu du seizième siècle, Rondelet, Belon et Salvien, reviennent à la véritable observation ; et, en rectifiant et étendant ce qu'Aristote avait dit, ils donnent à l'ichtyologie une base positive par des descriptions et des figures d'un certain nombre d'espèces bien déterminées ; à la fin du dix-septième, Willughby et son ami Jean Ray essaient les premiers de distribuer ces espèces d'après une méthode fondée sur des caractères distinctifs tirés de leur organisation ; enfin, au milieu du dix-huitième, Artedi et Linnæus complètent cette entreprise, en établissant des genres bien définis, en y plaçant

des espèces certaines et caractérisées avec net-
teté. Depuis lors l'ichtyologie marche sans obsta-
cle vers la perfection, et s'en approche d'autant
plus rapidement, que chacun des naturalistes
qui s'en occupent y met plus d'ardeur et plus
de cette sagacité qui sait distinguer le vrai et le
présenter d'une manière sensible pour les bons
esprits.

C'est de ces progrès que nous allons exposer
l'histoire, autant que les monumens qui subsistent nous en laisseront découvrir les traces.

La connaissance des poissons, née de l'habitude de s'en nourrir, a dû être l'une des premières qu'acquirent les hommes ; car il n'est
point d'aliment que la nature leur offre en plus
grande abondance et dont ils puissent s'emparer
avec moins de peine : aussi voyons-nous que les
peuples les plus sauvages, et ceux qui sont re-
légués sur les plages les plus stériles, sont ceux
qui vivent le plus entièrement de poisson.

Les Groënlandais, les Esquimaux, les Kamt-
schadales, sont ichtyophages, comme les habitans des rochers des Maldives, et comme ceux
des côtes arides et sablonneuses du Mékran ;
c'est la nature même qui les contraint à ce genre
de vie : elle ne leur fournit point d'autres ressources.

En Islande la monnaie courante consiste en poissons séchés ; certaines peuplades, faute de végétation, nourrissent de poissons jusqu'à leurs bestiaux.

Dès la plus haute antiquité, la mer des Indes a nourri des ichtyophages sur une partie de ses bords. Hérodote en place déjà près de la mer Rouge[1], et Néarque entre l'Inde et la Perse.[2]

La facilité avec laquelle ils se procurent leurs alimens, et leur pauvreté sous tous les autres rapports, ont concouru dans tous les temps à retenir les ichtyophages aux degrés les moins élevés de la civilisation. Agatharchide, dans Photius, les peint comme les plus grossiers des humains, étrangers à tous les sentimens moraux[3]. Leur industrie se réduisait à piler et à sécher la chair des poissons pour en faire leur provision d'hiver.[4]

C'est probablement pour détourner les hommes qu'ils cherchaient à civiliser d'un genre de vie si contraire à l'agriculture et si peu favorable au développement de l'intelligence, que les prêtres d'Égypte avaient inspiré à leur peuple de l'horreur pour la mer, qu'ils avaient proscrit le poisson, et que leur caste continua

---

1. *Thalia*, c. 19 et 20. — 2. Strab., l. XV, c. 11. — 3. *Photius*, *ex Agath.*, c. 12, p. m. 1343. — 4. *Idem, ibid.*, et Strab., *loc. cit.*

de s'en abstenir[1], alors même qu'ils ne purent
plus empêcher de s'en nourrir une nation à
laquelle un grand fleuve, ses nombreux canaux, et les lacs dans lesquels il s'épanche, en
offraient une quantité si prodigieuse.

Ce qui est certain, c'est que, malgré la dé-
fense faite aux prêtres de manger du poisson,
le commun des Égyptiens se livra ardemment
à la pêche; ils mangèrent des poissons crus, ou
séchés au soleil, ou salés[2]; quelques cantons
n'avaient pas d'autre nourriture[3]; et si les
prêtres n'en mangèrent pas, il n'est pas moins
vrai qu'ils en connurent assez bien les espèces.

Les monumens construits sous leur direction
en offrent en plusieurs endroits des images fort
fidèles.

Nous pouvons citer principalement le tableau
d'une grande pêche, copié par M. Caillaud dans
une des grottes sépulcrales de Thèbes, et où l'on
distingue aisément par leurs caractères les figures de plus de dix espèces[4]; telles que chromis,
varioles, mormyres, ou silures de différentes
sortes. Le grand ouvrage sur l'Égypte en montre également plusieurs, et particulièrement des

---

1. Il ne leur est pas permis (aux prêtres) de manger du poisson.
Herod., *Euterp.*, c. 37.

2. Herod., *Euterp.*, c. 77. — 3. *Idem*, 92. — 4. Caillaud,
Voyage à Méroë, t. II, pl. 75.

muges et des mormyres, dessinés et coloriés d'une façon très-reconnaissable.[1]

On embaumait aussi un certain nombre de ces espèces. Nous avons vu entre autres plusieurs cyprins de l'espèce du binny dans la collection de M. Passalaqua.

Cet usage tenait probablement au culte que l'on avait voué à certains poissons.

Strabon nous assure que l'oxyrinque et le lépidote étaient révérés dans toute l'Égypte.[2]

L'oxyrinque l'était particulièrement dans le nôme et dans la ville qui portaient son nom, et même cette ville lui avait érigé un temple.[3]

A Latopolis on honorait le latos[4]; à Éléphantine le méote[5]; à Syène le phagre ou phagrorius[6]. Ce dernier était probablement aussi un objet de culte dans le Nôme phagroriopolitain, l'un de ceux de la basse Égypte.[7]

Ceux qui croient devoir chercher des explications à ces cultes bizarres, les dérivent, soit de quelque propriété naturelle, soit du rôle que l'on avait fait jouer à ces poissons dans la mythologie nationale.

---

1. Description de l'Égypte, *Antiquités*, t. II, pl. 87. — 2. Strab., l. XVII, c. 1, p. m. 223. — 3. *Idem, ibid.*, et Æl., l. X, c. 46. — 4. Strab., *ibid.* — 5. Æl., l. X, c. 19. — 6. Æl., *ibid.* Clément d'Alexandrie répète la même chose. *Admon. ad gent.*, p. m. 25. — 7. Strab., l. XVII, c. 1, p. m. 205.

Ainsi Ælien croit que les honneurs rendus au phagre venaient de ce que son arrivée annonçait le prochain débordement du Nil[1]; mais qu'on révérait l'oxyrinque, parce qu'on le croyait né des plaies d'Osiris[2]. Plutarque, au contraire, prétend que le phagre, l'oxyrinque et le lépidote étaient en horreur aux Égyptiens parce qu'ils avaient dévoré les parties génitales d'Osiris lorsque Typhon eut jeté ses membres dans le Nil.[3]

Ces interprétations contradictoires, et peut-être également hasardées, de pratiques puériles, n'importent guère à nos recherches; mais nous pouvons conclure de ces pratiques mêmes qu'il y avait déjà dans ce pays des observations suivies sur les poissons et sur leurs espèces, ne fût-ce que pour distinguer ce qu'il était permis de manger et ce que l'on devait rendre au fleuve incontinent après l'avoir pris. Nous devons croire encore que l'habitude de voir les espèces sacrées, que sans doute l'on élevait dans les temples comme les autres animaux dédiés aux dieux, et celle de les ouvrir après leur mort pour les embaumer, faisaient prendre aux hommes chargés de ces fonctions une connaissance plus

---

1. Æl., l. X, c. 19. — 2. *Idem*, l. X, c. 46. — 3. *De Isid. et Osirid*.

particulière de leur conformation et de leurs mœurs.

La pêche eut beaucoup moins d'importance pour les Juifs qui n'habitaient point aux bords de la mer, et dont le pays n'avait qu'un fleuve médiocre et deux petits lacs d'eau douce, la mer morte étant trop salée pour nourrir des poissons, et toutefois Moïse, au moins par précaution, leur avait prescrit quelques règles dans l'usage de cette nourriture : il leur défendait tous les poissons sans nageoires ou sans écailles[1], ce qui se rapportait sans doute, d'une part, aux silures, et de l'autre, aux différens reptiles aquatiques, auxquels on attribuait apparemment quelque qualité malfaisante.

C'étaient les Phéniciens, habitans de la côte, qui portaient aux Juifs des poissons[2]. Cependant on ne trouve pas dans les anciens de témoignage bien positif qui annonce que les Phéniciens aient fait la pêche en grand dans la haute antiquité. Il n'est question ni de poissons ni de salaisons dans la description poétique qu'Ézéchiel fait de leur commerce[3] ; mais il est bien difficile qu'un peuple navigateur n'ait pas été

---

1. Lévitique, ch. XI, v. 9 — 12. Les Juifs appliquent assez mal à propos cette règle à l'anguille, qui n'est nullement dépourvue d'écailles.

2. Néhém., ch. VIII, v. 16. — 3. Ézéch., ch. XXVII.

un peuple pêcheur, et si les grands établissemens de pêche et de salaison, qui fleurissaient
dans le temps des Romains sur les côtes d'Espagne, ne devaient pas aux Phéniciens leur
première origine, au moins furent-ils créés
par les Carthaginois; car on voit souvent le
thon et d'autres poissons figurer sur les mé-
dailles puniques de Cadix et de Carteia. Le
nom de la ville de *Malaga* vient même, selon
Bochart, du mot hébreu et phénicien *Malach,*
qui signifie *saler.*[1]

Mais quelles qu'aient pu être les connaissances de ces peuples, elles ne concourent à
l'ensemble de nos doctrines d'aujourd'hui
qu'autant qu'il en serait passé quelque chose
dans les ouvrages des Grecs ou des Latins.

C'est chez les Grecs que nous trouvons les
premières bases de l'ichtyologie, ainsi que de
toutes les autres sciences.

A la vérité on a prétendu qu'ils n'avaient
pas fait d'abord un grand cas des poissons
comme aliment. On n'en sert jamais aux héros
d'Homère, et même Ulysse racontant que ses
compagnons, pressés par la faim, avaient pris
des poissons, quelques commentateurs ont cru
voir une excuse dans ces paroles :

1. Bochart, *Phaleg. in oper.*, III, 167.

"Ἑταιρε γὰρ γαϛέρα λιμὸς. [1]

(Car la faim nous pressait l'estomac.)

paroles que Ménélas emploie aussi dans une circonstance semblable [2], mais qui ne prouvent nullement, ni que les poissons fussent méprisés, ni que l'art de la pêche fût inconnu. Le fait même que les compagnons d'Ulysse et de Ménélas avaient apporté des hameçons avec eux (γναμπ٦οῖς ἀγκίϛροισιν), prouverait le contraire : aussi Platon [3] et Athénée [4] attribuent-ils cette abstinence du poisson de la part de ces guerriers à la crainte de s'énerver par des mets trop délicieux.

D'ailleurs Homère parle en plusieurs endroits de la pêche au hameçon et de la pêche au filet. Il compare les amans de Pénélope expirans aux poissons qui palpitent en tas sur le rivage, où les pêcheurs viennent de vider leurs rets [5]. Lorsque Scylla entraîne dans son gouffre six des compagnons d'Ulysse, il les peint tels que le petit poisson auquel le pêcheur vient de tendre un appât suspendu à une longue verge. [6]

Hésiode place sur le bouclier d'Hercule un pêcheur attentif, prêt à jeter ses filets sur des poissons que poursuit un dauphin. [7]

---

1. *Odyss.*, l. XII, v. 332. — 2. *Idem*, l. IV, v. 369. — 3. *De republ.*, l. III. — 4. *Deipn.*, l. I, p. 25. — 5. *Odyss.*, l. XXII, v. 384. — 6. *Idem*, l. XII, v. 251. — 7. Hes. *Scut. Hercul.*, v. 212.

Comment, en effet, une pareille ignorance ou une pareille prévention, si jamais elles avaient eu lieu, auraient-elles pu subsister dans un pays tel que la Grèce, entrecoupé de toute part de golfes et de bras de mer, et dont la population, en grande partie insulaire, s'adonna de si bonne heure à la navigation?

Les poissons frais et salés furent donc promptement l'article peut-être le plus important de la diète des Grecs. Il en est parlé sans cesse dans les poëtes comiques. Aristophane, dans ce qui nous reste de lui, y fait vingt fois allusion, et Athénée cite peut-être deux cents passages d'auteurs et d'ouvrages, aujourd'hui perdus, où il en était question.

L'art de la pêche devint ainsi une industrie des plus lucratives et des plus générales; on fit dans les lieux favorables de grands établissemens de salaison qui se transformèrent en villes considérables : Byzance et Synope fleurirent surtout par cette cause; et ce fut l'abondance des poissons qui valut au port de Byzance le nom de *corne dorée*. Les particuliers faisaient à ce commerce des fortunes rapides, et les anciens comiques se sont moqués plusieurs fois d'un marchand de saline nommé Cherephile, devenu citoyen d'Athènes, et dont le fils dépensait en débauches

la fortune que ce père laborieux avait amas-
sée.[1]

Différens personnages devinrent des objets
de satires, seulement pour avoir aimé le poisson avec excès. Tels furent un certain Calli-
médon, surnommé la langouste, sur lequel les
comiques ne tarissaient point[2]; Philoxène de
Cythère, poëte dithyrambique, qui, apprenant
de son médecin qu'il allait mourir d'indigestion
pour avoir mangé une grande partie d'un poisson, demanda à en manger auparavant le reste;
conte plaisant si bien versifié par La Fontaine;
les grands orateurs, Callias et Hypéride, qui
aimaient autant le poisson que les jeux de hasard; Mélanthe le tragique et d'autres encore.

On cite particulièrement Androcide de Cy-
sique, peintre, que son goût pour le poisson
porta à représenter avec grand soin d'après
nature les espèces du détroit de Scylla, et qui
fut ainsi le précurseur des grands iconographes
de nos jours.[3]

Une preuve encore subsistante du grand nombre d'espèces que les Grecs étaient parvenus à
connaître, c'est qu'il s'est conservé dans leur

---

1. Athénée, l. III, c. 33; l. VIII, c. 5.
2. Voyez dans Athénée, l. VIII, c. 5, les plaisanteries sans fin
dont il fut l'objet.
3. Athén., l. VIII, p. 341.

langue plus de quatre cents noms pour désigner des poissons, ce dont certainement aucune autre langue n'approche, et, comme le dit très-judicieusement Buffon : « Cette abondance de « mots, cette richesse d'expressions nettes et « précises ne supposent-elles pas la même abondance d'idées et de connaissances ? ne voit-on « pas que ces gens, qui avaient nommé beaucoup plus de choses que nous, en connaissaient par conséquent beaucoup plus ? »

Il était naturel qu'en de telles circonstances plusieurs écrivains travaillassent, soit sur les poissons eux-mêmes, soit sur leur pêche, soit sur l'emploi que l'on en faisait dans l'art de la cuisine et sur les précautions que l'hygiène recommandait dans leur usage.

On peut juger par les citations nombreuses d'Athénée, qu'il existait en effet beaucoup de livres sur ces matières. Malheureusement Athénée n'a point marqué l'époque où vécut chacun des auteurs qu'il cite ; et parmi les traits qu'il rapporte, il s'en trouve rarement de propres à la faire connaître, en sorte qu'il n'est pas facile de savoir de plusieurs s'ils ont précédé Aristote, ou s'ils l'ont suivi ; ni de distinguer entièrement ceux dont les travaux ont pu être utiles à ce premier des naturalistes, de ceux qui ont au contraire profité de ses ouvrages. Soi-

gneux comme il le fut, de recueillir les livres
de ses devanciers, et l'un des premiers qui ait
formé une bibliothèque[1], on ne peut douter
qu'il n'ait mis à contribution tous les auteurs
qui pouvaient lui fournir quelques faits intéressans, et cependant il ne cite aucun de ceux dont
Athénée fait mention comme ayant parlé des
poissons, pas même ceux qui ont dû être au
moins ses contemporains, tel qu'*Archestrate,*
ce maître passé dans l'art de la bouche, dont
la gastrologie[2] guida, dit-on, Épicure dans la
recherche de la volupté.

Les seuls noms rappelés dans ses livres sur
les animaux sont ceux d'Eschyle, d'Alcméon,
de Ctésias, de Diogène d'Apollonie, d'Hérodore,
d'Hérodote, d'Homère, de Musée, de Polybe,
de Simonide, de Syennésis[3], d'Empédocle, de
Démocrite et d'Anaxagoras.[4]

Il est vrai que, par une pratique trop suivie
de nos jours, Aristote ne cite guère que les

---

1. Strab., l. XIII, p. m. 608.

2. Archestrate, de Syracuse ou de Gela, était l'auteur d'un poëme
dont on rapporte le titre diversement : *Gastronomie, Hédypathie,
Deipnologie, Opsopée,* et qui traitait de tout ce qui regardait la
bonne chère.

3. C'est le catalogue mis par Sylburge en tête de son édition
d'Aristote, des auteurs dont il est question dans l'histoire des animaux.

4. Ces derniers sont cités dans les livres sur la génération.

auteurs qu'il veut réfuter, et on l'a même
accusé d'ingratitude envers Hippocrate, dont
il ne prononce pas le nom, quoiqu'il ait dû
lui emprunter plus d'une idée.

Je ne pense pas au reste qu'il ait fait grand
tort aux ichtyologistes qui l'ont précédé, s'il
y en a eu avant lui; ceux des fragmens conservés par Athénée que l'on pourrait leur attribuer, n'annoncent point qu'ils aient traité
leur sujet avec méthode ou avec étendue; et
tout nous fait croire que c'est sous la plume
d'*Aristote* seulement que l'ichtyologie, comme
toutes les autres branches de la zoologie, a pris
pour la première fois la forme d'une véritable
science. [1]

Ce grand homme, secondé par un grand
prince, rassembla de toute part des faits, et
ils parurent dans ses ouvrages si nombreux

---

1. L'histoire d'Aristote est assez connue, et nous n'en rappelons
ici que les principaux traits.

Il naquit à Stagire, en Macédoine, 384 ans avant Jésus-Christ,
de Nicomachus, médecin d'Amyntas, père de Philippe, et appar-
tenait à une branche des Asclépiades. Il étudia d'abord la médecine sous son père. Orphelin à dix-huit ans, il se rendit à Athènes,
et y subsista en vendant des drogues, ce qui lui a valu de la part
d'Athénée l'épithète de *pharmacopole*. Il y suivit les leçons de
Platon, et ouvrit lui-même une école quelque temps avant la
mort de son maître. Philippe l'avait désigné dès 356 pour être le
précepteur d'Alexandre; et la guerre ayant éclaté entre Philippe et
Athènes, en 346, il quitta cette ville, et se réfugia près d'Hermias,

et si nouveaux, que pendant plusieurs siècles ils excitèrent la défiance de la postérité. Les personnages d'Athénée se demandent où Aristote a pu apprendre tout ce qu'il raconte des mœurs des poissons, de leur propagation et des autres détails de leur histoire qui se passent dans les abymes les plus cachés de la mer. [1]

Athénée lui-même répond à cette question, puisqu'il nous dit qu'Alexandre donna à Aristote, pour recueillir les matériaux de son histoire des animaux, des sommes qui montèrent à neuf cents talens [2] (plus de trois millions) ; à quoi Pline ajoute que le roi mit plusieurs milliers d'hommes à la disposition du philosophe, pour chasser, pêcher et observer tout ce qu'il désirait connaître. [3]

Ce n'est pas ici le lieu d'exposer en détail le parti qu'Aristote tira de cette munificence, d'analyser ses nombreux ouvrages d'histoire

---

prince d'Atarne, en Mysie. Celui-ci ayant été trahi et tué par les Perses, Aristote épousa sa sœur. Alexandre lui fut confié à treize ans, en 343. On croit qu'il le suivit dans son expédition jusqu'en Égypte. En 331 il revint à Athènes, et y rouvrit son école dans le Lycée. Après la mort d'Alexandre, arrivée en 324, les démagogues, secondés par les sophistes et les platoniciens, l'accusèrent d'impiété ; et, pour épargner aux Athéniens un second attentat contre la philosophie, il se retira avec ses disciples en Eubée, où il mourut en 322, âgé de soixante-trois ans.

1. L. VIII, p. 352. — 2. L. IX, p. 398. — 3. Pline, l. VIII, c. 16.

naturelle [1], et d'énumérer l'immense quantité de faits et de lois qu'il est parvenu à constater ; nous ne nous occuperons pas même de montrer avec quel génie il jeta les bases de l'anatomie comparée, et établit dans le règne animal, et dans plusieurs de ses classes, d'après leur organisation, une distribution à laquelle les âges suivans n'ont presque rien eu à changer. C'est uniquement comme ichtyologiste que nous avons à le considérer, et dans cette branche

---

1. Pline, l. VIII, c. 16, en porte le nombre à cinquante livres. Il ne nous en reste que vingt-cinq ; savoir : neuf de l'histoire des animaux, quatre des parties des animaux, cinq de la génération des animaux, un de la marche des animaux, un des sensations et de leurs organes, un du sommeil et de la veille, un du mouvement des animaux, un de la brièveté et de la longueur de la vie, un de la jeunesse et de la vieillesse, un de la vie et de la mort, un de la respiration. L'on en trouve encore douze autres dans une énumération, d'ailleurs très-incomplète, de Diogène Laërce ; savoir : huit de descriptions anatomiques, un d'extraits anatomiques, un des animaux dont la nature est composée, un des animaux fabuleux, et un des causes qui empêchent la génération, qui est peut-être celui que l'on range d'ordinaire comme le neuvième de l'histoire des animaux. On lui attribue aussi le traité *De mirabilibus auscultationibus,* dont la meilleure édition est celle de *Beckman;* Gœttingue, 1786, in-4.° L'histoire des animaux, qui nous intéresse particulièrement, doit être lue dans l'édition générale des OEuvres d'Aristote de Duval, Paris, 1629 ; ou dans l'édition particulière de J. C. Scaliger, Toulouse, 1619 ; et surtout dans celle de Schneider, Leipzig, 1811, 4 vol. in-8.° Camus l'a publiée, avec une traduction française en général assez exacte, Paris, 1783, 2 vol. in-4.° ; mais il y a joint des notes qui malheureusement ne sont pas d'un naturaliste. Il y en a une traduction allemande par Strack, avec des notes ; Francfort, 1816, 1 vol. in-8.°

même de la zoologie, n'eût-il traité que celle-là, on devrait encore le reconnaître comme un homme supérieur.

Il a parfaitement connu la structure générale des poissons.

« Le cou leur manque, dit-il; leur queue est continue avec leur corps, si ce n'est dans les raies, où elle est longue et grêle; ils n'ont ni mains, ni pieds, ni scrotum, ni membre viril, ni mamelles.

« On doit en distinguer les animaux marins qui produisent des petits vivans, tels que le dauphin, qui a ses mamelles cachées dans des sinus près de la vulve.

« Le caractère spécial des vrais poissons consiste dans les branchies et dans les nageoires : la plupart ont quatre nageoires; mais ceux de forme alongée, comme les anguilles, n'en ont que deux. Quelques-uns, comme la murène, en manquent même tout-à-fait. Les raies nagent avec tout leur corps élargi. Les branchies sont tantôt munies d'un opercule, tantôt elles en manquent; et c'est le cas des cartilagineux : les uns les ont simples et les autres doubles [1]; il a même remarqué que le xiphias a huit branchies de chaque côté : ce qui est vrai dans

---

1. *Hist.*, l. II, c. 17, et surtout *De partib.*, l. III, c. 13.

ce sens que chacune de ses branchies est divisée en deux peignes. Aucun poisson n'a de poils ni de plumes ; la plupart sont couverts d'écailles, quelques-uns d'une peau rude ou lisse. Leur langue est dure, souvent armée de dents ; quelquefois tellement adhérente qu'ils paraissent en manquer [1], et cela parce qu'ils doivent avaler rapidement ; c'est pourquoi aussi leurs dents sont généralement crochues [2]. Leurs yeux manquent de paupières. On ne voit point leurs oreilles ni leurs narines [3] ; car ce qui tient lieu de narines est une cavité aveugle [4]. Ils jouissent néanmoins des sens du goût, de l'odorat et de l'ouïe ; ce que l'auteur prouve par de nombreuses expériences [5]. Tous ont du sang : tous les écailleux ont des œufs ; mais les cartilagineux, si l'on excepte la baudroie, font des petits vivans [6]. Tous ont un cœur, un foie et un fiel ; et à cet égard il entre dans des détails très-particuliers et très-vrais sur les vésicules biliaires du callionyme et de l'amia ; mais il se trompe en refusant aux poissons des reins et une vessie. [7]

« Leurs intestins varient beaucoup ; il y en a, tel que le muge, qui ont un gésier charnu

---

1. *Hist.*, l. II, c. 13. — 2. *De partib.*, l. III, c. 1. — 3. *Hist.*, l. II, c. 13. — 4. L. III, c. 11. — 5. *Ibid.* — 6. L. II, c. 13. — 7. L. II, c. 14.

comme les oiseaux; d'autres n'ont presque pas d'estomac apparent[1]. Des appendices aveugles adhèrent près de leur estomac, très-nombreuses dans quelques-uns, beaucoup moins dans d'autres. Il y en a même qui n'en ont point du tout, comme la plupart des cartilagineux.[2]

« Le long de l'épine règnent deux organes qui tiennent lieu de testicules, dont les canaux excréteurs aboutissent à l'anus, et qui grossissent beaucoup dans le temps du frai.[3]

« Leurs écailles durcissent avec l'âge[4]. N'ayant pas de poumons, ils n'ont pas de voix proprement dite, et cependant il en est plusieurs (qu'il nomme) qui font entendre des sons et une espèce de grognement[5]. Ils sont sujets au sommeil comme les autres animaux[6]. Dans la plupart des genres les femelles sont plus grandes que les mâles. Dans les raies et les squales le mâle se distingue par des appendices des deux côtés de l'anus.[7] »

Non-seulement Aristote avait fait les nombreuses observations, d'où il avait déduit des règles si exactes; mais il avait représenté par des figures ces différentes conformations.[8]

---

1. *De partib.*, l. III, c. 14. — 2. *Hist.*, l. II, c. 17, et *De partib.*, l. III, c. 14. — 3. L. III, c. 1. — 4. L. III, c. 11. — 5. L. IV, c. 9. — 6. L. IV, c. 10. — 7. L. V, c. 5. — 8. L. III, c. 1. Il y désigne les parties par des lettres, comme on le fait encore.

Quant aux espèces, Aristote en connaît et en nomme jusqu'à cent dix-sept, et il entre, sur leur manière de vivre, leurs voyages, leurs amitiés et leurs haines, les ruses qu'elles emploient, leurs amours, les époques de leur frai et de leur ponte et leur fécondité, la manière de les prendre, les temps où leur chair est meilleure, dans des détails que l'on serait aujourd'hui bien embarrassé, ou de contredire ou de confirmer, tant les modernes sont loin d'avoir observé les poissons comme ce grand naturaliste paraît l'avoir fait par lui-même ou par ses correspondans. Il faudrait passer plusieurs années dans les îles de l'Archipel, et y vivre avec les pêcheurs, pour être en état d'avoir une opinion à ce sujet. [1]

Aristote admet à la vérité la génération spontanée; mais on doit convenir qu'il appuie cette théorie sur des faits assez spécieux. Ce qu'il dit du moins de la difficulté de trouver des anguilles dans l'état propre à la génération, est très-fondé, et les naturalistes de nos jours n'ont guère de lumières plus certaines que les anciens sur la procréation de cette espèce. On a même constaté dans ces derniers temps

----

1. Voyez l. V, c. 4; l. VI, c. 10, 11, 12, 13, 14, 15, 16, 17; l. VIII, c. 2, 13, 20, 30; l. IX, c. 37; *De gener.*, l. III, c. 4, 5.

une de ses assertions les plus paradoxales ; celle que le channa se féconde lui-même, et que tous les individus de l'espèce produisent des œufs.

Ce que l'on doit le plus regretter dans cette masse d'instructions si précieuses, c'est que l'auteur ne se soit pas douté que la nomenclature usitée de son temps pût venir à s'obscurcir, et qu'il n'ait pris aucune précaution pour faire reconnaître les espèces dont il parle. C'est le défaut général des naturalistes anciens ; on est presque obligé de deviner le sens des noms dont ils se sont servis ; la tradition même a changé, et nous induit souvent en erreur : ce n'est que par des combinaisons très-pénibles, et le rapprochement des traits épars dans les auteurs, qu'on parvient sur quelques espèces à des résultats un peu positifs ; mais nous sommes condamnés à en ignorer toujours le plus grand nombre.

Nous avons donné à dessein quelque étendue à cet extrait des travaux d'Aristote sur les poissons, parce qu'il est non-seulement le premier, mais le seul des anciens qui ait traité de leur histoire naturelle sous un point de vue scientifique et avec quelque génie.

À la vérité son école marcha pendant quelque temps sur ses traces.

Théophraste[1], son plus digne élève, ajouta même quelques faits intéressans à cette partie de la science. Dans son traité des *Poissons qui vivent à sec*, il parle clairement des poissons des Indes, décrits depuis peu sous le nom d'o-phicéphales, et du misgurn (*cobitis fossilis, L.*), qui demeure vivant dans la vase après le desséchement des marais qu'il habitait.

Le fameux médecin et anatomiste *Érasis-trate*, petit-fils d'Aristote, son élève et celui de Théophraste, écrivit un ouvrage intitulé Ὀψαρτικὰ, ou des alimens tirés des poissons.

Cléarque, un autre des disciples d'Aristote[2], avait fait un traité général des animaux aquati-ques, dont Athénée rapporte des passages sur l'adonis ou exocet, et sur les poissons qui font entendre une voix.[3]

Il y en avait un sur les poissons, composé

---

1. *Théophraste*, né 370 ans avant l'ère chrétienne, dans l'île de Lesbos, d'un foulon nommé Mélanthe, s'appelait d'abord *Tyrtame*. Aristote le surnomma *Théophraste*, à cause de son éloquence divine. Il avait été en premier lieu disciple de Leucippe et de Platon. Tendrement aimé d'Aristote, il lui succéda dans sa chaire en 324, et eut plus de deux mille élèves : il forma un des premiers jardins de botanique. Ses deux principaux ouvrages d'histoire naturelle sont les neuf livres de l'Histoire des plantes, et six des Causes des plantes, espèce de physiologie végétale : il est beaucoup plus connu par ses Caractères, traduits et si heureusement imités par Labruyère. On dit qu'il vécut près de cent ans, et que le peuple d'Athènes assista en corps à ses funérailles.

2. Athén., l. VII, p. 275. — 3. *Idem*, l. VIII, p. 332.

par *Dorion*[1], qui doit avoir été à peu près de cette époque, si toutefois c'est le même dont on rapporte de nombreuses plaisanteries, et qui était cité par Lyncée, disciple de Théophraste.[2]

Plusieurs ouvrages d'hygiène peuvent aussi être rapportés à cette époque et à l'influence de la philosophie péripatéticienne. Je range dans ce nombre celui de *Dioclès*, de Cariste, dédié à Antigonus; le traité des choses salubres aux gens en santé et aux malades de *Diphile* de Siphne, contemporain de Démétrius, fils d'Antigonus; celui des alimens de *Philotime,* disciple de Praxagoras et contemporain d'Hérophile; et un autre sur le même sujet d'*Icesius,* disciple d'Hérophile. On voit, par les citations d'Athénée, qu'il y était souvent parlé de poissons. Je rapporterais encore volontiers à cette influence, si l'on avait quelque certitude sur l'âge où vécurent leurs auteurs, le poëme sur les travaux de mer de *Pancratius,* Arcadien; les Halieutiques de *Numénius,* d'Héraclée; les poëmes sur les poissons de *Coclus,* d'Argos, et de *Posidonius,* de Corinthe, très-différent du grand philosophe Posidonius d'Apamée; les traités en prose de *Seleucus,* de Tarse, et

---

1. Athén., l. VII, p. 297, et dans plusieurs autres endroits de ce livre. — 2. *Idem*, l. VIII, p. 337.

de *Léonide*, de Byzance, et le livre sur les poissons salés d'*Euthydème*, d'Athènes ; mais tous ces écrivains ne nous sont plus connus que par quelques mots qu'en a dits Athénée.[1]

Toujours voit-on que les poissons étaient chez les Grecs un objet général d'attention, et il est probable que, si l'on avait continué de marcher sur les traces d'Aristote, l'ichtyologie aurait fait de grands progrès ; mais, pour qu'il reparût des Aristotes, il aurait fallu qu'il renaquît des Alexandres. L'histoire naturelle positive exige des travaux et des dépenses auxquelles un particulier sans protection ne peut pas se livrer. Ptolomée-Lagus, élève lui-même du philosophe de Stagire, et son fils Ptolomée-Philadelphe, donnèrent, il est vrai, tant qu'ils vécurent[2] des encouragemens de tous les genres aux sciences, mais leurs indignes successeurs ne s'en occupèrent plus, et l'école qu'ils avaient fondée à Alexandrie, trouva plus commode de cultiver l'érudition, la géométrie et la métaphysique, que de se fatiguer à la recherche des productions de la nature. Par une conséquence naturelle la philosophie péripatéticienne, surtout en ce qu'elle

---

1. L. 1, c. 5, *et alibi passim.*
2. Alexandre mourut 324 ans avant Jésus-Christ, Ptolomée-Lagus en 284, et Ptolomée-Philadelphe en 246.

avait d'expérimental, tomba par degrés dans une sorte de mépris; l'académie et le portique prirent le dessus, et l'on tourna les observateurs en ridicule. Les plaisanteries de Lucien, qui nous montre un péripatéticien examinant la durée de la vie d'un cousin et la nature de l'ame des huîtres [1], avaient probablement été faites long-temps avant lui, et ces sortes d'études devinrent si peu communes que, lorsqu'Apulée fut accusé de magic, l'un des principaux argumens que l'on employa contre lui, fut qu'il s'occupait de rechercher les poissons rares et singuliers. [2]

Les Romains ne favorisèrent jamais les sciences de pure spéculation; ils s'occupèrent cependant des poissons, mais dans des vues d'intérêt, et ensuite pour assouvir un luxe qui, malgré ses excès, ne pouvait épuiser les richesses du monde, accumulées par ses oppresseurs.

---

1. Lucien Βίων πραξις, p. m. 380. Tout le monde connaît Lucien de Samosate, ce fameux satirique, contemporain d'Antonin, de Marc-Aurèle et de Commode.

2. *Apulée (Lucius Apuleius)*, de Madaure, en Afrique, auteur du roman singulier de l'Ane d'or, fut aussi contemporain des Antonius : il emploie vingt pages de sa première apologie à se justifier de la curiosité qu'il mettait à rechercher les poissons, et à prouver que ce n'était pas pour des opérations magiques. On voit dans ce discours qu'il avait beaucoup écrit sur cette classe d'animaux; mais il n'en reste rien.

Varron[1] et *Columelle*[2] ont écrit dans le premier de ces buts. On voit par ces auteurs que déjà du temps de Cicéron et d'Auguste les viviers d'eau douce étaient une chose vulgaire, et que les gens riches en avaient formé sur les bords de la mer, alimentés d'eau salée, dont l'entretien était fort cher[3]. Licinius Muræna en avait donné l'exemple[4], qui fut bientôt suivi par les hommes de la première noblesse, les Philippus et les Hortensius.

Plusieurs de ces établissemens étaient d'une grandeur faite pour étonner. Hirrius prêta un jour à César deux mille murènes prises dans les siens[5]. On élevait dans ceux d'eau salée des turbots et des soles, des dorades, des sciènes et toute sorte de coquillages[6]. Chaque espèce de poisson y avait son compartiment.[7]

Les amateurs n'y plaignaient aucune dépense. Lucullus fit couper une montagne près de Naples, avec des frais immenses, pour in-

---

1. *Marcus Terentius* VARRO, qui passe pour le plus érudit des Romains, naquit l'an 116 avant Jésus-Christ, et mourut l'an 28. Nous n'avons à parler ici que de son traité *De re rustica.*

2. *Lucius Junius Moderatus* COLUMELLA, né à Cadix, contemporain de Claude, auteur d'un ouvrage en douze livres : *De re rustica.*

3. Varron, *De re rustica*, l. III, c. 17. *Potius masupium domini exaniniunt quam implent.* — 4. Plin., l. IX, c. 54. — 5. *Idem*, c. 55. — 6. Columell., l. VIII, c. 16. — 7. Varr., l. III, c. 17.

troduire l'eau de la mer dans un de ces viviers, au sujet de quoi Pompée l'appelait plaisamment un Xerxès en toge[1]. L'on dit qu'un maître, Vedius Pollion, poussait la cruauté au point d'y faire jeter ses esclaves pour nourrir ses poissons.[2]

Nous verrons ailleurs avec quelle passion on faisait venir jusque dans l'intérieur des appartemens, au moyen de petites rigoles pratiquées exprès, les mulles que l'on voulait voir mourir avant de les manger[3], et quels prix extravagans on donnait d'un de ces poissons, pour peu qu'il excédât ses semblables pour la taille.[4]

Les espèces du pays ne suffirent bientôt plus à ces riches blasés sur toutes les jouissances. Un amiral fut employé pour empoissonner la mer de Toscane du scare, qui auparavant ne vivait que dans la mer de Grèce[5]. Du reste, les grandes pêches et les établissemens de salaison n'avaient fait que s'étendre : on allait chercher des poissons jusque hors des colonnes d'Hercule, et des milliers d'hommes étaient occupés à en approvisionner la capitale du monde.

On conçoit tout ce que cette abondance aurait eu de favorable pour la connaissance des

---

1. Plin., l. IX, c. 54. — 2. Senec., *De ira*, l. III, c. 40 ; et *De clement.*, l. I, c. 18. — 3. *Idem, Nat. quæst.*, l. III, c. 18. — 4. *Idem, Epist.*, 95. — 5. Plin., l. IX, c. 17.

poissons, si le goût de l'observation et les méthodes d'Aristote se fussent conservés ; mais loin
qu'il en fût ainsi, on n'écrivit plus d'après la
nature, et tous les ouvrages des Romains, tous
ceux des Grecs qui ont vécu sous leur empire, ne
consistent qu'en compilations prises d'Aristote
ou de quelqu'un des auteurs de son école : des
extraits de voyageurs plus récens, trop souvent
remplis de fables, sont les seules augmentations
que l'histoire naturelle y ait acquises.

Je n'en excepte pas le petit poëme des Halieutiques, attribué à *Ovide* [1] par Pline, qui a
cru y trouver des noms de poissons inconnus
aux autres auteurs, et qu'Ovide, ajoute-t-il,
aura peut-être vus dans le Pont, près duquel
il avait commencé cet ouvrage.

Malgré l'autorité de Pline, on conteste beaucoup aujourd'hui que le poëme soit d'Ovide :
ce qui est certain, c'est que trois des noms que
Pline dit ne pas se trouver ailleurs, *orphus,
mormyrus, chryson* (qui dans le poëme est
écrit *chrysophrys*), sont dans Aristote.

Ce petit poëme de cent trente-quatre vers

---

1. Ovide n'est pas de ces hommes dont nous ayons besoin de rappeler l'histoire. Il nous suffira de marquer l'année de sa naissance,
43 ans avant Jésus-Christ; celle de son exil, 10 après Jésus-Christ,
et celle de sa mort, l'an 17. C'est dans ces sept dernières années
qu'aurait été composé son poëme des *Halieutiques*, s'il était de lui-

nomme en tout cinquante-trois poissons, et donne sur les habitudes de quelques-uns des détails intéressans [1], mais qui sont aussi très-probablement empruntés d'ailleurs. La faculté qu'il attribue au *channa* de concevoir sans mâle, que Pline dit n'être avancée que par lui, est déjà dans Aristote [2], mais le philosophe ne la présente qu'avec l'expression du doute : il était plus poétique de ne pas douter, et il faut avouer que, quelque singulier que le fait puisse paraître, il y a de fortes raisons d'y croire. [3]

Pline lui-même est bien connu pour n'avoir fait que rassembler dans son immense ouvrage, sans beaucoup d'ordre ni de critique, ce qu'il trouvait dans Aristote et dans quelques autres Grecs, ou dans des historiens et voyageurs romains plus récens. [4]

---

1. Les *Halieutiques* sont imprimés dans les OEuvres d'Ovide, et dans le recueil des *Poetæ latini minores*. Certains critiques les attribuent à *Gratius Faliscus*.

2. *Hist.*, l. VI, c. 12.

3. Voyez le Traité de Cavolini, sur la génération des poissons.

4. Pline l'ancien (*Caius* PLINIUS *secundus*), l'un des hommes les plus laborieux et les plus érudits de l'antiquité, naquit à Vérone, l'an 23 de l'ère chrétienne, étudia à Rome, visita les côtes d'Afrique, servit dans les armées romaines de Germanie, séjourna en Espagne pendant les guerres civiles qui suivirent la mort de Néron, et mourut, commandant des flottes romaines, l'an de Jésus-Christ 79, pour avoir voulu observer avec trop peu de précaution la grande éruption du Vésuve. Son Histoire naturelle, en trente-sept livres, dédiée à Titus, est le seul ouvrage qui nous reste de lui. Il

Son IX.ᵉ livre est particulièrement consacré aux poissons et à leur histoire. Il donne dans le XXXII.ᵉ, ch. 11, la liste des animaux aquatiques dont il avait trouvé les noms, et qu'il porte à cent soixante-quatorze; mais en retranchant les coquillages, les cétacés et les autres animaux qui ne sont pas de vrais poissons, il ne reste guère de ceux-ci que quatre-vingt-quinze ou quatre-vingt-seize, parmi lesquels on peut encore soupçonner quelques doubles emplois. Une trentaine environ paraissent ne pas se rencontrer dans Aristote, même par leurs équivalens grecs.

L'auteur cite, comme ses garans, pour le IX.ᵉ livre huit auteurs grecs et dix-huit auteurs latins. Il n'existe plus des premiers que deux, Aristote et Théophraste, et des autres que trois, Cicéron, Népos et Sénèque. Parmi ses garans pour le XXXII.ᵉ livre, il ajoute encore sept auteurs grecs, dont un seul, Nicandre, nous est resté, et cinq latins, dont nous ne possédons plus que le poëme attribué à Ovide.

Ce résumé de trente-huit auteurs ne laisse pas

---

avait employé une grande partie de sa vie à en rassembler les matériaux avec une ardeur et une persévérance qui passent toute imagination. Elle se compose d'extraits de plus de deux mille volumes, dus à des auteurs dont nous ne possédons plus qu'environ quarante.

que d'offrir des faits curieux, dont plusieurs, concernant les poissons de la mer des Indes, sont encore dus aux Grecs, sujets d'Alexandre ou de ses successeurs. Ceux de la mer du Nord, la scie, le cachalot, commencent à y paraître; mais on y voit aussi des hommes, des femmes, des taureaux de mer, produits de l'imagination des voyageurs. La pêche des muges dans les étangs du Languedoc y est décrite, et il s'y trouve beaucoup de détails intéressans sur le luxe des Romains, relativement aux poissons. Il serait difficile de déterminer plusieurs des espèces dont Aristote a parlé, si l'on n'avait à ajouter à ce qu'il en dit quelques-unes des particularités que Pline en rapporte; mais Pline lui-même ne pourrait souvent être entendu, si on ne l'expliquait par des passages d'Horace, de Sénèque, de Juvénal et de Martial[1]; car tout ce

---

1. Pour des auteurs si connus, et dont les écrits n'ont pas un rapport direct avec notre sujet, nous croyons devoir nous borner à marquer les temps où ils ont vécu.

Horace (*Quintus Horatius Flaccus*), né à Vénuse, l'an 66 avant Jésus-Christ, mourut, âgé de cinquante-sept ans, l'an 9 avant la même époque.

Sénèque (*Lucius Annœus Seneca*), né à Cordoue, l'an 2 ou l'an 3 de Jésus-Christ, mis à mort l'an 68, par l'ordre de Néron son élève, a écrit aussi sur la physique dans ses sept livres des Questions naturelles; il y parle des poissons qui vivent sous terre, et de la passion des Romains pour les mulles.

Martial (*Marcus Valerius Martialis*), naquit à Bilbilis, en

1.   3

qui a rapport à la gourmandise est mentionné par les moralistes et par les poëtes, avec encore plus de soin que par les naturalistes.

Au reste, la science proprement dite, dans ce qu'elle a de général et de méthodique, n'est aucunement avancée par la compilation de Pline; il tire d'Aristote toutes ses généralités et le peu qu'il donne sur l'organisation des poissons. [1]

Les auteurs d'histoire naturelle, venus après Pline, et qui ont écrit en grec, Oppien, Athénée, Élien, n'ont pas plus observé que lui, et leurs ouvrages, comme le sien, n'ont pour la

---

Celtibérie, vers l'an 40 de Jésus-Christ, et mourut vers l'an 100. Il écrivit principalement sous Domitien.

Juvénal (*Decius Junius Juvenalis*), contemporain de Martial, paraît lui avoir survécu. On ne sait avec précision ni l'année de sa naissance ni celle de sa mort.

Nous aurons occasion de citer beaucoup de passages de ces deux poëtes, surtout de Martial.

1. La meilleure édition de Pline est la deuxième d'Hardouin, de 1723, en trois volumes in-folio, reproduite par Frantzius, de 1778 à 1791, en dix volumes in-8.° On peut y joindre la traduction de Poinsinet de Sivry, avec les notes de Guettard et de Desmarest; et pour les animaux, celle de Gueroult, avec des notes extraites de Buffon, de Bomare et d'autres naturalistes : mais tous ces commentateurs étaient trop étrangers à la connaissance de la nature, pour avoir pu expliquer leur auteur, et distinguer, dans ce qu'il dit, ce qui est fondé sur la vérité et ce qui ne dérive que de rapports faux ou exagérés. J'ai essayé une autre méthode dans mes notes sur les livres de Pline relatifs aux animaux, insérées dans la nouvelle édition de M. Lemaire; Paris, 1827.

science d'autre mérite que d'avoir conservé des articles tirés d'écrivains et de voyageurs maintenant perdus.

Les Halieutiques d'*Oppien*[1] sont un poëme en cinq chants sur la pêche, dans lequel on peut croire qu'il a réuni tout ce que ses prédécesseurs avaient d'intéressant. Plusieurs faits s'y retrouvent les mêmes que dans Aristote, dans Ovide, dans Pline, etc.; mais il y en a aussi qui ne sont point ailleurs. Tous sont exprimés dans un langage poétique, et avant d'en faire usage, il convient de les dépouiller des ornemens dont l'imagination a su les enrichir. Appréciés à leur juste valeur, ils peuvent concourir à la détermination de quelques espèces. Les poissons qu'Oppien nomme vont à cent vingt-cinq; parmi lesquels il y en a vingt-six

---

1. *Oppien*, d'Anazarbe, en Cilicie, naquit, vers la fin du règne de Marc-Aurèle, d'un sénateur de cette ville, qui tomba dans la disgrâce de Sévère, et fut condamné à l'exil. Les poésies d'Oppien plurent tant à Caracalla, qu'il lui accorda, dit-on, la grâce de son père et un statère d'or pour chaque vers. Ainsi on peut en fixer la date au commencement du troisième siècle. Il mourut d'une contagion dans sa ville natale, à l'âge d'environ trente ans. On a perdu le cinquième livre de ses Cynégétiques et toutes ses Ixeutiques, où il traitait de la chasse aux oiseaux; mais ses Halieutiques sont conservées en entier. M. Limes vient d'en publier une traduction française; Paris, 1817, in-8.º Bein de Ballu a traduit les Cynégétiques, et en a donné une bonne édition grecque et latine; Strasbourg, 1786. La meilleure édition entière d'Oppien est celle de Schneider; Strasbourg, 1777.

qu'on ne trouve pas dans d'autres auteurs, et dix, ou à peu près, qui ne sont que dans Élien.

Athénée[1], dans une composition aussi froide qu'invraisemblable, suppose que plusieurs érudits, faisant ensemble un grand repas, dissertent sur les mets, et sur tout ce qui y a rapport de près ou de loin, et récitent ou lisent sur ce sujet une foule de passages souvent très-longs, pris dans des auteurs de tous les âges, qui vont à plus de huit cents, et dont le plus grand nombre n'a échappé à l'oubli que parce qu'ils sont cités dans ce livre. On conçoit que l'histoire naturelle est continuellement intéressée dans

---

1. *Athénée*, auteur des *Deipnosophistes*, ou *des savans à table*, était de Naucrate, en Égypte. Le dîner qu'il raconte, et auquel il assistait, est supposé fait chez un homme (Larentius) que Marc-Aurèle avait honoré d'emplois de confiance : par conséquent il a vécu dans le second siècle, et néanmoins il cite Oppien, qui n'a dû écrire que dans le commencement du troisième. Il est vrai que Belin de Ballu suppose que la citation n'est pas d'Athénée, mais de celui à qui l'on doit l'abrégé des deux premiers livres de son ouvrage. En effet, l'on n'a ces deux premiers livres que sous une forme abrégée ; les autres sont entiers, ou à peu près. Il y en a quinze en tout. La meilleure édition a été long-temps celle de Commelin ; 1597, in-folio, avec la traduction de Daléchamps et les commentaires de Casaubon : mais M. Schweighæuser vient d'en donner une de beaucoup préférable ; Strasbourg, 1801 et années suivantes, 14 vol. in-8.° Lefèbvre de Villebrune en a publié une traduction française ; Paris, 1789, 5 vol. in-4.°, assez imparfaite encore, surtout à l'égard de l'histoire naturelle, quoiqu'elle soit bien supérieure à celle de l'abbé de Marolle ; Paris, 1680, 1 vol. in-4.°

leurs propos, et en effet elle peut tirer un grand parti de ces nombreux passages pour déterminer la nomenclature ; mais de toutes ses branches il n'en est aucune qui puisse en profiter davantage que l'ichtyologie.

On y nomme à peu près cent trente poissons, et parmi ces noms il y en a trente qui paraissent pour la première fois. Des poëtes, des historiens, des médecins, des naturalistes, sont également mis à contribution. Comme on peut s'y attendre, les citations souvent n'éclaircissent rien ; mais quelquefois il en jaillit des traits de lumière, sans lesquels on ne pourrait deviner le sens de beaucoup de noms employés par les anciens. C'est là surtout que l'on apprend combien les poissons étaient un objet important dans toutes les habitudes de la vie.

Claude Élien[1] a laissé un traité des propriétés des animaux en dix-sept livres. Jamais il n'y eut d'esprit plus contraire à toute méthode

---

1. L'âge d'*Élien*, auteur de l'Histoire des animaux, est incertain ; cependant on le place en général dans le second siècle ou au commencement du troisième, parce qu'on a cru le retrouver dans un Claude Élien, de Preneste, qui enseignait la rhétorique à Rome, après le règne d'Antonin, selon Suidas, ou dans un Élien sophiste, dont Philostrate a écrit la vie, et que les uns font mourir après Commode, d'autres après Élagabale. Il ne serait pas impossible que ces deux Éliens fussent le même ; mais il n'est dit ni de l'un ni de l'autre qu'il ait écrit sur l'histoire naturelle.

que celui qui présida à cette compilation, où tout est pêle-mêle; mais les faits précieux et vrais qui s'y rencontrent sont extrêmement nombreux. Élien a eu surtout de bien meilleurs renseignemens que ses devanciers sur les animaux de l'Afrique et des Indes; ce qui prouve que les relations avec ces pays étaient devenues plus faciles. Il nomme environ cent dix poissons, dont quarante à peu près ne sont point dans Aristote, mais correspondent en partie à ceux d'Athénée, à ceux de Pline et à ceux d'Oppien, qu'Aristote n'a point.[1]

Ausone[2] est peut-être le seul des Latins qui ont parlé des poissons, dont on puisse dire qu'il n'a pas été un compilateur; c'est d'après sa propre observation qu'il a décrit ceux de la Moselle, et il les décrit presque autant en naturaliste qu'en poëte. Il en nomme quatorze,

---

1. On n'a eu d'abord qu'un extrait d'Élien, traduit et mis dans un ordre tout différent par Gillius; Lyon, 1535, in-4.° Conrad Gesner publia le texte, et compléta la traduction en 1556. La plus belle édition est celle d'Abraham Gronovius; Londres, 1744, 2 vol. in-4.° C'est celle qu'a suivie M. Schneider; mais en y faisant quelques additions utiles, entre autres un catalogue méthodique des animaux dont il est parlé dans l'ouvrage; Leipzig, 1784, in-8.°

2. *Decius Magnus Ausonius*, né à Bordeaux, précepteur de l'empereur Gratien, consul en 379, mort en 394, a parmi ses poésies un petit poëme de la Moselle, où il traite des poissons de ce fleuve : on le trouve dans toutes les éditions de ses OEuvres et dans les *Poetæ latini minores*.

tous reconnaissables par ce qu'il en dit, et la plupart inconnus des Grecs et des Romains, ou du moins autrement nommés par eux. C'est là que l'on voit pour la première fois la truite saumonée, la truite commune, le barbeau et quelques autres poissons d'eau douce.

Que l'on joigne aux ouvrages dont nous venons de donner une courte analyse, quelques passages de Strabon[1], de Pausanias[2], de Plutarque[3], d'Apulée[4], ce que Dioscoride et Marcel de Seide disent des poissons employés comme remèdes[5], ce que Galien[6] a extrait de Philotime sur

---

1. *Strabon*, l'auteur de la Géographie, était né à Amasée, en Capadoce, environ 5o ans avant Jésus-Christ, et mourut sous Tibère. Il nomme quelques poissons du Nil dans son XVII.e livre, et parle en d'autres endroits de la pêche des thons et des pelamydes.

2. *Pausanias*, auteur du Voyage en Grèce, florissait sous Antonin. Il compare dans ses Messéniaques les poissons de la Grèce et ceux de l'Égypte.

3. *Plutarque*, de Chéronée, en Béotie, consul et intendant d'Illyrie sous Trajan, mort l'an 14o de Jésus-Christ. Il y a dans ses Traités philosophiques quelques traits pris de l'Histoire des poissons.

4. Voyez sur Apulée la note 2, p. 27.

5. *Pedacius Dioscoride*, d'Anazarbe, en Cilicie, que l'on croit avoir vécu sous Néron, cite cinq ou six poissons dans le II.e livre de sa Matière médicale, mais seulement par rapport à leurs qualités nuisibles ou à leurs vertus médicales. On n'a de *Marcellus*, surnommé *sidetes*, contemporain d'Antonin, qu'un fragment de poëme, où il nomme une soixantaine de poissons, mais sans autre indication.

6. *Galien* est encore un de ces hommes trop connus pour que nous en rappelions autre chose que des dates. Né à Pergame vers

leurs qualités comme alimens, et ce qu'Oribase[1] a extrait de Xénocrate[2] sur le même sujet, et l'on pourra se faire une idée assez complète des connaissances des anciens en ichtyologie; car ce n'est guère la peine de rappeler ici quelques commentateurs du premier chapitre de la Genèse, les Ambroise[3], les Eusthathe[4], les Pisides[5], qui n'ont dit sur les poissons que des choses communes et empruntées. Si je voulais

---

131, ayant étudié à Alexandrie, il se rendit à Rome en 169, fut médecin de Marc-Aurèle, et retourna après la mort de ce prince à Pergame, où il mourut en 200. Il est le dernier des anatomistes de l'antiquité. C'est dans son traité *De alimentorum facultate*, l. III, c. 24 — 31, qu'il parle d'un assez grand nombre de poissons relativement aux qualités de leur chair.

1. *Oribase* était médecin de l'empereur Julien au milieu du troisième siècle. Dans le II.ᵉ livre de ses *Collecta medicinalia*, après avoir copié les chapitres de Galien dont nous venons de parler, il en ajoute un assez long, c. 58, tiré d'un Traité de Xénocrate, sur les alimens que fournissent les poissons, où l'on trouve quelques noms et quelques traits utiles.

2. On ne sait pas bien quel a été ce *Xénocrate*. Quelques-uns supposent assez légèrement qu'il est le même que le philosophe académicien, le deuxième successeur de Platon.

3. *S. Ambroise*, archevêque de Milan, né vers 340, mort en 397. Les onze premiers chapitres du V.ᵉ livre de son *Hexæmeron* sont consacrés aux poissons.

4. *Eustathius*, archevêque d'Antioche, l'un des prélats du concile de Nicée, ne dit dans son *Hexæmeron*, ou commentaire sur l'œuvre des six jours, p. 18 — 22, que quelques mots de la scie, du scare, de l'écheneis et du renard marin.

5. Ce sont à peu près les mêmes dont *George Pisides*, diacre de Constantinople au septième siècle, parle dans un poëme grec, qui porte aussi le titre de ἐξαήμερον ἢ κοσμουργία.

descendre jusqu'à Phile[1], ce ne serait plus d'un ancien, mais d'un écrivain de la fin du moyen âge que je parlerais. Au surplus, bien qu'un peu plus étendu, ce n'est, comme les autres, qu'un copiste des auteurs des bons siècles.

Or, de la comparaison soigneuse de tous ces ouvrages, il me paraît résulter que les anciens avaient distingué et nommé environ cent cinquante espèces de poissons, ce qui fait à peu près toutes les espèces comestibles de la Méditerranée; mais ils n'en avaient point nettement fixé les caractères, et n'avaient pas même songé à les distribuer méthodiquement, en sorte qu'ils étaient eux-mêmes sans cesse embarrassés dans leur nomenclature. Quant à l'organisation de cette classe en général, personne depuis Aristote ne s'en était occupé. La décadence de l'école péripatéticienne avait fait tomber toutes les recherches directes sur la nature; son histoire n'était plus traitée que par des compilateurs qui n'entendaient rien au fond des choses, et, par rapport à cette

---

1. *Manuel* PHILE, né à Éphèse vers 1275, mort vers 1340, a mis en vers politiques des traits de l'histoire des animaux empruntés d'Élien. Son poëme est intitulé, comme le livre d'Élien, περὶ ζοῶν ἰδιό7η7ος (*De proprietate animalium*). La meilleure édition est celle de Corneille de Pauw; Utrecht, 1730, in-4.°

branche des sciences, les barbares n'eurent rien
à faire : elle n'existait déjà plus lors de leur
invasion. Les neuf siècles qui suivirent ne lui
furent pas plus favorables ; les moines, à peu
près uniques dépositaires des connaissances
pendant ce long sommeil de l'esprit humain,
n'avaient dans leurs cellules aucun moyen de se
livrer à l'observation, et ceux d'entre eux qui
montrèrent le plus de curiosité ou de génie,
furent réduits à faire des extraits des exemplaires imparfaits qui leur étaient restés de
Pline ou d'Aristote. Ce dernier même, à une
certaine époque ne leur fut plus connu que
par des traductions faites, non pas sur le grec
mais sur l'arabe.

Ce caractère de compilateur ignorant s'aperçoit déjà dans les chapitres qu'*Isidore* consacre
à l'histoire naturelle, dans son Traité des origines. Dans celui où il parle des poissons [1], il en
nomme trente et quelques espèces, et cherche
l'étymologie de leurs noms, mais d'une manière
puérile, tirant quelquefois un mot grec du

---

1. *Originum* l. XII, c. 6. *S. Isidore*, évêque de Séville, a vécu
à la fin du sixième siècle, du temps de l'empereur Maurice et du
roi Récarède ; et a composé beaucoup d'ouvrages de théologie,
d'histoire et d'érudition. Le XII.ᵉ livre de ses Origines est le seul
de ses écrits qui intéresse les naturalistes. On le trouve dans l'édition de ses OEuvres imprimée à Paris, en 1601, 1 vol. in-folio.

latin, ou s'attachant à la ressemblance maté-
rielle des sons. Cependant il s'y trouve un ou
deux traits caractéristiques que l'on chercherait
vainement ailleurs.

Albert le grand[1], digne d'un meilleur siècle,
avait conçu son traité des animaux sur un plan
vaste et régulier; mais pour l'exécution il paraît
n'avoir eu sous les yeux que des copies très-
fautives de Pline, et peut-être une version
latine d'Aristote faite sur quelque version arabe.
Dans son chapitre des poissons c'est surtout
Pline qu'il cite, mais en l'estropiant; écrivant
par exemple, tygrius pour thynnus, solaris pour
silurus, prenant le mot *exposita*, qui est dit
d'Andromède, pour le nom du poisson auquel
Andromède fut exposée, etc.; il détourne le sens
de plusieurs noms, et en donne un grand nombre d'absolument barbares. Cependant, parmi
les soixante-trois poissons dont il parle, il en est

---

1. ALBERT, dit *le grand*, de la famille des comtes de *Bollstedt*,
naquit à Lauingen, en Souabe, en 1193. Après avoir étudié à
Padoue, il vint enseigner la philosophie d'Aristote à Paris, et y
acquit une grande réputation comme professeur. Il entra, en 1221,
dans l'ordre des frères prêcheurs ou dominicains, et devint pro-
vincial d'Allemagne en 1254; puis, maître du sacré palais à Rome;
et, en 1260, évêque de Ratisbonne : il finit par rentrer dans son
couvent, où il mourut en 1280. Ses OEuvres de l'édition de Lyon,
1651, occupent vingt-deux grands volumes in-folio; son Traité des
animaux en fait le sixième, et le XXIVe livre de ce traité est relatif
aux poissons.

quelques-uns qu'il avait observés lui-même, tels que son deuxième Alech, qui est le hareng; son Amger, qui est l'orphie; son premier Esox, qui est le bécard, une de ses murènes, qui est la petite lamproie de rivière, etc.

Son contemporain et son confrère d'ordre, *Vincent de Beauvais*[1], a consulté des sources plus nombreuses, et surtout un auteur anonyme *de la nature des choses*, que l'on ne connaît que par ses citations, et qui paraît avoir rapporté plusieurs faits d'après sa propre observation. Il avait aussi de meilleures copies de Pline qu'Albert, et a beaucoup employé les Origines d'Isidore. Au reste, ses articles sur les poissons, à peu près aussi nombreux, mais beaucoup plus étendus et plus corrects que ceux d'Albert, pourraient bien être antérieurs

---

1. VINCENT *de Beauvais*, dominicain que l'on prétend être mort en 1256, et à qui Albert le grand aurait survécu vingt-quatre ans, a compilé un ouvrage vraiment prodigieux par le nombre des objets qu'il embrasse, et que l'on peut appeler l'encyclopédie du moyen âge. C'est sa *Bibliotheca mundi sive Speculum majus*, divisé en quatre parties, dont la première, intitulée *Speculum naturale*, embrasse en un énorme volume in-folio toute la physique et l'histoire naturelle. On prétend que le roi (les uns disent Philippe-Auguste, les autres Saint-Louis) lui procura des livres, et lui fournit les copistes et les aides qui lui furent nécessaires pour cette immense composition. C'est dans le XVII.ᵉ livre qu'il traite des poissons. La meilleure édition de ses OEuvres est celle de Douai, 1624.

à ceux-ci, qui en auraient été extraits : ce qui est certain, c'est que leur ressemblance est telle qu'ils doivent au moins avoir été puisés à des sources communes dans ce qu'ils ont d'étranger aux anciens. Vincent parle aussi du hareng, et fait mention de la saison où il paraît et de l'usage où l'on était déjà de son temps de le saler et de l'envoyer ainsi au loin.

Il vint enfin des temps meilleurs. Un grand mouvement avait été excité dans les esprits dès le treizième et le quatorzième siècle par les Dante, les Pétrarque, les Bocace ; la fin du quinzième siècle fut le moment de sa maturité.

Les Grecs chassés de Constantinople avaient fait connaître plus généralement les anciens classiques de leur nation [1] ; ils avaient donné surtout de meilleures traductions d'Aristote [2] ; l'imprimerie avait été inventée [3] ; l'Amérique découverte [4] les Indes occupées [5] ; les lettres renaquirent, et avec elles l'histoire naturelle, qui en même temps vit s'ouvrir à ses recherches un théâtre infiniment plus vaste.

---

1. Après la prise de Constantinople en 1453, et même auparavant, pendant les guerres et les calamités qui précédèrent cet événement.

2. Celle des livres sur les animaux, par *Théodore de Gaza*, Grec de Thessalonique, venu en Italie en 1429, mort en 1478, parut pour la première fois à Venise, en 1476.

3. Un peu avant 1460. — 4. En 1492. — 5. La même année.

L'ichtyologie fut des premières à se relever sous ces heureux auspices. Le premier soin de ceux qui s'y livrèrent fut de reprendre ce qui restait des anciens, et de chercher à l'expliquer; c'était là que dans ces premiers momens on espérait trouver toutes les vérités.

Dès le commencement du seizième siècle *Massaria* essaya de commenter le IX.ᶜ livre de Pline.[1]

L'éloquent historien, *Paul Jove*, ne dédaigna point dans un ouvrage exprès de rechercher les anciens noms des poissons romains[2]. Il en décrivit quarante-deux d'après l'ordre de la grandeur ou à peu près, et intercala dans leurs articles quelques particularités qui encore aujourd'hui ne sont pas sans intérêt pour les naturalistes.

Gyllius[3] se proposa à peu près le même ob-

---

1. *Francisc.* Massarii *in nonum Plinii de naturali historia librum castigationes et annotationes;* Bâle, 1537, in-4.° Il y en a aussi une édition de Paris, Vascosan, 1542, in-4.°, avec le IX.ᶜ et le XXXII.ᶜ livre de Pline.

2. *Paul* Giovio, né à Côme en 1483, mort à Florence en 1552, est assez célèbre comme un des écrivains italiens les plus élégans. Son premier ouvrage, moins connu que les autres, est un traité latin sur les poissons : *De romanis piscibus Libellus ad ludovicum Borbonium, cardinalem,* Rome, 1524, in-folio, et 1527, in-8.° Il y en a une traduction italienne par *Zancaruolo;* Venise, 1560, in-8.°

3. *Pierre* Gilles (*Gyllius*), naquit à Alby en 1490, voyagea en Italie, et fut envoyé dans le Levant par François 1.ᵉʳ Obligé,

jet dans son *Traité des noms français et latins des poissons de Marseille*. Ses articles sont plus abrégés, mais bien plus nombreux. Il y parle de quatre-vingt-treize poissons, et donne quelquefois d'assez heureuses solutions sur l'ancienne nomenclature.

Le même auteur rendit d'ailleurs un service réel en traduisant Élien, en le mettant dans un meilleur ordre, et en y joignant des extraits de quelques autres anciens, dont cet ordre, quoique encore assez imparfait, rendait l'étude moins fastidieuse.[1]

Les livres XI, XII et XIII traitent des poissons, et l'on y trouve rassemblés sous chaque nom les divers articles qui s'y rapportent, et qui sont épars dans Élien et ailleurs; mais, comme Gyllius ne cite point, on ne peut remonter aisément aux sources.

Le même mérite et le même défaut se trou-

---

faute de secours, de s'enrôler dans les troupes de Soliman II, il se racheta, revint par la Hongrie et l'Allemagne, et mourut à Rome, chez le cardinal d'Armagnac, en 1555. Son petit traité *De nominibus gallicis et latinis piscium massiliensium*, imprimé en 1535, à la suite de son Histoire des animaux, extraite d'Élien, etc., est antérieur à son voyage dans le Levant.

1. C'est le livre dont nous venons de parler : *Ex Æliani Historia per Petrum* Gyllium *latini facti, itemque ex Porphyrio, Heliodoro, Oppiano, tum eodem Gyllio luculentis accessionibus aucti, libri XVI, de vi et natura animalium;* Lyon, Gryphe, 1535, in-4.°

vent dans le livre d'*Édouard Wotton*[1], sur les *Différences des animaux*. Composé uniquement de traits empruntés aux anciens, il les met en ordre et les rend dans un style uniforme; il en fait, en un mot, un seul ouvrage, mais il ne cite point ses sources, ou ne le fait que de loin en loin. Le VIII.ᵉ livre est celui qui traite des poissons : il ne me semble pas qu'il y ait rien de nouveau.

Lonicerus[2], qui a donné quelques pages sur les poissons dans son Histoire naturelle, n'a pas même l'avantage d'avoir bien copié les anciens; ses traductions des noms en langues modernes sont fausses et ses figures imaginaires.

Mais les trois grands auteurs qui ont véritablement fondé l'ichtyologie moderne, parurent au milieu du seizième siècle, et, ce qui est remarquable, presque en même temps : *Belon*, en 1553; *Rondelet*, en 1554 et 1555; *Salviani*, de 1554 à 1558.

---

1. *Édouard* WOTTON, médecin d'Oxford, a vécu dans la première moitié du seizième siècle. Son livre intitulé : *De differentiis animalium libri X*, et dédié au jeune roi Édouard VI, est imprimé à Paris, par Vascosan, en 1552, 1 vol. in-folio, remarquable par la typographie.

2. *Naturalis historiæ opus novum, in quo tractatur de natura et viribus arborum fructicum, herbarum, animantiumque terrestrium volatilium et aquatilium*, etc., *per Adamum* LONICERUM; Francfort, 1551, in-folio.

Tous les trois, bien différens des compilateurs qui, après Aristote et Théophraste, remplissent notre liste, ont vu et examiné par eux-mêmes les poissons dont ils parlent, et les ont fait représenter sous leurs yeux avec assez d'exactitude; et cependant, trop fidèles à l'esprit de leur temps, ils s'attachent beaucoup plus à rechercher les noms que ces poissons portaient dans l'antiquité, et à composer leur histoire de lambeaux pris dans les auteurs où ils croient avoir retrouvé ces noms, qu'à les décrire d'une manière claire et complète, en sorte que, sans leurs figures, il serait presque aussi difficile de déterminer leurs espèces que celles des anciens.

Bélon[1] est celui dont les figures sont les moins bonnes, mais ce n'est peut-être pas celui dont les conjectures sont les moins heureuses;

----

1. *Pierre* Bélon, né dans le Maine vers 1518, étudia en Allemagne sous Valerius Cordus, voyagea en Italie et dans tout le Levant, et revint à Paris en 1550. Charles IX lui avait donné un logement dans le château de Madrid, au bois de Boulogne, et il s'y occupait à traduire Dioscoride, lorsqu'il fut assassiné dans ce bois, en venant à Paris, en 1564. On a de lui en ichtyologie l'*Histoire naturelle des étranges poissons marins; plus, les figure et description du dauphin;* Paris, 1551, in-4.º *De aquatilibus libri II;* Paris, 1553, in-8.º oblong; une traduction française du même ouvrage, sous le titre : *Nature et diversité des poissons;* Paris, 1555, in-8.º oblong. Ses *Observations de plusieurs singularités et choses mémorables, trouvées en Grèce, en Asie, en Judée, en Égypte, etc.,* Paris, 1553, 1554, 1555, in-4.º, contiennent aussi divers articles sur les poissons.

1.   4

comme il avait voyagé en Turquie et en Égypte,
il donne des lumières précieuses sur la nomenclature aujourd'hui usitée dans l'Archipel, qui
conduit quelquefois à retrouver celle des anciens Grecs.

Dans son ouvrage *De aquatilibus* il représente cent dix poissons, dont vingt-deux cartilagineux, dix-sept d'eau douce, le reste poissons
de mer; et il parle en outre d'une vingtaine dont
il ne donne pas de figures. La plupart de ces
figures sont reconnaissables, quoique grossièrement dessinées. Presque tous les poissons de mer
sont de la Méditerranée, et il s'y trouve néanmoins quelques espèces du marché de Paris.
Une partie des figures sont reproduites dans
son petit traité des *Étranges poissons de mer,*
et dans ses *Observations* il a ajouté celle d'un
poisson qu'il croît le scare des anciens et que
personne n'a revu depuis lui. [1]

Les figures de *Salviani* [2] sont moins nombreuses, mais beaucoup plus belles, et gravées
en taille douce, sur une assez grande échelle :

---

1. M. de Lacépède en a fait sa *chéiline scare.*
2. *Hippolyte* SALVIANI, de Citta di Castello, né en 1513, mort
en 1572, médecin du cardinal Cervin, qui fut pape six semaines
sous le nom de Marcel II, ainsi que de son successeur le pape
Jules III, a publié son *Aquatilium animalium historia,* in-folio,
de 1554 à 1557 : elle a été réimprimée à Venise en 1600 et
1602.

il en est plusieurs qui n'ont pas été surpassées dans les ouvrages plus récens. Leur nombre est de quatre-vingt-dix-neuf, presque toutes de poissons d'Italie et quelques-unes d'Illyrie et de l'Archipel, sans compter quelques mollusques.

Rondelet [1] est bien supérieur à ses deux émules, par le nombre des poissons qu'il a connus, et quoique ses figures, gravées en bois, ne soient pas à comparer pour la beauté à celles de Salviani, elles sont d'une exactitude plus grande, et surtout très-remarquables pour les détails caractéristiques. L'artiste qui les a dessinées est certainement un des hommes qui ont été le plus utiles à l'ichtyologie, et il est

---

1. *Guillaume* RONDELET, né à Montpellier en 1507, fils d'un droguiste, nommé professeur en cette ville en 1545, voyagea avec le cardinal de Tournon en France, en Italie et dans les Pays-Bas, et revint à Montpellier en 1551. Il fut secondé dans la composition de son livre sur les poissons, par *Guillaume* PELLICIER, évêque de cette ville. La première partie, *Libri de piscibus marinis in quibus veræ piscium effigies expressæ sunt*, parut à Lyon, en 1554, in-folio. Elle est divisée en dix-huit livres : les quatre premiers traitent des généralités ; les suivans, jusqu'au quinzième, des différens poissons ; le seizième, des cétacés, des tortues et des phoques ; le dix-septième, des mollusques ; le dix-huitième, des crustacés. La seconde partie, *Universæ aquatilium historiæ pars altera*, *cum veris ipsorum imaginibus*, est de 1555, et comprend deux livres sur les testacés, un sur les vers et zoophytes, trois sur les poissons d'eau douce, et un sur les amphibies. Il y a une traduction française abrégée de cet ouvrage, Lyon, 1558, in-4.°, intitulée : *L'histoire entière des poissons*, de M.ᵉ Guillaume Rondelet, etc.

bien à regretter que l'on ignore son nom. Il y en a cent quatre-vingt-dix-sept de poissons de mer, et quarante-sept de poissons d'eau douce; sans compter les cétacés, les reptiles et les mollusques. Personne, jusqu'à M. Risso, n'a aussi bien connu les poissons de la Méditerranée que Rondelet ; et encore aujourd'hui il serait impossible d'en donner, sans le consulter, une histoire un peu complète ; on verra même, dans le cours de notre ouvrage, plus d'une espèce qu'il avait déjà connue et que nous avons été ensuite les premiers à retrouver. Il donne souvent aussi sur leur anatomie des observations dont nous avons été à même de constater la justesse. Sans avoir précisément une méthode dans l'acception où nous prenons aujourd'hui ce mot, on voit pourtant qu'il a un sentiment très-vrai des genres, et qu'il rapproche plusieurs espèces à peu près comme elles doivent l'être : les sciènes, les labres, les blennies, les clupes, les scombres, les centronotes, les muges, les gades, les trigles, les pleuronectes, les raies, les squales, les murènes, les cyprins, les truites, sont déjà groupés dans son livre de manière que Willughby, et après lui Artedi et Linnæus, ont eu bien peu de peine à en former des genres véritables.

Lorsque ces trois ouvrages parurent, *Ges-*

ner[1] était occupé de la partie de sa *Grande histoire des animaux*, qui traite des *animaux aquatiques* : au lieu de suivre l'excellent plan qui l'avait dirigé dans les deux parties précédentes, c'est-à-dire de ranger sous certaines rubriques les passages des auteurs de tous les âges concernant chaque espèce, il inséra les articles de Bélon et de Rondelet, et plusieurs de ceux de Salviani, tels qu'ils étaient dans leurs livres, ajoutant seulement sous le titre de Corollaire les passages qu'ils n'avaient pas cités. Ce procédé a rendu cette partie de sa compilation beaucoup moins utile, parce qu'on ne peut y démêler ce qu'ont dit les anciens qu'au travers des idées et des systèmes de ces modernes; du reste Gesner a ajouté à leurs figures, qu'il a fait copier, beaucoup d'autres figures et d'articles sur les poissons de Venise, d'Angleterre et d'Allemagne, qu'il avait observés ou dont ses

---

1. *Conrad* GESNER, le plus savant naturaliste du seizième siècle, né à Zurich en 1516, mort en 1565, a, parmi une multitude d'autres ouvrages, laissé un grand monument dans son Histoire des animaux, en cinq livres, que l'on relie d'ordinaire en trois volumes in-folio. Le IV.ᵉ livre, qui traite des animaux aquatiques, et forme le plus épais de ces volumes : *Historiæ animalium liber IV, qui est de piscium et aquatilium animantium natura*, parut à Zurich, en 1558. On en a une édition moins belle, mais plus complète, imprimée à Francfort en 1604, et une de 1620, ainsi qu'un abrégé intitulé : *Nomenclator aquatilium animantium*; Zurich, 1560, avec les mêmes figures.

amis lui avaient envoyé des notices. Le nombre
des figures y est, dès la première édition, de
plus de sept cents; mais en y comprenant les
cétacés, les mollusques et en général tout ce
qui vit dans l'eau. Il n'y a aucun essai de méthode, et tout y est disposé d'après l'ordre
alphabétique.

Gesner a été, pendant le reste du seizième
siècle, pendant tout le dix-septième et même
pendant une partie du dix-huitième, l'auteur
capital pour tous les animaux vertébrés.

Pour ce qui concerne les poissons en particulier, *Aldrovande*[1] et son éditeur *Uterverius*
n'ont guère fait que l'abréger, le réduire à leur
plan, et ajouter aux figures qu'ils en avaient
tirées, un certain nombre de figures nouvelles,
parmi lesquelles il en est à la vérité plusieurs
faites d'après nature et qui conservent encore
de la valeur, quoique grossièrement gravées
en bois.

---

1. *Ulysse* ALDROVANDI, né à Bologne en 1527, d'une famille
noble qui subsiste encore, employa sa vie et sa fortune à rassembler les matériaux de sa grande Histoire naturelle, en treize volumes in-folio, dont il n'a publié lui-même que quatre, savoir,
trois sur les oiseaux et un sur les insectes. Il mourut en 1605, à
soixante-dix-huit ans. Le volume des poissons et des cétacés,
rédigé en partie sur ses notes, par son successeur à Bologne,
Corneille UTERVERIUS, n'a été imprimé qu'en 1613; mais on l'a
réimprimé à Bologne, en 1638 et en 1644, et à Francfort, en
1623, 1629 et 1640.

La plupart venaient des mers d'Italie, mais il y en a aussi quelques-uns des pays éloignés qui commençaient à être mieux connus.

En effet, les découvertes se continuaient dans les deux Indes; il s'y établissait des colonies; on en écrivait des relations qui piquaient la curiosité par les productions naturelles singulières que l'on y faisait connaître; des savans formaient des cabinets et y rassemblaient ces productions pour les y étudier à loisir. Petit à petit il en paraissait dans divers ouvrages des descriptions et des figures, et les poissons n'y étaient pas toujours négligés.

Ainsi *Thevet*, dans ses *Singularités de la France antarctique*, parlait du callichte et du marteau [1]. *Lery* [2] nommait plusieurs poissons du Brésil, et sa nomenclature s'accorde souvent avec celle que Margrave donna dans la suite.

---

1. *André* THEVET, cordelier, natif d'Angoulême, qui avait accompagné Gyllius dans son voyage en Grèce, en 1550, suivit *Villegaignon* lors de son expédition au Brésil, en 1555, et a publié ses observations, en 1558, à Anvers, sous le titre de *Singularités de la France antarctique*; petit in-8.°, avec figures en bois : il n'y parle que de deux ou trois poissons.

2. *Jean* DE LERY, de la Margalle, près Saint-Seine, en Bourgogne, né en 1534, ministre protestant, se rendit au Brésil, en 1556, sur la demande de *Villegaignon*. Il publia l'histoire de son voyage à Rouen, 1578, in-8.° : elle a été réimprimée plusieurs fois, et insérée dans diverses collections. Le chapitre XII y traite des poissons, et n'est pas sans intérêt. Il n'y a point de figures.

Clusius[1], dans ses *Exotica*, donnait la chimère, plusieurs diodons, un ostracion, un baliste.

Delaët, dans sa description du nouveau monde[2], représentait le trichiure, le chironecte, le gal, et quelques autres poissons.

Nieremberg[3] réunissait une partie de ces documens dans son *Histoire naturelle étrangère*, et en joignait quelques autres tirés d'ouvrages manuscrits.

Il arriva aussi vers cette époque une chose des plus favorables à la science : c'est que les

---

1. *Charles* DE L'ÉCLUSE, en latin *Clusius*, né à Arras en 1526, directeur des jardins des empereurs Maximilien II et Rodolphe II; mort en 1609, professeur à Leyde. Le livre dont nous parlons, intitulé *Caroli Clusii Exoticorum libri X*, a paru à Anvers, chez Plantin, en 1605, 1 vol. in-folio.

2. *Jean* DELAËT, né à Anvers sur la fin du seizième siècle, mort en 1649, directeur de la Compagnie hollandaise des Indes occidentales, grand promoteur de la géographie, éditeur de Margrave, etc., est auteur de plusieurs ouvrages, parmi lesquels figure au premier rang son *Novus orbis;* Leyde, 1633, 1 vol. in-folio. On y voit, p. 570, un chapitre sur les poissons du Brésil, tiré de renseignemens manuscrits.

3. *Jean-Eusèbe* NIEREMBERG, jésuite, né à Madrid en 1590, d'une famille originaire du Tyrol, mort en 1658, a fait de nombreux ouvrages, dont celui que nous citons, son *Historia naturæ maxime peregrina, libri XVI*, parut à Anvers, en 1635, in-folio. C'est une compilation d'un style pédantesque, et qui n'annonce pas dans son auteur de connaissance des objets : il y donne cependant quelques articles dus à des écrivains alors manuscrits, tels que Hernandès, etc. ; il traite des poissons dans le XI.ᵉ livre.

maîtres des nouvelles conquêtes voulurent en connaître plus exactement les richesses, et y envoyèrent des hommes en état de les étudier et de les décrire.

Hernandès fit au Mexique, par ordre de Philippe II, un recueil de figures avec des explications qui aurait eu de l'intérêt s'il avait été publié immédiatement ; mais qui ne parut qu'en extrait, long-temps après sa rédaction, et avec des commentaires qui l'obscurcirent beaucoup plus qu'ils ne l'éclaircirent[1] ; il n'y est parlé que de très-peu de poissons et fort en abrégé.

1. *François* HERNANDÈS, premier médecin de Philippe II au Mexique, avait composé une histoire naturelle de ce pays, ornée de plus de douze cents figures peintes des plantes et des animaux. Comme il n'arrive que trop souvent, ce travail, qui avait coûté soixante mille ducats, est resté manuscrit, et on ne sait ce qu'il est devenu. *François* XIMEMÈS en donna un abrégé, sans figures, à Mexico, en 1615, petit in-4.° Un Italien, nommé *Nardo Antonio* RECCHI, premier médecin du royaume de Naples, en avait fait des extraits en dix livres, qui furent acquis par le prince DE CESI, et publiés à Rome, en 1651, en un volume in-folio, sous le titre de *Rerum medicarum Novæ Hispaniæ thesaurus, seu plantarum, animalium, mineralium mexicanorum historia, etc.*, avec beaucoup de figures en bois, et de longs commentaires de *Jean* TERRENTIUS, médecin de Constance ; de *Jean* FABER, médecin de Bamberg, tous deux établis à Rome, et du célèbre *Fabius* COLUMNA. On y ajouta des commentaires bien plus longs encore sur certaines figures de plantes et d'animaux que *Recchi* avait laissées sans description, et dont plusieurs représentent des objets étrangers au Mexique, et même des animaux d'Asie et d'Afrique, que l'on donne comme s'ils étaient américains. Le fond du texte de cette partie repose sur les assertions verbales d'un

Les Hollandais ayant achevé, en 1637 et 1638, sous la conduite du comte *Jean-Maurice de Nassau*, la conquête du Brésil septentrional, *Guillaume Pison*[1], médecin de ce général,

---

capucin, nommé *Grégoire* DE BOLIVAR, recueillies par *Faber*. A la fin du volume sont six traités de *François* FERNANDÈS, qui ne diffère point de *Hernandès*, et qui me paraissent ses propres originaux en ce qui concerne le règne animal et le règne minéral; originaux d'où Recchi a extrait son IX.ᵉ et son X.ᵉ livre. Quand on fait usage de cette bizarre compilation, il est nécessaire de bien examiner de qui est l'article que l'on consulte : au surplus il y est peu question de poissons, et seulement dans le V.ᵉ livre des petits traités dits *de Fernandès*.

1. *Guillaume* PISON fut envoyé au Brésil par la Compagnie hollandaise des Indes occidentales, dirigée par *Delaët*, pour servir comme médecin sous le comte *Jean-Maurice* DE NASSAU-SIEGEN, qui gouverna ce pays de 1637 à 1644, et en même temps pour recueillir les productions naturelles de la contrée. *Delaët* lui donna à cet effet pour collaborateurs deux jeunes médecins allemands, *George* MARGRAVE, né à Meissen en 1610, et *Henri* CRALITZ. Celui-ci mourut promptement; mais Margrave résista au climat, et décrivit avec soin beaucoup de plantes et d'animaux, en même temps qu'il fit des observations astronomiques et physiques de tout genre : il mourut dans un voyage en Guinée en 1644. Pison obtint du comte Maurice de faire remettre ses papiers à Delaët; et ce qu'il avait fait sur l'histoire naturelle fut publié à Leyde, en 1648, in-folio, à la suite d'un traité de Pison, sur la médecine du Brésil, sous le titre d'*Historia naturalis Brasiliæ*. Le travail de Margrave y est divisé en huit livres, dont le IV.ᵉ est celui qui traite des poissons. Les descriptions sont entièrement de lui, et Delaët y a seulement ajouté quelques notes. Les figures sont prises de deux collections peintes par les ordres du comte de Nassau, et qu'il prêta à cet effet à Delaët. Maurice, revenu du Brésil en 1644, entra ensuite au service de Brandebourg, fut fait gouverneur de Wesel, grand-maître de l'ordre de Saint-Jean,

chargé d'examiner les productions du pays dans leurs rapports avec la salubrité publique, eut le bonheur d'être aidé dans ce travail par un jeune étudiant en médecine, Saxon, *George*

---

et élevé au rang de prince en 1654 : il mourut, en 1679, gouverneur de Berlin. Ces deux collections, qu'il avait fait arranger par le docteur Mentzel, et dont l'une est peinte à l'huile et l'autre à la gouache, passèrent dans la bibliothèque royale de cette ville, où on les conserve encore. La première, dont on ignore l'auteur, y est restée presque inconnue jusqu'en 1811, qu'Illiger la consulta pour lever les doutes auxquels le livre de Margrave donnait lieu. La seconde, que les uns croient de Margrave, les autres de Maurice lui-même, fut annoncée au public par Schneider, en 1786, et Bloch en a fait copier plusieurs figures dans sa grande Ichtyologie, mais sans paraître douter qu'elles ne soient dessinées par le prince, et, ce qui est bien plus répréhensible, en y ajoutant, en y retranchant et en y changeant plusieurs choses fort arbitrairement. Nous verrons, par exemple, qu'il a entièrement dénaturé la figure de l'*holocentrum* pour en faire son *bodianus pentacanthus*, etc.

Ces détails sont tirés de la préface de la sixième partie de la grande Ichtyologie de Bloch, et surtout de trois mémoires de M. Lichtenstein, insérés parmi ceux de l'académie de Berlin, depuis 1817 jusqu'en 1821 ; mais nous avons été assez heureux pour les confirmer en partie par nos propres yeux. M. Valenciennes ayant obtenu des conservateurs de la bibliothèque la permission de copier ces recueils, nous sommes aujourd'hui en état de les comparer aux copies de Bloch et à la nature, et de fixer définitivement les genres et les espèces auxquels chaque poisson doit être rapporté.

Les travaux de Margrave sur l'astronomie, principal objet de ses études, n'ont pas été si heureux. Remis à *Golius*, ils n'ont jamais paru. On a lieu de croire cependant qu'il y avait devancé l'abbé de la Caille dans la détermination de beaucoup d'étoiles australes.

Margrave, certainement, de tous ceux qui ont décrit l'histoire naturelle des pays lointains dans le seizième et le dix - septième siècle, le plus habile, le plus exact, et surtout celui qui a le plus enrichi l'histoire des poissons. Il en fait connaître cent, tous nouveaux à cette époque pour la science, et en donne des descriptions bien supérieures à celles de tous les auteurs qui l'avaient précédé. Les figures qui les représentent sont très-reconnaissables, malgré la simple gravure en bois par laquelle on les a rendues; et lorsqu'il en a reparu quelques-unes dans le magnifique ouvrage de Bloch, elles n'y ont pas toujours été copiées aussi fidèlement.

C'est là que l'on voit pour la première fois la malthée (*Lophius vespertilio*, L.), l'holocentrum, la fistulaire, les bagres, le rhinobate, le pasteur, le glossodonte, beaucoup de characins, l'érythrinus, la loricaire, le carape, l'istiophore, le polynème, le batrachus, le mégalope, sans parler d'une foule d'espèces intéressantes appartenant à des genres déjà connus.

Pison, dans sa seconde édition [1], ajoute

____

1. En 1658, Pison donna une nouvelle édition, fort augmentée, de son traité de la médecine du Brésil, sous le titre : *De Indiæ utriusque re naturali et medica.* Le travail de Margrave, qui avait été imprimé en entier et textuellement à la suite de la première, ne parut plus dans celle-ci qu'en extraits incorporés au corps

quelques figures à celles-là ; mais dessinées d'une autre main, et beaucoup moins correctes.

Vainqueurs des Portugais dans les Indes orientales comme au Brésil, les Hollandais y envoyèrent aussi leurs naturalistes.

Bontius[1] donna le premier quelques poissons de Batavia ; mais avec moins de précision et des dessins moins exacts que Margrave n'avait fait pour le Brésil.

Nieuhof[2] en ajouta quelques autres, mais en petit nombre.

---

de l'ouvrage, et Pison y ajouta ses propres observations et plusieurs nouvelles figures ; mais il en retrancha aussi beaucoup, en sorte que l'un des deux livres ne peut pas tenir lieu de l'autre.

On ne voit pas comment quelques écrivains ont pu accuser Pison d'être le plagiaire de Margrave : il lui rend, au contraire, partout justice dans ses deux éditions.

1. *Jacques* BONDT, ou BONTIUS, médecin de la ville de Batavia en 1625, mort en 1631, auteur d'un traité intitulé : *Historiœ naturalis et medicœ Indiœ orientalis libri VI*, imprimé, en 1658, à la suite de la deuxième édition de Pison, et qui a déterminé le titre de cette édition : *De Indiœ utriusque re naturali et medica*. La partie purement médicale avait paru, dès 1642, avec le traité de Prosper Alpin *De medicina Ægyptiorum*.

2. *Jean* NIEUHOF, natif de Bentheim, en Westphalie, employé en diverses qualités par les Compagnies des Indes hollandaises, et pendant quelque temps gouverneur de Ceilan, périt à Madagascar en 1671. Son livre intitulé : *Voyages par mer et par terre à différens lieux des Indes orientales*, Amsterdam, 1682 et 1693, in-folio, contient vingt figures de poissons, la plupart intéressans : elles sont copiées à la fin des planches de Willughby.

Établis plus tard en Amérique d'une manière
solide, ce ne fut guère que vers la fin du dix-
septième siècle que les Français écrivirent sur
l'histoire naturelle de cette partie du monde.

Dutertre[1] emprunte même de Margrave la
plupart de ses figures, et *Rochefort*[2] copie les
siens dans Dutertre. Néanmoins le premier donne
de bonnes observations sur quelques espèces.

Cependant cette abondance de productions
étrangères ne faisait pas négliger celles de l'Europe; elle excitait au contraire à leur donner
une nouvelle attention.

Matthiole[3], dans les dernières éditions de
son Commentaire sur Dioscoride, ajouta quel-

---

1. *Jean-Baptiste* DUTERTRE, moine dominicain, missionnaire
aux Antilles, né en 1610, a composé une *Histoire générale des
Antilles*. La première édition est de 1654, en un volume in-4.°;
la seconde, de 1667, en trois volumes in-4.°, est beaucoup plus
complète.

2. ROCHEFORT, ministre protestant à Rotterdam, a emprunté
de la première édition de Dutertre la plus grande partie de son
Histoire naturelle et morale des Antilles; Rotterdam, 1658, in-4.

3. *Pierre-André* MATTIOLI, né à Sienne en 1500, successivement médecin à Rome, à Trente, à Goricè et à Prague, mort à
Trente en 1577, est célèbre par son Commentaire sur Dioscoride,
imprimé d'abord en italien, à Venise, en 1544 et 1548, et en
latin en 1554 et 1565. Cette dernière édition, par *Valgrisi*, est
la meilleure : on y voit de très-belles figures en bois de plusieurs
poissons, dont quelques-unes cependant sont prises de Salviani
et de Rondelet. On a traduit et réimprimé cet ouvrage beaucoup
de fois.

ques poissons à ceux de Gesner et de ses trois prédécesseurs.

Ferrante Imperato[1] en donna deux ou trois de ceux de la Méditerranée.

Fabius Columna[2] et *Augustin Scilla*[3] traitèrent, par occasion, de deux ou trois autres.

Schwenkfeld[4] publia un catalogue et de courtes descriptions de ceux de Silésie.

Schonevelde[5] composa une histoire assez

---

1. *Ferrante* IMPERATO, médecin napolitain, auteur d'une histoire naturelle en italien, presque toute chimique et minéralogique, imprimée d'abord en 1599, in-folio, puis en 1610, in-4.°, et à Venise en 1672. On y voit un écheneis, un gymnètre.

2. *Fabius* COLUMNA, né à Naples, en 1567, d'un bâtard du cardinal Pompée Colonne, mort vers 1650, donne une figure de mylobate dans ses *Observationes aquatilium*, et entre dans son Traité des glossopètres dans des détails intéressans sur les dents des squales.

3. Les dents des squales furent aussi un objet d'étude pour le peintre sicilien *Augustin* SCILLA, dans son ouvrage sur les pétrifications, intitulé : *La vana speculazione disingannata dal senso*, Naples, 1670, petit in-4.°, dont on a une traduction latine, intitulée : *De corporibus lapidescentibus*, Rome, 1752, in-4.° Il y donne aussi une figure du marteau et une autre d'une espèce rare de squale à sept évents.

4. *Caspar* SCHWENKFELD, médecin à Hirschberg, fit imprimer à Lignitz, en 1603, in-4.°, une histoire des animaux de Silésie, intitulée : *Theriotrophium Silesiæ*, pleine de bonnes observations, mais sans figures. Le V.ᵉ livre traite des poissons, et en indique plusieurs espèces, toutes d'eau douce.

5. *Étienne* DE SCHONEVELDE était médecin à Hambourg. Son *Ichtyologia et nomenclatura animalium marinorum, fluviatilium, lacustrium, quæ in ducatibus Slesvici et Holsatiæ, et Hamburgi occurrunt triviales*, Hambourg, 1624, in-4.°, est accompagnée de

exacte de ceux du Holstein, et en ajouta quelques-uns à ceux dont Gesner avait parlé.

Vers la fin du dix-septième siècle *Sibbald*[1] en décrivit quelques-uns de l'Écosse.

Neucrantz[2] donna sur le hareng un traité particulier, où il est parlé aussi de différentes petites espèces du même genre.

Mais ce qui surtout préparait de nouvelles bases à la science des poissons, c'étaient les observations de l'école anatomique, fondée en Italie par les Vésale, les Eustache et les Fallope, si florissante dans le seizième siècle, et que, pendant le dix-septième, une heureuse nécessité avait portée à étudier l'anatomie des animaux.[3]

L'un de ses plus habiles maîtres, *Fabricius d'Aquapendente*[4] entra dans quelques détails

sept planches, où plusieurs espèces alors nouvelles sont assez bien représentées.

1. *Robert* SIBBALD, médecin d'Édimbourg, travailla pendant vingt ans à sa *Scotia illustrata, sive prodromus historiæ naturalis, etc.*; Édimbourg, 1684, 1 vol. in-folio, où il y a des figures de poissons en petit nombre et médiocres. Il a donné aussi un ouvrage capital *sur les cétacés*, mais qui n'appartient point à notre sujet.

2. *De Harengo, exercitatio medica, in qua principis piscium exquisitissima bonitas summaque gloria asserta et vindicata*, par *Paul* NEUCRANTZ, médecin de Rostock; Lubeck, 1654; in-4.°

3. Voyez HALLER, *Bibl. anat.*, 1.re part., p. 362.

4. *Jérôme* FABRICIUS, né à Aquapendente, élève de *Fallope*, maître de *Harvey*, professeur à Padoue de 1565 à 1609.

sur la génération des poissons et sur leurs écailles, et donna une description anatomique de l'émissole.

Casserius[1], son élève et son successeur, fit connaître beaucoup de faits intéressans sur le cerveau et les organes des sens de ces animaux, et particulièrement sur leurs narines, leurs yeux, leur labyrinthe membraneux et les pierres de leur oreille.

Severinus[2], dans sa *Zootomia democritea*, en jetant les fondemens d'une anatomie générale des animaux, posa aussi ceux de l'anatomie des poissons; dans son *Antiperipatias* il chercha à prouver que les poissons respirent l'air contenu dans l'eau, et même, d'après ses

---

1. *Jules* CASSERIUS, de Plaisance, successeur de Fabricius à Padoue, mort en 1616, a publié deux ouvrages très-remarquables pour leur temps : *De vocis auditusque organis historia anatomica*; Ferrare, 1600, 1 vol. in-folio; et *Pentestæsæion, hoc est de quinque sensibus;* 1610, in-folio. C'est dans le premier qu'il décrit et représente, p. 94 et 95, le cerveau, les oreilles et les narines du brochet; dans le second il en donne l'œil, mais moins exactement.

2. *Marc-Aurèle* SEVERINUS, né à Tarsia, en Calabre, en 1584, professeur à Naples en 1610, mort dans cette ville en 1656. Sa *Zootomia Democritea*, imprimée à Nuremberg par les soins de *Volkamer*, 1645, 1 vol. petit in-4.°, est le premier traité général et philosophique d'anatomie comparée : il y donne des notes sur l'anatomie d'une douzaine de poissons, avec quelques figures de viscères gravées grossièrement en bois. Son *Antiperipatias, seu de respiratione piscium*, parut seulement en 1661, à Amsterdam, en un volume petit in-folio, sans figures.

1.   5

idées sur l'uniformité de structure dans tous les animaux, il soutint qu'ils ont un poumon indépendamment de leurs branchies; mais il prit les reins pour cet organe.

Borelli[1], dans son traité *De motu animalium*[2], exposa le mécanisme de la natation, et fit connaître l'usage de la vessie natatoire.

Malpighi[3] décrivit le singulier plissement de la substance médullaire du nerf optique, qu'il observa surtout dans le xiphias.

Stenon[4] traita du cerveau, de l'œil et des dents du squale[5], et donna une bonne descrip-

---

1. *Jean-Alphonse* BORELLI, né à Naples en 1608, professeur à Pise et à Florence, mort à Rome en 1679, l'un des fondateurs de l'école des *iatromathématiciens*, qui cherchaient à appliquer des calculs exacts aux phénomènes de la physiologie.

2. *De motu animalium, opus posthumum;* Rome, 1680, 1682, 2 vol. in-4.°

3. *Marcel* MALPIGHI, né près de Bologne en 1628, professeur à Bologne, à Pise, à Messine, et premier médecin d'Innocent XII, mort à Rome en 1694, compte parmi ses nombreuses découvertes sur la structure des organes, celle des plis du nerf optique des poissons, qu'il décrivit en 1664, sur le *xiphias*, dans une lettre adressée à *Fracastor :* elle est réimprimée dans ses OEuvres complètes; Londres, 1687, 1 vol. in-folio.

4. *Nicolas* STENON, né à Copenhague en 1638, devenu catholique à Florence en 1667, précepteur du fils du grand-duc, professeur d'anatomie, évêque *in partibus*, etc., mort à Schwerin en 1687, auteur de plusieurs écrits sur l'anatomie physiologique publiés en Danemarck, en France et en Italie.

5. Dans une dissertation à la suite de son *Elementorum myologiæ specimen;* Florence, 1667, in-4.°, et réimprimée dans *Blasius* p. 263 et suivantes.

tion des viscères de la raie [1] et de ceux de la torpille [2] dont on avait aussi une description spéciale par *Lorenzini*. [3]

L'esprit de cette école fut porté en Angleterre par *Harvey* [4], en Allemagne par *Volcher Coiter* [5], dans le Nord par les *Bartholin* [6], et ne tarda pas à se répandre en Europe.

---

1. Dans son *Epistola de raiœ anatome*, jointe à son traité *De glandulis et musculis*, et réimprimée dans *Blasius*, p. 298 et suivantes.

2. Dans les *Act. medic. Hafn.*, l. II, obs. 88.

3. *Osservazioni intorno alle torpedini, fatte da* Stefano LORENZINI, Florence, 1678, in-4.°, et en latin dans les *Miscell. nat. cur.*, déc. I, ann. 9 et 10, obs. 172 ; réimprimées dans *Valentin*, 2.ᶜ part., p. 210.

4. *Guillaume* HARVEY, né à Folkstone, dans le comté de Kent, en 1577, mort en 1657, médecin des rois Jacques I.ᵉʳ et Charles I.ᵉʳ, l'illustre inventeur de la circulation générale, était élève de Fabricius d'Aquapendente. On voit même que ses découvertes sont une suite des idées de son maître.

5. *Volcher* COITER, né à Groningue en 1534, médecin à Nuremberg, mort en 1600 en France, où il était venu comme médecin d'une armée allemande, avait publié dès 1566 à Bologne un Traité des cartilages. On a de lui *Diversorum animalium sceletorum explicationes, etc.*; Nuremberg, 1575, in-folio.

6. La famille des BARTHOLIN, à qui l'anatomie doit beaucoup de travaux, était danoise. *Caspar* BARTHOLIN, né à Malmoë, en Scanie, en 1585, mort en 1630, est auteur des *Institutiones anatomicæ* et d'un traité *De unicornu*. Cinq de ses fils produisirent des ouvrages. *Érasme*, né en 1605, mort en 1698, a écrit sur le cristal d'Islande et sur d'autres sujets physico-mathématiques. *Thomas*, né en 1619, mort en 1680, inventeur des vaisseaux lymphatiques, est celui qui nous intéresse. Dans son traité *De luce animalium*, Leyde, 1647, et Copenhague, 1669 ; dans ses *Historiarum anatomicarum et medicarum centuriæ VI*, Copen-

L'anatomie des poissons en profita beaucoup.

Une réunion de jeunes médecins d'Amsterdam, parmi lesquels étaient *Gérard Blasius*[1] et l'immortel *Jean Swammerdam*[2], s'occupa de leurs viscères et fit connaître ces nombreuses appendices qui tiennent lieu de pancréas au plus grand nombre des espèces, et le canal qui dans plusieurs unit la vessie natatoire à l'estomac. [3]

Il n'y eut pas jusqu'aux pores de leur peau qui furent l'objet d'une dissertation de *Rivin*.[4]

---

hague, 1654 — 1661, et dans les *Acta medica et philosophica hafniensia*, 1672 — 1679, 5 vol. in-4.°, il a donné plusieurs faits relatifs à l'anatomie des poissons, entre autres, dans la centur. V, une note de Rhodius sur la couleur tantôt rouge tantôt verte du foie de la lamproie. *Caspar II*, fils de Thomas, a donné une dissertation *De glossopetris*; Copenhague, 1774, in-4.°, et 1706, in-12.

1. *Gérard* BLASIUS, né auprès de Bruges en 1682, mort à Amsterdam, où il exerçait la médecine, auteur de nombreux ouvrages d'anatomie.

2. *Jean* SWAMMERDAM, le célèbre auteur du *Biblia naturæ*, était né à Amsterdam en 1637, et, après avoir voyagé en France et en Allemagne, mourut dans sa patrie en 1680. Ses papiers passèrent par plusieurs mains, et furent achetés par Boerhaave, qui publia ce grand ouvrage en 1737.

3. Ces faits et plusieurs autres sont consignés dans deux petits écrits, intitulés, l'un, *Observationes anatomicæ selectiores collegii privati Amstelodamensis*, Amsterdam, 1667, in-12 ; l'autre, *Observationum anatomicarum collegii privati Amstelodamensis, pars altera, in quibus præcipue de piscium pancreate ejusque succo agitur,* Amsterdam, 1673, in-12.

4. *Aug. Quirin.* RIVINUS, *Observ. circa poros in piscium cute notandos. Act. Lips.,* 1687, p. 160 — 162.

Duverney [1] enfin, au commencement du dix-huitième siècle, fit connaître en détail les organes de leur respiration et tout son mécanisme, ainsi que leur circulation branchiale [2], et compléta ainsi, jusqu'à un certain point, les idées que l'on pouvait se faire de leur organisation.

Les descriptions particulières, appelées monographies, devinrent fort nombreuses.

Boccone [3] donna des observations sur les squales; *Valisnieri* [4] sur l'anguille. [5]

---

1. *Joseph-Guichard* DUVERNEY, né à Feurs en 1648, professeur d'anatomie au Jardin du Roi en 1679, mort en 1730, auteur avec Claude Perrault des Mémoires pour servir à l'histoire des animaux et de plusieurs mémoires d'anatomie humaine et comparée, rassemblés en deux volumes in-4.°; Paris, 1761.

2. Son Mémoire est imprimé parmi ceux de l'académie des sciences pour 1701, p. 224 — 239, et dans ses OEuvres anatomiques, t. II, p. 496 — 510. *Walbaum* l'a réimprimé dans son *Artedius renovatus*, t. II, p. 167 — 183.

3. *Paul-Sylvius* BOCCONE, de Palerme, où il naquit en 1633, voyagea en France et en Angleterre, et publia à Amsterdam en 1674 des *Recherches et observations d'histoire naturelle*, 1 vol. in-12, où il donne des figures du xiphias, de l'ammodite, et des observations sur les squales et leurs dents; réimprimées dans *Valentin*, 2.°partie, p. 118. Dans son *Museo di fisica*, Venise, 1697, in-4.°, il représente le lavaret. Il entra dans l'ordre de Citeaux en 1682, et mourut en 1704.

4. *Antoine* VALISNIERI, né en 1661 dans l'État de Modène, élève de Malpighi, professeur à Padoue en 1700, mort en 1730, grand observateur, a écrit sur la génération des insectes, sur celle des animaux en général, sur le caméléon et l'autruche, etc.

5. Réimprimées dans *Valentin*, p. 196 et suivantes.

Gauthier Needham [1] disséqua le brochet, la carpe, l'alose [2], et traita de la respiration des poissons et de ses organes, ainsi que de leur vessie natatoire.

Schelhammer [3] et *Thomas Bartholin* firent l'anatomie du xiphias [4] ; le premier y ajouta celle du lump et de la donzelle. [5]

Il y eut surtout un assez grand nombre de ces descriptions anatomiques d'espèces dans les Mémoires des curieux de la nature [6] ; on y

---

1. *Gauthier* NEEDHAM, médecin de Londres, mort en 1691, auteur d'un traité *De formato fœtu*, Amsterdam, 1668, in-12, où il traite les sujets indiqués dans le texte, dans une digression sur la respiration, qu'il intitule *De Biolychnio*, parce qu'il y soutient le système de l'analogie de la respiration avec la combustion, alors généralement admis chez les Anglais, et reproduit de nos jours par Crawford et Lavoisier.

2. Le traité *De formato fœtu* est réimprimé dans la *Bibliothèque anatomique de Manget*, t. I, p. 689 et suivantes, et il y en a un extrait, en ce qui concerne les poissons, dans *Valentin*, p. 126 et suivantes.

3. *Gonthier-Christophe* SCHELHAMMER, né à Iéna en 1649, professeur à Helmstædt, à Iéna et à Kiel, mort dans cette dernière ville en 1716. C'est à Kiel qu'il a disséqué les poissons nommés dans le texte.

4. La Dissertation de Bartholin est réimprimée dans *Blasius*, p. 307 ; celle de *Schelhammer*, dans *Valentin*, p. 102.

5. Autre Dissertation de Schelhammer dans *Valentin*, p. 108 et 109.

6. L'académie impériale des curieux de la nature, dont les membres étaient épars dans l'Allemagne, fut fondée en 1652 par BAUSCH, médecin de Schweinfurt. Le premier volume de ses *Miscellanea curiosa, sive ephemeridum medico-physicarum, dec. I, ann. 1*, parut en 1670.

trouvait celle du saumon par *Peyer*[1], de la truite[2] et de la lote[3] par *Muralt*, du silure par *Hartmann*[4], de la baudroie par *Kœnig*[5], de la lamproie par *Waldschmidt*[6]. *Kœnig* y décrivit l'estomac singulier du muge.[7]

Les mémoires des médecins de Copenhague[8], offraient l'anatomie de l'orphie[9] par *Borrichius*[10]; celles de l'anguille[11], du squale centrina[12], de la torpille[13], de la lamproie[14], par *Jacobœus.*[15]

L'académie des sciences de Paris, qui, dans ses commencemens, avait eu le projet de décrire et de disséquer les animaux de la ménagerie de Versailles, et qui a poussé en effet cette

---

1. *Miscell. nat. cur.*, dec. II, ann. 1, obs. 85 ; réimpr. Valentin, 2.ᵉ partie, p. 120. — 2. *Dec. II, ann. 1* ; Valent., p. 121. — 3. *Dec. II, ann. 1, obs* 46., p. 124 ; Valent., p. 132. — 4. *Dec. II, ann. 7, obs.* 40 ; Valent., 2.ᵉ partie, p. 101. — 5. *Dec. III, ann. 2,* p. 204 ; Valent., p. 134. — 6. *Dec. III, ann. 5 et 6* ; Valent., p. 131. — 7. *Dec. II, ann. 5,* p. 208.

8. *Acta medica et philosophica hafniensia ;* collection formée par *Thomas* BARTHOLIN et quelques-uns de ses amis : il y en a cinq volumes, de 1672 à 1679.

9. Vol. II, p. 149 ; réimprimé dans *Valentin*, 2.ᵉ partie, p. 119.

10. *Olaus* BORRICHIUS, né à Borchen, en Danemarck, en 1627, professeur à Copenhague, chimiste et naturaliste, mort en 1690.

11. Vol. V, p. 261 et 262. — 12. Vol. V, p. 251 — 253. — 13. Vol. V, p. 253 — 259. — 14. Vol. V, p. 259 et 260.

15. *Oliger* JACOBÆUS, naturaliste danois, né à Aarhus en 1650, allié des Bartholin, professeur à Copenhague, mort en 1701. Il a décrit le Musée royal de Copenhague.

entreprise assez loin dans ses *Mémoires pour servir à l'histoire des animaux* [1], y a donné des observations anatomiques sur le squale faux. [2]

Une partie de ces monographies a été rassemblée dans les collections de *Blasius* [3] et de *Valentin.* [4]

Mais on n'y trouve pas les observations les plus précieuses de l'époque sur ce sujet, celles qu'offre le système anatomique de *Samuël Collins* [5], où se voient, en vingt-huit planches très-bien gravées, les viscères et les cerveaux de vingt et quelques poissons [6]; la représenta-

---

1. Les *Mémoires pour servir à l'histoire des animaux* (le tome III des Mémoires de l'académie des sciences, Avril, 1699) sont l'ouvrage de *Perrault* et de *Duverney.* Le rédacteur, *Claude* PERRAULT, médecin et architecte, célèbre auteur de la colonnade du Louvre, né à Paris en 1613, mourut en 1688.

2. Réimprimées dans *Valentin*, 2.ᵉ partie, p. 82.

3. *Gérard* BLASIUS, professeur à Amsterdam, dont nous avons déjà parlé à la p. 68. *Anatome animalium terrestrium volatilium, aquatilium, etc., structuram naturalem, ex veterum recentiorum propriisque observationibus proponens;* Amsterdam, 1681, in-4.°

4. *Michel-Bernard* VALENTIN, professeur à Giessen, né dans cette ville en 1657, mort en 1726. *Amphitheatrum zootomicum, tabulis œneis quam plurimis exhibens historiam animalium anatomicam, etc.;* deux parties en un volume in-folio, Francfort, 1720.

5. *Samuël* COLLINS, médecin anglais, attaché pendant un certain temps au czar de Russie, puis à la reine, femme de Charles II. Son ouvrage, intitulé : *A system of anatomy treating of the body of man, beasts, birds, fish, etc.;* 2 v. in-fol., 74 pl., Lond., 1685, est remarquable par de belles et nombreuses figures sur l'anatomie des animaux.

6. La *dorée*, l'*ange*, la *pastenague*, la *raie*, l'*émissole*, la *lote*,

tion des cerveaux était surtout importante et pendant long-temps n'a point été égalée.

On devait désirer que tant de matériaux fussent réunis dans un corps d'ouvrage. Vers le milieu du dix-septième siècle, un médecin de Silésie, *Jean Jonston*[1], avait entrepris cette tâche pour tout le règne animal; mais il l'avait fait en simple compilateur, sans connaissance personnelle des choses et en négligeant d'ailleurs entièrement l'anatomie. Son volume des poissons en particulier n'est qu'un abrégé assez élégant à la vérité d'Aldrovande, et des auteurs qu'Aldrovande lui-même avait suivis; le VI.e livre, qui traite des poissons étrangers, n'est tiré que de Margrave et de Nieremberg. C'est aussi de ces différens auteurs et de Schonevelde qu'il a copié ses planches; mais dans l'édition de 1718, qui porte le titre de *Theatrum animalium*[2],

la *brème*, la *perche*, l'*éperlan*, le *goujon*, le *muge*, le *surmulet*, l'*anguille*, le *grondin*, le *merlan*, la *plie*, le *flet*, la *lamproie*, le *gadus virescens*, la *tanche*, la *carpe*, la *baudroie*.

1. *Jean* JONSTON, né à Lessno, ou Lissa, dans le palatinat de Posen, en 1603, d'une famille originaire d'Écosse, mort en 1675, a été un compilateur laborieux, et a publié de nombreux ouvrages. Son *Histoire naturelle des animaux* parut par parties à Francfort : les poissons et cétacés en 1649, les oiseaux en 1651, les quadrupèdes en 1652, les insectes et serpens en 1653, in-folio. Le tout a été réimprimé à Amsterdam, en 1657.

2. *Frédéric-Henri* RUYSCH, éditeur de cette troisième édition de

on a ajouté des figures de poissons des Indes,
dont nous aurons occasion de reparler dans
la suite.

Jonston a essayé de ranger les poissons
d'après une espèce de méthode, mais très-mal
conçue ; car il y mêle des distinctions prises
de leur séjour, à celles qui sont tirées de leur
conformation ; et ces dernières même sont mal
choisies et encore plus mal suivies dans le détail ; les poissons rangés sous chaque chapitre
n'ayant pas tous, à beaucoup près, les caractères indiqués dans le titre.

C'est à *Ray*[1] et à *Willughby*[2] qu'était réservé l'honneur de donner pour la première
fois une ichtyologie où les poissons fussent
décrits clairement et sur nature, et distribués
d'après des caractères tirés uniquement de leur

Jonston, faite à Amsterdam par les Wetstein, était fils du célèbre
anatomiste du même nom, et mourut avant son père.

1. *Jean* RAY, ou WRAY, en latin RAIUS, théologien anglais, et
l'un des grands naturalistes du dix-septième siècle, né à Blak-
Notley, dans le comté d'Essex, en 1628, mort en 1705, a porté
l'esprit de la vraie méthode dans toutes les branches de l'histoire
naturelle, et contribué plus que personne à la marche régulière
que cette science a prise pendant le siècle suivant.

2. *François* WILLUGHBY, d'une maison ancienne d'Angleterre,
dont plusieurs branches ont eu ou ont encore des pairies, élève
de Ray, né en 1635, mort en 1672, s'était associé avec Ray, son
maître et son ami, pour travailler à l'histoire naturelle des animaux.

conformation, où leur histoire enfin fût dé-
barrassée de tous ces passages des anciens,
rapportés si arbitrairement aux diverses espèces
par les auteurs du seizième siècle, et dont un
si grand nombre sont en eux-mêmes ou invrai-
semblables ou inintelligibles.

L'*Historia piscium*, bien qu'elle ne porte
sur le titre que le nom de Willughby, est en
grande partie le fruit de leurs travaux communs [1]. Ils en avaient recueilli les principaux
matériaux dans un voyage qu'ils firent en
France, en Allemagne, et surtout en Italie, de
1663 à 1666; voyage pendant lequel Willughby décrivit et disséqua tous les poissons
qu'ils purent se procurer. Ray les rangea sous
des classes et des familles, fondées en première
ligne sur la nature cartilagineuse ou osseuse
du squelette; puis sur la forme générale, sur
les dents, sur la présence ou l'absence des
nageoires ventrales, sur la nature des rayons
des nageoires mous ou épineux, et enfin sur

---

1. *Francisci* WILLUGHBEII, *armigeri, de historia piscium libri IV,
jussu et sumptibus societatis regiæ Londinensis editi, etc., totum
opus recognovit, coaptavit, supplevit, librum etiam primum et secundum adjecit Joh.* RAIUS; Oxford, 1686, 1 vol. in-folio, avec 1 vol.
de planches, au nombre de cent quatre-vingt-huit, qui est de
1685. Les frais de la gravure furent faits par les membres de la
Société royale : le président, *Samuël Pepys,* à lui seul, en fit graver soixante.

le nombre des nageoires dorsales [1] ; mais ne s'étant pas bien rendu compte de ce qu'on

---

1. Voici une idée de la méthode de Ray et de Willughby. On remarquera seulement que, pour abréger, nous avons mis à la dernière colonne des noms de genres tels qu'on les reçoit aujourd'hui ; mais qu'ils n'ont nommé que les espèces, et ne les ont pas toujours bien rapprochées.

CARTILAGINEI,

LONGI,

   Squali.

   Zygœna, etc.

LATI,

   Raiæ.

   Partinacæ.

   Aquilæ, etc.

   Rana piscatrix.

OSSEI,

PLANI,

   Pleuronectes.

NON PLANI,

ANGUILLIFORMES,

   Murœnæ.

   Anguillæ.

   Lampetræ.

   Tœniæ.

   Remora.

   Gunnellus.

   Mustela.

   Silurus.

   Gobio, etc.

CORPORE CONTRACTIORE,

SINE VENTRALIBUS,

   Orbes.

   Balistes.

   Stromateus.

   Acus.

   Xiphias.

CUM VENTRALIBUS,

Malacopterygii,

Pinnis dorsalibus 3,

   Gadi.

Pinnis dorsalibus 2,

   Merlucii.

Thynni.

Truttæ.

Gobii.

Lumpus.

Atherina, etc.

Pinna dorsali 1,

   Coryphenæ.

   Chætodontes.

   Clupeæ.

   Argentina.

   Belone.

   Saurus.

   Exocetus.

   Lucius.

   Sturio.

   Cyprini.

   Cobitis.

Acanthopterygii,

Pinnis dorsalibus 2,

   Labrax.

   Sphyræna.

   Mugiles.

   Triglæ.

   Mulli.

   Callyonimi.

   Trachini.

   Batrachus.

   Perca.

   Faber et vomer.

   Glaucus.

   Sciænæ.

Pinna dorsali 1,

   Spari.

   Labri.

   Serrani.

   Scorpœnæ.

   Cernuæ.

   Gasterostei.

devait entendre par rayons épineux et par squelette cartilagineux, il ne place pas toujours les espèces comme elles auraient dû l'être dans sa méthode. Ainsi l'esturgeon demeure parmi les poissons osseux ; le thon parmi ceux qui n'ont pas d'épines aux nageoires, etc.

Il n'y a pas non plus des genres bien définis et bien limités ; mais les poissons ne laissent pas, en beaucoup d'endroits, d'être rapprochés très-naturellement et de manière qu'il suffisait de peu de mots pour former de ces réunions plusieurs des genres qui ont été reçus depuis.

Quant aux espèces, on y trouve rassemblées non-seulement celles que les auteurs ont vues et décrites sur nature, qui sont au nombre de cent soixante-dix-huit ; mais toutes celles des auteurs précédens, dont ils intercalent les descriptions parmi les leurs, en les arrangeant, autant qu'ils le peuvent, d'après la forme qu'ils ont adoptée.

On voit dans ces additions une preuve de la prodigieuse sollicitude que Rondelet avait mise à rechercher les poissons et des succès qu'il avait obtenus. Willughby s'étonne souvent du grand nombre qu'il n'a pu retrouver, et qui n'avaient pas échappé au naturaliste de Montpellier. Après Rondelet c'est Margrave qui en a fourni le plus. Willughby s'aide aussi beaucoup pour les poissons d'eau douce du manuscrit d'un pêcheur de Strasbourg, nommé *Baltner*[1]; et à la fin Ray ajoute un supplément tiré de Niewhof, et quelques poissons étrangers fournis par Lister. Le nombre total est de quatre cent vingt; mais les auteurs n'ont pas toujours su reconnaître l'identité de certaines espèces tirées des ouvrages précédens, en sorte que l'on trouve déjà ici des doubles emplois, ce fléau de l'histoire naturelle, toujours prêt à s'introduire sitôt que l'on n'apporte pas dans une compilation la critique la plus sévère.

Le second volume, intitulé *Ichtyographia* et composé en entier de planches, offre des copies de toutes les figures de Salviani, de Rondelet, de Margrave, de Clusius, de Niewhof et des autres ichtyologistes, avec un certain nombre de figures nouvelles marquées d'un +. Elles sont bien gravées en taille-douce; mais elles n'ont, comme on devait s'y attendre, que le degré de fidélité des originaux.

Le *Synopsis piscium*[2], ouvrage posthume

---

1. Cet ouvrage, qui existe encore à la bibliothèque publique de Strasbourg, nous a été communiqué : il contient des figures médiocres de quarante-cinq poissons d'eau douce et de plusieurs autres animaux.

2. *Joannis* RAII *Synopsis methodica piscium*; Londres, 1713, 1 vol. in-8.°

de *Ray*, n'est guère qu'un abrégé de l'ichtyologie, avec quelques supplémens tirés de Dutertre, ou fournis par Sloane et par un curé du pays de Cornouailles nommé *Jago*. Ces derniers ont de l'intérêt comme poissons d'Europe qui n'avaient point encore été décrits.

L'ouvrage de Willughby forme une époque, et une époque heureuse, dans l'histoire de l'ichtyologie. Assujettie désormais à des formes méthodiques, cette science put prendre une marche régulière, distinguer les espèces nouvelles des anciennes, les ajouter à la masse en les plaçant d'une manière sûre, et elle eut surtout un modèle assez parfait de descriptions ; cependant, comme Willughby n'avait point de nomenclature qui lui fût propre, ni de noms fixes pour ses genres, son influence sur les auteurs qui le suivirent immédiatement, ne fut pas très-sensible.

A peine l'aperçoit-on dans les écrits où l'on traita en ce temps-là, et même long-temps après, de l'histoire naturelle des différentes provinces de l'Angleterre [1], quoique l'on y décrive quelques poissons ; ni même dans des écrits destinés à

---

1. WALLACE, *Account of the islands of Orkney ;* 1700. LEIGH, *Natural history of Lancashire, Cheshire and the peak of Derbyshire;* Oxford, 1700, in-folio. MORTON, *Nat. hist. of Northamptonshire;* Londres, 1712, in-folio. *Ejd. Nat. hist. of Nottinghamshire;* Londres, 1712, in-folio. COKER, *Survey of Dorsetshire;* Londres, 1732, in-folio. Silki TAYLOR, *Hist. of antiquiies of Harwich,* avec un ap-

l'histoire de poissons particuliers; tels que celle du hareng de *Dodd*. [1]

Elle se remarque un peu mieux dans ceux où l'on décrivit les productions des colonies anglaises, notamment dans ce que *Sloane*[2] donna sur les poissons de la Jamaïque, et *Catesby* sur ceux de la Caroline. Le premier ne décrit que trente-neuf poissons, et les figures en sont mal exécutées d'après des échantillons desséchés assez grossièrement. Les descriptions elles-mêmes sont faites seulement sur ces échantillons, et le plus grand nombre des espèces est déjà dans Margrave ou dans Dutertre.

Catesby[3] a des figures mieux dessinées, et

---

pendice sur l'histoire naturelle par *James* DALE; Londres, 1732, in-4.° On peut même étendre ce jugement à BORLASE, *Nat. hist. of Cornwallis*, Londres, 1758, in-folio, où l'on voit cependant plusieurs poissons intéressans, notamment le pompile, ou centrolophe; et à WALLIS, *Hist. nat. of Northumberland*; Londres, 1769, 4 vol. La plupart de ces auteurs semblent avoir pris pour modèle l'*Histoire naturelle de l'Oxfordshire* de *Robert* PLOTT, qui est de 1677, Oxford, in-folio, plutôt que les ouvrages de Ray et de Willughby. Plott donne des figures du lamprillon et d'un cyprin.

1. *An essay towards a natural history of the herring*, by *J. S.* DODD; Londres, 1752, in-8.°

2. *Hans* SLOANE, né à Killiley, en Irlande, en 1660, médecin du duc d'Albemarle, gouverneur de ce royaume en 1687, mort président de la Société royale en 1753, a donné son ouvrage en anglais sous le titre de *Voyage aux îles de Madère, des Barbades, de Nièves, de Saint-Christophe et de la Jamaïque*; Londres, 1707 et 1727, 2 vol. in-folio, avec deux cent soixante-quatorze planches.

3. *Marc* CATESBY, né en 1680, après avoir passé en Virginie

coloriées d'après le frais ; ce qui leur donne un mérite trop peu commun.

Il y en a quarante-trois de poissons, et comme ils sont pris plus au Nord, ils rentrent moins dans ceux qui avaient été décrits auparavant.

Hughes[1], dont l'histoire de la Barbade n'a paru qu'en 1750, n'a pas même l'air de connaître Willughby dans ce qu'il dit des poissons, quoiqu'il parle d'une vingtaine d'espèces.

Edwards[2] compte à peine parmi les ichtyologistes ; on ne trouve dans son recueil que quatorze poissons, et encore la moitié en étaient déjà connus : il n'eut donc guère d'occasion de marquer dans cette partie son adhésion à

de 1712 à 1719, y retourna aux frais de *Dale*, de *Sherard* et de *Sloane*, de 1722 à 1726. Son *Histoire naturelle de la Caroline, de la Floride et des îles de Bahama*, en deux volumes in-folio, Londres, 1731 et 1743, avec deux cent vingt planches, surpassait alors pour la beauté des figures tout ce qui avait paru : on en a une édition faite en Allemagne en 1750.

1. *Griffith* HUGHES, curé anglican à Sainte-Lucie, dans l'île de la Barbade, a donné en anglais une *Histoire naturelle de cette île ;* Londres, 1750, in-folio. De ses vingt poissons deux seulement sont représentés en figures.

2. *George* EDWARDS, peintre anglais, bibliothécaire de la Société royale, a donné deux recueils, qui font suite l'un à l'autre, et contiennent en tout trois cent soixante-deux planches ; l'histoire naturelle des oiseaux, en quatre volumes in-4.°, de 1743 à 1751, et les Glanures d'histoire naturelle, en trois volumes, de 1758 à 1764. Ses figures sont très-exactes, et au nombre des meilleures du dernier siècle : il suit dans chaque volume la méthode ornithologique de Willughby.

1.   6

Willughby, qu'il suivit du reste avec fidélité dans sa disposition des oiseaux.

Willughby exerça encore moins d'autorité sur le continent qu'en Angleterre; on le négligea même dans les ouvrages où l'on traita des pêches ou de l'histoire naturelle des pays du Nord; *Zorgdrager*[1], *Egede*[2], *Anderson*[3], *Horrebow*[4], et même *Crantz*[5], n'en prirent aucune connaissance.

Il est vrai qu'ils s'occupèrent encore plus

---

1. *Corneille-Gisbert* ZORGDRAGER, auteur d'un ouvrage très-embrouillé sur la pêche de la baleine du Groënland et de la morue de Terre-Neuve, imprimé en hollandais à Amsterdam, en 1720 et 1728, et en allemand à Nuremberg, en 1723 et 1750.

2. *Hans* EGEDE, ecclésiastique norwégien, partit en 1721 pour le Groënland, par zèle pour la religion, et y passa jusqu'en 1736. C'est sous sa direction que les frères moraves y ont établi une mission en 1733. Son *Histoire naturelle du Groënland* est imprimée à Copenhague, en danois, in-4.°, 1741, et en français, in-8.°, 1763. Il y en a une traduction anglaise; Londres, 1745.

3. *Jean* ANDERSON, négociant et bourguemestre de Hambourg, né en 1674, mort en 1743, auteur d'une *Histoire naturelle de l'Islande, du Groënland, du détroit de Davis, et d'autres pays situés sous le nord*, imprimée en allemand à Hambourg, en 1746, et en français à Paris, en deux volumes in-12, 1750.

4. *Nicolas* HORREBOW, ecclésiastique danois, envoyé en Islande par le roi de Danemarck, en a donné une *Description physique, historique, etc.*, imprimée en danois à Copenhague, en 1752; en allemand, en 1758, et à Paris, en français, en 1764, 2 vol. in-12.

5. *David* CRANTZ, missionnaire morave, auteur d'une *Histoire du Groënland*, imprimée en allemand à Barby, en 1765 et 1770, 2 vol. in-8.°; en anglais, à Londres, en 1767, in-8.° Il y en a un extrait dans le dix-neuvième volume in-4.° de l'Histoire générale des voyages en 1770.

des cétacés et des phoques que des poissons proprement dits; ils ne parlent de ces derniers qu'autant qu'ils sont des objets de grandes pêches.

Pontoppidan [1], qui aurait dû connaître et Artedi et Linnæus, ne cite encore que Willughby, et une ou deux fois seulement, tant ces prétendus naturalistes topographes sont ordinairement en arrière des connaissances acquises.

Toutefois il y eut des exceptions; quelques auteurs eurent soin de consulter le grand ichtyologiste anglais, et de se conformer à sa méthode dans leurs descriptions.

Marsigli [2] doit être mis au premier rang

---

1. *Éric* Pontoppidan, né à Aarhus en 1698, évêque de Bergen, en Norwége, mort en 1764, a publié en danois une *Histoire naturelle de Norwége*, Copenhague, 1752, in-4.°, dont on a une traduction anglaise, Londres, 1755, in-folio, et une allemande, Copenhague, 1753 et 1754, 2 vol. in-4.°, et Flensbourg, 1759. Il y parle des poissons, mais en naturaliste peu instruit et trop crédule.

2. *Louis-Ferdinand* comte De Marsigli, noble bolonais, né en 1658, officier au service d'Autriche en 1682, prisonnier en Turquie en 1683, cassé en 1703 pour avoir rendu Fribourg, fondateur de l'Institut de Bologne en 1715, mort en 1730, a donné en 1726 une description du cours du Danube, et des productions qui naissent dans ses eaux ou vivent sur ses bords, en six volumes grand in-folio, sous le titre de *Danubius pannonico-mysicus*. Le quatrième volume, consacré aux poissons, contient de très-belles figures de cinquante-trois espèces : l'anatomie du hausen est dans le tome VI.

pour ce qu'il a fait dans son histoire du Danube
sur les poissons de ce fleuve, qu'il a rassemblés
avec soin, décrits avec assez d'exactitude, et
représentés sur des planches magnifiques, auxquelles il a ajouté une anatomie fort exacte de
l'Esturgeon hausen.

Le nombre de ses espèces est de cinquante-
trois; on y voit entre autres une poécilie qui
n'est point ailleurs.

C'est à peine si l'on doit nommer ici quelques voyageurs de cette époque, tels que les
Bosman [1], les *Leguat* [2], les *Labat* [3], les *Le-*

1. *Guillaume* Bosman, employé de la Compagnie hollandaise
des Indes occidentales en Afrique, a donné en 1705, à Utrecht,
in-12, un *Voyage en Guinée*, avec des descriptions et des figures
d'animaux plus nombreuses et plus exactes qu'elles ne le sont
dans la plupart des ouvrages de ce genre.

2. *François* Leguat, né en Bresse vers 1638, expatrié lors de
la révocation de l'édit de Nantes, confiné à l'île Rodrigue de
1691 à 1693, revenu en Europe en 1698, mort à Londres en
1735, a publié en 1708, à Londres, in-12, *Les voyages et aven-
tures de* François Leguat *et de ses compagnons, etc.* Il y donne des
figures de quelques animaux, mais faites, à ce qu'il paraît, de
mémoire.

3. *Jean-Baptiste* Labat, dominicain, né à Paris en 1663, missionnaire à la Martinique en 1694, revenu en Europe en 1706,
mort à Paris en 1738, a donné quatre ouvrages qui intéressent
à quelques égards l'histoire naturelle : 1.° *Nouveau voyage aux
îles Antilles;* Paris, 1722, 6 vol. in-12 : il y en a des éditions de
La Haye, 1724 et 1738; de Paris, 1738 et 1742, et des traductions en allemand et en hollandais. 2.° *Nouvelle relation de l'Afrique occidentale,* d'après les Mémoires de Brue; Paris, 1728, 5 vol.
in-12 ; réimprimé en 1732 et 1758. 3.° *Voyage du chevalier* Des-

brun[1], les *Paul Lucas*[2], les *Kolbe*[3], qui n'é-
taient point naturalistes, et n'ont donné sur
les poissons que des figures en petit nombre,
peu exactes, et des articles le plus souvent
mêlés de contes populaires.

Mais nous ne pouvons pas traiter aussi légèrement deux recueils de poissons, faits dans
les colonies hollandaises des Indes orientales,

MARCHAIS *en Guinée et à Cayenne*, fait en 1725 — 1727 ; Paris,
1730, 4 vol. in-12 ; réimprimé en 1731 à Amsterdam. 4.° *Relation historique de l'Éthiopie occidentale* (Congo, etc.), traduite en
partie de l'italien du capucin CAVAZZI ; Paris, 1732, 5 vol. in-12.

1. *Corneille* LEBRUN, peintre hollandais, auteur de deux voyages
où il a donné quelques objets d'histoire naturelle, et notamment
quelques poissons : *Voyage au Levant, en Égypte, en Syrie, etc.*;
Amsterdam, 1714, 1 vol. in-folio. *Voyage, par la Moscovie, en
Perse et aux Indes orientales* ; Amsterdam, 1718, 2 vol. in-
folio.

2. *Paul* LUCAS, né à Rouen en 1664, mort en 1737, a fait de
nombreux voyages dans le Levant, et a donné des relations de
trois, sous ces titres : *Voyage au Levant* ; Paris, 1704, 2 vol. in-12.
Voyage dans la Grèce, l'Asie mineure, la Macédoine et l'Afrique ;
Paris, 1710, 2 vol. *Voyage dans la Turquie, l'Asie, la Sourie, la
Palestine, la haute et la basse Égypte* ; Paris, 1719, 3 vol. Ces
ouvrages ont été souvent réimprimés. On y trouve des poissons
du Nil.

3. *Pierre* KOLBE, né en 1675 à Wunsiedel, dans le pays de
Bareuth, envoyé au Cap en 1704, revenu en Europe en 1712,
mort en 1726, a publié en 1719, en allemand, une relation de
son voyage, Nuremberg, 3 vol. in-folio, qui a reparu en allemand en deux volumes, Amsterdam, 1727 : on en a une traduction française fort abrégée ; Amsterdam, 1741, 3 vol. in-12. Il
parle de quelques poissons, mais mal observés. Les figures paraissent avoir été faites en Europe après son retour.

et qui ont servi de matériaux aux publications de *Ruysch*, de *Valentyn* et de *Renard*.

Le premier avait été exécuté pour *Corneille de Vlaming*[1], par un artiste qui n'est pas nommé. Il a servi d'original à la première partie des poissons des Indes de *Renard*[2]. Le second, ouvrage d'un nommé *Samuël Fallours*[3], et moins conforme à la nature, est gravé dans la deuxième partie de Renard, dont le recueil n'a paru qu'en 1754, quoiqu'il fût préparé plus

---

1. *Corneille* DE VLAMING avait été maître d'équipage de la Compagnie hollandaise des Indes au Bengale, et ramena comme amiral la flotte de 1715. Son recueil original est aujourd'hui conservé au Muséum d'histoire naturelle; il est intitulé : *Zee-Tooneel*, et il y est dit qu'il a été dessiné d'après nature par l'ordre et sous l'inspection de Vlaming.

2. *Poissons, écrevisses et crabes de diverses couleurs et figures extraordinaires, que l'on trouve autour des Moluques et sur les côtes des terres australes, etc.;* Amsterdam, 1754, in-folio.

Louis RENARD, agent du roi d'Angleterre à Amsterdam, avait préparé sa publication dès 1718 ou 1720; mais sa mort en retarda long-temps l'émission définitive, qui n'eut lieu qu'en 1754, par les soins de *Vosmaer*. Renard donne un certificat de Frédéric-Jules Coyett, portant que les dessins de cette première partie ont été faits dans la maison de son père, *Balthasar* COYETT, gouverneur d'Amboine. Cette assertion ne peut se concilier avec ce qui est dit sur le titre du recueil de Vlaming qu'en supposant qu'il en fût fait deux exemplaires, l'un pour Vlaming, l'autre pour Coyett.

3. *Samuël* FALLOURS, consolateur des malades à Amboine, revenu aussi en 1715, se reconnaît l'auteur de cette seconde collection dans une lettre, publiée également par Renard, en tête de ses Poissons des Indes.

de trente ans auparavant ; mais dès 1718 ils étaient mêlés l'un et l'autre dans la publication faite par *Ruysch*, en tête de la troisième édition de Jonston, sous le titre commun de *Theatrum animalium* [1] ; et, en 1726, *Valentyn* avait emprunté des figures à tous les deux, et leur en avait joint un certain nombre d'autres dans le troisième volume de sa grande Histoire des Indes orientales. [2]

Les descriptions de Ruysch et de Valentyn sont faites d'après les figures, et les histoires qu'y ajoute ce dernier paraissent fort suspectes,

---

1. *Ruysch* attribue ses figures, qui sont manifestement les mêmes que celles des deux parties de Renard, à une seule et même personne : *Quæ, ibi*, dit-il, *conciones ad populum habebat, et cœteras res quæ pertinent ad religionem per aliquot annos curabat*; désignation qui semble se rapporter à Fallours ; ce qui me fait croire que l'exemplaire acquis par les Wetstein, et publié par Ruysch, était une copie faite par Fallours, non-seulement de ses propres dessins, qui remplissent la seconde partie de Renard, mais encore de ceux qui avaient été faits auparavant, soit pour Coyett, soit pour Vlaming : ceux-ci sont de beaucoup meilleurs que les siens.

2. *François* VALENTYN, ministre protestant à Amboine, né à Dort en 1660, fit un premier séjour dans l'archipel des Indes de 1685 à 1694, et un autre de 1706 à 1714. Il est auteur d'un grand ouvrage hollandais, en cinq volumes in-folio, imprimé à Dort et à Rotterdam, de 1724 à 1726, et intitulé : *L'Inde orientale ancienne et nouvelle*. C'est dans le troisième volume, qui traite d'Amboine, qu'il a donné beaucoup de choses sur l'histoire naturelle, mais souvent hasardées, et rédigées comme pouvait le faire un homme entièrement étranger à cette science.

mais les figures elles-mêmes, surtout celles de la première partie, ne sont point imaginaires, comme on l'a cru pendant long-temps : Pallas a déjà soutenu, et avec raison, qu'elles sont pour la plupart faites d'après nature, et chaque jour, en effet, il nous arrive, en preuve de la bonne foi des dessinateurs, quelqu'une des espèces qui y sont représentées.

Il est vrai que, suivant que l'artiste a été plus ou moins habile ou scrupuleux, la nature y est plus ou moins bien rendue, et presque jamais les caractères délicats n'y sont exprimés avec précision ; il n'y a surtout jamais été donné d'attention aux nombres des rayons : toutefois, malgré leurs défauts, ces recueils sont encore indispensables, soit pour donner l'idée des couleurs naturelles des espèces connues, soit pour faire reconnaître les espèces nouvelles que les voyageurs nous apportent journellement de ces mers si fécondes.

Le nombre de ces figures est dans Renard de quatre cent cinquante-neuf, dans Valentyn de cinq cent vingt-sept, dans Ruysch de trois cent quatre-vingt-seize ; mais il y a beaucoup de répétitions, et il faut en retrancher un assez grand nombre de crustacés.

On peut rapprocher de ces dessins faits aux Indes, les différens recueils de peintures ou de gravures venus de la Chine ou du Japon, et on peut même les leur préférer; car ils égalent souvent, pour l'exactitude du trait, nos meilleurs ouvrages européens.

Parmi les gravures on doit citer surtout l'*Encyclopédie japonaise*, et un volume particulier sur les poissons, fait aussi au Japon, et qui se trouve dans quelques bibliothèques [1]; les espèces y sont très-reconnaissables, et il n'est pas douteux que ces livres ne puissent fournir quelques notions sur l'ichtyologie de ces régions peu fréquentées. Les recueils de peintures offrent des figures encore meilleures; mais ils sont bien plus rares. [2]

---

1. L'*Encyclopédie japonaise* est à la bibliothèque du Roi, en nombreux petits volumes in-4.° : la partie consacrée aux poissons en contient soixante-dix-neuf espèces. L'autre ouvrage est dans celle du Muséum d'histoire naturelle et dans celle de feu Joseph Banks. M. de Lacépède l'a cité sous le titre inexact de *Manuscrit chinois.* C'est un imprimé petit in-folio, contenant beaucoup de figures d'animaux aquatiques, dont quatre-vingt-trois de poissons, gravées sur bois et coloriées, en grande partie semblables à celles de l'Encyclopédie. M. Abel Rémuzat a bien voulu nous déchiffrer quelques articles de ces livres; nous avons cru pouvoir en citer hardiment les figures, celles des espèces connues nous ayant appris à apprécier la fidélité des autres.

2. Nous avons consulté plusieurs de ces recueils, entre autres un très-beau, qui est à la bibliothèque du Muséum d'histoire naturelle, et dont M. de Lacépède a aussi fait usage. Il contient cinquante-quatre feuilles in-folio transverse, supérieurement peintes. M. Dussumier nous en a communiqué plus récemment un autre, où il s'en trouve encore de plus soignées au nombre de

Kæmpfer[1] a fait graver quelques-uns de ces poissons dans son Histoire du Japon, et y a ajouté quelques détails tirés de livres japonais, et la comparaison des espèces avec celles que les Hollandais prenaient de son temps aux Moluques. Cette partie de son travail a été copiée par *Charlevoix*.[2]

Nous devons faire remarquer cependant que tous ces documens chinois et japonais, secs et mêlés de fables, sont à peu près inutiles quant aux textes; on ne peut tirer parti que des figures,

---

vingt-quatre. M. le duc de Rivoli en possède un superbe, rapporté du Japon par feu *Titsingh*, et où les noms japonais sont ajoutés en caractères européens : il a bien voulu nous permettre d'en prendre connaissance. Le nombre des poissons y est de trente-un.

1. *Engelbert* Kæmpfer, né à Lemgow, dans le comté de la Lippe, en 1651, voyagea en Perse en 1684, s'embarqua en 1688 sur une flotte hollandaise qui croisait dans le golfe Persique, arriva en 1689 à Batavia, et se rendit de là au Japon, en repartit vers la fin de 1691, revint deux ans après en Europe, et mourut en 1716 médecin du comte de la Lippe. Il publia en 1712 ses *Amœnitates exoticæ*, en cinq livres, et laissa en manuscrit et en allemand son *Histoire naturelle civile et ecclésiastique du Japon*, qui fut acquise par Hans Sloane, traduite en anglais par Scheuchzer, et imprimée à Londres en 1727. Il y en a une traduction française, La Haye, 1729, 2 vol. in-folio. Les planches XII — XIV représentent des animaux aquatiques, parmi lesquels sont douze espèces de poissons.

2. *Pierre-François-Xavier* de Charlevoix, jésuite, né à Saint-Quentin en 1682, mort à La Flèche en 1761. Dans son *Histoire du Japon*, Paris, 1736, 2 vol. in-4.°, il copie Kæmpfer, et ne le nomme que lorsqu'il le réfute. C'est à la fin du second volume, dans un supplément, qu'il place l'article sur les poissons.

les artistes étant de beaucoup supérieurs aux écrivains.

Mais un voyageur de l'époque dont nous parlons, qui avait travaillé en vrai naturaliste, et à qui l'ichtyologie aurait été éminemment redevable, si son ouvrage avait pu voir le jour de son vivant; ce fut le père *Plumier*[1]. Sa réputation comme botaniste d'un ordre supérieur, est faite depuis long-temps; mais il n'était pas moins bon zoologiste, et, sur les poissons en particulier, il avait fait, soit en Provence, sa patrie, soit aux Antilles, une suite nombreuse de dessins remarquables par leur finesse et par leur exactitude, et dont on peut dire qu'il ne leur manque presque que d'avoir rendu correctement les nombres des rayons, et d'avoir exprimé les

---

1. *Charles* PLUMIER, né à Marseille en 1646, minime en 1662, instruit en Italie par Boccone, ami de Tournefort et de Garidel, fit un premier voyage à la Martinique en 1688 et 1689, et y retourna deux autres fois avec des missions du gouvernement : il visita aussi les îles voisines et même le continent. Il mourut en 1704 au port Sainte-Marie, près de Cadix, lorsqu'il était au moment de partir pour le Pérou. Outre ses Plantes d'Amérique (Paris, 1693, in-folio), ses Nouveaux genres (Paris, 1703, in-4.°), ses Fougères (Paris, 1705, in-folio) et les Fascicules publiés par Burman, à Amsterdam, de 1755 à 1760, il a laissé une grande quantité de manuscrits, qui étaient restés à la bibliothèque des minimes de la place Royale, et qui sont déposés aujourd'hui à la bibliothèque du Roi et à celle du Muséum d'histoire naturelle. On peut en voir la notice par M. Duvau dans la Biographie universelle, t. XXXV, p. 95.

dentelures des pièces operculaires dans quelques espèces où l'épiderme les masque pendant que l'animal est frais. [1]

Malheureusement l'auteur, peu considéré des moines ignorans [2] chez lesquels il était revenu, mourut avant d'avoir publié cette partie de ses recherches; ses manuscrits demeurèrent négligés dans son couvent[3], et il n'en parut que quelques extraits dans le voyage de *Feuillée*[4], et dans les journaux d'un nommé *Gauthier Dagoty*[5], qui

---

1. Les dessins de poissons se trouvent aujourd'hui à la bibliothèque du Roi, au dépôt des estampes, reliés en trois volumes de grandeur différente, intitulés, l'un, *Poissons, oiseaux, lézards et insectes*, qui contient cent cinquante-sept poissons; le second, *Poissons d'Amérique*, qui en renferme cent; le troisième, *Poissons et coquilles*, qui en contient quatre-vingts : mais plusieurs sont répétés, et il y en a beaucoup de nos eaux de France. On voit encore à la plupart les trous qui ont servi à poncer les dessins, sans doute pour la copie dont *Bloch* s'est servi.

2. C'est une chose digne d'être remarquée que le ton méprisant dont *Labat* parle d'un homme qui lui était à tous égards si supérieur, *Voyage aux îles de l'Amérique*, I, 287, et ailleurs.

3. M. de Jussieu m'a assuré qu'ils servaient de tabourets aux moines pour s'asseoir près du feu.

4. *Louis* Feuillée, minime, né à Mane, près Forcalquier, en 1660, voyagea comme astronome au Levant en 1699, aux Antilles et à la Nouvelle-Espagne en 1703, au Pérou et au Chili de 1708 à 1711 : il mourut en 1732. Dans son *Journal d'observations de physique, etc.*, Paris, 1714, 2 vol. in-4.°, et la suite en un volume, 1728, il a inséré beaucoup de choses pillées dans les papiers de *Plumier*, son confrère d'ordre; mais il n'y a pris que peu d'articles sur les poissons.

5. *Jacques-Gauthier* Dagoty, peintre, auteur de nombreux ou-

était hors d'état de les apprécier. Ce ne fut qu'à la fin du dix-huitième siècle qu'une copie, préparée par l'auteur lui-même, tomba dans les mains de Bloch [1], qui en inséra les figures dans son grand ouvrage; mais quelque-fois avec des altérations semblables à celles qu'il a fait éprouver aux figures du prince Maurice. [2]

Une autre copie, faite pour la grande collection des Vélins, par *Aubriet*, le célèbre peintre de Tournefort, copie peu exacte et trop chargée

---

vrages ornés de planches en couleur, exécutées par un procédé qui lui était propre. Il a inséré plusieurs dessins de Plumier dans ses Observations sur la physique, l'histoire naturelle et la peinture, de 1752 à 1755, 6 vol. Son fils les a continuées avec Toussaint en 1756 et 1757, 3 vol. Le Journal de physique de Rozier et de La Métherie est lui-même une continuation de celui-là.

1. Bloch rend compte de ce manuscrit dans la préface de la sixième partie de sa grande Ichtyologie. Il paraît qu'il avait été préparé par Plumier lui-même, dans l'espérance de le faire imprimer en Hollande. Un Français, au service de Prusse, le porta à Berlin, et il fut vendu dans un encan. Son titre était *Zoographia americana, pisces et volatilia continens, auctore R. P. C. Plumier.* Il se composait de cent soixante-neuf pages in-folio, mais contenait beaucoup d'autres choses que des poissons, en sorte que Bloch n'en a tiré que trente-quatre figures pour son grand ouvrage, et trois pour son système posthume. On ne sait ce qu'il est devenu à la vente des livres de Bloch.

2. Par exemple, il a changé volontairement la forme de la tête du poisson appelé *vive* à la Martinique, et qui est un *malacanthe*, pour en faire une coryphène: c'est son *Coryphœna Plumieri*, pl. 175. Voyez *Bloch*, édit. de Schn., p. 299. M. de Lacépède en donne la vraie figure, telle qu'elle était dans Plumier, t. 1, pl. 8, fig. 1, mais en le laissant toujours parmi les coryphènes, sur l'autorité de Bloch.

en couleur, a été en partie gravée dans l'histoire des poissons de M. de Lacépède [1]; mais ce dernier n'ayant pas toujours reconnu que ces figures étaient primitivement les mêmes que celles qui avaient déjà paru dans l'ouvrage de Bloch, il en est résulté plusieurs doubles emplois; la même figure a donné lieu quelquefois non-seulement à établir une espèce, mais un genre imaginaire. [2]

Cette incurie des éditeurs de Plumier ne doit rien faire perdre au respectable et laborieux observateur de l'estime qui lui était due; encore à présent on ne connaît quelques espèces que par lui, et ses manuscrits nous ont prouvé que la plupart des erreurs, glissées dans les publications que l'on en a faites, lui étaient étrangères.

Ce ne fut que vers le premier tiers du dix-

---

1. Il paraît qu'*Aubriet*, qui était payé à tant la feuille pour continuer la grande collection, commencée dès 1640 pour *Gaston* d'ORLÉANS, frère de Louis XIII, déposée aujourd'hui au Muséum d'histoire naturelle, prenait des originaux où il pouvait, et qu'il avait eu connaissance des dessins de Plumier, mais qu'il avait enluminé ses copies seulement d'après les descriptions, ou même d'après son imagination : rien ne prouve qu'il ait travaillé sous l'inspection de l'auteur primitif. M. de Lacépède a fait graver trente-sept de ces figures d'Aubriet.

2. Par exemple, le *harpé bleu doré*, t. IV, pl. 8, fig. 2, de Lacépède, est le même que le *sparus falcatus*, Bl., pl. 258; le *chéilodiptère chrysoptère*, t. III, pl. 33, fig. 1, le même que le *sciœna Plumieri*, Bl., pl. 306, etc.

huitième siècle que parut l'ouvrage destiné à donner enfin à l'histoire naturelle des poissons une forme vraiment scientifique, en complétant ce que Willughby et Ray avaient commencé ; nous voulons parler de l'ichtyologie du Suédois *Pierre Artedi.* [1]

Passionné dès son enfance pour l'étude des poissons, et né avec un vrai génie pour la méthode, ce naturaliste s'aperçut promptement que Willughby seul avait bien décrit cette classe d'animaux ; mais il remarqua en même temps que l'ichtyologiste anglais n'avait pas entièrement atteint son but, faute d'avoir bien déterminé ses genres, de les avoir désignés par des noms fixes et convenables, et d'avoir assigné à ses espèces des caractères abrégés et comparables, pris dans leur conformation.

Il travailla dès-lors sans relâche à remplir cette lacune de la science. Après avoir donné,

---

1. *Pierre* ARTEDI naquit dans la paroisse d'Anunds, en Angermanie, en 1705, d'un pasteur. Destiné à l'église, on le mit en 1716 au collége d'Hernœsand, et en 1724 à l'université d'Upsal, où le goût de l'alchimie le détermina à embrasser la médecine. C'est là que Linnæus fit sa connaissance en 1728, et se lia à lui dè l'amitié la plus tendre. Artedi partit pour Londres en 1734, et vint en 1735 retrouver à Leyde son ami Linnæus, qui le présenta à Seba comme l'homme le plus capable de rédiger la partie des poissons dans la grande Description de son cabinet. Artedi se noya dans un des canaux d'Amsterdam, le 5 Septembre de cette année, à l'âge de trente ans.

dans sa *Bibliotheca ichtyologica*, une liste des auteurs qui avaient traité avant lui des poissons, il analysa, dans sa *Philosophia*, toutes les parties intérieures et extérieures de ces animaux, créa une terminologie précise pour les différentes formes dont ces parties sont susceptibles, se traça des règles pour la nomenclature des genres et des espèces, et subdivisa enfin la classe plus exactement que Willughby. Ses ordres sont fondés uniquement sur la consistance du squelette, les opercules des branchies et la nature des rayons des nageoires, sans égard au séjour ni à rien d'étranger à la conformation ; il les nomme acanthoptérygiens, malacoptérygiens, branchiostèges et chondroptérygiens. Nous ne parlons pas ici de ses plagiures, qui sont les cétacés. L'ordre des branchiostèges, mal défini et mal composé, ne peut subsister ; mais les trois autres sont naturels, et rien de ce qu'on a essayé de faire depuis n'a pu les remplacer.

Dans ses *Genera piscium* il fixa pour chaque genre un nom substantif invariable, et des caractères positifs et tranchés, fondés en général sur le nombre des rayons de la membrane des ouïes, dont il remarqua le premier l'importance ; sur la position relative des nageoires, sur leur nombre, sur les parties de la bouche où il se trouve des dents, sur la conformation des écailles, et même sur des parties internes telles que l'estomac et les appendices du cœcum.

Ces genres, au nombre de quarante-cinq [1], sont si bien constitués, qu'ils ont presque tous dû être conservés, et que les subdivisions que le nombre toujours croissant des espèces a obligé d'y introduire, ont très-rarement été telles qu'il ait fallu les éloigner les unes des autres.

Treize autres genres [2] sont indiqués plutôt

---

1. Genres d'Artedi :

I. MALACOPTÉRYGIENS.
Syngnathus.
Cobitis.
Cyprinus.
Clupea.
Argentina.
Exocœtus.
Coregonus.
Osmerus.
Salmo.
Esox.
Echeneis.
Coryphœna.
Ammodytes.
Pleuronectes.
Stromateus.
Gadus.

Anarhichas.
Murœna.
Ophidium.
Anableps.
Gymnotus.

II. ACANTHOPTÉRYGIENS.
Blennius.
Gobius.
Xiphias.
Scomber.
Mugil.
Labrus.
Sparus.
Sciœna.
Perca.
Trachinus.
Trigla.

Scorpœna.
Cottus.
Zeus.
Chœtodon.
Gasterosteus.

III. BRANCHIOSTÈGES.
Balistes.
Ostracion.
Cyclopterus.
Lophius.

IV. CHONDROPTÉRYGIENS.
Petromyzon.
Acipenser.
Squalus.
Raia.

2. Genres indiqués dans les supplémens :

1.° Dans le supplément des *Genera* : *Tœnia* (les cépoles); *Silurus*; *Mustela* (*blenn. viviparus*), *phycis*; *Sphyrœna*.

2.° Dans le supplément du *Synonymia* : *Cicla* (des labres); *Hepatus*; *Capriscus* (*baliste*); *Pholis*; *Citharus*; *Atherina*; *Liparis*; *Chelon* (des muges).

1. 7

qu'établis dans l'appendice de cette partie et de la suivante, et, sur ces treize, Linnæus en a pris trois, et quelques autres ont été repris par ses successeurs.

Sous chaque genre se trouve aussi une liste des espèces assez bien connues pour que l'auteur ait cru pouvoir les classer avec leurs définitions et des descriptions abrégées.

Dans sa *Synonymia piscium* sont rangés sous chaque espèce, avec une grande érudition, tous les articles des auteurs précédens où il en est question, les figures où elle est représentée, et les noms qui lui ont été donnés; Artedi y place même les noms grecs et latins, mais plutôt d'après les idées de Rondelet que d'après ses propres recherches. Il admet, dans sa liste, deux cent soixante-quatorze espèces de poissons proprement dits, rejetant tous ceux dont l'existence ou les caractères ne lui paraissent pas assez établis; dans l'appendice il en ajoute dix-sept autres comme appartenant aux genres qui y sont indiqués; enfin, dans ses *Species,* il décrit les espèces qu'il a pu voir par lui-même, au nombre de soixante-douze, d'après sa terminologie, avec autant de détail que de clarté.

Rien d'approchant n'existait encore en ichtyologie, et bien qu'Artedi ait certainement eu sans cesse Willughby sous les yeux, en composant son livre, il n'est pas moins vrai qu'il fit faire à la science un pas prodigieux, et qu'il surpassa infiniment son devancier.

L'auteur n'eut pas le bonheur de publier lui-même son ouvrage; mais il trouva un éditeur digne de lui dans son ami de jeunesse, le célèbre Linnæus, qui racheta ses manuscrits des mains de son hôte, et consacra près d'une année de son temps à les revoir, à les compléter, et à les disposer pour l'impression. Il les fit paraître à Leyde en 1738; mais, dès 1735, il s'en était servi, pour la partie des poissons, dans la première édition de son *Systema naturæ,* celle qui parut à Leyde cette année-là en trois grands tableaux d'une feuille chacun.

Linnæus[1], qui lui-même devint dans la suite

---

1. Peut-être n'est-il pas nécessaire de s'étendre sur la vie si connue de Linnæus, de ce grand réformateur de la nomenclature, de ce naturaliste qui a exercé sur son siècle l'influence la plus incontestée, et dont le langage se parle dans toutes les contrées où l'histoire de la nature est cultivée : nous nous bornerons à en placer les principales dates, pour soulager la mémoire de nos lecteurs. *Charles* LINNÆUS naquit à Rœshult, en Smaland, le 24 Mai 1707. Envoyé au collége de Vexiœ en 1717, passé à l'université de Lund en 1727, et l'année suivante à Upsal, il eut à braver toutes les privations jusqu'en 1728, que Olaus Celsius et Olaus Rudbeck l'employèrent dans leurs travaux. C'est chez Rudbeck qu'il jeta les premières bases de sa Philosophie botanique. En 1732 il fit son voyage de Laponie, s'établit ensuite momentanément à Fahlun, et se rendit en Hollande, où il soigna pendant quelque temps les jardins d'un riche négociant, nommé Cliffort. C'est dans cette

une si grande autorité en ichtyologie, n'osa pas d'abord s'écarter des traces d'un ami qui, dans cette science, avait été son maître; mais, dès sa deuxième édition, il eut le très-grand mérite de donner les nombres des rayons des nageoires de chaque espèce. Cette attention, imitée par ses successeurs, a produit des avantages inappréciables pour l'ichtyologie, non pas précisément pour la détermination des espèces, mais pour faire reconnaître les genres et sous-genres naturels auxquels chaque espèce doit être rapportée. C'est souvent le seul guide qui puisse nous conduire dans un si grand nombre de descriptions confuses et incomplètes dont les livres sont remplis.

---

position qu'il publia ses ouvrages intitulés : *Fundamenta botanica, Bibliotheca botanica, Methodus sexualis, Musa Cliffortiana, Critica botanica, Genera plantarum, Flora laponica, Hortus Cliffortianus, Classes plantarum*, et surtout, pour ce qui nous intéresse en ce moment, son *Systema naturæ* en 1735, et l'Ichtyologie d'Artedi en 1738. Chargé en 1738, par la protection du comte de Tessin et du baron Charles de Géer, d'enseigner la botanique à Stockholm, il y publia le *Museum Tessinianum*, le *Museum Adolphi Frederici* et le *Museum Ulricæ reginæ*. Il fut nommé en 1741 professeur à Upsal, et exerça cette charge jusqu'à sa mort, arrivée en 1778. C'est là qu'il fit paraître sa *Philosophia botanica* en 1751, ses *Species plantarum* en 1753, ses *Mantissa plantarum* en 1767 et 1771, les dissertations nombreuses qui remplissent les dix volumes de ses *Amœnitates academicæ*, et les quatre dernières éditions originales de son *Systema naturæ*. En 1773 sa mémoire avait déjà faibli, et deux attaques d'apoplexie, en 1774 et en 1777, avaient fort altéré sa santé.

Dans sa sixième édition [1] Linnæus ajouta seulement deux genres à ceux d'Artedi, les asprèdes et les callichtes, qu'il supprima par la suite. La neuvième, réimprimée à Leyde par les soins de Gronovius [2], ne reçut que les nou-

---

1. Les éditions originales du *Systema naturæ* se réduisent à six. La première, de Leyde, 1735; la deuxième, de 1740; la sixième, de 1748; la huitième de 1753 : toutes les trois en un volume. La dixième, de 1758, en trois volumes; et la douzième, de 1766, en quatre. Les cinq dernières sont toutes de Stockholm. La troisième, de Halle, 1740, est une copie de la première; la quatrième, de Paris, 1744, est une copie de la deuxième, faite par les soins de Bernard de Jussieu, qui y ajouta les noms français. Il en est de même de la cinquième, de Halle, 1747, à laquelle on a joint les noms allemands. La septième, de Leipzig, 1748, et la neuvième, de Leyde, 1756, sont prises de la sixième; mais dans la neuvième la partie des poissons est augmentée de plusieurs genres par l'éditeur Gronovius. La dixième a été réimprimée à Halle en 1760, et à Leipzig en 1762 : mais il faut que Linnæus n'ait pas connu la réimpression de Halle, puisqu'il ne compte celle de Leipzig que pour la onzième. La douzième a été réimprimée à Vienne sous le nom de treizième, en 1773, ce qui n'a pas empêché Gmelin de donner ce numéro de treizième à sa grande édition de 1788, qui est la dernière, mais qui elle-même a été réimprimée à Lyon en 1790 et années suivantes.

2. La famille de Gronovius, originaire de Hambourg, et établie à Leyde, a produit plusieurs érudits célèbres et deux naturalistes. — *Jean-Frédéric*, deuxième du nom, frère d'*Abraham* éditeur d'Élien, a donné plusieurs dissertations sur les poissons, et surtout *Pisces Belgii*, dans les Mémoires d'Upsal pour 1741, et *Pisces Belgii rariores*, *ibid.*, pour 1742. Le même sujet est traité dans ses *Animalium Belgii centuriæ V*, insérées dans le cinquième volume des *Acta helvetica*. Il a décrit particulièrement le misgurn, *Trans. phil.*, t. XLIV; le callionyme, *Act. Ups.*, 1741; le bécard, *ibid.*; le maquereau et la perche, *ibid.*, 1744. On lui doit la méthode

veaux genres que cet éditeur venait d'établir dans son Muséum; les silures, les solénostomes,

---

de préparer les peaux de poissons en manière d'herbier, qu'il décrit dans les *Trans. phil.*, vol. XLII. — *Laurent-Théodore*, aussi le deuxième du nom, neveu du précédent, a publié un *Museum ichthyologicum*, en deux cahiers in-folio, Leyde, 1754 et 1756, avec sept planches, où il décrit et représente plusieurs poissons nouveaux. Ils reparaissent avec d'autres dans le premier cahier de son *Zoophylacium*, imprimé en 1763; le deuxième, contenant les insectes, est de 1764, et le troisième, qui est consacré aux vers, n'a paru qu'après sa mort, en 1781. On trouve dans ces ouvrages l'indication de genres qu'Artedi n'avait pas faits, et dont quelques-uns ont été adoptés par Linnæus, et d'autres par ses successeurs. Son système dans le *Museum* est le même que celui d'Artedi; mais il range autrement quelques genres, et il en porte le nombre à cinquante-trois.

MALACOPTÉRYGIENS.	*Osmerus.*	*Perca.*
Syngnathus.	*Salmo.*	*Trachinus.*
Cobitis.	*Charax.*	*Trigla.*
Cyprinus.	*Gadus.*	*Scorpæna.*
Clupea.	*Uranoscopus.*	*Cottus.*
Argentina.	*Atherina.*	*Zeus.*
Silurus.	*Plecostomus.*	*Chætodon.*
Aspredo.	*Callichthys.*	*Gasterosteus.*
Exocœtus.	*Gymnotus.*	BRANCHIOSTÈGES.
Esox.	ACANTHOPTÉRYGIENS.	*Balistes.*
Solenostomus.	*Polynemus.*	*Ostracion.*
Anableps.	*Blennius.*	*Cyclopterus.*
Echeneis.	*Scomber.*	*Lophius.*
Ammodytes.	*Mystus.*	CHONDROPTÉRYGIENS.
Pleuronectes.	*Mugil.*	*Callorhynchus.*
Anarhichas.	*Labrus.*	*Acipenser.*
Muræna.	*Sparus.*	*Squalus.*
Gymnogaster.	*Sciæna.*	*Raia.*
Coregonus.	*Holocentrus.*	*Petromyzon.*

Dans le *Zoophylacium*, au contraire, il abandonne la division d'après les épines, et divise d'après la position des ventrales. Il transporte plusieurs poissons ordinaires dans les branchiostéges,

les gymnogastres, les charax, les uranoscopes,
les athérines, les plécostomes, les polynèmes,

comme on peut le voir au tableau ci-joint. Le nombre des genres
y est de soixante-dix-huit.

CHONDROPTERYGII,
 Pinnis ventralibus præsent.,
  Acipenser.
  Callorhynchus.
  Squalus.
  Raia.
 Pinnis ventralibus null.,
  Petromyzon.
BRANCHIOSTEGI,
 Pinnis ventralibus null.,
  Muræna.
  Gymnotus.
  Syngnathus.
  Ostracion.
 Pinnis ventralibus spuriis,
  Balistes.
  Cyclopterus.
  Cyclogaster.
 Pinnis ventralibus veris,
  Gonorhynchus.
  Cobitis.
  Uranoscopus.
  Lophius.
BRANCHIALES,
 Pinnæ ventr. sub pectoralibus,
  Pinnâ dorsi solitaria,
  Sciæna.
  Cynœdus.
  Sparus.
  Holocentrus.
  Coracinus.
  Scarus.
  Chætodon.
  Labrus.
  Callyodon.
  Pleuronectes.
  Echeneis.
  Blennius.
  Encheliopus.
  Pholis.

Pinnis dors. una pluribus,
 Cottus.
 Amia.
 Trachinus.
 Gobius.
 Eleotris.
 Trigla.
 Mullus.
 Perca.
 Scomber.
 Zeus.
 Gadus.
  Dans ces quatre der-
 niers genres il y a des
 espèces à une et à trois
 dorsales.
Pinn. ventr. inter pinn. pector.
 et anal.,
 Pinna dorsi solitaria,
  Clarias.
  Silurus.
  Aspredo.
  Albula.
  Cyprinus.
  Clupea.
  Argentina.
  Synodus.
  Hepatus.
  Erythrinus.
  Umbra.
  Cataphractus.
  Exocœtus.
  Anableps.
  Esox.
  Solenostomus.
  Belone.
Pinnis dorsal. 2, posteriore
 spuria, adiposa,
  Salmo.
  Anostomus.
  Charax.
  Mystus.

les mystes, les holocentres, les callorhynques, et encore la plus grande partie de ces nouveaux genres avait-elle été indiquée dans les supplémens d'Artedi, ou dans le manuscrit du troisième volume de Seba, préparé par Artedi et dont Gronovius avait eu connaissance.

Ce ne fut que dans sa dixième édition, publiée en 1758, que Linnæus, se fiant à ses propres forces, créa une méthode ichtyologique nouvelle, divisa quelques genres, en réunit d'autres, donna aux espèces des noms triviaux et des phrases caractéristiques, et en ajouta plusieurs à celles qu'Artedi avait admises comme suffisamment constatées.

Le plus convenable des changemens dans la distribution générale fut d'éloigner les cétacés des autres poissons, avec lesquels ils étaient demeurés dès le temps des anciens. Déjà Aristote avait fait remarquer qu'ils ont le sang chaud ; qu'ils respirent par des poumons ; qu'ils font des petits vivans ; qu'ils les allaitent ; enfin que toute leur conformation inté-

---

Pinn. dors. duab. radiatis,
   Callichtys.
   Plecostomus.
   Centriscus.
   Mugil.
   Polynemus.
   Atherina.
Pinnis ventralibus veris nullis,
   Anarhichas.

Ophidion.
Mastacembelus.
Ammodytes.
Gasterosteus.
Channa.
Gasteropelecus.
Xiphias.
Leptocephalus.
Gymnogaster.

rieure est celle d'un quadrupède vivipare. Ray, Artedi, avaient rappelé ces caractères, et cependant ils avaient continué de ranger les cétacés avec les poissons. Brisson[1], le premier, les en sépara, et en fit une classe à part, qu'il plaça immédiatement après celle des quadrupèdes vivipares; Linnæus les y réunit, et forma de leur réunion sa classe des mammifères.

Il ne fut pas si heureux en transportant les poissons chondroptérygiens d'Artedi parmi les reptiles, sous le titre d'*Amphibia nantes*. On ne comprend même pas comment il put leur supposer des poumons, surtout lorsqu'il y laissait l'esturgeon et qu'il y ajoutait la baudroie, qu'Artedi avait mise dans ses branchiostèges.

Linnæus porta cette contravention à l'ordre naturel beaucoup plus loin, dans sa douzième édition, lorsqu'il joignit à ces *Amphibia nantes* le reste des branchiostèges d'Artedi, c'est-à-dire les coffres, les tétrodons, et jusqu'aux syn-

---

1. *Mathurin* BRISSON, né à Fontenay-le-Comte en 1723, aide de Réaumur pour l'arrangement de ses cabinets, ensuite membre de l'académie des sciences et professeur de physique au collége de Navarre, mort à Paris en 1806, avait commencé une zoologie générale, sous le titre de *Règne animal, divisé en neuf classes*; Paris, 1756, 1 vol. in-4.º Ce premier volume, qui contient les quadrupèdes et les cétacés, fut suivi d'une ornithologie en six volumes in-4.º, 1760; mais Brisson abandonna l'histoire naturelle après la mort de Réaumur, et sur la fin de sa vie il n'avait conservé nul souvenir qui se rapportât à ses premiers ouvrages.

gnathes, qu'Artedi rangeait dans ses malacoptérygiens.

Ce ne fut pas, à mon gré, une innovation
meilleure, quoiqu'elle ait été conservée beaucoup plus long-temps, que d'avoir supprimé
la division des poissons ordinaires, reçue dès
le temps de Willughby, en acanthoptérygiens
et en malacoptérygiens, pour la remplacer par
une distribution fondée sur la présence ou l'absence des nageoires ventrales, et sur leur position relativement aux pectorales. Rien ne rompt
davantage les vrais rapports des genres que
ces ordres des apodes, des jugulaires, des thoraciques et des abdominaux; le xiphias, par
exemple, s'éloigne des scombres; la sphyrène,
qui est presque une perche, va se confondre
parmi les brochets, etc.

Linnæus, dans cette édition, supprime quelques-uns des genres d'Artedi et de Gronovius;
nommément les holocentres, qu'il joint aux
perches; les anableps, qu'il joint aux cobites;
les corrégones, les osmères et les charax, qu'il
joint aux saumons; les asprèdes, les callichtes
et les mystes, qu'il joint aux silures : mais il en
divise d'autres, séparant les tétrodons et les
diodons des ostracions; les callionymes des
vives; les mulles des trigles : et il en ajoute
d'entièrement nouveaux, les mormyres, les

centrisques et les pégases ; en sorte que le total en est porté à cinquante-sept. De plus il change quelques-uns des noms de Gronovius : les plécostomes de l'ichtyologiste hollandais deviennent des loricaires ; ses solénostomes, des fistulaires ; ses gymnogastres, des trichiures, et ses callorhynques, des chimères.

Le nombre des espèces va à quatre cent quatorze : les unes prises de quelques ouvrages imprimés depuis Artedi, tels qu'Edwards[1], le deuxième volume de Catesby[2], l'Histoire naturelle de la Jamaïque de Brown[3], et surtout les Dissertations de Jean-Fréderic Gronovius et le Muséum de Laurent Théodore ; les autres observées par Linnæus lui-même dans ses voyages[4] et dans les cabinets[5], ou qui lui avaient été

---

1. Voyez ci-dessus, p. 81.

2. Ce volume n'a paru qu'en 1743.

3. *Patrice* BROWN, médecin à la Jamaïque, dans son Histoire civile et naturelle de cette île, imprimée en anglais in-folio, Londres, 1756, décrit quatre-vingt-treize poissons d'après l'ordre d'Artedi, et beaucoup mieux que n'avait fait Sloane.

4. Linnæus avait fait comme naturaliste des voyages dans quelques provinces de Suède, et en a publié des relations, où il ne manque guère de décrire quelques poissons, tels sont celui d'OEland, en 1741 ; de Gothland, en 1741 ; de Westrogothie, en 1746 ; de Scanie, en 1749.

5. Linnæus a décrit quelques collections qui contenaient des poissons en partie nouveaux. 1.° En 1746, celle que le prince héréditaire *Adolphe-Fréderic* avait donnée à l'université d'Upsal : *Museum principis*, dans les Aménités académiques, t. I. 2.° En 1754, celle que le même prince, devenu roi, avait rassemblée au

procurées par les élèves[1] que déjà il avait fait
envoyer dans divers pays éloignés. Les plus
zélés de cette époque, pour l'ichtyologie, furent *Hasselquist*[2], *Osbeck*[3] et *Lœfling*.[4]

château d'Ulrichsdal; c'est un volume in-folio, intitulé : *Museum Adolphi Frederici*; Stockholm, 1754 : il y a de belles figures de poissons, au nombre de trente-six. Une seconde partie, que Linnæus cite aussi dans sa douzième édition, a été imprimée in-8.°, et sans figures, en 1764. Le nombre des poissons qu'il y décrit est de quatre-vingt-treize. 3.° La même année 1754, celle que *Magnus Lagerstrœm*, directeur de la Compagnie suédoise des Indes orientales, avait reçue de la Chine : *Chinensia Lagerstrœmiana*, dans le t. IV.ᵉ des Aménités académiques.

1. Il a donné lui-même la liste de ces jeunes voyageurs antérieurs à sa dixième édition : *Ternstrœm*, en Asie, 1745; *Kalm*, en Pensylvanie et au Canada, 1747; *Montin*, en Laponie, 1749; *Hasselquist*, en Égypte et en Palestine, 1749; *Toren*, à Surate et au Malabar, 1750; *Osbeck*, à Java et à Canton, 1750; *Lœfling*, en Espagne et en Amérique, 1751; *Kœhler*, en Italie, 1752; *Rolander*, à Surinam et à Saint-Eustache, 1755. Dans l'intérieur de la Suède, *Bergius* était allé en Laponie en 1752, et *Solander* en 1755. Presque tous lui envoyèrent les productions naturelles qu'ils purent recueillir.

2. *Fréderic* HASSELQUIST voyagea en Palestine et en Égypte de 1749 à 1752; il mourut en Février de cette année. Son Voyage a été publié par les soins de Linnæus; Stockholm, 1757, in-8.° Parmi beaucoup d'objets d'histoire naturelle, il y décrit trente-un poissons, et fort en détail. Il y en a une traduction allemande de 1762, et une française de 1769 par Keralio, mais dont on a retranché la seule chose utile, l'histoire naturelle.

3. *Pierre* OSBECK était, ainsi que *Toren*, aumônier de vaisseau. Son Voyage en Chine, imprimé en suédois à Stockholm, en 1757, in-8.°, contient la description de seize poissons. Il y en a une traduction allemande par Georgii; Rostock, 1765. Osbeck a donné aussi dans les *Nova acta naturæ curiosorum*, t. IV, imprimé en 1770, des *Fragmenta ichtyologiæ hispanicæ*.

4. Linnæus ne cite encore de *Pierre* LŒFLING dans cette dixième

La douzième édition, de 1766, fut enrichie de plusieurs autres espèces et de bonnes citations tirées du *Zoophylacium* de Gronovius[1], du troisième volume de la *Description du cabinet de Seba*[2], volume précieux par des figures de poissons étrangers, supérieures à toutes les précédentes, et dont le texte avait été préparé dès 1734 et 1735 par Artedi, quoiqu'il n'ait pu être livré au public qu'en 1758, aux frais et par les soins de *Gaubius*.

Linnæus profita aussi pour cette édition de l'histoire naturelle d'Alep de *Russel*[3], de l'his-

---

édition que des lettres manuscrites. Le voyage de ce naturaliste dans l'Amérique espagnole, fait en 1751, n'a été imprimé qu'en 1768, à Stockholm. Il y décrit neuf poissons. On en a une traduction allemande par Kœlpin; Berlin, 1776.

1. Le premier cahier du *Zoophylacium*, qui contient les poissons, avait paru en 1763.

2. *Albert* SEBA, riche pharmacien d'Amsterdam, né en Ostfrise en 1665, mort en 1736, avait rassemblé à grands frais un cabinet d'histoire naturelle très-considérable, dont une partie, achetée par Pierre le grand, a été portée à Pétersbourg, et dont le reste a été dispersé à la mort du propriétaire. Il l'a fait décrire et graver magnifiquement en quatre volumes in-folio, format d'atlas; Amsterdam, 1734, 1735, 1758 et 1765; les deux derniers posthumes. Le texte du troisième volume contient sur les poissons de très-bons articles d'Artedi, qui se distinguent avantageusement du reste de l'ouvrage. Il était demeuré en manuscrit long-temps après la mort de l'auteur et la dispersion de son cabinet; mais Gronovius l'avait connu en cet état, et en avait fait usage dans son *Museum* en 1754.

3. *Alexandre* RUSSEL, médecin écossais établi à Alep, mort en 1768, a publié en 1756, à Londres, in-4.°, en anglais, une

toire de quelques perches du Danube de *Schæf-fer*[1], des premières descriptions de poissons du muséum de Pétersbourg, données par *Kœl-reuter*[2]; de celles qu'une société formée à Drontheim[3] par les soins de l'évêque *Gunner*, commençait à faire paraître, et d'observations manuscrites, mais publiées depuis, faites sur l'espadon par *Kœlpin*; et même il recueillit quelques citations dans des livres plus anciens,

---

Histoire naturelle d'Alep et de la contrée environnante, où il donne de bonnes figures de quelques poissons de l'Oronte.

1. *Piscium Bavaro Ratisbonensium pentas*; Ratisbonne, 1761, in-4.°, par *Jacques-Christian* SCHÆFFER, né à Querfurt en 1718, pasteur à Ratisbonne en 1741, mort en 1790, le même qui a beaucoup écrit sur les insectes. Ce petit ouvrage, qui ne traite que de cinq espèces, est remarquable par son exactitude.

2. *J. T.* KŒLREUTER, de Carlsruhe, le célèbre producteur des mulets végétaux, s'était aussi occupé des poissons. Il y a de lui deux mémoires dans les *Novi commentarii* de Pétersbourg, t. VIII et IX, 1763 et 1764, où il en décrit et représente fort exactement neuf espèces : t. XIV, 1770, il donne le narwaga, et t. XV, le lavaret; t. XVI et XVII, l'anatomie du sterlet; t. XVIII, le salmo albula; t. XIX, la lote, etc. Il a continué ce travail jusque dans les *Nova acta*, t. XIII, pour 1791, où il a mis un dernier mémoire sur le flet.

3. Les Mémoires de la société de Drontheim, assez riches en objets d'histoire naturelle du Nord, ont commencé à paraître à Copenhague, en 1761, 1 vol. in-12, en danois; le deuxième volume, de 1763; le troisième, de 1765, et le quatrième, de 1768, contiennent des articles importans sur des poissons. Le fondateur et le principal collaborateur fut *Jean-Ernest* GUNNER, évêque de Drontheim, né en 1718, mort en 1773.

Hans STRŒM, qui a aussi travaillé à ce recueil, a donné séparément une description physique et économique du bailliage

le Muséum de Gottorp d'*Olearius*[1] et le *Gazo-phylacium* de *Petiver*[2]. Il y inséra enfin quelques poissons de la Caroline, qu'il dut à *Alexandre Garden*[3], et il en mit deux de plus, venus de la même source, dans l'appendix de sa *Mantissa plantarum*[4]. Il aurait pu tirer encore quelque parti de *J. D. Meyer*[5], de

---

de Sœndmœr, en Norwége, imprimée en danois à Soroë, 1762 et 1766, 2 vol. in-4.°, qui renferme quelques bonnes descriptions de poissons. Il était pasteur de l'église d'Éger, et était né en 1726.

1. *Adam* OLEARIUS, ou OEHLSCHLÆGER, né en 1600, dans le pays d'Anhalt, secrétaire du duc de Holstein, compagnon de Mandelslohe dans son voyage en Perse, a décrit le cabinet de Gottorp : il mourut en 1671.

2. *Jacques* PETIVER, apothicaire de Londres, mort en 1718, auteur de plusieurs écrits dont les planches ont été réunies en deux volumes in-folio, sous le titre de *Petiverii opera seu Gazophyla-cium*; Londres, 1764. Il y en a trois cent six qui représentent pêle-mêle une foule d'objets d'histoire naturelle, quelques poissons s'y trouvent épars, mais assez mal dessinés.

3. *Alexandre* GARDEN, était un médecin écossais, né en 1730, établi dans la Caroline du Sud, mort à Londres en 1791. On trouve dans la *Correspondance de Linnœus avec divers savans*, publiée par sir J. Ed. SMITH, en anglais, Londres, 1821, 2 vol. in-8.°, les lettres de Garden qui accompagnaient les objets envoyés au grand naturaliste suédois, et qui sont souvent utiles à l'explication des articles que celui-ci en a tirés.

4. Le *Mantissa plantarum* est un supplément à la sixième édition des *Genera*, et à la deuxième des *Species*; l'appendice est une addition au règne animal du *Systema naturœ* : il ne contient que trois poissons.

5. *Jean-Daniel* MEYER, peintre de Nuremberg, a publié en allemand, sous le titre de *Représentation de toutes sortes d'ani-maux avec leurs squelettes*, Nuremberg, 1748 et 1756, 3 vol.

Hill [2], de *Knorr* [2], de *Salerne* [3], et surtout de *Kramer* [4], qui s'était conformé à ses méthodes, et où il aurait trouvé un genre nouveau, la pœcilie. Une multitude de ces descriptions particulières que l'on nomme monographies, auraient pu encore lui servir ; mais leur obscurité ou leur peu d'importance les lui fit négliger.

Ce qui est remarquable et ce qui ne venait

---

in-fol., un recueil de deux cent quarante planches médiocres, mais où les squelettes avaient alors quelque intérêt. Il y a plusieurs poissons communs.

1. *Jean* Hill, pharmacien et ensuite médecin à Londres, mort en 1775, auteur d'une grande quantité d'ouvrages, a donné entre autres, en trois volumes in-folio, Londres, 1748—1752, en anglais, une *Histoire naturelle générale*, dont le premier volume, qui traite des animaux, contient un chapitre étendu sur les poissons, disposé d'après Artedi. Les figures sont pour la plupart empruntées de Willughby.

2. *George-Wolfgang* Knorr, peintre et graveur de Nuremberg, a publié plusieurs recueils de figures, dont celui qui est intitulé *Deliciæ naturæ selectæ*, Nuremberg, 1766 et 1767, 2 vol. in-fol., contient quelques poissons ; le texte est de *Statius* Muller, le traducteur allemand du *Systema naturæ*, naturaliste ignorant et écrivain de mauvais goût.

3. *Arnaud* DE NOBLEVILLE et SALERNE, médecins d'Orléans, dans leur *Traité d'histoire naturelle des animaux*, Paris, 1756, 6 vol. in-12, parlent des poissons au deuxième tome. Ce n'est qu'une mauvaise compilation et sur des poissons usuels.

4. *Guillaume-Henri* Kramer, médecin de Dresde, établi à Bruck sur la Leitha, frontière de l'Autriche et de la Hongrie, a donné dans son *Elenchus vegetabilium et animalium per Austriam inferiorem observatorum*, Vienne, 1756, trente-huit poissons, qu'il range d'après les premières méthodes de Linnæus, et qu'il décrit dans son style,

point de négligence, c'est que Linnæus n'ait jamais cité les cahiers ichtyologiques de *Klein*[1],

---

1. *Jacques-Théodore* KLEIN, né à Dantzig en 1685, mort en 1759, secrétaire de cette république, s'est occupé de toutes les parties de la zoologie, et a écrit presque contre tous les naturalistes de son temps : les trois derniers de ses cinq *Missus historiæ naturalis piscium promovendæ*, imprimés de 1740 à 1749, contiennent plusieurs belles figures, quelques espèces nouvelles et quelques idées utiles. Le premier est une description des pierres de l'oreille des poissons et le seul traité *ex professo* sur cette matière. Le nombre des genres de poissons dans Klein, est de soixante-un, précisément comme dans la douzième édition de Linnæus, mais la coupe en est toute différente. La méthode l'est aussi ; il prend ses premières divisions de la forme générale du corps, de celle de la tête, et finit par le nombre des dorsales, ce qui l'écarte de la nature, pour le moins autant que Linnæus, comme on peut le voir par le tableau ci-joint.

BRANCH. OCCULTIS,
  Ad latera pinnata,
      Spiracul. 5,
         Cynocephalus.
         Galeus.
         Cestracion.
         Rhina.
      Spiracul. 1,
         Batrachus.
         Crayracion.
         Capriscus.
         Conger.
  Apinnes,
      Spiracul. 1,
         Muræna.
      Spiracul. 7,
         Petromyzon.
  In thorace : spirac. constanter 5,
         Narcacion.
         Rhinobatus.
         Biobatus.
         Dasybatus.

BRANCH. APERTIS,
  A partib. notab. aut corp. anguil.,
    Cap. et ventral. notabil.,
      Silurus.
  Notabiliter rostrati,
    Ore prono,
      Acipenser.
    Ore fisso,
      Rostr. retuso dentibus horrido,
        Latargus.
    Mandib. sup. in rostrum producta,
        Xiphias.
    Infer. mandibula ultra superiorem protracta,
        Mastacembelus.
    Utraq. mandib. æqualiter rostratus,
        Psalisostomus.
  Ore in rostri tubulo extremo,
      Solenostomus.

bien qu'ils offrissent des espèces nouvelles, de
bonnes figures et quelques groupes dont on
pouvait faire de bons genres ; mais ces genres

Capite et cauda rostratus,
  Amphisilis.
Notabiliter plani et oculati,
  In dextro latere oc.,
    Solea.
    Passer.
  In sinistro latere oc.,
    Rhombus.
  Utrinque oculosi,
    Rhomboides.
    Tetragonopterus.
    Platiglossus.
Thoracati et notabilit. armati,
    Cataphractus.
    Corystion.
    Centriscus.
Sterno vel capite notati,
    Oncotion.
    Echeneis.
Corpore teretiusculo,
    Enchelyopus.
Corpore spisso vel lati vel carinati
et castigati,
  Tripteri,
    Callarias barbatus.
      — *imberbis.*
  Pseudotripteri,
    Pelamys.
  Dipteri,
    Pinna secunda cutacea,
      Trutta dentata.
      — *edentula.*
    Pinnis ambabus radiatis,
      Mullus.
      Cestreus.
      Labrax.
      Sphyræna.
      Gobius.
      Asperulus.
      Trichidion.

Pseudodipteri,
  Pro prima pinn. aculei distincti,
    Glaucus.
  Processib. capitis cristati,
    Blennus.
Monopteri,
  Pinna longa,
    Interrupta,
      Perca.
    Sinuosa,
      Percis.
    Coæquata,
      Dentibus acutis,
        Mænas.
        Cycla.
        Synagris.
        Hippurus.
      Dent. latis et obtusis,
        Sargus.
      Edentuli,
        Cyprinus.
        Prochilus.
  Pinna brevi,
    Ad medium dorsi,
      Corpore lato et spisso,
        Brama.
      Corpore castigato,
        Barbatus,
          Mystus.
        Imberbis,
          Leuciscus.
          Harengus.
    Caudæ proxima,
      Lucius.
Pseudomonopterus seu pseudopterus,
    Pseudopterus (c'est
le ptéroïs).

étaient distribués peu naturellement et mal définis; leurs noms étaient mal composés: et d'ailleurs Linnæus, qui avait été attaqué avec violence[1] par Klein, paraît avoir voulu exercer contre lui la même vengeance que contre Buffon[2], la seule qui convienne à un véritable savant, si même elle lui convient, celle de n'en point parler.

La distribution des ordres ne fut point améliorée dans cette édition; au contraire, Linnæus, comme nous l'avons dit, porta encore tous les branchiostèges dans ses *Amphibia nantes.*

Aux genres déjà admis il ajouta les cépoles, indiqués par Artedi sous le nom de tœnia; les teutis, qui répondent aux hépatus de Gronovius; les amia et les élops, qu'il établit avec des poissons envoyés par Garden, ce qui en porta le nombre à soixante-un.

Il négligea entièrement les nouveaux genres faits par Gronovius dans le *Zoophylacium,* quoiqu'il y en eut de fort bons, qui ont été

---

1. Dans la dissertation intitulée *Summa dubiorum circa classis quadrupedum et amphibiorum in Linnæi systemate naturæ;* Dantzig, 1743, in-4.°

2. Le quatrième volume in-4.° de Buffon, où commence l'histoire des quadrupèdes, est de 1753, et le treizième, de 1765; néanmoins Linnæus ne les cite ni dans sa dixième édition de 1756, ni dans la douzième de 1766.

repris depuis par Bloch, par Lacépède ou par nous; tels que le gonorhynchus, le leptocéphalus, l'éléotris; celui que Gronovius nommait amia, qui est l'apogon; le mastacembelus, l'umbra, qui est un fondule, etc. [1]

Il négligea aussi plusieurs espèces remarquables de ce *Zoophylacium*, notamment le *cynodus cauda bifurca*, etc., qui est le chérodactyle de Lacépède, en sorte que le nombre total des espèces ne fut porté qu'à quatre

---

1. Voici la liste définitive des genres telle que l'a laissée Linnæus dans sa douzième édition.

AMPHIBIA NANTES,	*Ophidium.*	*Gasterosteus.*
Spiraculis compositis,	*Stromateus.*	*Scomber.*
Petromyzon.	*Xiphias.*	*Mullus.*
Raia.	PISCES JUGULARES,	*Trigla.*
Squalus.	*Callionymus.*	PISCES ABDOMINALES,
Chimæra.	*Uranoscopus.*	*Cobitis.*
Spiraculis solitariis,	*Trachinus.*	*Amia.*
Lophius.	*Gadus.*	*Silurus.*
Acipenser.	*Blennius.*	*Teuthis.*
Cyclopterus.	PISCES THORACICI,	*Loricaria.*
Balistes.	*Cepola.*	*Salmo.*
Ostracion.	*Echeneis.*	*Fistularia.*
Tetrodon.	*Coryphæna.*	*Esox.*
Diodon.	*Gobius.*	*Elops.*
Centriscus.	*Cottus.*	*Argentina.*
Syngnathus.	*Scorpæna.*	*Atherina.*
Pegasus.	*Zeus.*	*Mugil.*
PISCES APODES,	*Pleuronectes.*	*Mormyrus.*
Muræna.	*Chætodon.*	*Exocætus.*
Gymnotus.	*Sparus.*	*Polynemus.*
Trichiurus.	*Labrus.*	*Clupea.*
Anarhichas.	*Sciæna.*	*Cyprinus.*
Ammodytes.	*Perca.*	

cent soixante-dix-sept. Mais les augmentations numériques sont ce qu'il y a le moins à considérer dans les travaux de cet illustre naturaliste ; la précision des caractères, la commodité d'une terminologie bien fixée, la facilité qu'offraient à la mémoire les noms triviaux donnés aux espèces, cette nomenclature binaire introduite dans l'ichtyologie, comme dans tout le reste du système de la nature, étaient des avantages bien autrement importans.

Ce furent eux qui donnèrent à Linnæus cette prééminence avouée en quelque sorte par tous les naturalistes de son temps, et constatée par l'adoption à peu près universelle de sa nomenclature, et même par l'emploi presque exclusif de ses distributions, quelque imparfaites et artificielles qu'elles fussent.

Si quelques écrivains, tels que *Duhamel*[1],

---

1. *Henri-Louis* DUHAMEL DU MONCEAU, physicien et agronome habile et laborieux, mais très-mauvais ichtyologiste, né à Paris en 1700, mort en 1782, parmi une multitude d'ouvrages, a composé avec *H. L. de Lamarre* (je ne trouve rien de certain sur la personne de ce collaborateur de Duhamel), un *Traité général des pêches*, qui a paru par sections de 1769 à 1782, in-folio. Il y traite aussi de l'histoire naturelle des poissons, mais de la manière la plus confuse, et qui ne suppose pas la moindre idée de ce que l'histoire naturelle doit être. Néanmoins cet ouvrage est nécessaire aux ichtyologistes, à cause des nombreuses figures dont il est orné, et dont plusieurs sont très-belles et très-fidèles, bien qu'il s'y en mêle aussi de

continuèrent à suivre les anciennes routines ; ce fut par ignorance plutôt que par un dessein prémédité de résister à la révolution qui s'opérait. Pour l'ichtyologie en particulier, les véritables naturalistes qui écrivirent immédiatement après Linnæus, ou se soumirent entièrement à lui, ou n'eurent rien d'assez original ni même d'assez bon en soi dans les changemens qu'ils proposèrent, pour avoir pu entraîner les suffrages.

Pennant[1], dans sa Zoologie britannique, s'il eut le mérite de remettre dans la classe des poissons les *amphibia nantes,* sous le nom de *cartilagineux,* eut le tort d'y remettre aussi les cétacés ; et pour les poissons ordinaires il conserva la division de Linnæus, en apodes, jugulaires, thoraciques et abdominaux. Son ouvrage fut utile cependant par quelques bonnes figures et par des détails historiques peu connus.

Gouan[2], sous le titre trop étendu d'*Histoire*

---

très-fautives, selon les sources dont elles venaient. On y trouve aussi quelques faits intéressans fournis à l'auteur par ses correspondans.

1. *Thomas* Pennant, gentilhomme gallois, né à Downing, dans le comté de Flint, en 1726, mort en 1798, a traité des poissons dans le troisième volume de la Zoologie britannique, imprimée en 1769, in-8.°, et une seconde fois en 1776, in-4.° Il y a aussi quelque chose sur cette classe dans sa Zoologie arctique, et dans son petit essai sur la zoologie indienne.

2. *Antoine* Gouan, professeur de botanique à Montpellier, a

des poissons, n'en donna que les genres, qu'il décrivit à la vérité avec beaucoup de détail, quoique sous des formes pédantesques. Sa distribution fut celle d'Artedi, d'après la consistance du squelette et des rayons des nageoires, et il subdivisa ses classes d'après la position des nageoires, à la manière de Linnæus, mettant même, comme Linnæus l'avait fait dans sa dixième édition, les chondroptérygiens avec les amphibies. Ce n'était rien gagner pour la méthode; mais Gouan ajouta trois genres bien faits, les lépadogaster, les lépidopes et les trachiptères, à ceux que son maître avait établis.

Forster[1], dans son *Enchiridion*, ramena les *nantes* aux poissons, comme Pennant, et prit le contrepied de Gouan pour les poissons osseux, qu'il divisa d'abord d'après l'absence ou la présence des ventrales et leur position, et subdivisa d'après les rayons épineux ou mous. Il ne fut pas même fort exact sous ce dernier

----

été l'un des premiers propagateurs des méthodes et de la nomenclature de Linnæus en France. Son *Historia piscium*, imprimée à Strasbourg, in-4.°, en latin et en français, en 1770, n'était probablement que l'introduction à une véritable histoire générale de ces animaux, mais il ne l'a point exécutée.

1. Nous reparlerons un peu plus bas de Jean-Reinhold Forster, comme voyageur. Il n'est question ici que de son *Enchiridion historiæ naturali inserviens*; Halle, 1788, in-8.° On en a une traduction française, par M. *Levrillé*; Paris, 1799, in-8.°

rapport; car il regarde le stromatée, le lépidope, l'athérine, comme des malacoptérygiens;
l'ophidium et l'elops comme des acanthoptéri-
giens, ce qui est contraire à la vérité.

Il ne propose que deux genres nouveaux,
l'*echidna*, qui est une murène, et l'*harpurus*,
ne s'apercevant pas que c'est le même que le
teuthis de Linnæus.

Pallas [1], qui à cette époque avait déjà aperçu,
en homme de génie, une partie des vrais rapports des animaux confondus par Linnæus sous
le nom de *vers*, ne donna sur les poissons que
quelques descriptions particulières, qui ne
pouvaient entrer en comparaison avec les travaux réunis de Linnæus et d'Artedi; il en a

1. *Pierre Simon* Pallas, le naturaliste du dix-huitième siècle qui
a eu peut-être le plus d'étendue et de justesse dans l'esprit,
naquit à Berlin en 1741, et commença en Hollande, en 1766,
sa carrière scientifique par son *Elenchus zoophytorum* et ses
Miscellanea zoologica; après avoir passé ses dernières années en
Crimée, il est venu mourir dans sa ville natale en 1811. Les
cahiers sept et huit de ses *Spicilegia zoologica*, imprimés en
1769 et 1779, contiennent des descriptions et des figures très-
bien faites de vingt-six poissons étrangers, intéressans par leurs
caractères. Son grand voyage en Sibérie dura de 1769 à 1774.
Il y parle aussi de quelques poissons et en décrit dix-huit nouveaux, et il en a décrit d'autres dans les Mémoires de l'académie de Pétersbourg; mais son principal travail sur cette classe
est dans le troisième volume de sa *Zoographia Rossica*, ouvrage
posthume imprimé sous la surveillance de M. Tilesius, et dont
nous reparlerons.

inséré quelques autres dans les Mémoires de Pétersbourg: mais son principal ouvrage sur cette classe, le troisième volume de sa Zoographie russe, composé vers la fin de sa vie, n'est pas même encore livré au public.

D'ailleurs l'impulsion que l'influence de Linnæus a donnée aux recherches, quand il n'aurait que ce mérite, suffirait pour immortaliser son nom. En rendant l'histoire naturelle facile, ou du moins en la faisant paraître telle, il en inspira généralement le goût: les grands s'en occupèrent avec intérêt; des jeunes gens pleins d'ardeur se précipitèrent dans toutes les directions, seulement avec l'intention de compléter son système; et du moins pour ce qui regardait les espèces des êtres, la nature fut partout mise à contribution au profit de l'édifice dont cet homme extraordinaire avait tracé le plan.

Une émulation noble, dont le roi d'Angleterre George III eut l'honneur de donner l'exemple[1], et qui porta vers ce temps-là les souverains à ordonner de grandes expéditions maritimes, dans la seule vue d'étendre la connaissance du globe, fournit à cette ardeur des naturalistes

---

1. Les premières expéditions faites dans cet esprit, furent celles de Byron, de Wallis et de Carteret, décrites par Hawkesworth, avec la première de celle de Cook; Londres, 1773, 3 vol. in-4.°

tous les moyens de s'exercer avec fruit ; et ils s'empressèrent de profiter de ces occasions pour étendre leurs découvertes.

Commerson[1], embarqué avec *Bougainville*[2], fut laissé au retour à l'Isle-de-France pour en reconnaître les productions, et fit de là une excursion à Madagascar. Infatigable au travail, plein d'ardeur et de sagacité, il fit des collections immenses dans les trois règnes, et laissa sur l'ichtyologie particulièrement une suite de descriptions plus exactes, plus détaillées qu'aucune de celles de ses prédécesseurs ; elles embrassaient des poissons de l'Atlantique, de la côte du Brésil, de tout l'Archipel des Indes, et spécialement de l'Isle-de-France et de Mada-

---

1. *Philibert* COMMERSON, né à Chatillon-les-Dombes en 1727, se livra avec passion à l'histoire naturelle, dès le temps où il étudiait en médecine à Montpellier. On prétend même qu'il y fit, sur l'invitation de Linnæus, une collection des poissons de la Méditerranée pour la reine de Suède, ce qui nous étonnerait d'autant plus que Linnæus n'en a jamais parlé. Embarqué en 1766 avec Bougainville, il visita la côte du Brésil, Monté-Vidéo, Buénos-Ayres, les Malouines, la Terre-de-Feu, Otaïti, des îles voisines de la Nouvelle-Guinée, Java, demeura à l'Isle-de-France et y mourut en 1773.

2. *Louis-Antoine* DE BOUGAINVILLE, né à Paris en 1729, célèbre par sa bravoure sur terre et sur mer, mort sénateur et membre de l'Institut en 1811, forma, en 1763, un établissement aux îles Malouines, qui a été décrit par dom Pernetty, et a fait, de 1766 à 1769, le voyage autour du monde, dont il a publié lui-même la relation ; Paris, 1771, in-4.°, et 1772, 2 vol. in-8.°

gascar, au nombre de plus de cent soixante
espèces, dont plus des deux tiers étaient nouvelles alors. Il y établissait plusieurs bons genres,
qui ont dû être conservés. Des dessins, faits les
uns par Sonnerat ou par Commerson lui-même,
les autres, par un peintre nommé Jossigny,
accompagnaient le texte; et pour que l'on pût
toujours en vérifier l'exactitude, Commerson y
avait joint les poissons eux-mêmes, desséchés
à la manière de Gronovius. Malheureusement
ses travaux eurent le même sort que ceux de
Plumier, auxquels ils étaient bien supérieurs.
Les papiers et les collections qui les contenaient,
envoyés après sa mort au ministère, furent remis à Buffon, qui en inséra quelques lambeaux
dans son Histoire des oiseaux, et négligea le
reste. Une partie de ce qui regardait les poissons a été employée depuis par M. de Lacépède,
qui a aussi fait graver une partie des dessins;
mais, n'ayant eu que des brouillons assez mal
en ordre des descriptions, qu'il n'a pu toujours rapporter aux figures, l'usage qu'il en a
fait n'est pas exempt d'erreurs et de confusions.[1]

---

1. Il lui est arrivé très-souvent de faire trois ou quatre poissons différens, de la description, des figures, et des phrases
écrites au dos de ces figures, et même de placer ces poissons
imaginaires dans des genres différens. Nous en verrons beaucoup
d'exemples.

Notre bonheur a voulu que M. Duméril retrouvât, il y a quelques années, les poissons desséchés, qui depuis le temps de Buffon étaient demeurés encaissés dans les greniers du Muséum, et que l'on découvrît, il y a quelques mois, dans la bibliothèque de feu Hermann, de Strasbourg, deux manuscrits mis au net de la main de Commerson lui-même, sur les animaux de l'Isle-de-France et de Madagascar, avec des renvois précis aux figures, ce qui nous mettra à même de rendre enfin une justice complète à cet excellent observateur, et de tirer de ses travaux un meilleur parti pour l'ichtyologie.

Nous ferons connaître également les récoltes ichtyologiques de *Sonnerat*[1], l'un des collaborateurs de Commerson, mais qui était resté aux Indes, et s'était établi définitivement à Pondichéry. Revenu en France en 1814, il nous a remis les poissons qu'il avait rassemblés

---

1. *Pierre* SONNERAT, né à Lyon, neveu du célèbre Poivre intendant de l'Isle-de-France, mort à Paris en 1814, le jour même de la prise de cette ville par les coalisés, est bien connu du public par ses deux voyages : le premier à la *Nouvelle-Guinée*, en 1769, imprimé en 1776, in-4.°; le second aux *Indes* et à la *Chine*, de 1774 à 1781, imprimé en 1782, 2 vol. in-4.° Il y donne beaucoup de planches de quadrupèdes et d'oiseaux, mais n'y parle pas des poissons, qu'il réservait pour un autre ouvrage.

sur cette côte et desséchés à la manière de Commerson et de Gronovius ; mais l'histoire qu'il en avait écrite, et que nous avons vue, est demeurée dans les mains de ses héritiers, et nous ignorons ce qu'elle est devenue.

Des hasards non moins singuliers nous avaient aussi réservé l'avantage de profiter, les premiers, d'une grande partie des récoltes faites vers la même époque par *Banks*[1] et *Solander*[2], et peu de temps après par les deux *Forster*.

Banks, accompagnant volontairement le capitaine *Cook*[3] dans son premier voyage au-

---

1. *Joseph* Banks, né à Londres en 1743, mort en 1820, conseiller privé, chevalier du Bain et président de la société royale, homme recommandable pour avoir fait servir sa fortune à l'avancement des sciences et son crédit à la protection des savans.

2. *Daniel* Solander, né en Nordlande en 1736, élève de Linnæus, établi en Angleterre, compagnon de Banks pendant le premier voyage de Cook, de 1768 à 1771, mort en 1781.

3. *Jacques* Cook est encore un de ces hommes dont il n'est pas nécessaire que nous rappellions l'histoire. Nous marquerons seulement ici les dates de ses trois grands voyages, si féconds en découvertes, qui elles-mêmes ont été si avantageuses à l'histoire naturelle. Le premier, où furent Banks et Solander, dura de 1768 à 1771 ; il fut décrit par Hawkesworth en 1773. Le second, où il emmena les deux Forster, de 1772 à 1775, a été décrit par lui-même, Londres, 1777, 2 vol. in-4.°, et par le jeune Forster, la même année, en deux volumes, traduits en allemand à Berlin : l'année suivante Forster, le père, publia séparément ses observations en un volume in-4.°, Londres, 1778. Dans le troisième, commencé en 1776, et où Cook perdit la vie, il ne voulut plus avoir de naturalistes ; terminé en 1780, sous

tour du monde, avait emmené avec lui Solander, l'un des meilleurs élèves de Linnæus. Ils recueillirent beaucoup de poissons dans ces plages si fécondes de l'Archipel des Indes et de la mer du Sud, et en firent dessiner plusieurs par *Sidney Parkinson*[1]; mais, si l'on en excepte dix espèces, que *Broussonnet*[2] publia dans sa première et seule décade ichtyologique, les poissons et les dessins sont demeurés dans le cabinet de Banks. Heureusement des échantillons des poissons qu'il avait donnés à Broussonnet pour continuer son ouvrage, et qui étaient restés à Montpellier jusqu'à ce jour, viennent

la conduite de Clerke et de Gore, il a été décrit par King; Londres, 1784, 4 vol. in-4.° Tous les trois ont été traduits en français : le premier, en 1789; le deuxième, en 1778, avec les observations des deux Forster, 5 vol. in-8.°; le troisième, en 1785, 4 vol. in-8.°

1. *Sidney* PARKINSON, peintre anglais, employé dans le premier voyage de Cook, en a donné une relation; Londres, 1773; in-4.°

2. *Pierre-Marie-Auguste* BROUSSONNET, né à Montpellier en 1761, secrétaire de la société d'agriculture de Paris, puis consul à Maroc, mort professeur à Montpellier en 1807, s'était fort occupé des poissons : on dit même qu'il en avait préparé une histoire générale, où il devait en décrire douze cents espèces; mais il n'a publié que le fragment qui en contient dix, imprimé à Londres en 1782 et dans le Recueil de l'académie des sciences, un mémoire sur les squales, où en sont décrits vingt-sept, dont neuf nouveaux; des mémoires sur l'anarrhique, sur le voilier, sur le silure électrique, et des recherches sur les vaisseaux spermatiques des poissons, sur leurs écailles et sur la reproduction de leurs nageoires.

de nous être communiqués avec beaucoup de libéralité par la faculté de médecine de cette ville ; et ce que l'on peut encore extraire de nouveau des dessins de Parkinson, a été mis à notre disposition par M. Brown.

Il en a été de même des dessins des deux *Forster*[1]. Ces savans naturalistes allemands furent, comme on sait, appointés par le gouvernement anglais pour accompagner Cook dans son second voyage, de 1772 à 1775 ; et les poissons ne furent point oubliés dans leurs observations : mais s'étant brouillés à leur retour avec l'amirauté, Forster, le père, se vit obligé de laisser ses dessins dans les mains de ses créanciers, d'où ils passèrent dans le cabinet

---

1. *Jean-Reinhold* FORSTER, né à Dirschau, dans la Prusse polonaise, en 1729, ministre protestant près de Dantzig, transplanté en Russie, puis en Angleterre, paraît avoir été d'une humeur peu conciliante : il se brouilla avec Cook, et fut traité fort durement à son retour par l'amirauté. Il se décida alors à passer au service de Prusse, et a été professeur à Halle de 1780 à 1798, qu'il y est mort. Nous avons à citer, parmi ses nombreux ouvrages, son *Spicilegium zoologiæ indicæ rarioris:* Halle, 1781 : réimprimé Londres, 1790, et Halle, 1793.

Jean-George-Adam FORSTER, fils de Jean Reinhold, né en 1754, compagnon et aide de son père pendant le voyage autour du monde, professeur à Cassel en 1778, à Wilna en 1784, puis à Mayence, mort sur l'échafaud révolutionnaire à Paris en 1794, a concouru aux remarques de physique et d'histoire naturelle faites par son père, et qu'on trouve dans les éditions françaises du voyage.

de Banks, où ils sont encore. Le manuscrit de ses descriptions fut acheté, après sa mort, pour la bibliothèque royale de Berlin, où Schneider en a pris des extraits, qu'il a insérés, en 1801, dans le Système posthume de Bloch. [1]

La facilité que nous avons eue de consulter les dessins [2], et de compléter par là ce que les descriptions laissaient encore de vague et d'incertain sur les caractères des espèces, nous a donné moyen d'éclairer beaucoup de points obscurs de cette partie de l'ichtyologie, de rapprocher plusieurs de ces espèces de celles de Commerson, et de supprimer ainsi une quantité de ces doubles emplois si nuisibles aux vrais progrès de la science.

Plût à Dieu que nous eussions eu le même bonheur relativement à un observateur de ce temps-là, non moins zélé ni moins habile, et qui a aussi décrit beaucoup des mêmes poissons. Nous voulons parler de *Forskal* [3], envoyé en

---

1. Voyez la préface de ce système, p. XIV.

2. Madame Bowdich, si connue par le courage avec lequel elle a accompagné son mari dans des expéditions périlleuses, et par les talens distingués qu'elle a consacrés à une science aimable, a bien voulu (avec l'agrément du dépositaire actuel, le grand botaniste, M. *Robert* Brown) nous faire des copies de tous ces dessins. Nous mettons au rang de nos premiers devoirs de lui marquer ici notre reconnaissance.

3. *Pierre* Forskal, né en Suède en 1736, choisi par le roi de Danemarck, sur la recommandation de Linnæus, pour faire

Arabie par le roi de Danemarck Fréderic V, généreux protecteur de toutes les connaissances. Il s'attacha particulièrement à étudier les nombreux et beaux poissons qui peuplent la mer Rouge. Ses descriptions ont été publiées après sa mort par les soins de son ami *Niebuhr*[1], mais sans figures. Comme il n'avait, lorsqu'il les fit, d'autre guide que la dixième édition de Linnæus, il a souvent été embarrassé sur la vraie classification, au point qu'il prend le silure électrique pour la torpille, le centriscus scolopax pour un silure, l'élops pour une argentine, etc.; et malheureusement ses successeurs n'ont pas vu qu'il se trompait, ce qui leur a fait inscrire autant de fausses espèces dans leurs systèmes. Cette partie de son ouvrage n'en est pas moins au nombre des plus précieuses productions ichtyologiques de l'époque. Il y dé-

---

partie, comme naturaliste, de l'expédition savante envoyée en Arabie en 1761, mourut dans ce pays en 1763. Niebuhr rassembla ses papiers, et en tira les *Descriptiones animalium quæ in itinere orientali observavit P.* Forskal; Copenhague, 1775, in-4.°; *Flora ægyptiaco-arabica, ib.,* 1775, et *Icones rerum naturalium quas in itinere orientali depingi curavit,* 1776.

1. *Carsten* Niebuhr, né en 1733 à Ludingsworth, dans le Lauembourg, mort en 1815, de simple paysan devenu ingénieur, employé comme tel dans l'expédition d'Arabie, revenu seul en 1767, a donné en 1772 une description de l'Arabie, et en 1774 et 1778, en deux volumes in-4.°, une relation du voyage qu'il y avait fait.

1.   9

crit, aussi bien qu'aucun des autres élèves de
l'école linnéenne, cent vingt-une espèces ou
variétés; et c'est dans son livre que paraissent
pour la première fois les genres des scares et des
sidjans.

Pendant que les naturalistes de la France et
de l'Angleterre parcouraient les mers et prépa-
raient avec tant de peines et de dangers des travaux qui devaient rester négligés dans leur pays,
la Russie faisait faire par les siens une exploration générale de son vaste territoire, et prenait
des mesures pour que les résultats en fussent
plus utiles au public, en quoi elle se réformait
elle-même et donnait aux autres États un exemple digne d'être suivi. Ses premiers voyageurs
avaient aussi été fort négligés. *Messerschmidt*[1],
qui avait parcouru toute la Sibérie, de 1720 à
1726, par ordre de Pierre le Grand, et y avait
fait d'importantes récoltes, était mort de chagrin
et de misère en 1735. Ses papiers demeurèrent
dans les archives de l'académie, qui ne prit aucun soin pour leur publication. Une expédition
envoyée par l'impératrice Anne, petite-fille de
Pierre, composée de plusieurs savans[2], avait

---

1. *Daniel-Théophile* Messerschmidt, de Dantzig, né en 1685,
mort en 1735. Ses recherches paraissent avoir été immenses. C'est
à lui que l'on doit le premier crâne d'éléphant fossile.

2. *Delisle de la Croyère*, astronome; *Müller, Fischer*, historiens;

examiné le même pays avec beaucoup plus de soin, de 1733 à 1743. Le botaniste, *Jean-George Gmelin*[1], parvint seul à publier son travail ; mais le zoologiste, *Steller*[2], l'un des hommes qui ont le mieux connu les animaux marins, ne réussit à faire imprimer que ses recherches sur les phoques et sur les lamantins ; et, après sa mort, que la malveillance et la trahison avaient accélérée, ses mémoires d'ichtyologie, à l'exception d'un seul, qui ne contient que des remarques générales sur la classe des poissons, furent ensevelis à côté des papiers de Messerschmidt ; ce n'est que depuis peu d'années que MM. Pallas et Tilesius en ont fait connaître quelques fragmens.

Catherine II, conseillée par le comte Wla-

Tchirikof, *Behring*, marins ; *Gmelin*, botaniste ; *Steller*, zoologiste, etc.

1. *Jean-George* GMELIN, né à Tubingue en 1709, suivit à Pétersbourg ses compatriotes Bülfinger et Duvernoy, et y remplit les chaires de botanique et de chimie. Après son retour de Sibérie, il donna les deux premiers volumes de la Flore de ce pays ; Pétersbourg, 1747 : et son neveu publia les deux autres en 1770. Retourné à Tubingue en 1749, il y mourut en 1755. Il a publié la relation du voyage auquel il avait pris part ; Gœttingue, 1751 et 1752, en allemand, 4 vol. in-8.° On en a un extrait français en deux volumes in-12, par Keralio, et un autre dans le dix-huitième volume in-4.° de l'Histoire générale des voyages : il y parle peu des poissons.

2. *George-Guillaume* STELLER, un des plus courageux et des plus habiles naturalistes que la Russie ait eus à son service, et

dimir Orlof, veilla non-seulement à ce que la troisième exploration, qu'elle ordonna en 1768, fût faite avec encore plus de soin et de régularité, mais à ce que la science profitât aussitôt qu'il serait possible des efforts des hommes qui y furent employés[1]. A cet effet, elle ordonna

---

de ceux qu'elle a traités avec le plus d'ingratitude, était né en 1709 à Winsheim, en Franconie; il étudia, dans plusieurs universités allemandes, la théologie, la médecine et l'histoire naturelle, et fut admis comme médecin dans l'armée russe qui assiégeait Dantzig en 1734. Le baron de Korff, président de l'académie de Pétersbourg, l'envoya en 1738 pour se joindre à l'expédition partie dès 1734. Behring, qui devait reconnaître les îles situées entre la Sibérie et l'Amérique, l'invita en 1741 à l'accompagner; il souffrit horriblement dans ce voyage, et se vit à la fin trompé sur toutes les promesses, que ce capitaine lui avait faites. Se rendant à Pétersbourg pour réclamer justice, on trouva moyen de lui faire envoyer l'ordre de retourner à Irkutzk, pour se justifier lui-même de je ne sais quelle faute, qu'on lui imputait : il revenait de nouveau, lorsqu'il reçut un second ordre de la même nature, et cette fois la garde qui le conduisait le laissa geler sur une grande route, en 1746. Sa description du Kamtschatka a été publiée en allemand en 1774, par les soins de *J. B. Scherer,* employé des affaires étrangères de France. Il y a de lui dans les Mémoires de Pétersbourg (deuxième tome des *Novi commentarii*), un excellent mémoire sur les phoques et les lamantins, et dans le troisième, des observations générales sur les poissons, d'après lesquelles on peut juger qu'il les avait étudiés avec soin. Il avait composé une Ichtyologie de la Sibérie, dont MM. Pallas et Tilesius ont donné d'intéressans fragmens dans leurs propres ouvrages.

1. Il y eut dans l'expédition de 1768, outre les astronomes et les géomètres, cinq naturalistes et quelques élèves.

Pallas se dirigea vers le Jaïk, la mer Caspienne, visita les

que l'on rédigeât les observations pendant chaque quartier d'hiver, et qu'on les envoyât aussitôt à Pétersbourg, avec les collections faites pendant l'année; précaution qui se trouva d'autant plus sage que trois des naturalistes, *Falk*[1], *Gmelin*[2] et *Guldenstedt*[3], perdirent la vie ou

---

mines des monts Ourals, celles des monts Altaïs, dans le district de Kolywan, traversa le lac Baïkal, et s'approcha des frontières de la Tartarie chinoise; en revenant il toucha au Caucase.

Gmelin marcha vers le Sud, vit les établissemens des cosaques du Don et Astracan, et fit deux excursions en Perse.

Falk examina la province d'Orembourg et les pays adjacens jusqu'à l'Ob. *Georgi* fut d'abord son adjoint et ensuite celui de Pallas.

Guldenstedt se chargea particulièrement du Caucase.

Lepechin visita surtout l'Oural, Astracan et les côtes de la mer Blanche.

1. *Jean-Pierre* FALK, né en Suède en 1725, fut élève de Linnæus et ensuite professeur de botanique au jardin des apothicaires de Pétersbourg : affecté d'hypocondrie et de souffrances de tout genre, il se tua à Casan en Mars 1774. Son voyage a été publié, par les soins de *Georgi*, en trois volumes in-4.°, 1785 et 1786.

2. *Samuel-Théophile* GMELIN, né à Tubingue en 1745, était le neveu de *Jean-George*, membre de l'expédition de 1733. Les trois premiers volumes de son voyage parurent de 1770 à 1774. Mais, étant mort cette année prisonnier du kan des Khaïtakes, la rédaction du quatrième fut confiée à Guldenstedt, et après sa mort à Pallas, qui le fit paraître en 1784. On y trouve quelques descriptions et trois figures de poissons, et beaucoup de détails sur les pêches.

3. *Jean-Antoine* GULDENSTEDT, né à Riga en 1745, étudia à Berlin : la faveur du czar de Géorgie lui procura beaucoup de facilités pour l'examen du Caucase; mais il gagna dans ce pays des maladies qui l'affaiblirent. Il revint néanmoins à Pétersbourg,

pendant le voyage, ou du moins avant de pouvoir mettre la dernière main aux relations qu'ils en avaient rédigées. Mais leurs collègues, et surtout Pallas, y suppléèrent, et rien ne fut perdu pour la science.

L'ichtyologie a gagné à ces voyages la connaissance de plusieurs poissons des rivières de la Sibérie, du lac Baïkal et de la mer Caspienne; et à ces premiers produits en ont bientôt succédé d'autres. Les correspondances établies par les voyageurs ont fait arriver à Pétersbourg des espèces de la mer Orientale; et en général c'est dans les Mémoires de l'académie

---

où il mourut en 1780, à trente-six ans, d'une fièvre putride qui y régnait. Son Voyage a été imprimé, sous la direction de Pallas, en deux volumes in-4.°, 1787 et 1791; il y décrit quelques poissons. Il en a de plus décrit et représenté plusieurs dans les *Novi commentarii* de Pétersbourg, t. XVI, XVII et XIX.

Jean-Théophile GEORGI, né en Poméranie en 1738, envoyé en 1770 pour s'adjoindre à Falk, a aussi donné son voyage en deux volumes in-4.°, en 1775. Il y décrit quelques poissons. Sa Description de la Russie, en huit parties in-8.°, de 1797 à 1802, contient dans la septième une histoire des poissons de cet empire, mais incomplète.

Iwan LEPECHIN, né vers 1750, mort en 1802, avait étudié à Pétersbourg et à Strasbourg, et fut en 1783 secrétaire de l'académie russe. Il a publié son voyage en russe, en trois volumes in-4.°, 1771, 1772, 1780. On en a une traduction allemande, par Hase; Altenbourg, 1774, 1775 et 1783. Il y décrit plusieurs poissons.

Nicolas RYTSCHKOW, l'un des élèves attachés à cette expédition, a aussi donné le sien en russe, et Hase l'a également traduit en allemand; Riga, 1774, in-8.°

dés sciences de Russie que cette partie de l'histoire naturelle a été traitée avec le plus de suite. Pallas et d'autres membres de ce corps ont continué à y donner des poissons intéressans jusqu'au moment où j'écris. [1]

Toutes ces recherches, toutes ces descriptions étaient faites méthodiquement dans le style et dans l'esprit de Linnæus.

A la même époque, des naturalistes isolés s'occupaient des poissons des mers du Nord et les décrivaient avec une égale exactitude.

Fabricius[2], le célèbre entomologiste en Norwége; un autre *Fabricius*[3], sur les côtes glacées

---

1. Outre les nombreux mémoires de Kœlreuter dont nous avons déjà parlé et qui vont jusqu'au tome IX des *Nova acta* (pour 1791), on a dans les *Nova acta*, t. V (pour 1787), un carape, par *Basile* Zuiew; t. IX (1791), un esturgeon par *Lepechin*; t. XII (1794), l'histoire du saumon de la mer Glaciale, par *Oserezkovsky*.

2. *Jean-Christian* Fabricius, né à Tondern, dans le duché de Sleswic en 1742, professeur à Kiel, mort en 1807. Ses travaux immenses sur les insectes n'appartiennent pas à notre sujet; nous ne citerons que son Voyage en Norwége, en allemand; Hambourg, 1779, in-8.º : il y parle de quatorze poissons. Cet ouvrage a été traduit en français, par Millin.

3. *Othon* Fabricius, ecclésiastique, employé dans la colonie danoise du Groënland, et ensuite en Norwége et en Danemarck, est auteur d'une *Fauna Groenlandica*, Copenhague et Leipzig, 1780, in-8.º, l'un des meilleurs ouvrages de ce genre, où il décrit exactement quarante-quatre espèces de poissons, et donne sur l'histoire de plusieurs des détails fort intéressans. Il faut cependant se défier quelquefois de sa nomenclature.

du Groënland; *Olafsen* et *Powelsen*[1], sur celles
de l'Islande, s'efforçaient d'appliquer aux productions de ces tristes climats les nomenclatures
de Linnæus. Ils n'étaient pas toujours heureux;
mais leurs descriptions, surtout celles d'*Othon
Fabricius*, suffisent pour réparer les petites
erreurs dans lesquelles le défaut de secours
littéraires les a induits. *Ascanius*[2] donnait des
figures coloriées de quelques espèces de la mer
d'Allemagne; *Müller*[3] en introduisait dans sa

---

1. Le voyage en Islande d'*Eggert* OLAFSEN, naturaliste islan-
dais, né en 1726, mort en 1768, et de *Biorn* POWELSEN, premier médecin de cette île, mort en 1778, a été publié en danois à Soroë, en 1772; en allemand, à Copenhague, en 1774,
2 vol. in-4.° On y trouve des descriptions de poissons et des
figures, mais un peu grossières. Il y en a une traduction française, par Gautier de la Peyronnie; Paris, 1802, 5 vol. in-8.°,
avec un atlas, où la nomenclature d'histoire naturelle est souvent estropiée.

2. *Pierre* ASCANIUS, inspecteur des mines de la Norwége septentrionale, a donné plusieurs figures enluminées de poissons,
dont quelques-unes sont nouvelles, dans ses *Icones rerum naturalium*, ou *Figures enluminées d'histoire naturelle du Nord;* Copenhague et Genève, 1767—1775, in-folio.

3. *Othon-Fréderic* MULLER, né à Copenhague en 1730, mort
en 1784: l'un des observateurs les plus laborieux et les plus
exacts du dix-huitième siècle, et que ses découvertes microscopiques ont rendu si célèbre, a donné quelques poissons dans
la *Zoologia danica*, commencée en 1779, in-folio, et son exemple a été suivi par ses continuateurs, MM. Abildgaardt, Viborg
et Rathke. Il a inséré le catalogue général de ceux des pays
danois dans son *Prodromus zoologiæ danicæ;* Copenhague, 1777,
in-8.°

Zoologie danoise, de toutes les côtes alors soumises à la couronne de Danemarck. Quelques autres donnaient des mémoires particuliers dans les recueils des académies du Nord sur les poissons de leur pays, et y joignaient même quelques poissons étrangers. [1]

Thunberg [2] y insérait des descriptions de ceux qu'il avait rapportés du Japon [3], et les récoltes qu'il y avait faites servaient aussi de matériaux à des mémoires de *Houttuyn* [4], imprimés dans des recueils hollandais. [5]

Il paraissait aussi, mais en moindre quantité, quelques mémoires sur des poissons dans les Transactions philosophiques. [6]

---

1. On en trouve en grand nombre dans les collections de l'académie des sciences de Stockholm, de la société royale de Copenhague, de la société des sciences de Norwége. Les auteurs les plus notables de ces mémoires sont Strœm, Euphrasen, Brünnich, Strupenfeld, Gissler, Ankarscrona, Tonning, Vahl, Hornstedt, Holm, Retzius, Montin, etc.

2. *Charles-Pierre* Thunberg, né en 1743, élève de Linnæus, professeur à Upsal.

3. Mémoires de l'académie de Stockholm, 1790, 1792 et 1793. Il y a aussi de lui une dissertation sur la murène et l'ophichte.

4. *Martin* Houttuyn, naturaliste laborieux, mais peu instruit, qui a traduit et paraphrasé en hollandais le *Systema naturæ;* Amsterdam, 1761 — 1785.

5. Dans les Mémoires de la société des sciences de Harlem, t. XX, 2.ᵉ partie.

6. Jean-Fréd. Gronovius, sur le misgurn, Trans. phil, t. XLIV, p. 451; Parsons, sur la baudroie, t. XLVI, p. 126; Cromw. Mortimer, sur le zeus luna, *ibid.*, t. XLVI, p. 518; Farrington,

Mais, si l'on excepte *Broussonnet*[1], peu de Français s'occupaient alors de ces animaux d'une manière scientifique. Ce fut un Danois, Martin *Brunnich*[2], qui le premier, depuis les ichtyologistes du seizième siècle, vint examiner les poissons de Marseille et de l'Adriatique, et s'efforça de les ranger d'après le système de Linnæus.

Cetti[3] donnait quelque indication de ceux de Sardaigne, mais légère, et telle qu'on pouvait l'attendre de l'état où se trouvait alors

---

sur la truite des Alpes, *ib.*, t. XLIX, p. 210 ; Ferguson, sur la baudroie, t. LIII, p. 170 ; J. Alb. Schlosser, sur le *chœtodon rostratus*, *ib.*, t. LIV, p. 89, et LVI, p. 186 ; P. Sim. Pallas, sur le toxotes, *ib.*, t. LVI, p. 187 ; Mich. Tyson, sur une perche de la mer du Sud, *ib.*, t. LXI, p. 247 ; Daines Barrington, sur la truite, *ib.*, t. LXIV, p. 310 ; Thom. Brown, sur l'exocet, *ib.*, t. LXVIII, p. 791 ; Will. Watson, sur le squale glauque, t. LXVIII, p. 789 ; Will. Bell, sur le *chœtodon nodosus*, *ib.*, 1793, p. 7.

1. Broussonnet, Mémoire sur le voilier, académie des sciences de Paris, 1786, p. 450 ; sur différentes espèces de chiens de mer, 1780, p. 641, et dans le Journal de physique, t. XXVI, p. 51.

2. *Martin-Thomas* Brunnich, professeur à Copenhague, auteur de l'*Ichtyologia massiliensis*, Copenhague et Leipzig, 1768, in-8.° ; il y décrit assez exactement cent et une espèces, dont quelques-unes étaient nouvelles. Il ne faut pas toujours se fier à sa nomenclature ; son *Perca pusilla*, par exemple, n'est que le *Zeus aper*. A la fin est un appendice intitulé : *Spolia maris Adriatici*, où il en indique encore treize espèces, mais qui rentrent en partie dans les premières.

3. *François* Cetti, ex-jésuite, auteur de la *Storia naturale di Sardegna*, en quatre volumes in-12 ; Sassari, de 1774 à 1778. Il traite des poissons dans le troisième, mais assez en abrégé, si l'on excepte ce qui regarde le Thon.

l'histoire naturelle dans le midi de l'Europe, où les ouvrages de Linnæus n'avaient pénétré qu'avec lenteur.

Vers la fin de cette époque, un travail analogue à celui de Cetti, mais plus détaillé, était exécuté sur les poissons de Gallice par *Cornide*[1], et un autre Espagnol, *Antoine Parra*, en publiait un sur ceux de l'île de Cuba, infiniment plus précieux, à cause des figures dont il l'enrichissait.[2]

Les Allemands, à leur ordinaire, se montraient plus laborieux et plus au courant de l'état de la science. Les recueils de leurs sociétés, particulièrement ceux de la société des naturalistes de Berlin[3], l'ouvrage périodique intitulé le

---

1. Don *Joseph* Cornide, régidor de Sant-Iago, auteur d'un *Essai d'une histoire des poissons et autres productions marines de la côte de Gallice*, selon le système de Linné, en espagnol, 1788, in-12.

2. *Description de différens objets d'histoire naturelle, surtout de productions marines*, par Don *Antoine* Parra, en espagnol; La Havane, 1787, petit in-4.°, avec soixante-quinze planches. C'est un des ouvrages les plus utiles à la connaissance des poissons du golfe du Mexique, non tant à cause du texte, qu'à cause des figures fort exactes où ils sont représentés.

3. La société des *Amis scrutateurs de la nature de Berlin* a commencé à publier ses ouvrages en 1775, in-8.°, en allemand. Les quatre premiers volumes portent le titre d'*Occupations* (*Beschäftigungen*); les six suivans, de 1780—1785, d'*Écrits* (*Schriften*); les cinq derniers de ce format, de 1787—1793, d'*Observations et découvertes* (*Beobachtungen und Entdeckungen*); ensuite elle les a publiés in-4.°, sous le titre de *Nouveaux écrits*, etc. La

Naturaliste[1], etc., recevaient un grand nombre d'écrits sur les poissons de l'Allemagne. *Wulff*[2] dressait, d'après le système de Linnæus, un catalogue de ceux de la Prusse ; *Fischer*[3], de ceux de la Livonie ; *Birkholz*[4], de ceux du Brandebourg ; *Sander*[5], de ceux du Rhin ; *Seetzen*[6], de ceux de Westphalie. *Leske*[7] décri-

---

collection in-8.º contient, pour l'époque dont nous parlons, plusieurs mémoires d'ichtyologie de Bloch, de Wartman, de Sander, de Schœpf, de Walbaum, de Schranck, d'Abildgaardt.

1. En allemand *Naturforscher*; recueil intéressant, imprimé à Halle, de 1774 à 1793, en vingt-sept cahiers. Il y a des mémoires ichtyologiques de Hermann, de Sander; un de Schœpf, sur une perche d'Amérique, 20.ᵉ cah., p. 17, etc.

2. *Jean-Christophe* Wulff, médecin de Kœnigsberg : *Ichtyologia cum amphibiis regni borussici methodo linnœana disposita;* Kœnigsberg, 1765. C'est un catalogue de cinquante-trois espèces, quelquefois mal nommées; il fait, par exemple, un cyprin de la marène.

3. *J. B.* Fischer, *Essai d'une histoire naturelle de Livonie,* en allemand; Kœnigsberg, in-8.º, 1778, réimprimé en 1791; il y parle de quarante espèces.

4. *Jean-Christophe* Birkholz a donné avant Bloch, en allemand, une *Description économique des poissons qui se trouvent dans les eaux de la marche électorale de Brandebourg;* Berlin, 1770, in-8.º

5. Il y a de *Henri* Sander, dans le quinzième cahier du *Naturforscher,* des *Matériaux pour l'histoire des poissons du Rhin,* et dans le vingt-cinquième, des remarques sur ce mémoire, par *Bernard-Sébastien* Nau.

6. Seetzen a donné le catalogue de ceux de la seigneurie de *Jever,* en Westphalie, dans le premier volume des *Annales zoologiques,* de Meyer, etc.

7. *Nathanaël-Godefroi* Leske, professeur à Leipzig : *Ichtyologiæ lipsiensis specimen,* Leipzig, 1774, in-8.º Ce sont des descriptions détaillées de dix-sept espèces de cyprins.

vait les cyprins des eaux de Leipzig; *Meidinger*[1] donnait de belles figures des poissons de l'Autriche; *Schrank*[2] en décrivait quelques-uns de la Bavière. Pour les contrées plus éloignées, on avait, dans la Zoologie indienne de Pennant[3], un squale et un labre dessinés à Ceilan par Lotsen, gouverneur de cette île. L'histoire naturelle de Sumatra par *Marsden*[4], celle du Chili par *Molina*[5], en offraient un plus grand nombre, mais décrits avec moins de précision. *Forster*[6] en donnait d'Amérique et surtout de la baie

---

1. *Charles* baron DE MEIDINGER, secrétaire des empereurs Joseph II et Léopold II, auteur d'un recueil de belles figures enluminées, intitulé : *Icones piscium Austriæ indigenorum*, en cinq décades, in-folio, Vienne, 1785—1794, où sont représentés plusieurs poissons intéressans du Danube et de ses affluens.

2. *François de Paule* SCHRANK, professeur à Ingolstadt, né en 1747. Dans un *Voyage de Bavière*, Munich, 1786, il décrit une ou deux truites.

3. *Indian zoology*; Londres, in-folio, avec douze planches : la seconde édition est de 1790, in-4.°

4. *Will.* MARSDEN, *Hist. of Sumatra*; Londres, 1784. Il y en a une traduction française; Paris, 1788, 2 vol. in-8.° La troisième édition est de 1811, in-4.°

5. *Ignace* MOLINA, ex-jésuite, a écrit de mémoire en Italie son *Saggio sulla storia naturale del Chili*; Bologne, 1782, in-8.° : traduit en français par Gruvel; Paris, 1789, in-8.° La seconde édition italienne est de Bologne, 1810, in-4.° Ce livre contient plusieurs descriptions qui auraient besoin d'être confirmées.

6. *J. Reinh.* FORSTER, *Catal. of the animals of North-America*; Londres, 1771, in-8.°, et *Account of fishs sent from Hudsons bay*. Trans. phil., t. LXIII, p. 149.

d'Hudson ; *Schœpf*[1], des États-Unis; Pennant[2], de tout le nord du globe.

Quelques genres nouveaux se montraient dans ces différens écrits : c'est ainsi qu'Houttuyn[3] a fait le genre Centrogaster; le même que le Buro de Commerson et l'Amphacanthus de Bloch; que Hermann[4] a décrit le genre Sternoptyx qui a été conservé; que Scopoli[5] avait voulu séparer le cottus japonicus de Pallas sous le nom de percis, et le coryphæna velifera ou pleraclis de Gronovius sous celui de pteridium; que Sevastianof avait fait avec les girelles à long museau le genre Acarauna[6]. Tous ces genres ont reparu sous

---

1. Dans les Observations de la société des naturalistes de Berlin, t. II, 3.ᵉ cahier, p. 138. C'est un mémoire remarquable, et ce que l'on avait de mieux avant M. Mitchill.

2. Dans son *Arctic zoology*, t. III.

3. *Martin* HOUTTUYN, outre le mémoire sur les poissons du Japon, que nous avons déjà cité, en a publié un sur quelques poissons étrangers (Mémoires choisis, en hollandais, t. X); un autre, sur les œufs des squales, *ib.*, t. IX.

4. *Jean* HERMANN, professeur d'histoire naturelle à Strasbourg, né en 1738, mort en 1800, auteur de plusieurs mémoires insérés dans des collections allemandes, entre autres, de la description du genre Sternoptyx. Il y a des vues sur les rapports des poissons dans sa *Tabula affinitatum animalium*, 1782, 1 vol. in-4.°, et des espèces nouvelles dans ses *Observationes zoologicæ posthumæ, ib.*, 1804, in-4.°

5. *Jean-Antoine* SCOPOLI, né dans l'évêché de Trente en 1725, professeur à Schemnitz et ensuite à Pavie, a parlé de quelques poissons dans ses *Deliciæ floræ et faunæ insubricæ.*

6 *Nov. act. petrop.*, tome XIII, pl. 11.

d'autres noms dans les écrivains postérieurs.

Bloch[1] préludait, dès 1780, par quelques mémoires particuliers [2], au grand et magnifique ouvrage dont il a enrichi l'ichtyologie. Mais c'est ce grand ouvrage qui l'a mis hors de pair et qui le fait considérer encore aujourd'hui comme l'un des auteurs capitaux sur l'histoire des poissons. Nous en devons donc à nos lecteurs une analyse étendue à aussi bon droit que de ceux de Willughby, d'Artedi et de Linnæus.

Il se compose de deux parties essentiellement distinctes; l'Histoire économique des poissons

---

1. *Marc-Eliezer* BLOCH, chirurgien juif de Berlin, était né à Anspach en 1723, de parens très-pauvres, ne chercha que fort tard à suppléer à son défaut d'éducation, et n'y suppléa que très-imparfaitement, comme il est aisé de s'en apercevoir dans ses écrits. Ce n'est qu'à l'âge de cinquante-six ans qu'il commença à écrire sur les poissons, et il lui a fallu des prodiges de persévérance et d'industrie, pour amener à bien une entreprise aussi considérable que sa grande Ichtyologie. Il est mort en 1799, âgé de soixante-seize ans.

2. Par exemple, dans les Occupations des naturalistes de Berlin, t. IV, 1779, *Histoire naturelle de la* MARÈNE. C'est son début. Il a aussi donné, dans les Écrits des mêmes, t. I, 1780, une histoire naturelle économique des poissons des États prussiens, surtout des Marches et de la Poméranie. Plus tard on a de lui, dans les *Nova acta* de Pétersbourg, 1785, deux espèces de pleuronectes; dans les Mémoires de Stockholm, 1789, deux espèces de scorpènes; dans les Nouveaux mémoires de la société des sciences de Copenhague, t. III, deux espèces de perches; dans les Observations des naturalistes de Berlin, t. III, 1792, une description de deux poissons nouveaux et des remarques sur le mémoire d'Abildgaardt, relatif au myxine.

d'Allemagne et l'Histoire des poissons étrangers[1]. La première, résultant principalement des observations de l'auteur, et ornée de figures dessinées sous sa direction et d'après le frais, contient de bonnes descriptions, des images fidèles et des observations intéressantes et vraies. Il y traite de cent quinze espèces, dont quelques-unes, dans les genres des Cyprins et des Saumons, n'étaient pas bien connues ou bien démêlées avant lui; mais il n'y comprend pas celles qui sont propres à la Méditerranée, bien que, par la côte de l'Istrie autrichienne, elles appartinssent aussi à l'Allemagne. Bloch a même en général très-peu connu les poissons de la

____

1. L'*Histoire économique des poissons d'Allemagne* a paru en allemand en trois volumes in-4.°, avec cent huit planches in-folio; Berlin, 1782, 1783 et 1784, et in-8.°, 1783, 1784 et 1785, et en français, in-folio, en 1785 et 1786. L'*Histoire naturelle des poissons étrangers*, en neuf volumes in-4.°, avec trois cent vingt-quatre planches in-folio, de 1785 à 1795, et in-8.°, de 1786 à 1796; en français, in-folio, de 1787 à 1797. Le tout a été réuni en français en douze volumes in folio, avec quatre cent trente-deux planches sous le titre d'*Ichtyologie* ou *Histoire naturelle générale et particulière des poissons*, titre qui promet beaucoup trop; car l'auteur n'a eu ni l'intention, ni la prétention de traiter de tous les poissons connus, mais seulement de ceux dont il pouvait donner des figures originales. Il y en a aussi une édition in-8.° M. Castel a réimprimé le texte, en le rangeant d'après le système de Linné, mais en supprimant les synonymes et les autres citations savantes, à la suite du Buffon de Déterville, en dix petits volumes in-12, avec des figures très-rapetissées.

Méditerranée, ce qui n'est point étonnant, quand on songe à la position défavorable où il vivait au milieu des sables du Brandebourg. Ce qui est plus extraordinaire, et ce que nous-même avons eu peine à nous persuader, c'est qu'il y a des poissons très-communs dans l'Océan qu'il n'a pas bien connus. L'atherine, par exemple, qu'il représente très-mal; la sardine, à laquelle il substitue, pl. 29, une autre petite espèce de la Baltique, et l'alose, au lieu de laquelle il donne, pl. 20, une figure de la feinte.

Déjà dans ses poissons d'Allemagne Bloch mêle quelques figures de poissons étrangers, empruntées aux manuscrits de Plumier et de Margrave, beaucoup moins authentiques ou moins correctes que celles qu'il avait fait faire sous ses yeux. Il en a fait un usage encore plus fréquent dans la seconde partie, celle où il traite ex professo des *poissons étrangers,* et qui se compose d'élémens très-différens. Les espèces que l'auteur possédait en nature, soit desséchées, soit dans la liqueur, y sont le plus souvent bien dessinées et bien décrites, aux couleurs près, qui presque toujours sont fausses pour les nuances, parce que l'art ne peut les conserver après la mort. Leur histoire est assez exacte lorsque les détails lui en ont été fournis avec les poissons par des voyageurs connus, tels que le missionnaire *John*[1], l'un de ceux qui lui ont été le plus utiles; mais pour les espèces qu'il a achetées dans des ventes ou chez des marchands, c'est souvent au hasard qu'il indique leur origine et leurs habitudes, selon qu'il avait été plus ou moins heureux à les retrouver dans des auteurs qu'il était peu en état de consulter en critique éclairé. Il lui arrive en effet plus d'une fois de prendre une espèce pour une autre, d'en confondre une des Indes avec une d'Amérique, de regarder comme identiques des espèces qui ne sont que voisines, etc., et même il s'est permis en quelques cas d'altérer les figures qu'il en donnait, pour les faire cadrer avec ses opinions, et en d'autres, les artistes qu'il employait ont été si négligens, que nous n'aurions pu reconnaître ses espèces, si nous n'avions eu la facilité d'examiner les originaux.

Les figures qu'il emprunte aux manuscrits du prince Maurice et de Plumier, sont les moins sûres de toutes; non-seulement il y laisse la plupart des fautes que devaient avoir des originaux exécutés à une époque où l'on ne s'était pas fait des idées bien justes sur la structure des poissons; mais lorsqu'il veut corriger ces

---

1. Missionnaire danois à Tranquebar, sur la côte de Coromandel.

fautes, il le fait quelquefois d'une manière peu heureuse, et en les changeant seulement contre des fautes différentes : ce n'est que par conjecture qu'il compte les nombres des rayons, auxquels les auteurs des dessins n'avaient jamais pensé à donner attention.[1]

Assez peu au fait de l'anatomie des poissons, Bloch ne s'élève guère à des considérations philosophiques sur leurs rapports et leur distribution; néanmoins il a établi quelques genres[2] fondés sur de bons caractères et sur des analogies réelles; mais il en a aussi quelques-uns de purement artificiels[3], et d'autres qui ne doivent être regardés que comme de simples subdivisions, plus ou moins bien faites, des genres naturels d'Artedi et de Linnæus.[4]

Dans ce grand ouvrage, Bloch suit la méthode de Linnæus, telle que Pennant l'avait modifiée, c'est-à-dire, en ramenant dans la classe des poissons, les *amphibia nantes*, et

---

1. Voyez Schneider, dans la préface du *Systema* de Bloch, p. xv, et les Mémoires de M. Lichtenstein, dans les volumes de l'académie de Berlin de 1820 et 1821.

2. Ses *batrachus*, où il rapproche heureusement certains gades et certains cottes de Linnæus.

3. Par exemple, ses *lutjans*, où il rassemble des perches, des sciènes et des labres, uniquement parce que leur préopercule est dentelé.

4. C'est ainsi qu'il a séparé des perches ses *epinephelus*, ses *anthias*, ses *holocentrus*, ses *bodianus*, ses *gymnocephalus*.

en les divisant, comme Artedi, en deux ordres, les *branchiostèges* et les *chondroptérygiens.* Toutefois, dans ses poissons d'Allemagne, il renverse l'ordre de Linnæus et commence par les *abdominaux*, parce que c'est parmi eux qu'il y a le plus d'espèces susceptibles d'être élevées avec profit. Mais sur la fin de sa vie, Bloch avait préparé un système général [1], où il plaçait non-seulement les espèces décrites dans son grand ouvrage, mais toutes celles dont les auteurs lui fournissaient des descriptions suffisantes, et il avait imaginé pour les classer une méthode fondée uniquement sur le nombre des nageoires, comme le système sexuel de Linnæus l'est sur le nombre des étamines, et en subdivisant, d'après la position relative des ventrales et des pectorales, ce même caractère dont Linnæus s'était servi pour sa division première. [2]

---

1. M. E. *Blochii Systema ichthyologiæ iconibus CX illustratum*, post obitum autoris opus inchoatum, absolvit, correxit, interpolavit, Joh. Gottl. SCHNEIDER; Berlin, 1801, 1 vol. in-8.°, avec cent dix planches.

2. Disposition des genres dans le système posthume de Bloch.

I. HENDECAPTERYGII,	3. Abdominales,	*Batrachus.*
Lepadogaster.	*Polynemus.*	*Uranoscopus.*
II. DECAPTERYGII,	III. ENNEAPTERYGII,	*Enchelyopus.*
1. Jugulares,	*Scomber.*	*Trachinus.*
Gadus.	IV. OCTOPTERYGII,	*Phycis.*
2. Thoracici,	1. Jugulares,	2. Thoracici,
Trigla.	*Callionymus.*	*Platycephalus.*

Il n'aurait pu mieux faire, s'il avait eu l'intention de tourner en ridicule les méthodes artificielles et de prouver à quels rapprochemens absurdes elles peuvent conduire. Jamais, en effet, il n'y en a eu de plus étrange; l'athérine se trouve à côté du centrisque, la loricaire près du squale; la raie est très-loin du squale et près du silure et du brochet; les anguilles et les tétrodons sont dans la même classe, etc., etc. Des genres entiers y sont formés par des rapprochemens non moins bizarres d'espèces: dans ses *grammistes,* par exemple,

Cottus.	*Loricaria.*	*Ophicephalus.*
Periophtalmus.	*Squalus.*	*Lepidopus.*
Eleotris.	V. Heptapterygii,	*Echeneis.*
Gobius.	1. Jugulares,	*Cepola.*
Johnius.	*Lophius.*	*Labrus.*
Mullus.	*Pteraclis.*	*Sparus.*
Sciæna.	*Pleuronectes.*	*Scarus.*
Perca.	*Kyrtus.*	*Coryphæna.*
Xiphias.	*Trichogaster.*	*Epinephelus.*
Zeus.	*Centronotus.*	*Anthias.*
Brama.	*Blennius.*	*Cephalopholis.*
Monocentris.	*Percis.*	*Calliodon.*
Lonchurus.	*Trichonotus.*	*Holocentrus.*
Macrurus.	2. Thoracici,	*Lutjanus.*
Agonus.	*Monoceros.*	*Bodianus.*
Eques.	*Grammistes.*	*Cichla.*
3. Abdominales,	*Scorpæna.*	*Gymnocephalus.*
Cataphractus.	*Synanceia.*	3. Abdominales,
Sphyræna.	*Cycloptarus.*	*Acipenser.*
Atherina.	*Amphiprion.*	*Chimæra.*
Centriscus.	*Amphacanthus.*	*Pristis.*
Fistularia.	*Acanthurus.*	*Rhina.*
Mugil.	*Chætodon.*	*Rhinobatus.*
Gasterosteus.	*Alphestes.*	*Raia.*

il en a rassemblé de dix-huit genres naturels différens, qui ne se tiennent que par les lignes longitudinales dont leur corps est marqué; dans ses *cichla* de sept, etc. Il y en a cependant aussi de bons, qu'il a établis le premier; ses *synanceia*, par exemple, que l'on confondait avec les scorpènes, et il en a adopté avec raison plusieurs de Gronovius, de Brunnich et de quelques autres de ses prédécesseurs.

La plus grande utilité de cette production singulière consiste en ce que l'auteur y a inséré plusieurs espèces nouvelles, qu'il avait re-

---

Platystacus.	2. Anali carentes,	*Tœnioides.*
Silurus.	*Trachypterus.*	*Stylephorus.*
Anableps.	*Gymnetrus.*	IX. TRIPTERYGII,
Acanthonotus.	VII. PENTAPTERYGII,	1. Apodes,
Esox.	Apodes,	*Gymnonotus.*
Synodus.	*Ophidium.*	2. Achiri,
Salmo.	*Pomatias.*	*Synbranchus.*
Clupea.	*Gnathobolus.*	*Gymnothorax.*
Exocœtus.	*Murœna.*	X. DIPTERYGII,
Chauliodus.	*Stromateus.*	1. Apodes,
Elops.	*Ammodytes.*	*Ovum.*
Albula.	*Sternoptyx.*	2. Apodes et achiri,
Cobitis.	*Anarrhichas.*	*Petromyzon.*
Cyprinus.	*Channa.*	*Leptocephalus.*
Amia.	*Sternarchus.*	XI. MONOPTERYGII,
Pœcilia.	*Ostracion.*	Apodes et achiri,
Pegasus.	*Tetrodon.*	*Gastrobranchus.*
Mormyrus.	*Orthagoriscus.*	*Sphagebranchus.*
Polyodon.	*Diodon.*	*Fluta* (monoptère).
Argentina.	*Syngnathus.*	*Typhlobranchus.*
VI. HEXAPTERYGII,	VIII. TETRAPTERYGII,	
1. Apodes,	Apodes,	
Balistes.	*Trichiurus.*	
Rhynchobdella.	*Bogmarus.*	

çues depuis que son grand ouvrage était terminé. Son éditeur, M. Schneider, y a fait lui-même des additions importantes, prises des papiers de Forster et de quelques auteurs plus récens. Il y a inséré aussi plusieurs remarques critiques dignes d'attention, et quelques observations anatomiques, en sorte que c'est un recueil à peu près complet sur les poissons connus au commencement du siècle actuel. Le nombre des genres y est de cent treize; celui des espèces, de quinze cent dix-neuf. Mais dans le nombre il y en a bien une centaine de douteuses ou de répétées deux et trois fois.

Ayant eu l'avantage, grâce à la complaisance des naturalistes de Berlin, de pouvoir remonter aux sources employées par Bloch, d'examiner les poissons mêmes qu'il possédait dans son cabinet, et de ramener à leurs espèces tous les doubles emplois, nous ferons connaître dans le cours de cet ouvrage les véritables genres des espèces qu'il a ainsi déplacées, et nous n'y donnerons que trop souvent la preuve de la négligence avec laquelle il a travaillé.

C'est pour ne point séparer les différens écrits de Bloch, que nous avons conduit notre histoire jusqu'à son système posthume. Maintenant il faut revenir sur nos pas, et rendre compte des ouvrages ichtyologiques publiés pendant qu'il travaillait aux siens.

L'apparition des premiers volumes de sa grande Histoire des poissons semble avoir été le signal de la reprise des travaux généraux sur cette classe d'animaux.

A la vérité, *Haüy*[1] ne se doutait pas encore de son existence, dans le Dictionnaire ichtyologique de l'Encyclopédie méthodique qu'il rédigea sous le nom de Daubenton, quoiqu'il ne l'ait publié qu'en 1787; mais ce Dictionnaire, fait par un homme qui ne connaissait nullement les poissons, ne consiste guère qu'en extraits de Willughby et des autres auteurs cités dans la douzième édition de Linnæus, des cahiers de Klein et des Spicilegia de Pallas. Il n'y a point d'observations ni de vues propres à l'auteur.

Bonnaterre[2], chargé de recueillir des figures

---

1. *René - Just* HAÜY, né en 1743, devenu si illustre par ses découvertes cristallographiques et par les excellens ouvrages dont il a enrichi la minéralogie, mort en 1822, professeur au Muséum d'histoire naturelle, passa sa jeunesse dans les fonctions obscures de régent des basses classes d'un collége; Daubenton, dont il suivit les cours, lui inspira le goût de l'histoire naturelle, et l'engagea à travailler à l'Encyclopédie méthodique sous sa direction et sous son nom. On peut remarquer que ce n'est qu'après la mort de Daubenton que Lacépède l'a cité comme auteur de ce Dictionnaire.

2. *N.* BONNATERRE, prêtre du Rouergue, mort en 1804, professeur à l'école centrale de Rhodès, avait été chargé par le libraire

pour la même entreprise, se crut obligé de re-
faire un texte plus au niveau de l'état de la
science; dans les planches d'ichtyologie, publiées en 1788, il copia tout ce qui avait paru
alors de Bloch, et compléta son travail avec
des figures de Pallas, de Kœlreuter, de Gronovius, de Broussonnet, du musée d'Adolphe-
Fréderic, de Pennant, et, lorsque ces auteurs
ne lui en fournissaient point, par celles de
Catesby et de Willughby, et même de Rondelet
et de Margrave ; il en réunit ainsi plus de
quatre cents, mais cette collection, utile pour
ceux qui ne possèdent pas les originaux, a
besoin d'être consultée avec précaution. Elle
n'a pas plus que le Dictionnaire d'Haüy une
connaissance effective des objets pour base ;
quand Bloch, Pallas et Broussonnet ne guident
pas l'auteur, il suit les citations données par
Linnæus, et s'y perd quelquefois lui-même au
point de mettre (n.° 212) l'*ombre* d'Auvergne

Panckoucke de diriger la partie des planches de l'Encyclopédie
méthodique pour les mammifères, les oiseaux, les reptiles, les
poissons et les insectes, comme Bruguière le fut pour les vers,
et M. de Lamarck pour les végétaux. Bonnaterre rédigea un texte
étendu sur les classes qu'il eut à faire représenter : il a eu pour
continuateur, quant aux mammifères, M. Desmarest, plus en
état que lui de remplir une pareille mission. Pour les vers,
M. de Lamarck a succédé à Bruguière, et M. Lamouroux à M. de
Lamarck.

(*salmo thymallus*) à la place du *sciæna umbra*, et (n.° 126) le pilote (*scomber ductor*) à la place du *coryphœna pentadactyla*, qui est un rason, etc.

On doit porter un jugement peut-être encore plus sévère de l'*Artedius renovatus*, de *Walbaum*[1], commencé aussi en 1788. C'est le texte d'Artedi, augmenté dans des notes d'additions prises de tous les auteurs postérieurs : Linnæus, Forskal, Pallas, Gronovius, Bloch, etc., et entassées sans comparaison, sans critique et dans les termes mêmes de ces écrivains. Schneider a prouvé que Walbaum connaissait fort mal les poissons, et sa compilation montre qu'il avait aussi peu de goût que de jugement.[2]

Néanmoins ces sortes de livres sont nécessaires : si l'on ne peut s'en rapporter à leur seule autorité, ils donnent l'indication des autorités primitives, et épargnent ainsi beaucoup de temps à l'homme qui veut approfondir une

---

1. *Jean-Jules* WALBAUM, médecin de Lubeck, né en 1724, mort en 1800. La Bibliothèque et la Philosophie de son *Artedius renovatus* parurent en 1788 et 1789 ; les *Genera*, en 1792 ; les deux dernières parties, en 1793. Sous chaque genre il place les espèces décrites par les écrivains postérieurs à Artedi, et à la fin du volume les nouveaux genres avec leurs espèces.

2. Voyez la préface du *Systema* de Bloch, p. xxi.

branche spéciale de la science. Malheureusement ils ne pourraient être bien faits que par
ceux qui l'auraient déjà approfondie, et ce qu'il
y a de plus rare, c'est que de tels hommes ne
se croient pas au-dessus d'une tâche de cette
nature; aussi la voit-on presque toujours tomber dans des mains incapables.

C'est ce qui arriva à cette époque, d'une
manière bien fâcheuse, pour le *Systema naturæ*. Un second Linnæus aurait été nécessaire pour en donner une nouvelle édition et
pour y introduire les richesses acquises depuis
trente ans, et ce fut un chimiste médiocre, à
peu près étranger à l'histoire naturelle, *Jean-
Fréderic* GMELIN [1] enfin, qui se chargea de cette
entreprise si vaste, et qui aurait pu être si
honorable.

Je crois qu'il n'avait pas vu un seul des
animaux qu'il devait y ranger, peut-être même
ne lut-il pas les ouvrages dont il y inséra des

---

1. *Jean-Fréderic* GMELIN, né à Tubingue en 1748, de la même
famille que les voyageurs en Sibérie, professeur de chimie à
Gœttingue, mort en 1804, auteur d'une multitude d'ouvrages,
a donné son nom à la treizième édition du *Systema naturæ*; mais
il suffit de dire qu'il en a fait paraître les sept premiers volumes,
comprenant tout le règne animal, et formant plus de quatre
mille pages, dans l'espace de trois ans, de 1788 à 1790, pour
que l'on puisse juger que, malgré l'imperfection de sa compilation, il n'y a pas travaillé seul.

extraits; mais, comme il n'arrive que trop souvent en Allemagne, le travail s'exécuta en fabrique, un certain nombre de jeunes gens se chargèrent de faire ces extraits, et l'éditeur se borna à les rassembler et à les classer.

On accumula donc sous les genres de Linnæus les espèces indiquées ou décrites par Pallas, par Brunnich, par Klein, par Olafsen, par Soujew, par Strœm, par Forskal, par Fabricius, par Molina, par Hermann, par Houttuyn, par Pennant, par Meidinger, par Broussonnet, et surtout celles dont Bloch avait traité à cette époque, c'est-à-dire, dans ses Poissons d'Allemagne et dans les deux premiers volumes de ses Poissons étrangers.

On en recueillit aussi dans les différens voyageurs dont nous avons cité les écrits, et l'on y ajouta, autant qu'il fut possible, les citations des auteurs plus anciens dont Linnæus n'avait pas fait usage.

Comme indication pour remonter aux sources, ce grand recueil de citations est certainement très-précieux; on ne parviendrait qu'avec un très-long travail à en réunir un aussi grand nombre : mais qui voudrait se fier aux résultats exprimés dans le livre, serait souvent induit en erreur. Gmelin range les espèces comme les auteurs d'où il les tire; toutes les sciènes, les perca de Forskal, sont des sciènes et des perca pour lui; il ne manque pas de placer, comme ce voyageur, le centrisque dans les silures; le macroure, qui avait paru à Gunner une coryphène, en est une aussi pour Gmelin; il suit tout aussi aveuglément Houttuyn, et comme ces différens observateurs ne se faisaient pas les mêmes idées de leurs genres, comme plusieurs d'entre eux n'en avaient point de justes des genres de Linnæus, il arrive souvent que les espèces sont fort loin de leurs places, et plus souvent encore qu'une seule est multipliée deux et trois fois, ou davantage.

Il est vrai que d'un autre côté des espèces différentes sont confondues comme si elles n'en faisaient qu'une; mais au total, le nombre apparent des espèces, qui est de huit cent vingt-six, doit être diminué : il y en a au moins cinquante de trop. Cinq genres seulement, les sternoptyx, les leptocéphales, les kurtus, les scares et les centrogastres, sont ajoutés aux soixante-un de Linnæus, en sorte que le total n'est que de soixante-six; les espèces qui composaient les autres genres nouveaux décrits par d'autres auteurs, sont réparties dans les genres anciens et souvent fort au hasard; mais pour la distribution des ordres, Gmelin cède à l'opinion générale, ramène les cartilagineux dans la classe des poissons et les y place à la fin, comme Artedi, sous les dénominations de branchiostèges et de chondroptérygiens.

Pour terminer l'histoire de l'ichtyologie avant M. de Lacépède, il nous reste à parcourir les travaux des anatomistes sur les poissons pendant le dix-huitième siècle, comme nous avons exposé précédemment ceux des anatomistes du seizième et du dix-septième sur la même classe.

Le zèle pour l'anatomie comparée s'était ralenti au commencement du dix-huitième siècle, lorsque les médecins eurent reconnu avec raison que l'homme devait être étudié sur l'homme lui-même, et que pour tous les détails de la structure d'une espèce, l'anatomie d'une autre espèce peut devenir un guide trompeur. Il resta néanmoins quelques imitateurs de Duverney, qui firent des observations comparatives sur différens organes, et qui y comprirent quelquefois ceux des poissons. Ainsi *Pourfour-Dupetit*[1], dans ses Recherches sur les yeux, fit connaître les proportions du globe dans cette classe, la forme presque sphérique de son cristallin. [2]

---

1. *François* POURFOUR-DUPETIT, né à Paris en 1664, long-temps médecin des armées, membre de l'Académie en 1722, mort en 1741.

2. *Mémoire sur plusieurs découvertes faites dans les yeux de*

Divers auteurs d'anatomie humaine donnèrent aussi par occasion des figures de squelettes d'animaux ou de leurs parties. Pour les poissons en particulier, *Cheselden* [1] représenta dans les vignettes de son Ostéographie le squelette de la raie et les mâchoires et les dents du brochet, du scare et du glossodonte.

Il y eut d'ailleurs de ces figures de squélettes et d'autres parties intérieures de poissons dans des ouvrages, tels que ceux de Meyer et de Duhamel [2], dont nous avons déjà parlé, et qui n'étaient consacrés essentiellement qu'à leur histoire naturelle.

Mais vers le milieu du siècle, Haller rendit à l'anatomie comparée un nouvel éclat, par les applications importantes qu'il en fit à la physiologie générale; à peu près à la même époque, Buffon et Daubenton montrèrent qu'elle n'a pas moins d'importance pour la simple histoire naturelle et pour la distinction des

l'homme, des quadrupèdes, des oiseaux et des poissons; Mém. de l'académie des sciences de Paris, 1726, p. 69. Mémoire sur le cristallin de l'œil de l'homme, des animaux à quatre pieds, des oiseaux et des poissons; *ibid.*, 1730, p. 4—26.

1. *Guillaume* Cheselden, célèbre chirurgien anglais, né en 1688, mort en 1752, auteur d'une *Ostéographie* ornée de belles planches; Londres, 1733, grand in-folio.

2. Meyer a représenté ceux de toutes les espèces qu'il a figurées. Duhamel donne ceux de la *carpe*, de la *raie*, de la *torpille*, du carrelet.

animaux entre eux, et, à leur imitation, les Monro, les Camper, les Hunter, les Vicq-d'Azyr, les Scarpa s'en occupèrent sous ces nouveaux points de vue, et firent des découvertes dont la classe des poissons profita, comme toutes les autres, quoique les ichtyologistes de ce temps, renfermés dans les limites étroites des systèmes linnéens, les aient peu fait entrer dans leurs considérations.

Ainsi *Haller*[1] a donné lui-même d'excellentes descriptions de l'œil[2] et du cerveau[3] de plusieurs poissons; il a surtout fait connaître les divers modes de suspension de leur cristallin, et cherché à déterminer la correspondance des différentes parties de leur encéphale avec celles du nôtre.

---

1. *Albert* DE HALLER, poëte, botaniste, anatomiste, savant presque universel, célèbre principalement par ses ouvrages physiologiques, né à Berne, d'une famille patricienne, en 1708, professeur à Gœttingue de 1736 à 1753, ensuite l'un des magistrats de sa patrie, où il mourut en 1777. La liste de ses ouvrages est immense; mais on peut la trouver partout, et ceux que je marque dans le texte sont les seuls qui nous intéressent pour notre objet.

2. Dans un mémoire envoyé à l'académie des sciences de Paris en 1762, et plus en détail dans un mémoire adressé à la société royale de Gœttingue en 1765, réimprimé dans ses *Opera minora*, t. III, p. 250.

3. Dans le tome IV de ses Élémens de physiologie, p. 591, et dans un mémoire envoyé à l'académie hollandaise de Harlem en 1766, et réimprimé dans ses *Opera minora*, t. III, p. 198.

Pierre Camper[1], vers la même époque, a parfaitement décrit l'oreille des poissons, et donné en même temps des observations intéressantes, quoique incomplètes, sur leur cerveau, dans la morue, dans la raie, dans la baudroie, etc.[2]

Et cependant les sectateurs rigoureux de l'école linéenne, attachés uniquement aux caractères extérieurs, ne donnaient aucune attention à ces découvertes. Qui croirait, par exemple, qu'en 1770, dans sa partie anatomique, Gouan assure encore gravement que le cerveau de ces animaux n'a que trois lobes, et qu'ils ne possèdent ni oreille interne ni oreille externe[3]?

----

1. *Pierre* CAMPER, anatomiste plein de génie, et peut-être celui qui a le plus excité à l'étude de l'anatomie comparée par les découvertes piquantes qu'il y a faites, né à Leyde en 1722, professeur à Franeker en 1749, à Amsterdam en 1755, à Groningue en 1763, membre du conseil d'État des Provinces-Unies en 1787, mort de pleurésie à La Haye en 1789. Il n'a point publié de grand ouvrage; mais on a de lui une multitude de mémoires, insérés parmi ceux des principales académies. Après sa mort, son fils, *Adrien Camper*, a rédigé sur ses notes, et d'après ses dessins, ses Descriptions anatomiques de l'éléphant et des cétacés.

2. Dans un mémoire imprimé en 1762, dans le septième volume de ceux de Harlem (il est réimprimé dans le premier volume, 2.ᵉ cah., de la traduction allemande de ses Opuscules par Herbell); et dans un mémoire envoyé en 1767 à l'académie des sciences de Paris, et imprimé en 1774 dans le VI.ᵉ tome des Savans étrangers, p. 177. Celui-ci est dans Herbell, t. II, 2.ᵉ cah., p. 1. On ne trouve ni l'un ni l'autre dans la collection française publiée par Jansen.

3. *Gouan*, Histoire des poissons, p. 2 et 79. Nous devons remarquer cependant que l'anatomie qu'il donne de cette classe

Ce ne fut que quelques années après que *Vicq-d'Azyr* [1] commença à rattacher un peu davantage l'anatomie des poissons à leur histoire naturelle. Il fit entrer leur cerveau et leur oreille dans les comparaisons qu'il donna de ces deux organes dans les animaux vertébrés. Il a fait aussi de cette classe, prise en général, l'objet d'un examen comparatif; mais la division même qu'il y établit, en cartilagineux, en anguilliformes et en osseux, qu'il appelle épineux, prouve qu'il n'en avait encore qu'une connaissance assez légère. Ses figures le prouvent encore mieux. Toutefois ses mémoires contiennent plu-

offre une myologie assez nouvelle pour l'époque; mais l'ostéologie n'y est qu'ébauchée.

1. *Félix* Vicq-d'Azyr, médecin et anatomiste célèbre, et écrivain brillant, né à Valogne en 1748, secrétaire de la société royale de médecine en 1773, membre de l'académie des sciences en 1774, et de l'académie française en 1788, professeur à l'école vétérinaire, mort en 1794. Il a publié sur le cerveau plusieurs mémoires et un grand ouvrage orné de planches magnifiques, et il avait commencé pour l'Encyclopédie méthodique une suite de descriptions anatomiques particulières d'espèces extraites de toutes sortes d'auteurs. M. Hippolyte Cloquet la continue. Les écrits dont nous parlons dans le texte sont, 1.º deux mémoires pour servir à l'histoire anatomique des poissons, dans le tome VII des Savans étrangers, imprimé en 1776, p. 18 et 233; 2.º un mémoire sur la structure du cerveau des animaux, comparé à celui de l'homme; Acad. des sc., 1783, p. 468—504. Ils sont réimprimés dans la Collection des œuvres de Vicq-d'Azyr par M. Moreau, t. V, p. 165 et suivantes. On trouve aussi en tête de cette collection une vie de Vicq-d'Azyr et une indication de ses écrits, rédigées l'une et l'autre avec beaucoup de soin par l'éditeur.

sieurs observations intéressantes qui n'avaient pas été faites avant lui.

Mais l'auteur capital sur cette matière, c'est *Alexandre Monro*, le fils [1]. Dans son Traité du système nerveux [2], il donne des figures du cerveau et d'une partie des nerfs de la morue; dans son Traité de l'anatomie et de la physiologie des poissons [3], il fait connaître les parties molles de ces animaux, et surtout leurs intestins, leur circulation, leur système nerveux, leurs organes des sens, leurs vaisseaux muqueux, par de grandes et belles planches; enfin, dans son Traité de l'oreille, il a parfaitement représenté celle de la raie. [4]

Après ces auteurs qui ont traité de tout ou de plusieurs parties de l'anatomie des poissons, nous devons aussi mentionner ceux qui se sont attachés seulement à quelqu'un de leurs organes en particulier.

---

1. *Alexandre* Monro, le père, né à Londres en 1697, professeur à Édimbourg, mort en 1767, a lui-même laissé un petit traité d'anatomie comparée, imprimé après sa mort. Celui dont nous parlons est son fils, nommé aussi Alexandre, et professeur à Édimbourg.

2. *Observations on the structure and functions of the nervous system*; Édimb., 1783, in-fol. — 3. *The structure and physiology of fishes explained and compared with those of man and other animals*; Édimbourg, 1785, in-fol. Il y en a une traduction allemande par Schneider. — 4. *Observations on the organ of hearing in man and other animals*, Édimbourg, 1797, in-4.°

Leur ouïe a occupé les physiciens non moins que les anatomistes. *Klein,* dès 1740, avait décrit les pierres de leur oreille [1]. *Nollet,* en 1743, avait fait des expériences qui prouvent que l'on peut entendre sous l'eau [2]. *Arderon* en fit de directes en 1748, sur la faculté que les poissons ont d'entendre [3]. *Geoffroy* décrivit en 1755 le labyrinthe osseux de la raie [4]; et indépendamment des découvertes de Camper et de Monro dont nous avons parlé tout à l'heure, sur le labyrinthe membraneux des divers poissons, lesquelles vinrent à la suite du mémoire de Geoffroy, il parut sur ce sujet en 1782 un mémoire de *John Hunter* [5], où il assure avoir connu cet organe dès avant l'année 1760, et où il décrit pour la première fois l'orifice extérieur de l'oreille dans les chondroptérygiens.

En 1789, M. *Scarpa* fit paraître son beau Traité [6] de l'odorat et de l'ouïe, et y représenta

---

1. Dans le premier cahier de ses *Missus, etc.,* dont nous avons parlé ci-dessus p. 113.

2. Mémoires de l'académie des sciences de Paris pour 1743, p. 199. — 3. Trans. phil., t. XLV, n.° 486, p. 149. — 4. Mém. des savans étrangers, t. II, p. 164, dans un mémoire sur l'oreille des reptiles.

5. Dans le tome LXXII des *Transactions,* p. 379, réimprimé dans ses Observations sur l'économie animale, p. 69, et dans la deuxième édition, p. 81.

6. *Anatomicæ disquisitiones de auditu et olfactu;* Ticini, 1789,

les organes de ces deux sens dans les poissons par de fort belles figures.

Comparetti donna la même année un ouvrage [1] sur l'ouïe, où il décrivit aussi leur oreille avec beaucoup de soin, mais sans en donner des dessins aussi bien exécutés.

En 1788, M. *Ebel*, dans ses Observations névrologiques [2], a décrit les cerveaux de plusieurs de leurs espèces.

On publia aussi quelques observations sur les dents des poissons. *Hérissant* [3], en 1749, décrivit celles du requin [4]; plus récemment, *André* a représenté celles de l'anarique et du chétodon. [5]

Broussonnet a écrit en 1785 un mémoire sur leur respiration [6]; *Spallanzani* en a fait l'objet d'expériences importantes [7], qui ont été complétées par M. *Silvestre* [8], et à la fin de

---

in-folio; par *Antoine* SCARPA, l'un des plus habiles anatomistes de nos derniers temps, professeur à Pavie.

1. *Observationes anatomicœ de aure interna comparata*; Padoue, 1789, in-4.°; par *André* COMPARETTI, professeur à Padoue.

2. *Observationes nevrologicœ ex anatome comparata*, auct. J. Got. EBEL; Francfort sur l'Oder, 1788, in-8.°; réimprimé dans les *Scriptores nevrologici minores* de Ludwig, t. III, p. 148.

3. *François-David* HÉRISSANT, anatomiste habile, membre de l'académie des sciences, né à Rouen en 1724, mort en 1773.

4. Mém. de l'Académie pour l'année 1749. — 5. Trans. phil., t. LXXIV. — 6. Mém. de l'acad. des sc. de Paris, 1785, p. 174; réimprimé dans le Journ. de phys., t. XXXI, p. 289. — 7. Dans son Traité de la respiration. — 8. Bull. de la soc. phil., t. I, p. 17.

la période (en 1795) M. *Gotthelf Fischer* a appelé l'attention sur les rapports que leur vessie natatoire pourrait avoir avec cette fonction[1]. Déjà en 1776 *Erxleben* avait fait des recherches sur l'usage de ce singulier organe et sur l'origine de l'air qu'il contient.[2]

Quelques descriptions anatomiques d'espèces ajoutèrent à ce que l'on connaissait sur leurs viscères, et principalement sur ceux de l'abdomen.[3]

Il n'y eut pas jusqu'à leurs vaisseaux lymphatiques qui ne devinssent pour *Hewson*[4] l'objet de recherches suivies et difficiles.[5]

Réaumur[6] avait fait connaître en 1716 la

---

1. Essai sur la vessie natatoire des poissons (en allemand); Leipzig, 1795, in-8.°

2. Dans ses Mémoires physiques et chimiques, p. 343.

3. *Kœlreuter*, dont nous avons déjà mentionné les Mémoires ichtyologiques, imprimés dans divers volumes de l'académie de Pétersbourg, depuis 1763 jusqu'en 1791, y a joint beaucoup d'observations sur leur splanchnologie, et il en a donné séparément sur les viscères de l'Esturgeon hausen et du sterlet. (*Novi comment.*, t. XVI, p. 511, et t. XVII, p. 521.)

Steller disséquait aussi avec soin les poissons qu'il recueillait, et les descriptions extraites de ses papiers, soit dans les volumes de l'académie de Pétersbourg, soit dans le tome III de la Zoographie de Pallas, offrent de très-bonnes observations splanchnologiques.

4. *Guillaume* Hewson, chirurgien de Londres, mort en 1774.

5. Transactions philosophiques, t. LIX, p. 198, et Journal de physique, introduction, t. I, p. 350 et 401.

6. *René-Antoine* Ferchaud de Réaumur, intendant de l'ordre de

matière qui colore les écailles des poissons, et que l'on en détache pour l'employer à la fabrication des fausses perles. [1]

Baster décrivit les écailles de quelques poissons [2], et il y eut aussi sur ce sujet un mémoire particulier de Broussonnet. [3]

L'organe qui remplit le museau de certains squales, et qui sécrète une mucosité si abondante, fut décrit par *Lamorier*. [4]

Les poissons électriques et les organes par lesquels ils exercent leur singulière faculté, occupèrent aussi beaucoup, pendant ce siècle, les anatomistes et les physiciens.

En 1714, Réaumur [5] avait donné une idée de la structure de ces organes dans la torpille, mais en l'accompagnant d'une explication très-fausse de leurs effets.

La force de cette faculté dans le gymnote, donna lieu à s'en faire des idées plus justes. Richer l'avait éprouvée dès 1677 à Cayenne;

Saint-Louis, membre de l'académie des sciences, savant dans tous les genres, mais célèbre surtout par ses admirables mémoires sur les insectes, était né à La Rochelle en 1683, et mourut à Paris en 1757.

1. Académie des sciences, année 1716, p. 229. — 2. Dans ses *Opuscula subseciva* et dans les Mémoires de Harlem, t. VI, p. 746. — 3. Journal de physique, t. XXXI, p. 12. — 4. Académie des sciences de Paris, année 1742, p. 32.

5. Son Mémoire sur la torpille est dans le volume de l'Académie pour 1714, p. 344.

mais *Allamand*[1], en 1755[2], réveilla sur ce sujet l'attention des physiciens, en annonçant qu'elle dépendait de la même cause que le phénomène de la bouteille de Leyde, qu'il venait de découvrir. Adanson avança la même chose sur le silure en 1757[3]. *Vander-Lott*[4], *Bancroft*[5], rendirent la conjecture d'Allamand de plus en plus probable, et *Walsh* la démontra en 1773[6], par des expériences précises, faites non-seulement sur le gymnote, mais sur la torpille. A cette occasion, *John Hunter* donna en 1775 une anatomie nouvelle et exacte des organes électriques de ces deux poissons[7]; en 1787, *Paterson* ajouta un Tétrodon à la liste des poissons qui jouissent de cette faculté.[8]

L'intérêt engagea plusieurs observateurs à traiter de la fécondation naturelle[9] ou artifi-

----

1. *Jean-Nicolas-Sébastien* ALLAMAND, professeur de physique et d'histoire naturelle à Leyde, né en 1713, mort en 1787, connu, indépendamment de ses découvertes en électricité, par les supplémens qu'il a donnés aux animaux de Buffon.

2. Dans le deuxième volume des Mémoires de Harlem. — 3. Dans son Histoire naturelle du Sénégal, p. 134. — 4. Dans le sixième volume des Mémoires de Harlem. — 5. Dans son Histoire naturelle de la Guiane. — 6. Trans. phil., t. LXIII, p. 461. — 7. *Ibid.*, t. LXIII, p. 481, et t. LXV, p. 395. — 8. *Ibid.*, t. LXXVI, p. 382, et Journal de physique, t. XXX, p. 196.

9. *André Helland*, sur la génération du saumon, Mém. de Stockholm, 1745; *W. Grant*, sur le même sujet, *ibid.*, 1752; *Ferris*, sur le même sujet, Journ. de phys., t. XX, p. 321; *Argillander*, fécondation du brochet, Mém. de Stockholm, 1753;

cielle[1] des espèces utiles, de l'âge auquel elles parviennent[2], de la manière de les nourrir[3], de les transporter[4]; des dommages que quelques-unes causent[5], de leurs maladies[6] et même de leur castration.[7]

Broussonnet fit des observations sur leurs vaisseaux spermatiques[8]. Bloch s'attacha à prouver que ces appendices singulières qui tiennent aux nageoires ventrales des raies et des squales mâles ne sont pas des pénis.[9]

Houttuin, reproduction des squales, Mém. chois. holland., t. IX, p. 480; *Batarra*, de celle des raies, Mém. de Sienne, t. IX, p. 353; *Thomas Harmes*, fécondation des poissons, Trans. phil., t. LVII.

1. *Gleditsch*, fécondation artificielle de la truite et du saumon, Mém. de Berlin, 1764, 1767.

2. *Martini*, sur l'âge des poissons, Recueil de Berlin, t. VIII; *Hans Hederstrœm*, sur l'âge des poissons, Mém. de Stockholm, 1759; *Baldinger*, sur l'âge d'un brochet, *Med. Journ.*, 5.e cahier : il était parvenu, disait-on, à deux cent soixante-sept ans.

3. *J. Reinh. Forster*, sur la méthode d'élever les carpes dans la Prusse polonaise, Trans. phil., t. LXI, p. 310.

4. *Marwitz*, sur le transport de quelques poissons, Occup. des natural. de Berlin, t. IV, p. 915.

5. *Martini*, Recueil de Berlin, t. VII; Anderson, sur les poissons venimeux, Trans. phil., t. LXVI, p. 544.

6. *Antoine-Rolandson Martin*, sur la gale des poissons, Mém. de Stockholm, 1760; *idem*, sur les vers des poissons, *ibid.*, 1771; *Bekman*, sur le fic des poissons, Mag. de Hanovre, 1769.

7. *Tull*, sur la méthode de châtrer les poissons, Trans. phil., t. XLVIII, et dans les Mém. de l'acad. des sc. de Paris, 1742, p. 31.

8. Acad. des sc. de Paris, 1785, p. 170. — 9. Écrits de la soc. des natural. de Berlin, t. VI, p. 377; Observ. de la même société, t. II, p. 9.

La reproduction de l'anguille fut surtout un problème dont on chercha beaucoup la solution, et dont encore à présent on ne l'a peut-être pas trouvée. *Allen*[1], *Dale*[2], s'en étaient occupés dès le siècle précédent; dans celui-ci, *Valisnieri*[3], *Marsigli*[4], *Degéer*[5], *Monti*[6], *Mondini*[7], *Spallanzani*[8] et plusieurs autres en firent l'objet de leurs recherches.

Cavolini[9], dans ses Observations sur la génération des poissons, confirma entre autres faits curieux, celui de l'hermaphroditisme constant du serran, qui déjà avait été annoncé par Aristote. Des hermaphroditismes accidentels furent observés dans plusieurs autres espèces.[10]

Tels étaient les progrès de la science ichtyologique vers la fin du dix-huitième siècle, lors-

---

1. En 1695, Transact., t. XIX, p. 664. — 2. En 1698, *idem*, t. XX, p. 90. — 3. Dans ses OEuvres, t. II, p. 89, et dans les Mém. des curieux de la nat., *App. ad cent.*, t. I et II, p. 153. — 4. *Giornale dei litterati d'Italia*, t. XXIX, et dans les *Act. vratisl., tent.*, t. V, p. 1690. — 5. Mém. de l'acad. de Stockholm, 1750, p. 194. — 6. Mém. de l'institut de Bologne, t. VI, p. 392. — 7. *Ibid.*, t. VI, p. 406. — 8. Dans ses Voy. dans les Deux-Siciles, traduction française, t. VI.

9. Philippe Cavolini, *Memoria sulla generazione dei pesci e dei granchi*; Naples, 1787, in-4.° : traduit en allemand par Zimmermann; Berlin, 1792, in-8.°

10. Dans la carpe, par Alischer (*Bresl. Samml.*, 1725) et par Brukmann (*Commerc. litter. Norimb.*, *Nov.* 1734); dans la morue, par Link (*Act. vratisl.*, t. XVIII, p. 617).

que M. *de Lacépède*[1] commença à en faire l'objet de ses ouvrages. Pendant les cent vingt années qui s'étaient écoulées depuis Willughby, des moyens avaient été découverts d'assurer la nomenclature des poissons; un nombre considérable de leurs espèces avaient été constatées par des descriptions détaillées et des figures correctes; on avait essayé pour leur classement des distributions méthodiques très-diverses; presque tous leurs systèmes organiques avaient été étudiés par des anatomistes habiles; on avait fait des observations curieuses sur leurs habitudes et sur leur économie; et il n'est pas douteux que cet écrivain éloquent, qui avait conçu le plan de son livre d'une manière grande et élevée, et dont le talent a su faire trouver du charme à l'histoire de ces êtres qui semblent

____

1. *Bernard-Germain-Étienne* DE LA VILLE, comte DE LACÉPÈDE, né à Agen en 1756, garde du Cabinet du Roi en 1785, professeur au Muséum d'histoire naturelle en 1795, membre de l'Institut en 1796, du sénat en 1800, grand-chancelier de la Légion d'honneur en 1802, mort en 1826, écrivain d'une grande élégance, et homme d'une bonté parfaite, a publié des ouvrages sur la musique, sur la physique générale, sur l'électricité, et des histoires des quadrupèdes ovipares, des serpens, des poissons, des cétacés, qui font suite à la grande Histoire des quadrupèdes vivipares et des oiseaux, dont les matériaux, rassemblés en partie par Daubenton, Gueneau de Montbéliard, et Bexon, ont reçu du talent de Buffon une forme si admirable. L'histoire des poissons est imprimée en cinq volumes in-4.° et en dix volumes in-12.

nous toucher si peu et n'éveiller par aucun côté notre imagination; il n'est pas douteux, disons-nous, qu'il n'eût élevé un monument imposant, s'il se fût trouvé dans des circonstances moins défavorables ; mais ayant écrit son livre pendant les années les plus orageuses de la révolution, lorsque la France était séparée des peuples voisins par une guerre cruelle, il ne put profiter de beaucoup de matériaux contenus dans des ouvrages étrangers, et même la grande Ichtyologie de Bloch, cet ouvrage capital, qui était entièrement terminé lorsqu'il commença à publier le sien [1], ne lui était pas encore parvenu en entier, et ce ne fut que dans le quatrième de ses volumes qu'il commença à citer les six derniers de l'ichtyologiste de Berlin, comme Bloch lui-même, en composant son *Systema*, publié après sa mort, et même son éditeur Schneider, n'eurent connaissance que des deux premiers volumes de M. de Lacépède. On doit toujours faire attention à ces circonstances, lorsque l'on veut comparer les ouvrages de ces deux célèbres ichtyologistes.

---

1. Le douzième volume du Bloch français est de 1797. Le premier tome, in-4.°, de l'Histoire des poissons de M. de Lacépède est de 1798 ; le deuxième, de 1800 ; le troisième et le quatrième, de 1802, et le cinquième, de 1803.

Une difficulté non moins grande, à une époque où nous avions perdu toutes nos colonies, et où aucun de nos vaisseaux n'osait se hasarder sur les mers, c'était celle de se procurer des poissons des mers éloignées et de les examiner sur nature.

Le naturaliste français se vit donc obligé de prendre pour base principale de son travail les listes des poissons rédigées par Gmelin et par Bonnaterre, et c'est de là qu'il tira les caractères de ses divisions et du plus grand nombre de ses genres, en y ajoutant cependant des espèces provenues de différentes sources. Le Cabinet du Roi lui en fournit quelques-unes; il en trouva davantage dans le Cabinet du Stadhouder, que l'on avait apporté à Paris en 1795. Un petit nombre lui fut donné par Le Blond, médecin à Cayenne. M. Bosc, savant naturaliste, qui avait été pendant quelque temps consul à New-York, lui remit des dessins qu'il avait faits dans ce pays. Quelques particuliers, surtout MM. Noël et Mesaize, de Rouen, lui adressèrent des dessins et des notices des poissons que le hasard leur fournissait, et qui leur paraissaient remarquables; mais ses matériaux les plus abondans provinrent des manuscrits de Commerson, et des dessins qui avaient été faits sous les yeux de cet observateur, auxquels il joignit ceux qu'Aubriet avait copiés dans les manuscrits de Plumier pour la collection des vélins. Malheureusement, comme nous l'avons dit plus haut, il ne put profiter des poissons eux-mêmes que Commerson avait envoyés avec ses dessins, mais qui étaient demeurés inconnus depuis la mort de Buffon.

Ces différens matériaux n'étaient pas de la même valeur. Les hommes qui fournissaient des notes, n'étaient pas tous à beaucoup près des ichtyologistes de profession. Les copies d'Aubriet avaient en plus d'un endroit altéré les originaux, et ces originaux eux-mêmes avaient souvent omis des caractères essentiels. Les dessins de Commerson n'étaient pas toujours rapportés à ses descriptions, et bien des fois M. de Lacépède fit une espèce de la description, et une autre du dessin; mais, ce que l'on croira difficilement, il lui est arrivé plus d'une fois aussi de faire encore une espèce de la phrase caractéristique écrite sur ce dessin. On ne peut s'expliquer ces singulières aberrations que par cette circonstance, qu'il composa ses articles à la campagne, où le régime de la terreur l'avait exilé, loin des papiers qu'il avait consultés, et seulement avec les notes qu'il en avait prises, et par cette autre qu'il nomma les figures gravées sur ses planches suivant ce qu'il crut y reconnaître, et non pas d'après ce qui était écrit sur le dessin original qu'il n'avait plus sous les yeux.

Comme beaucoup d'autres naturalistes, M. de Lacépède a aussi été exposé à ne pas reconnaître certaines espèces que des auteurs plus anciens avaient déjà décrites, soit parce que ses individus avaient perdu leurs couleurs ou leurs formes, soit parce que les descriptions elles-mêmes avaient été faites sur des individus altérés, soit enfin parce qu'il n'en avait pas suffisamment saisi les expressions.

Il est résulté de là qu'aux doubles emplois qui existaient déjà dans les écrivains systématiques auxquels il s'était rapporté avec trop de confiance, il en a ajouté un grand nombre d'autres, et que la totalité de ses espèces, qu'il porte à quatorze cent soixante-trois, doit être réduite de plus de deux cents; mais ses multiplications de genres ont contribué bien plus puissamment encore à mettre de la confusion dans son ouvrage.

La première source de ces multiplications a été encore ce défaut d'une comparaison suffisante entre les figures et les descriptions de Commerson. Tel genre fondé sur une note de ce voyageur, reparaît ensuite sous un autre nom d'après ses dessins, et souvent il se reproduit une troisième fois d'après quelque autre naturaliste. [1]

La confiance implicite accordée à tous ses devanciers, a été une autre source de ces genres imaginaires. Toutes les fois que Brunnich, Houttuyn, Forskal, Gmelin, placent un poisson sous un de leurs genres, M. de Lacépède, ne pouvant croire qu'ils se sont trompés, lui suppose tous les caractères [2] communs de ce genre, et trouvant ensuite dans sa description particulière quelque trait qui lui paraît propre à le distinguer, c'est de la première supposition et de ce caractère spécial qu'il compose son nouveau caractère générique.

Il lui est arrivé enfin de faire des genres nouveaux d'après des poissons qu'il observait en nature, sans remarquer qu'ils étaient déjà

---

1. Ainsi un dessin de Commerson est gravé sous le nom de *synode renard*. La note inscrite sur ce dessin donne lieu à établir le genre *butirin* et l'espèce du *butirin banane*. Un autre dessin du même poisson, par Plumier, paraît sous le nom de *clupée macrocéphale*. Ce dessin de Plumier revient dans le Bloch de Schneider sous celui d'*albula Plumieri*; et ni M. Schneider, ni M. de Lacépède ne se sont aperçu que ce poisson est le même que l'*argentina glossodonta*, qu'ils ont adoptée d'après Forskal.

2. C'est ainsi que le *centriscus scolopax* de Linnæus, méconnu par Forskal, et donné par lui pour un silure, nommé *silurus cornutus*, est devenu dans M. de Lacépède le genre *macroramphose*.

dans son livre d'après d'autres auteurs et sous d'autres noms.[1]

D'ailleurs les motifs d'après lesquels il s'est déterminé à détacher des espèces d'un genre ou à les y laisser, ont été sujets à des variations singulières. Il laisse, par exemple, les anchois dans le genre des Harengs, quoiqu'ils n'aient aucun des caractères qu'il assigne à ce genre, et il en distingue les clupanodons, qui diffèrent à peine des autres harengs.

La distribution générale, établie par M. de Lacépède, est celle de Pennant, en cartilagineux et osseux, avec la subdivision de Linnæus d'après les ventrales, appliquée aux uns comme aux autres; mais entre ces deux partitions il en intercale une qui est fondée sur la présence ou l'absence des opercules et des rayons branchiostèges. Quand même les faits auraient été exactement suivis, cette division intercalaire aurait encore le défaut d'être bien peu naturelle, puisqu'elle séparerait, par exemple, les murènes et les synbranches, des anguilles; mais ce qui est bien plus à reprendre, c'est que les caractères assignés aux classes n'existent pas toujours dans les poissons qui y sont rangés;

---

1. Tel est son genre *pogonias*, qui ne diffère en rien, pas même pour l'espèce, du *pogonathe*, qu'il donne d'après Commerson.

ainsi les baudroies, les balistes, les mormyres, ont des opercules, quoique M. de Lacépède suppose le contraire; et il y a des opercules et des rayons dans les murènes, les synbranches et les autres genres démembrés des anguilles, auxquels il refuse les uns et les autres.[1]

---

1. Voici le tableau de la méthode de M. de Lacépède.

CLASSE. POISSONS.

1.re SOUS-CLASSE. *Poissons cartilagineux.*

   I.re DIV. Sans opercules ni membranes branchiales.

      1.er ORD. Apodes.
      Petromyzon.
      Gastrobranche.

      2.e ORD. Jugulaires.
      =

      3.e ORD. Thoracins.
      =

      4.e ORD. Abdominaux.
      Raie.
      Squale.
      Aodon.

   II.e DIV. Point d'opercules, une membrane branchiale.

      5.e ORD. Apodes.
      =

      6.e ORD. Jugulaires.
      Lophie.

      7.e ORD. Thoracins.
      Baliste.

      8.e ORD. Abdominaux.
      Chimère.

   III.e DIV. Un opercule, point de membrane branchiale.

      9.e ORD. Apodes.
      =

      10.e ORD. Jugulaires.
      =

      11.e ORD. Thoracins.
      =

      12.e ORD. Abdominaux.
      Polyodon.
      Esturgeon.

   IV.e DIV. Un opercule et une membrane branchiale.

      13.e ORD. Apodes.
      Ostracion.
      Tétrodon.
      Ovoïde.
      Diodon.
      Sphéroïde.
      Syngnathe.

      14.e ORD. Jugulaires.
      =

      15.e ORD. Thoracins.
      Cycloptère.
      Lépadogastère.

      16.e ORD. Abdominaux.
      Macrorhynque.
      Pégase.
      Centrisque.

2.e SOUS-CLASSE. *Poissons osseux.*

   I.re DIV. Un opercule et une membrane branchiale.

      17.e ORD. Apodes.
      Cécilie.
      Monoptère.
      Leptocéphale.
      Gymnote.
      Trichiure.
      Notoptère.
      Ophisure.
      Triure.
      Aptéronote.

L'histoire naturelle des poissons que Son-

Régalec.
Odontognathe.
Murène.
Ammodyte.
Ophidie.
Macrognathe.
Xiphias.
Makaira.
Anarhique.
Coméphore.
Stromatée.
Rhombe.
18.ᵉ Ord. Jugulaires.
Murénoïde.
Callionyme.
Calliomore.
Uranoscope.
Trachine.
Gade.
Batrachoïde.
Blennie.
Oligopode.
Kurte.
Chrysostrome.
19.ᵉ Ord. Thoracins.
Lépidope.
Hiatule.
Cépole.
Tænioïde.
Gobie.
Gobioïde.
Gobiomore.
Gobiomoroïde.
Gobiésoce.
Scombre.
Scombéroïde.
Caranx.
Trachinote.
Caranxomore.
Cæsio.
Cæsiomore.
Coris.
Gomphose.
Nason.
Kyphose.
Osphromène.
Trichopode.
Monodactyle.
Plectorhinque.

Pogonias.
Bostryche.
Bostrychoïde.
Échenéis.
Macroure.
Coryphène.
Hémiptéronote.
Coryphénoïde.
Aspidophore.
Aspidophoroïde.
Cotte.
Scorpène.
Scombéromore.
Gastérostée.
Centropode.
Centrogastère.
Centronote.
Lepisacanthe.
Céphalacanthe.
Dactyloptère.
Prionote.
Trigle.
Péristédion.
Istiophore.
Gymnètre.
Mulle.
Apogon.
Lonchure.
Macropode.
Labre.
Chéiline.
Chéilodiptère.
Ophicéphale.
Hologymnose.
Scare.
Ostorhynque.
Spare.
Diptérodon.
Lutjan.
Centropome.
Bodian.
Tænianote.
Sciène.
Microptère.
Holocentre.
Persèque.
Harpé.
Piméleptère.
Chéilion.

nini a fait imprimer à la suite de son édition de

Pomatome.	*Hypostome.*
Léiostome.	*Corydoras.*
Centrolophe.	*Tachysure.*
Chevalier.	*Salmone.*
Léiognathe.	*Osmère.*
Chætodon.	*Corégone.*
Acanthinion.	*Characin.*
Chætodiptère.	*Serrasalme.*
Pomacentre.	*Élope.*
Pomadasys.	*Mégalope.*
Pomacanthe.	*Notacanthe.*
Holocanthe.	*Ésoce.*
Énoplose.	*Synode.*
Glyphisodon.	*Sphyrène.*
Acanthure.	*Lépisostée.*
Aspisure.	*Polyptère.*
Acanthopode.	*Scombrésoce.*
Sélène.	*Fistulaire.*
Argyréiosc.	*Aulostome.*
Zée.	*Solénostome.*
Gal.	*Argentine.*
Chrysotose.	*Athérine.*
Capros.	*Hydrargyre.*
Pleuronecte.	*Stoléphore.*
Achyre.	*Muge.*
20.ᵉ ORD. Abdominaux.	*Mugiloïde.*
Cirrhite.	*Chanos.*
Chéilodactyle.	*Mugilomore.*
Cobite.	*Exocet.*
Misgurne.	*Polynème.*
Anableps.	*Polydactyle.*
Fondule.	*Buro.*
Colubrine.	*Clupée.*
Amie.	*Myste.*
Butyrin.	*Clupanodon.*
Triptéronote.	*Serpe.*
Ompok.	*Méné.*
Silure.	*Dorsuaire.*
Macroptéronote.	*Xystère.*
Malaptérure.	*Cyprinodon.*
Pimélode.	*Cyprin.*
Doras.	
Pogonathe.	II.ᵉ DIV. Un opercule, point de
Cataphracte.	membrane branchiale.
Plotose.	21.ᵉ ORD. Apodes.
Agenéiose.	*Sternoptix.*
Macroramphose.	22.ᵉ ORD. Jugulaires.
Centranodon.	
Loricaire.	

Buffon[1], et qu'il a donnée sous son propre nom, où il a même placé son portrait, n'est qu'une copie presque littérale de celle de M. de Lacépède, avec des articles préliminaires tirés d'Artedi, sur les auteurs d'ichtyologie, sur la terminologie, et avec quelques mémoires de Duverney et de Broussonnet sur diverses parties de l'organisation.

On a commencé une traduction allemande de l'ouvrage de M. de Lacépède, par *Philippe Loos*; Berlin, in-8.° [2]

Telle qu'elle est, cette histoire des poissons de M. de Lacépède forme aussi une époque en ichtyologie, et elle a servi, conjointement avec le grand ouvrage de Bloch, de base principale à ce qui a été écrit sur cette science jusqu'au moment présent.

23.ᵉ Ord. Thoracins.

24.ᵉ Ord. Abdominaux.

III.ᵉ Div. Point d'opercule, une membrane branchiale.
  25.ᵉ Ord. Apodes.
    Styléphore.
  26.ᵉ Ord. Jugulaires.

  27.ᵉ Ord. Thoracins.

  28.ᵉ Ord. Abdominaux.
    Mormyre.

IV.ᵉ Div. Point d'opercule ni de membrane branchiale.
  29.ᵉ Ord. Apodes.
    Murène.
    Gymnomurène.
    Murénoblenne.
    Spagebranche.
    Unibranchaperture.
  30.ᵉ Ord. Jugulaires.

  31.ᵉ Ord. Thoracins.

  32.ᵉ Ord. Abdominaux.

1. Histoire naturelle générale et particulière des poissons; Paris, 1803 et 1804, 13 vol. in-8.°

2. Le premier et le deuxième volume sont de 1799; le troisième, de 1803; le quatrième, de 1804. Je ne sais s'il en a paru davantage.

A la vérité, cela ne s'applique point encore à l'*Histoire des poissons de Visagapatam de Russel* [1]. Quoique imprimée en 1803, comme elle avait été composée aux Indes plusieurs années auparavant, elle est encore entièrement calquée sur la méthode de Pennant, et il n'y a d'ajouté qu'un genre pris de Bloch. Mais, malgré ce que l'on peut y trouver de hasardé dans le placement des espèces, c'est incontestablement l'ouvrage le plus important que l'on ait sur les poissons des mers orientales, et la compagnie anglaise des Indes, en ordonnant de le publier, s'est acquis un grand titre à la reconnaissance des naturalistes. Les espèces y sont au nombre de deux cents, très-exactement dessinées par un artiste du pays, et gravées avec soin en Angleterre. Il n'en est presque aucune qui ne présente suffisamment tous les caractères nécessaires pour la distinguer, et même pour la placer dans le genre et le sous-genre où elle doit aller. L'auteur ajoute dans le texte l'indication de leurs principales couleurs et des faits intéressans sur leur histoire.

L'influence de M. de Lacépède se marque davantage dans la partie des poissons de la

---

1. *Descriptions and figures of two hundred fishes collected at Vezagapatam on the coast of Coromandel, by* Patrick Russel, m. d.; Londres, 1803, 2 vol. in-folio.

Zoologie générale de *Shaw*[1]. Ce n'est guère qu'un développement du système de Gmelin, augmenté d'espèces tirées de Bloch et de Lacépède, et seulement de quelques-uns de leurs genres, les autres ayant été fondus dans ceux de Gmelin; du reste, nulle critique, ni sur les doubles emplois, ni sur la vraie place des espèces. Un très-grand nombre des nouvelles sont réparties dans les anciens genres d'une manière que l'on peut qualifier d'absurde; par exemple, dans ses spares Shaw place des serrans, des crénilabres, des girelles, des sciènes; dans ses labres il met des sciènes, des perches, etc. Presque toutes les figures sont copiées de Lacépède et de Bloch, si ce n'est cinq ou six, prises de poissons que Shaw avait observés dans le Muséum britannique, dont il avait la garde. L'un de ces poissons forme un genre nouveau, le *Stylephorus;* mais dont il serait difficile de déterminer les affinités d'après ce qu'en dit l'auteur, et

---

1. *George* SHAW, né en 1751 à Bieston, dans le comté de Buckingham, mort en 1813, garde de la partie zoologique du Muséum britannique, auteur de plusieurs mémoires parmi ceux de la société linnéenne de Londres, d'une collection de planches intitulée : *Naturalists Miscellany*, d'une *Zoologie de la Nouvelle-Hollande*, etc., et surtout d'une compilation intitulée : *General Zoology*, dont il a paru dix volumes de 1800 à 1816. Les tomes IV et V, divisés chacun en deux parties, et qui contiennent les poissons, ont été publiés en 1803 et 1804, immédiatement après les derniers volumes de Lacépède.

d'après la figure qu'il en donne et qui est faite sur un individu altéré.[1]

Les deux ouvrages généraux rédigés vers cette époque par M. Duméril, pour l'usage des étudians, son *Traité d'histoire naturelle* (de 1804) et sa *Zoologie analytique* (de 1806), concoururent à rendre l'ouvrage de M. de Lacépède plus populaire, en donnant plus de facilité pour déterminer ses genres. Le dernier surtout les disposa dans des tableaux synoptiques, et les distribua dans des ordres et des familles dont les distinctions étaient fixées avec précision; mais il y prit aussi pour base les caractères tirés de l'absence prétendue d'opercules et de rayons aux branchies, que M. de Lacépède avait mis en avant.[2]

---

1. M. de Blainville en a donné une figure et une description beaucoup préférables. (Journal de physique, t. LXXXVII, p. 68.)

2. Voici un tableau des familles et des genres de M. Duméril; mais, pour en faire sentir tout l'avantage, il aurait fallu pouvoir y marquer les divisions et subdivisions par lesquelles il arrive des familles jusqu'aux genres. La place ne nous l'a pas permis.

POISSONS.

CARTILAGINEUX.

Sans opercules.

Sans membranes.

I.er ORD. TRÉMATOPNÉS.

Sans nageoires ventrales.
Bouche circulaire.

1.re Fam. CYCLOSTOMES.
Lamproies.
Gastrobranches.

Avec nageoires ventrales.
Bouche transversale.

2.e Fam. PLAGYOSTOMES.

Torpille.
Raie.
Rhinobate.
Squatine.
Squale.
Aodon.

Dès-lors l'ouvrage de l'ichtyologiste français

A membranes.
II.e ORD. Chismopnés.
3.e Fam.
Baudroie.
Lophie.
Baliste.
Chimère.
A opercules.
Sans membranes.
III.e ORD. Éleuthéropomes.
4.e Fam.
Polyodon.
Pégase.
Acipenser.
A membranes.
IV.e ORD. Téléobranches.
A ventrales.
Abdominales.
5.e Fam. Aphyostomes.
Macrorhinque.
Solénostome.
Centrisque.
Thoraciques.
6.e Fam. Plégoptères.
Cycloptère.
Lépadogastère.
Sans ventrales.
7.e Fam. Ostéodermes.
Ostracion.
Tétrodon.
Diodon.
Syngnathe.
Ovoïde.
Sphéroïde.
OSSEUX.
A opercules.
A membranes branchiales.
V.e ORD. Holobranches.
Sans ventrales.
I.er Sous-ord. Apodes.
Manq. encore d'autres nag.
8.e Fam. Péroptères.
Cécilie.
Ophisure.
Notoptère.

Leptocéphale.
Trichiure.
Gymnote.
Monoptère.
Aptéronote.
Régalec.
Ne manq. d'aucune autre.
9.e Fam. Pantoptère.
Murène.
Ophidie.
Anarrhique.
Coméphore.
Macrognathe.
Xiphias.
Ammodite.
Stromatée.
Rhombe.
A ventrales sous la gorge.
II.e Sous-ord. Jugulaires.
10.e F. Auchénoptères.
Callionyme.
Uranoscope.
Batrachoïde.
Murénoïde.
Oligopode.
Blennie.
Calliomore.
Vive.
Gade.
Chrysostrome.
Kurte.
A ventrales thoraciques.
III.e Sous-ord. Thoraciques.
Corps alongé en lame.
11.e Fam. Pétalosomes.
Bostrichte.
Bostrichoïde.
Tænioïde.
Lépidope.
Gymnètre.
Cépole.
Corps arrondi.
En cylindre.
Ventrales réunies.
12.e Fam. Plécopodes.
Gobies.
Gobioïdes.

fut pris par les auteurs de plusieurs traités

Ventrales libres.
  13.ᵉ F. Éleuthéropodes.
    Échenéis.
    Gobiomoroïde.
    Gobiomore.
En fuseau.
  14.ᵉ Fam. Atractosomes.
    Scombéroïde.
    Scombéromore.
    Trachinote.
    Scombre.
    Gastérostée.
    Centronote.
    Cæsiomore.
    Lépisacanthe.
    Céphalacanthe.
    Cæsio.
    Caranxomore.
    Pomatome.
    Centropode.
    Caranx.
    Istiophore.
A corps épais.
 Comprimé.
  Tête ordinaire.
   Lèvres charnues.
    Opercul. sans épines dent.
   15.ᵉ Fam. Léiopomes.
    Chéiline.
    Labre.
    Ophicéphale.
    Chéilion.
    Chéilodiptère.
    Hologymnose.
    Monodactyle.
    Trichopode.
    Osphronème.
    Hiatule.
    Coris.
    Gomphose.
    Plectorinque.
    Pogonias.
    Sparc.
    Diptérodon.
    Mulet.
Mâchoires osseuses.
  16.ᵉ Fam. Ostéostomes.
    Léiognathe.

Scare.
Osthorinque.
Dorsale très-longue.
  17.ᵉ Fam. Lophionotes.
    Tænianote.
    Coryphène.
    Centrolophe.
    Hémiptéronote.
    Coryphénoïde.
    Chevalier.
Tête fort grosse.
  18.ᵉ Fam. Céphalotes.
    Aspidophoroïde.
    Aspidophore.
    Scorpène.
    Gobiésoce.
    Cotte.
Quelq. ray. isolés aux pect.
  19.ᵉ Fam. Dactylés.
    Péristédion.
    Prionote.
    Trigle.
    Dactyloptère.
A corps très-mince.
 Presque aussi haut que long.
 Yeux d'un côté.
  20.ᵉ Fam. Hétérosomes.
    Pleuronecte.
    Achyre.
 Opercules épin. ou dent.
  21.ᵉ Fam. Acanthopomes.
    Holocentre.
    Persèque.
    Tænianote.
    Bodian.
    Microptère.
    Sciène.
    Lutjan.
    Centropome.
Yeux des deux côtés.
  22.ᵉ Fam. Leptosomes.
    Holacanthe.
    Énoptose.
    Pomacanthe.
    Pomacentre.
    Pomadasys.
    Acanthinion.

particuliers pour base de leurs travaux. Ainsi

Chætodon.
Chætodiptère.
Aspisure.
Acanthure.
Glyphisodon.
Acanthopóde.
Zée.
Argyréiose.
Gal.
Silène.
Chrysotose.
Capros.
A ventrales sous l'abdomen.
IV.ᵉ SOUS-ORD. *ABDOMINAUX.*
A corps cylindrique.
Bouche au bout d'un long
museau.
23.ᵉ Fam. SIPHONOSTOMES.
Antostome.
Fistulaire.
Solénostome.
Bouche non prolongée.
24.ᵉ F. CYLINDROSOMES.
Anableps.
Amie.
Misgurne.
Cobite.
Butyrin.
Fondule.
Triptéronote.
Colubrine.
Ompok.
A corps coniq. ou comprimé.
Ray. aux pector. lib. ou dist.
Un seul, roide.
25.ᵉ Fam. OPLOPHORES.
Silure.
Macroptéronote.
Malaptérure.
Cataphracte.
Pogonate.
Tachysure.
Plotose.
Macroramphose.
Corydoras.
Centranodon.
Doras.
Pimelode.

Agenéiose.
Loricaire.
Hypostome.
Plusieurs flexibles.
26.ᵉ Fam. DIMÉRÈDES.
Chéilodactyle.
Cirrhite.
Polynème.
Polydactyle.
Point de ray. dist. aux pect.
Opercules écailleux,
Bouche sans dents.
27.ᵉ Fam. LÉPIDOPOMES.
Exocet.
Mugilomore.
Chanos.
Dorsales à rayons.
28.ᵉ Fam. GYMNOPOMES.
Hydrargyre.
Argentine.
Cyprin.
Stoléphore.
Athérine.
Buro.
Méné.
Xystère.
Dorsuaire.
Serpe.
Clupée.
Clupanodon.
Myste.
Mâchoire simple.
Dorsale adipeuse.
29.ᵉ Fam. DERMOPTÈRES.
Serrasalme.
Characin.
Salmone.
Osmère.
Corégone.
Opercules lisses.
Mâch. très-dével., ponct.
30.ᵉ Fam. SIAGONOTES.
Élope.
Synodon.
Mégalope.
Ésoce.
Lépisostée.
Sphyrène.

M. *de la Roche*[1], jeune naturaliste, enlevé trop tôt aux sciences, ayant recueilli beaucoup de poissons à Iviça, à Majorque et à Bayonne, en donna, en 1809, un catalogue de cent cinq espèces, d'après la méthode de M. de Lacépède, avec des notes sur leurs habitudes et leurs usages, y ajoutant des descriptions détaillées de trente-deux espèces et des figures de dix-huit, ou nouvelles ou mal déterminées jusque-là.[2] Ce travail, auquel il a joint des observations suivies sur les vessies natatoires, a été par son exactitude un accroissement d'autant plus important pour l'ichtyologie, que l'auteur a déposé ses individus au Cabinet du Roi, où l'on pourra toujours en vérifier les caractères.

La première édition de l'Ichtyologie de Nice de M. *Risso*[3], publiée en 1810, était également

---

Polyptère.
Scombrésoce.
Sans membranes branchiales.
VI.ᵉ ORD. STERNOPTYGES.
31.ᵉ Fam.
Sternoptyx.
Sans opercules.
Avec membranes branchiales.
VII.ᵉ ORD. CRYPTOBRANCHES.
32.ᵉ Fam.
Styléphore.
Mormyre.

Sans membranes branchiales.
VIII.ᵉ ORD. OPHICHTITES.
33.ᵉ Fam.
Murénophis.
Gymnomurène.
Murénoblenne.
Unibranchaperture.
Sphagebranche.

1. *François-Étienne* DE LA ROCHE, né à Genève en 1789, mort à Paris en 1812.

2. Dans le tome XIII des Annales du Mus. d'hist. nat., p. 313.

3. *A.* RISSO, pharmacien et professeur à Nice : *Ichtyologie de*

disposée, pour l'ensemble et les détails, d'après la distribution de Lacépède, même dans ce qu'elle a d'erronné; car les murènes y sont encore indiquées comme manquant d'opercules et de membranes branchiales. Mais l'intérêt de cet ouvrage tenait surtout à la connaissance qu'il donnait d'un grand nombre de poissons de la Méditerranée presque oubliés depuis Rondelet, ou même inconnus à cet ancien naturaliste, et par des détails neufs et précieux qu'il rapportait sur leurs habitudes. Trois cent dix-sept espèces y sont décrites, et d'après nature, ayant toutes été vues par l'auteur, qui en a même déposé les plus intéressantes au Muséum d'histoire naturelle. Plusieurs sont nouvelles; quarante de ces dernières sont représentées; mais la nomenclature des anciennes n'y est pas toujours sans erreur, et il était en effet bien difficile de la constater d'après un ouvrage tel que celui de M. de Lacépède.

L'auteur, qui a présenté à l'Institut en 1818 un supplément contenant encore des espèces intéressantes, et qui en a décrit quelques autres dans les Mémoires de l'académie de Turin[1], a

---

Nice, ou *histoire naturelle des poissons du département des Alpes maritimes;* Paris, 1810, 1 vol. in-8.°

1. Tome XXV, p. 262; quatre scopèles et un nouveau genre, qu'il nomme *alépocephale.*

travaillé ensuite à une nouvelle édition de son Ichtyologie, où il a cherché à profiter des progrès de la science, et qu'il a augmentée encore de plusieurs espèces nouvelles ; elle est insérée dans le tome III d'un ouvrage général qu'il vient de faire paraître sous le titre d'*Histoire naturelle de l'Europe méridionale*[1]. Nous verrons ailleurs la méthode d'après laquelle il l'a disposée.

La même année 1810, où parut l'ichtyologie de M. Risso, un naturaliste d'origine française, établi alors en Sicile, M. *Rafinesque-Schmalz*, publia deux petits ouvrages qui ont aussi de l'importance pour l'histoire des poissons de la Méditerranée : ses *Caractères de quelques nouveaux genres d'animaux et de plantes de Sicile*[2], et son *Catalogue d'ichtyologie sicilienne*.[3]

Celui-ci, qui est le plus nouveau, porte le nombre des espèces à trois cent quatre-vingt-dix ; environ cent quatre-vingts sont décrites comme nouvelles dans l'un ou dans l'autre, et soixante-treize y sont figurées. Un grand nombre sont nouvelles, en effet ; mais il s'en

---

1. Paris, 1827, 5 vol. in-8.°

2. *Caratteri di alcuni nuovi generi e nuove specie di animali e piante della Sicilia*, etc.; Palerme, 1810, in-8.° La dédicace est du 1.er Avril.

3. *Indice d'ittiologia Siciliana, ossia catalogo metodico dei nomi latini, italiani e siciliani dei pesci che si rivengono in Sicilia, disposti secondo un metodo naturale*, etc.; Messine, 1810, in-8.° La dédicace est du 15 Mai.

faut beaucoup que cette qualification puisse s'appliquer à toutes celles qui sont données pour telles, même en faisant abstraction de l'ouvrage de M. Risso. L'auteur ne paraît pas avoir eu à sa disposition tous les écrits de ses prédécesseurs, et surtout les mémoires épars parmi ceux des académies, ce qui l'a empêché de reconnaître que plusieurs de ses poissons avaient déjà été décrits. Il a d'ailleurs inscrit dans son Catalogue sans examen toutes les espèces données par Lacépède et par Linnæus comme de la Méditerranée, ce qui lui en a fait compter plusieurs qui sont purement imaginaires, et cela s'étend même à ses genres : ainsi son aodon, pris de Lacépède, est la raie céphaloptère; son macroramphose, tiré de la même source, est le centrisque. Il a beaucoup multiplié les genres, et quelquefois sur des caractères légers, en sorte que, sans compter ceux qui sont étrangers à la Méditerranée, il en a cent trente-neuf, et malgré sa facilité à les diviser, il ne le fait pas dans des circonstances où cela serait impérieusement commandé par les lois de la méthode; il laisse, par exemple, les anchois dans le genre des harengs, les plies dans celui des soles, et avec le seul genre des squales de Linnæus il en forme seize.

La distribution générale dans le premier

ouvrage est celle de Lacépède; dans le second, l'auteur l'altère seulement en intercalant les poissons cartilagineux avec les autres, leur assignant des places d'après ce que Lacépède dit de leurs opercules et de leurs branchies; car, à cet égard, M. Rafinesque s'en est aussi entièrement rapporté au naturaliste français, et il croit, comme lui, que les baudroies ou les balistes n'ont pas d'opercules, et que les murènes n'ont ni opercules ni membranes branchiales. Les genres dans chaque division sont répartis en certains ordres, au nombre de soixante-onze; mais sans égard aux rapports naturels : les trachures, les labres, sont dans l'ordre des spares; les muges, dans celui des cyprins; les xiphias fort loin des tétraptures, etc.

Ces deux écrits n'en sont pas moins très-dignes d'attention par quelques idées originales et à cause des poissons, dont ils offrent des descriptions et des figures qu'on ne trouverait pas ailleurs, ainsi que par l'attention que l'auteur a eue de nous donner les noms siciliens de la plupart de ses espèces. [1]

---

1. En voici le tableau.

I SOTTOCLASSE. POMNIODI.	*Gaidropsarus.*
I Div. *Giugulari.*	2 Ord. Gadini.
I Sez. Corisoftalmi.	*Gadus.*
1 Ord. Blennidi.	*Onus.*
Blennius.	*Strinsia.*

Il paraît, d'après ses citations, qu'il a pris
une partie de ses matériaux, ou du moins qu'il

---

3 Ord. Trachinidi.
  Callionymus.
  Uranoscopus.
  Trachinus.
  Corystion.
  Oxycephas.
4 Ord. Curtisi.
  Chrysostroma.

II Sez. Pleurostomi.
5 Ord. Acherini.
  Symphurus.
6 Ord. Pleronetti.
  Solea.
  Scophtalmus.
  Bothus.

II Div. *Toracici.*

I Sez. Hemisferonoti.
7 Ord. Selenidi.
8 Ord. Zeusidi.
  Zeus.
  Capros.
9 Ord. Equenedi.
10 Ord. Chetodonidi.
11 Ord. Acanturini.
12 Ord. Olacantini.

II Sez. Tossonoti.
13 Ord. Percidi.
  Lepipterus.
  Perca.
  Sciœna.
  Lopharis.
  Centropomus.
  Holocentrus.
  Aylopon.
  Lutjanus.
14 Ord. Scaridi.
  Scarus.
15 Ord. Acanti.
  Centronotus.
  Hypacanthus.
  Naucrates.
  Centracanthus.

  Notognidion.
  Gasterosteus.
16 Ord. Scomberini.
  Scomber.
17 Ord. Sparidi.
  Trachurus.
  Lepodus.
  Cheilinus.
  Symphodus.
  Labrus.
  Spicara.
  Sparus.
  Diplodus.
  Dipterodon.
  Gonenion.
  Mullus.
  Apogon.
  Scorpena.

III Sez. Ortonoti.
18 Ord. Dactipli.
  Dactylopterus.
  Trigla.
  Peristedion. (*Chabron-*
    terus.)
  Octonus. (*Malarmat.*)
  Lepadogaster.
19 Ord. Echeneidi.
  Echeneis.
20 Ord. Corifenidi.
  Coryphæna.
  Lepimphis.
  Cottus.
  Gobius.
21 Ord. Istioforidi.
  Tetrapturus.
22 Ord. Cepolidi.
  Cepola.
  Lepidopus.
23 Ord. Giunetridi.
  Argyctius.
  Cephalepis.
24 Ord. Ginnurini.

les a vus, dans l'ouvrage que *Cupani* avait préparé sous le titre de *Panphyton siculum*, et qui d'après cela devait contenir autre chose

---

III Div. *Addominali.*

  I Sez. Fossogastri.
    25 Ord. Polinemidi.
    26 Ord. Salmonidi.
      Salmo.
      Osmerus.
    27 Ord. Clupidi.
      Clupea.
    28 Ord. Ciprinidi.
      Mugil.
      Cyprinus.

  II Sez. Ortogastri.
    29 Ord. Politterini.
      Polypterus.
    30 Ord. Sairidini.
      Sayris.
    31 Ord. Esocidi.
      Sphyrena.
      Esox.
      Sudis.
    32 Ord. Notacantini.
      Notacantus.
    33 Ord. Centrischini.
      Centriscus.
    34 Ord. Loricarini.
      Loricaria.
    35 Ord. Siluridi.
      Macroramphosus.
    36 Ord. Esocetini.
      Esocetus.
      Tirus.
      Myctophum.
      Argentina.
      Atherina.
    37 Ord. Amidi.
      Amia.
    38 Ord. Butirinidi.
      Butirinus.
    39 Ord. Columbrinidi.
    40 Ord. Olostomidi.

IV Div. *Apodi.*

  I Sez. Macrosomi.
    41 Ord. Signatidi.
      Typhle.
      Siphostoma.
      Hippocampus.
      Syngnathus.
      Nerophis.
    42 Ord. Triuridi.
    43 Ord. Trichiurini.
    44 Ord. Ginnotini.
      Carapus.
      Ophisurus.
      Oxyrus.
    45 Ord. Anguillidi.
      Anguilla.
    46 Ord. Ofidini.
      Ophidium.
      Ammodytes.
      Scarcina.
    47 Ord. Zifidi.
      Xiphias.
    48 Ord. Comeforini.

  II Sez. Brachisomi.
    49 Ord. Stromatini.
      Stromateus.
      Luvarus.
    50 Ord. Ostracidi.
      Ostracion.
    51 Ord. Odontini.
      Tetrodon.
      Diodon.
      Orthragus.
      Diplanchias.

II SOTTOCLASSE. ATELINI.

I Div. *Pomanchidi.*
    53 Ord. Sternottidi.
      Sternoptyx.
    54 Ord. Sphirionidi.
      Sturio.

que des plantes[1] ; mais c'est un livre que nous ne connaissons pas.

On doit aussi compter au rang des écrits

55 Ord. Cogridi.
Cogrus.
II Div. *Omnanchidi.*
56 Ord. Mormirini.
57 Ord. Chimerini.
Piescephalus.
58 Ord. Balistini.
Balistes.
Capriscus.
59 Ord. Lofidi.
Lophius.
60 Ord. Echelini.
Echelus.
61 Ord. Clopsidini.
Chlopsis.
Nettastoma.
62 Ord. Zitterini.
Xypterus.
III Div. *Ginnanchidi.*
I Sez. Diplanchidi.
63. Ord. Monotteridi.
Pterurus.
64 Ord. Dalofidini.
Dalophis.
65 Ord. Murenidi.
Muræna.
II Sez. Polianchidi.
66 Ord. Chondropteri.
Dalalias.
Carcharias.
Heptranchias.

Alopias.
Isurus.
Cerictius.
Squalus.
Oxynotus.
Rhina.
Pristis.
Aodon.
Etmopterus.
Tetroras.
Galeus.
Sphyrna.
Hexanchus.
67 Ord. Platosomi.
Raia.
Leiobatus.
Torpedo.
Dipturus.
Mobula.
Cephaleutherus.
Uroxis.
Apterurus.
Dasyatis.
68 Ord. Lampredini.
Petromyzon.
III Sez. Etteridi.
69 Ord. Atteridi.
Oxystomus.
Helmictis.
70 Ord. Anoftalmini.
Cæcilia.
71 Ord. Missinidi.
Myxine.

1. *François* Cupani, né en Sicile en 1657, entré dans l'ordre des Minimes en 1681, élève de *Boccone*, mort en 1711, avait préparé pour son *Panphyton siculum* jusqu'à sept cents planches, qui, dit-on, sont conservées dans la bibliothèque du prince *de la Catolica*. *Bonanni* avait commencé à le publier en 1715. Il y a des épreuves de soixante-huit de ces planches dans la bibliothèque de Banks.

qui ont concouru à étendre la connaissance des poissons de la Méditerranée, les listes de noms vulgaires et les descriptions particulières données dans divers recueils par les naturalistes italiens ou par ceux qui ont voyagé en Italie, MM. *Viviani*[1], *Spinola*[2], *Giorna*[3], *Bonnelli*[4], *Otto*[5], *Ranzani*[6], *Valenciennes.*[7]

Je puis mettre également dans ce nombre les monographies que j'ai insérées dans les mémoires du Muséum.[8]

---

1. M. *Dominique* VIVIANI, professeur à Gênes : Catalogue des poissons de la rivière de Gênes et du golfe de la Spezzia; Annales du Muséum, t. VIII (1806), p. 368.

2. M. *Augustin* SPINOLA, naturaliste de la même ville, a décrit un serran, un apogon, un pleuronecte, une mendole, un lophie, etc. Il y a joint un catalogue des noms liguriens de plusieurs poissons; Annales du Muséum, t. X, p. 366.

3. M. GIORNA, professeur à Turin, a décrit le lophote de Lacépède dans les Mémoires de Turin, 1805 — 1808. Je l'ai décrit d'après un individu plus entier; Annales du Muséum, t. XX, p. 393.

4. M. BONNELLI, aussi professeur à Turin, a fait connaître un *trachipterus*, ou gymnètre, dans les Mémoires de Turin, t. XXIV, p. 494.

5. M. OTTO, professeur à Breslau, décrit plusieurs poissons de la Méditerranée dans son *Conspectus animalium quorundam maritimorum nondum editorum;* Breslau, 1821.

6. M. RANZANI, professeur à Bologne, primicier de la cathédrale de cette ville, a décrit, dans les *Opuscoli scientifici* de Bologne, un gymnètre qu'il nomme *epidesmus maculatus.*

7. *Monographie des marteaux*, Mém. du Mus., t. IX, p. 266; *description du cernié* (polyprion), *ibid.*, t. XI, p. 222.

8. T. 1, p. 1, le maigre, ou fegaro, *sciæna umbra*; p. 228;

Les poissons du golfe adriatique ont été étudiés avec un soin remarquable par MM. *Naccari*[1] et *Nardo*[2], et d'après le programme que ce dernier vient de faire paraître, on doit s'attendre de sa part à un beau travail, où ces poissons seront considérés sous tous les rapports.[3]

La Faune des Orcades[4] de George *Low*, publiée en 1813, par le docteur Leach, ajoute des détails très-intéressans à l'histoire des pois-

---

l'argentine; p. 236, *l'apogon*; p. 312, *l'ophidium imberbe*; p. 324, le *razon*; p. 353, le *castagnau*; p. 357, les *crénilabres, etc.*; p. 454, divers spares; p. 457, le *melet*, etc. J'ai ajouté, t. III, p. 481, un mémoire sur les chironectes; t. IV, p. 121, sur les diodons; p. 444, sur les mylètes; t. V, p. 551, sur divers autres salmones et sur le glossodonte.

1. *Fortuné-Louis* Naccari, vice-consul des Deux-Siciles à Chioggia, et bibliothécaire du séminaire de cette ville, a donné dans le Journal de physique de Pavie, déc. II, t. V (1822), p. 326 et suivantes, un mémoire intitulé : *Ittiologia adriatica, ossia catalogo de' pesci del golfo e lagune di Venezia*, et y a joint un supplément, intitulé : *Aggiunta all' ittiologia adriatica*, dans le Journal de la littérature italienne de Padoue, Mai et Juin 1825, p. 188 et suivantes.

2. *Dominique* Nardo, du même lieu de Chioggia, a donné dans le Journal de Pavie, t. VII (1824), p. 222 et suivantes, des *Osservazioni ed aggiunte all' adriatica ittiologia del signor Naccari*.

3. Ce programme est inséré dans l'Isis, t. XX, 6.ᵉ cah., p. 473 et suivantes, et intitulé : *Prodromus observationum et disquisitionum ichtyologiæ adriaticæ*. Il est disposé d'après l'ordre suivi dans mon Règne animal.

4. *Fauna orcadensis, or the natural history of the quadrupeds, birds, reptils and fishes of Orkney and Schetland, by the rev.* G. Low, *from a manuscr., in the possession of* W. Elford Leach; Édimbourg, 1813, in-4.°

sons de la mer du Nord; mais le nombre des espèces n'est pas considérable : on n'y en compte que cinquante-deux.

Feu M. *George Montagu* a laissé dans les Mémoires de la société wernérienne des descriptions de plusieurs poissons rares de la côte méridionale de la Grande-Bretagne. [1]

Un beau mémoire posthume de M. *Jurine*, sur les poissons du lac de Genève, vient d'être publié par la société de physique de cette ville. [2]

Parmi les recherches particulières faites dans cette période sur les poissons de climats plus éloignés, on doit mettre au premier rang celles de M. *Geoffroy Saint-Hilaire*, sur les poissons du Nil et de la mer Rouge, insérées, soit dans les Annales du Muséum [3], soit dans le grand ouvrage sur l'Égypte [4], qui nous ont fait connaître une multitude de silures singuliers, un genre très-extraordinaire, le polyptère, et qui

---

1. *Mem. of the Wernerian Nat. hist. soc.*, t. II, 2.ᶜ part., 1818.

2. Dans les Mémoires de la société de physique de Genève, t. III, 1.ʳᵉ partie.

3. Annales du Muséum, t. I, p. 57, le polyptère; p. 152, l'achire barbu; t. XIV, p. 460, les salmones du Nil.

4. Description de l'Égypte, publiée par ordre du gouvernement français depuis 1809, et qui compte déjà plusieurs volumes in-folio de texte et autant de planches, format d'atlas : la partie d'histoire naturelle forme trois de ces atlas. Il y a une édition in-8.º du texte; Paris, Panckoucke, 1821 et suiv.

nous ont procuré des notions plus exactes de beaucoup d'espèces incomplétement décrites par Hasselquist et Forskal. Ces recherches tirent un nouveau prix des belles figures faites sur le frais., par M. *Redouté*, le jeune; elles ont d'ailleurs conduit l'auteur à des travaux importans sur l'ostéologie de cette classe, sur lesquels nous reviendrons bientôt. M. *Isidore Geoffroy*, son fils, vient de donner de ces descriptions une rédaction générale qui les présente avec ordre et clarté.

M. de Lacépède lui-même a décrit séparément quelques espèces dont il n'avait pas parlé dans son grand ouvrage, et qui avaient été envoyées de la mer des Indes par *Péron*.[1]

Les différens dictionnaires d'histoire naturelle publiés en France[2] et dans l'étranger, contiennent aussi sur les poissons des articles dont plusieurs sont importans, et dont il n'est permis de négliger aucun, lorsque l'on travaille sur cette classe. Nous citerons particulièrement parmi les naturalistes qui y ont inséré des observations

---

[1]. Annales du Muséum, t. IV, p. 201 et suivantes, une raie, trois lophies, un ostracion, un tétrodon, un syngnathe, un labre, un prionure, etc.

[2]. Nouveau Dictionnaire d'histoire naturelle, chez Déterville; Dictionnaire des sciences naturelles, chez Levrault; Dictionnaire classique d'histoire naturelle, chez les frères Baudouin.

originales, MM. *Bosc, Bory-Saint-Vincent, Desmarest*[1] et *Hippolyte Cloquet.*

Les membres de l'académie de Pétersbourg ont continué à décrire les poissons de la mer du Kamtschatka, et M. *Tilesius* surtout en a fait connaître de fort remarquables.[2]

Le tome troisième de la Zoographie russe de Pallas[3], imprimé par les soins de M. Tilesius, avec de nombreuses additions de l'éditeur et des extraits importans des observations de Steller, embrasse à la fois les poissons de la mer Noire, de la Baltique, de la mer Glaciale et de la partie septentrionale de l'Océan pacifique, ainsi que ceux des lacs et des rivières de tout ce vaste empire. On y trouve surtout des faits intéressans sur les poissons de la mer

---

1. M. Desmarest a donné une partie de ses articles à part, sous le titre de Décades ichtyologiques.

2. Dans le t. II (1806 et 1807) des Mémoires il y a, p. 382, un mémoire de Pallas sur son genre labrax, où il en décrit six espèces. M. Tilesius en décrit aussi une, p. 335, et le gadus vachnia, p. 350. Dans le t. III (1809 et 1810), p. 225 et suivantes, M. Tilesius décrit un gastéroste, un blennie, une lamproie, un pleuronecte, le cottus hemilepidotus, le synanceya cervus; dans le t. IV (1811), quatre agonus, un cyprin, un épinéphélus et un trachinus; dans le t. VII (1814), p. 306, un baliste sans ventrales, qu'il nomme balistapus.

3. *Zoographia rosso-asiatica;* Pétersbourg, 1811, 3 vol. in-4.° Cet ouvrage n'a point encore été publié; mais j'en dois un exemplaire aux bontés de M. le président de l'académie de Pétersbourg. Il paraît que la perte des cuivres est ce qui a empêché ce livre de paraître.

Noire, que Pallas put observer par lui-même lorsqu'il s'établit en Crimée. Il s'en faut cependant beaucoup que toutes les espèces de ces immenses parages s'y trouvent réunies. Le nombre total n'y est que de deux cent quarante, distribuées en trente-huit genres, tous pris de Linnæus, à l'exception de trois, les elæorhous (*comephore*, Lacép.), les phalangistes (*agonus*, Schn.), et les labrax. Ils sont divisés seulement en deux ordres, les *spiraculata* ou chondroptérygiens, et les *branchiata*, qui comprennent tous les autres, et ces deux ordres ne forment avec les reptiles nommés *pulmonata*, qu'une seule classe, appelée *monocardia* ou animaux à sang froid. [1]

---

1. Ces genres y sont peu multipliés, et distribués, sans autre subdivision, d'après certaines analogies extérieures, mais assez peu importantes, et comme il suit.

ORDO II. Spiraculata.	*Cottus.*	*Scorpæna.*
Raia.	*Callionymus.*	*Perca.*
Chimæra.	*Gobius.*	*Sciæna.*
Squalus.	*Cobitis.*	*Coracinus.*
Petromyzon.	*Blennius.*	*Labrus.*
ORDO III. Branchiata.	*Ophidium.*	*Sparus.*
Muræna.	*Gadus.*	*Labrax.*
Cyclopterus.	*Clupea.*	*Cyprinus.*
Anarhichas.	*Scomber.*	*Esox.*
Silurus.	*Mugil.*	*Salmo.*
Acipenser.	*Mullus.*	*Pleuronectes.*
Phalangistes (*cotti cataphracti*).	*Ammodytes.*	
Syngnathus.	*Gasteracanthus* (*gasterosteus*, Linn.).	
Elæorhous (*callionymus baicalensis*).	*Trigla.*	
	Trachinus.	

A mesure que la prospérité des États-Unis prend des accroissemens et que l'amour des sciences y fait des progrès, on en étudie mieux les productions, et au lieu qu'autrefois c'étaient les Européens qui allaient les recueillir, ce sont maintenant des indigènes ou des Européens établis dans le pays qui nous les font connaître, et avec bien plus d'étendue et d'exactitude que ne pouvaient le faire des naturalistes voyageurs.

Ainsi l'on n'avait guère dans le dix-huitième siècle, sur les poissons de l'Amérique septentrionale, que l'ouvrage de Catesby, et ce que Pennant en a inséré dans sa Zoologie arctique. Mais en 1815, le docteur *Mitchill*, savant naturaliste de New-York, a donné[1] une histoire des poissons qui se pêchent aux environs de cette ville, où il en décrit cent quarante-neuf, distribués d'après le système de Linnæus, avec des figures fort bien faites, quoique petites, de soixante des plus intéressans. N'ayant adopté que deux des genres établis depuis Linnæus, les bodians et les centronotes, c'est quelquefois un peu au hasard qu'il a placé ses espèces, et parmi ses ésox, par exemple, il y

---

1. Dans les *Transactions de la société littéraire et philosophique de New-York*, t. 1, p. 355 ; il en avait fait paraître auparavant un premier essai, in-12, de vingt-huit pages ; New-York, 1814.

en a d'assez hétérogènes. Il n'a pas toujours non plus démêlé la véritable nomenclature dans les ouvrages souvent si confus des naturalistes européens; mais il fournit lui-même dans ses descriptions les moyens de rectifier les erreurs qui lui sont échappées, et son mémoire est certainement ce qui a paru de mieux dans ce siècle sur les poissons du Nouveau-Monde. Il a donné depuis quelques espèces nouvelles dans des écrits périodiques. [1]

L'exemple du docteur Mitchill a excité d'autres naturalistes; M. *Lesueur* surtout, peintre français, déjà bien connu comme le fidèle compagnon de Péron, dans son voyage aux terres australes, et qui s'est établi aux États-Unis, a publié les descriptions de plusieurs belles espèces, avec des figures très-exactes, dans le Journal de l'académie des sciences naturelles de Philadelphie[2] et dans d'autres ouvrages périodiques.

---

1. Dans le Journal des sciences naturelles de Philadelphie, t. 1, 2.ᶜ part., p. 407, une anguille, un gade, un salmone; dans les Annales du Lycée d'histoire naturelle de New-York, Mars 1824, p. 82, un nouveau genre, le *saccopharynx*, le même qui est décrit par M. Harwood dans les Transactions philosophiques de 1827, sous le nom d'*ophiognathus*.

2. Dans le t. 1, 1.ʳᵉ part. (1818), trois espèces de raies, cinq d'anguilles, deux de gades, une de cyprins, quatre d'hydrargires, le genre entier des catostomus, détaché de celui des cyprins, et dont il décrit dix-sept espèces; dans le t. I, 2.ᶜ part. (1818),

M. Rafinesque, le même dont nous avons cité les écrits sur l'ichtyologie de Sicile, s'étant transporté aux États‑Unis, où il occupe une chaire à l'académie de Lexington en Kentuky, s'est occupé aussitôt des poissons de la contrée qu'il habite. Il en a décrit trois genres nouveaux dans le Journal des sciences naturelles de Philadelphie[1] et il en propose dix-sept dans un programme imprimé dans le Journal de physique[2] de Paris, de 1819, auxquels il en ajoute plusieurs dans un écrit intitulé Annales de la nature pour 1820. Enfin, dans une histoire de ceux de l'Ohio[3] et de ses affluens, qu'il a fait imprimer en 1820 à Lexington, il ajoute

deux squales, deux clupés, trois mégalopes, deux corégones, un genre qu'il nomme *platirostra*, un genre qu'il nomme *hiodon*, quatre ésoces; dans le t. II (1821 et 1822), trois orphies, trois sciènes, deux exocets, plusieurs petits poissons voisins de la pœcilie; dans le t. IV, 1.re part. (1824), six raies ou poissons de genres voisins; dans le t. IV, 2.e part. (1825), deux nouveaux blennies; dans le t. V, 1.re part. (1825), quatre muraenophis, deux saurus; dans les Mémoires du Muséum d'histoire naturelle de Paris, t. V, quelques poissons du haut Canada, six pimélodes, un esturgeon, un batrachoïde, un brosme, deux lingues.

1. T. I, 2.e part., p. 417, trois nouveaux genres, *pomochis, sarchirus, exoglossum.*

2. T. LXXXVIII, p. 417, prodrome de soixante-dix nouveaux genres d'animaux, découverts dans l'intérieur des États‑Unis d'Amérique en 1818 par C. S. Rafinesque.

3. Ichtyologia Ohiensis, *or natural history of the fishes inhabiting the river Ohio and its tributary streams, etc.;* Lexington, Kentucky, 1820, in-8.°

encore quelques genres, et décrit cent onze espèces, dont un grand nombre sont nouvelles
et avaient échappé à MM. Mitchill et Lesueur.

Il n'est pas douteux que ce vaste continent
de l'Amérique, ses côtes si prolongées et si en-
trecoupées, ses grands lacs et les fleuves immenses et innombrables qui l'arrosent, n'aient
encore de riches contributions à fournir à l'ichtyologie, et l'on ne peut trop désirer que les
naturalistes qui l'habitent continuent leurs recherches avec l'ardeur qui les anime depuis
quelques années; ils rendront et au-delà à l'ancien continent ce qu'ils en ont reçu d'instruction et de lumières.

Un zèle semblable anime aujourd'hui plusieurs des Anglais établis dans les Indes ou à la
Nouvelle-Hollande, et a déjà produit d'excellens
effets. Outre le grand ouvrage de Russel, dont
nous avons parlé, il a paru en 1822 une Histoire des poissons du Gange, par M. *François
Hamilton Buchanan*[1], qui en contient deux
cent soixante-sept espèces, avec d'excellentes
figures, des descriptions soignées et des détails
pleins d'intérêt sur leurs habitudes. C'est la plus
riche contribution qui ait été reçue des pays

---

1. *An account of the fishes found in the river Ganges and its
branches*, by Fr. HAMILTON (*formerly* Buchanan), m. d.; Édimbourg, 1822, in-4.°, avec un atlas de trente-neuf planches.

lointains pour l'ichtyologie. L'auteur y suit simplement les ordres de Linnæus ou plutôt de Pennant; mais il adopte les genres de Lacépède et y en ajoute plusieurs nouveaux. Comme tous les auteurs récens, et surtout ceux qui écrivent loin des secours littéraires, il n'a pas toujours bien saisi la nomenclature de Lacépède, ni même celle de Bloch, en sorte qu'il donne quelquefois pour nouveaux, des genres ou des espèces qui ne le sont pas; mais son ouvrage ne perd rien de son prix, pour un accident arrivé à tant d'autres.

Les découvertes d'histoire naturelle sont aujourd'hui considérées comme une partie essentielle de celles que doivent faire les grandes expéditions nautiques, et les derniers voyages des Russes et des Français ont rempli ce but d'une manière exemplaire.

La relation de celui de M. *de Krusenstern*[1] présente des figures de vingt espèces de poissons avec leurs descriptions, par M. *Tilesius*.

---

1. Le capitaine Krusenstern, aujourd'hui amiral, partit de Cronstadt le 7 Août 1803, toucha en Angleterre, aux Canaries et au Brésil, doubla le cap Horn, visita les Marquises, les îles de Washington, remonta au Kamtschatka, et en partit pour le Japon, retourna au Kamtschatka, traversa la mer de la Chine, et revint par le détroit de la Sonde, le Cap, Sainte-Hélène et le nord de l'Écosse : il était de retour à Cronstadt le 9 Août 1806.

L'expédition du capitaine *Baudin*[1] avait aussi procuré une grande quantité de poissons nouveaux, grâce au zèle de MM. *Péron* et *Lesueur;* mais les descriptions et les figures que ces observateurs en avaient faites, n'ont point paru, et l'on ignore même ce qu'elles sont devenues depuis la mort du premier; heureusement les poissons eux-mêmes sont conservés au Muséum, et nous en profiterons pour notre ouvrage.

Le Gouvernement a pris des mesures pour que dorénavant les travaux de nos naturalistes ne soient pas ainsi perdus pour le public, et déjà on a vu paraître la partie zoologique du voyage de M. *de Freycinet,* avec des planches magnifiques, dans lesquelles entre autres se trouvent les figures coloriées de soixante-deux espèces de poissons[2]. MM. *Quoy* et *Gaymard,*

---

1. Le capitaine Baudin partit du Hâvre le 19 Octobre 1800, avec les corvettes *le Géographe* et *le Naturaliste;* il passa aux Canaries en Novembre, à l'Isle-de-France en Mars et Avril 1801, visita les côtes sud-ouest de la Nouvelle-Hollande, séjourna à Timor, se rendit à la terre de Van-Diemen, séjourna au port Jackson, revit diverses parties de la Nouvelle-Hollande, et revint par l'Isle-de-France et le Cap : il était de retour en Europe le 16 Avril 1804. La relation de ce voyage a paru en deux volumes in-4.º et deux atlas, Paris, 1807 et 1816, et pour la partie géographique, par M. Freycinet, un volume in-4.º et un atlas, 1815. Le Cabinet du Roi a reçu de cette expédition plus de deux cents espèces de poissons, mais trop souvent en individus de petite taille.

2. Le capitaine *Freycinet,* commandant la corvette *l'Uranie,* partit de Toulon le 17 Septembre 1817, se rendit par les Canaries

naturalistes de cette expédition, en ont rapporté un nombre bien plus considérable, dont
nous profiterons aussi. Déjà l'on commence à
graver les planches du voyage de MM. *Duperrey* et *d'Urville*[1]. Il s'y trouvera plusieurs belles
espèces de poissons, recueillies par MM. *Lesson*
et *Garnot*, et dessinées avec beaucoup d'exactitude par M. Lesson.

Outre ces auteurs, qui ont servi l'ichtyologie, en faisant connaître des nombres plus ou
moins considérables de poissons, il en est qui
ont cherché à mettre la distribution de la classe

à Rio-Janeiro, de là au Cap, à l'Isle-de-France, à Timor, à Rau-
wac près de la Nouvelle-Guinée, aux Mariannes, aux îles Sandwich, et retourna par le port Jackson et la Terre-de-Feu. Il échoua
aux îles Malouines, et revint sur un bâtiment américain par Monté-
Vidéo et Rio-Janeiro : il était de retour au Hâvre le 13 Novembre
1820. Le Cabinet du Roi en a reçu environ cent cinquante espèces
de poissons, et MM. Quoy et Gaymard en ont re présenté soixante-
deux dans la partie zoologique qui a paru in-4.° ; Paris, 1824 et
1825, avec un atlas in-folio.

1. Le capitaine *Duperrey*, commandant la corvette *la Coquille*, appareilla de Toulon, le 11 Août 1822, se rendit au
Brésil, aux Malouines, doubla le cap Horn, visita la côte du
Chili et du Pérou, les îles des Amis, la Nouvelle-Irlande, Wai-
giou, les Moluques, doubla la pointe méridionale de la terre
de Van-Diemen, se rendit au port Jackson, de là à la Nouvelle-Zélande, aux Carolines, à la Nouvelle-Guinée, et revint
par Java, l'Isle-de-France, le Cap, Sainte-Hélène, l'Ascension :
il était de retour à Marseille, le 24 Avril 1825. Le Cabinet du
Roi doit à ce voyage deux cent quatre-vingt-huit espèces de poissons, recueillies par MM. *Lesson* et *Garnot*.

plus à la portée des commençans, ou à la perfectionner, soit en l'établissant d'après de nouveaux rapports, ou en y introduisant des subdivisions plus nombreuses et plus précises; malheureusement ils ont la plupart assez peu consulté les rapports naturels.

M. Rafinesque, après la méthode ichtyologique publiée dans son Catalogue des poissons de Sicile, et que nous avons déjà fait connaître, en a donné une autre, un peu différente, dans un ouvrage général intitulé *Analyse de la nature, ou Tableau de l'univers*, imprimé en 1815.[1]

---

1. Palerme, 1815, in-8.º En voici le tableau.

CLASSE ICHTYOSIA.
(*LES POISSONS.*)
Sous-Cl. *HOLOBRANCHIA.*
I.er Ord. *Deripia.*
I.er Sous-ord. Chorizopia.
1.re Fam. BLENNIDIA.
1.re *S.-Fam.* Monodactylia.
Dactyleptus.(*Murénoïde*, Lacép.).
Pteraclidus. (*Oligopode*, Lacép.)
2.e *S.-Fam.* Polydactylia.
Blennius.
Phycis.
Pholidus.
Enchelyopus.
Pacamus, R.
Ichtias, R.
Dropsarus, R.
2.e Fam. CADINIA.
1.re *S.-Fam.* Merluccia.
Gadus.
Merluccius.
Trisopterus, R.
Strinsia, R.
Brosme.
2.e *S.-Fam.* Trachinia.
Batrictius.(*Batrachoïde*, Lac.)
Platycephalus.
Ceriutha.
Taunis.
Calliomorus.
Callionymus.
Oxycephas. (*Lepidoleprus.*)
Uranoscopus.
Trachinus.
Corystion.
3.e Fam. BRACHOMIA.
Chrysostroma.
Kurtus.
II.e Sous-ord. Pleuropsia.
4.e Fam. PLEURONECTIA.
1.re *S.-Fam.* Achiria.
Achirus.
Symphurus, R.
Monochirus.

Il part toujours de la supposition que l'absence d'opercules ou de rayons est réelle dans

---

2.*e* *S.-Fam.* Diplochiria.
Pleuronectes.
Scophtalmus, R.
Bothus, R.
Plagiusa.

II.*e* Ord. *Thoraxipia.*
I.*er* Sous-ord. Leptosomia.
5.*e* Fam. Chætodonia.
  1.*re* *S.-Fam.* Leiobranchia.
Chætodon.
Chætodipterus.
Teuthis.
Acanthinion.
  2.*e* *S.-Fam.* Odobranchia.
Pomadasys.
Enoplosus.
Holocantha.
Pomacantha.
Pomacentrus.
6.*e* Fam. Zedia.
  1.*re* *S.-Fam.* Glyphisodia.
Glyphisodon.
Acanthopodus.
Acanthurus.
Aspisurus.
Nasonus.
  2.*e* *S.-Fam.* Aplodia.
Zeus.
Argyreiosus.
Selene.
Alectis. (*Gallus*, Lac.)
7.*e* Fam. Petalomia.
  1.*re* *S.-Fam.* Cepolidia.
Cepola.
Trachypterus.
Bostrictis. (*Bostriche*, L.)
Pterops. (*Bostrichoïde*, Lac.)
Tasica, R.
Lepidopus.
  2.*e* *S.-Fam.* Gymnetria.
Gymnetrus.
Nemipus, R.

Regalecus.
Hiatula.
Argyctius, R.
Cephalepis, R.
Gymnurus, R.
Tænioides.

II.*e* Sous-ord. Toxonotia.
8.*e* Fam. Atractomia.
  1.*re* *S.-Fam.* Scomberia.
Scomber.
Polypturus. (*Scombéromore*, Lac.)
Orcynus. (*Scombéroïde*, Lac.)
Trachinotus.
  2.*e* *S.-Fam.* Caranxia.
Caranx.
Trichopterus, R.
Centracantha, R.
Hypacantha, R.
Hypodis, R.
Centropodus.
Notognidion, R.
Centrolophus.
Gasterosteus.
Naucrates, R.
Baillonus, R.
Cesiomorus.
Centronotus.
9.*e* Fam. Pomodia.
  1.*re* *S.-Fam.* Notacandia.
Lepisacantha.
Gastrogonus, R.
Cephimnus, R.
Gymnocephalus.
  2.*e* *S.-Fam.* Percidia.
Lepipterus, R.
Holocentrus.
Perca.
Micropterus.
Epinephelus.
Sciæna.
Bodianus.
Pomatomus.

tous les poissons où elle est alléguée par Lacépède. Il continue de mettre ensemble les

Panotus, R.
Tænianotus.
Lutjanus.
Johnius.
Aplogon, R.
Anthias.
Lopharis, R.
Centropomus.
Cephacandia, R.
Cephalacanthus.
Trachychtis.
Epigonus, R.

10.ᵉ Fam. Leiopoma.

1.ʳᵉ S.-Fam. Osteostomia.

Leiognathus.
Scarus.
Ostorhynchus.

2.ᵉ S.-Fam. Trichopodia.

Monodactylus.
Trichopodus.
Osphronemus.

3.ᵉ S.-Fam. Monotia.

Trachurus, R.
Cæsio.
Gonurus, R.
Lepodus, R.
Harpe.
Cheilinus.
Pimelepterus.
Hologymnosus.
Lepomus, R.
Pomagonus, R.
Macropodus.
Xyphonus.
Ophicephalus.
Sparus.
Diplodus, R.
Mesopodus, R.
Spicara, R.
Labrus.
Cynædus, R.
Pogonias.
Acaramus, R.
Symphodus, R.
Lonchurus.

Gomphosus.
Centrogaster.
Plectorhynchus.

4.ᵉ S.-Fam. Mullidia.

Dipterodon.
Gonenion, R.
Leiostomus.
Clodipterus, R. (Chéilo-
dipt., Lac.)
Mullus.(Il y laisse l'Apo-
gon.)
Macrolepis, R.

III.ᵉ Sous-ord. Orthonota.

11.ᵉ Fam. Lophionota.

1.ʳᵉ S.-Fam. Istiophoria.

Istiophorus.
Tetrapturus, R.
Guebucus, R.
Makaira.

2.ᵉ S.-Fam. Coryphænia.

Macrurus.
Coryphæna.
Hemipteronotus.
Micropodus, R.
Cheilio.
Megaphalus, R.
Gobiesox.
Pomacanthus, R.
Leptopus, R.
Oxima, R.
Equetus, R.
Eques.
Branchiostegus. (Cory-
phénoïde, L.)
Eleotris.
Epipthalmus. (Gobiomo-
roïde, Lac.)
Lepimphius, R.

12.ᵉ Fam. Plecopodia.

Gobius.
Plecopodus. (Gobioïde,
Lac.)
Umbra, Gron.
Lepadogaster.

poissons auxquels il attribue ces caractères né-
gatifs, soit qu'ils aient le squelette osseux ou

Piecephalus, R.
Cyclopterus.
Lumpus.
Liparius, R.
13.ᵉ Fam. CEPHOPLIA.
   1.ʳᵉ *S.-Fam.* Echenidia.
   Echeneis.
   2.ᵉ *S.-Fam.* Cephalotia.
   Cottus.
   Aspidophorus.
   Percis, Scop. (*Aspido-*
     phoroïde, Lac.)
   Aygula. (*Coris*, Lac.)
   Scorpœna, L.

III.ᵉ ORD. *Gastripia.*
  I.ᵉʳ SOUS-ORD. Brachistomia.
    14.ᵉ Fam. DACTYLINIA.
      1.ʳᵉ *S.-Fam.* Triglidia.
      Prionotus.
      Trigla.
      Peristedion.
      Octonus, R.
      2.ᵉ *S.-Fam.* Dimeredia.
      Dactylopterus.
      Cirrhitus.
      3.ᵉ *S.-Fam.* Polynemia.
      Polydactylus.
      Polynemus.
      Cheilodactylus.
    15.ᵉ Fam. DERMOPTERIA.
      Salmo.
      Osmerus.
      Coregonus.
      Characinus.
      Anostomus.
      Gasterodon, R.
      Serrasalmus.
    16.ᵉ Fam. CYPRINIA.
      1.ʳᵉ *S.-Fam.* Gasterogonia.
      Xysterus.
      Dorsuarius.
      Meneus.
      Buronus.

Gasteroplecus.
Clupea.
Thrissa. (*Clupanodon.*)
Mystus, Gron.
   2.ᵉ *S.-Fam.* Gymnopomia.
   Cyprinus.
   Gonorhynchus.
   Megalops, R.
   Myctophum, R.
   Gonostoma, R.
   Prinodon, R.
   Cyprinodon.
   Matuacus, R.
   Edonius, R.
   Atherina.
   Argentina.
   Hydrargyra.
   Stolephorus.
   Gonipus, R.
   Tirus, R.
   3.ᵉ *S.-Fam.* Lepomia.
   Exocetus.
   Chanos.
   Mugil.
   Myxonum, R. (*Mugiloï-*
     de, Lac.)
   Trichonotus, R. (*Mugilo-*
     more, Lac.)
   Soranus, R.
  17.ᵉ Fam. OPLOPHORIA.
    1.ʳᵉ *S.-Fam.* Loricaria.
    Plecostomus, R.
    Hypostomus.
    Cordorinus.
    Corydoras.
    Doras.
    Cataphractus.
    Pogonatus.
    2.ᵉ *S.-Fam.* Siluridia.
    Silurus.
    Platiscus.
    Bagrus, R.
    Macropteronotus.
    Tachysurus.
    Pimelodus.

cartilagineux , les chondroptérygiens comme
les autres; il répartit ensuite les poissons où

Malapterurus.
Plotosus.
Ageneiosus.
Centranodon.
Macroramphosus.
Clarias, Gron.
Aspredo , Gron.
18.ᵉ Fam. CYLINDROSOMIA.
Anableps.
Amiatus. (Amia , L.)
Misgurnus.
Cobitis.
Fundulus.

II.ᵉ SOUS-ORD. Macrostomia.
19.ᵉ Fam. SIAGONIA.
1.ʳᵉ *S.-Fam.* Sphyrenidia.
Sphyræna.
Sudis , R.
Sayris. (Scombresox , L.)
Tripteronotus.
2.ᵉ *S.-Fam.* Esoxidia.
Esox.
Raphistoma. (Bélone.)
Lepisostus.
Synodus.
Megalops.
Elops.
Stomias , R.
3.ᵉ *S.-Fam.* Notacantha.
Notacanthum.
Odamphus , R.
Onopionus , R.
20.ᵉ Fam. SIPHOSTOMIA.
1.ʳᵉ *S.-Fam.* Colubrinia.
Butyrinus.
Colubrinus.
Guaris , R.
2.ᵉ *S.-Fam.* Aulostomia.
Aulostomus.
Fistularia.
Solenostoma.
Macrorhynchus.
Centriscus.

IV.ᵉ ORD. *Apodia.*
I.ᵉʳ SOUS-ORD. Ostopodermia.
21.ᵉ Fam. APHYOSTOMIA.
Syngnathus.
Typhlinus , R.
Siphostoma , R.
Hippocampus.
Philophorus , R.
Homolenus , R.
Nerophis , R.
22.ᵉ Fam. OSTEODIA.
1.ʳᵉ *S.-Fam.* Ostracidia.
Ostracion.
Gonodermus , R.
2.ᵉ *S.-Fam.* Odopsia.
Tetrodon.
Orthragus.
Diplanchias , R.
Diodon.
Cephalopsis , R.
3.ᵉ *S.-Fam.* Orbidia.
Orbidus. (Sphéroïde , L.)
Ovoidus. (Ovoïde , Lac.)

II.ᵉ SOUS-ORD. Malacodermia.
23.ᵉ Fam. PANTOPTERIA.
1.ʳᵉ *S.-Fam.* Stromatia.
Rhombus.
Stromateus.
Luvarus , R.
Tangus , R.
Xeptæa , R.
Piratia , R.
2.ᵉ *S.-Fam.* Xyphidia.
Anarhichas.
Comephorus.
Opictus , R.
Xiphias.
Macrognathus.
3.ᵉ *S.-Fam.* Anguillinia.
Eleutherus , R.
Mastacembelus.
Scarcina , R.
Ammodites.

aucun de ces organes n'est supposé manquer, comme Linnæus, d'après leurs ventrales : il obtient ainsi huit ordres, qu'il subdivise en trente familles, dont chacune comprend deux ou trois sous-familles, et où il fait entrer trois cent soixante-dix-sept genres. Tous les genres de Lacépède entrent dans ce nombre sans autre examen, ce qui reproduit toutes les erreurs et tous les doubles emplois de ce naturaliste. Les genres

Ophidium.
Anguilla.
Triurus.
Ictiopogon. (Bostryche, Lac.)
Pterops, R. (Bostrychoïde, Lac.)
   Ces deux prétendus genres sont déjà à la septième famille.
24.ᵉ Fam. PEROPTERIA.
  1.ʳᵉ *S.-Fam.* Gymnotia.
  Gymnotus.
  Carapus, R.
  Apteronotus.
  Dameus, R.
  Neleus, R.
  2.ᵉ *S.-Fam.* Trichiuria.
  Trichiurus.
  Nemochirus, R.
  Diepinotus, R.
  Symphoeles, R.
  3.ᵉ *S.-Fam.* Ophisuria.
  Notopterus.
  Ophisurus.
  Leptocephalus.
  Oxyurus, R.
V.ᵉ ORD. *Eltropomia.*
25.ᵉ Fam. POMANCHIA.
  1.ʳᵉ *S.-Fam.* Sternoptygia.
  Sternoptyx.
  Melanictis, R.

2.ᵉ *S.-Fam.* Sturionia.
  Polypterus.
  Acipenser.
  Polyodon.
  Pegasus.
VI.ᵉ ORD. *Chismopnea.*
26.ᵉ Fam. BRANCHISMEA.
  1.ʳᵉ *S.-Fam.* Chimeria.
  Chimæra.
  Mormyrus.
  2.ᵉ *S.-Fam.* Balistia.
  Balistes.
  Capriscus, R.
  Vetula, R.
  Epimonus, R.
  3.ᵉ *S.-Fam.* Lophidia.
  Lophius.
  Chironectes.
  Conomus, R.
27.ᵉ Fam. MEIOPTERIA.
  1.ʳᵉ *S.-Fam.* Echelia.
  Echelus, R.
  Stylephorus.
  2.ᵉ *S.-Fam.* Chlopsidia.
  Chlopsis, R.
  Nettastoma, R.
  Xypterus, R.
  Monopterus.

ajoutés font souvent eux-mêmes double emploi;
et leurs caractères ni les espèces qu'ils doivent
embrasser n'étant pas définis, il est difficile de
se faire une idée nette de ceux que l'auteur
n'avait pas publiés dans ses ouvrages précédens.
Au surplus, il suffit de voir les rapprochemens
des genres bien connus, celui du polyptère, par
exemple, avec l'esturgeon, et celui du mormyre
avec la chimère, pour juger à quel point il con-

VII.ᵉ ORD. *Tremapnea*.

  28.ᵉ Fam. OPHICTIA.

    1.ʳᵉ *S.-Fam.* Apteridia.

      Branderius. (*Cécilie*, L.)
      Anopsus. (*Murénoblenn.*, Lac.)
      Gymnopsis. (*Gymnomurène*, Lac.)
      Helmictis, R.
      Oxystomus, R.

    2.ᵉ *S.-Fam.* Muraenidia.

      Rincoxis, R.
      Zebriscium, R.
      Poterurus, R.
      Dalophis, R.
      Muraena.

    3.ᵉ *S.-Fam.* Catremia.

      Synbranchus.
      Sphagebranchus.

  29.ᵉ Fam. PLAGIOSTOMIA.

    1ʳᵉ *S.-Fam.* Antacea.

      Carcharias, R.
      Heptranchias, R.
      Alopias, R
      Isurus, R.
      Ccrictius, R.
      Tetroras, R.
      Galeus, R.
      Sphyrnias, R.
      Hexanchus, R.

      Dalatius, R.
      Squalus.
      Oxynotus, R.
      Squatina
      Pristis.
      Aodon.
      Etmopterus, R.

    2.° *S.-Fam.* Platosomia.

      Rhinobatus.
      Platopterus, R.
      Leiobatus, R.
      Epinotus, R.
      Lymnea, R.
      Torpedo.
      Dipturus, R.
      Mobula, R.
      Ictaetus, R.
      Cephaleutherus, R.
      Sephenia, R.
      Megabatus, R.
      Dasyatis, R.
      Uroxis, R.
      Apturus, R.

  30.ᵉ Fam. CYCLOSTOMIA.

    1.ʳᵉ *S.-Fam.* Lampredia.

      Petromyzon
      Lampreda.
      Pricus.

    2.ᵉ *S.-Fam.* Myxinia.

      Gastrobranchus.
      Myxine.

tinue de demeurer étranger à la méthode naturelle. Il n'en est pas moins vrai que plusieurs des genres qu'il indique, paraissent de nature à être conservés.

M. de Blainville a fait paraître sa distribution en 1816, dans le tome LXXXIII du Journal de physique, p. 254, avec une classification générale du règne animal, et il l'a reproduite en 1822, en tête de ses Principes d'anatomie comparée, en la disposant seulement dans un ordre inverse, et en ajoutant des noms grecs à ses subdivisions. Elle ne diffère de celle de Gmelin que parce que les chondroptérygiens, qu'il nomme *dermodontes*, y sont distingués des autres poissons appelés *gnathodontes*, par les dents adhérentes seulement à la peau, et les branchiostèges, nommés *hétérodermes*, des poissons ordinaires appelés *squammodermes*, par une peau (dit l'auteur) de *structure variable*; du reste la subdivision ultérieure repose, comme dans Linnæus, sur la présence ou l'absence, et sur la position jugulaire, thoracique, ou abdominale des ventrales, ce qui détruit tout ordre naturel, éloigne par exemple les xiphias des scombres, met les batrachus entre les gades et les pleuronectes, les trichiures entre les ammodites et les gymnotes, etc.; les familles ne reposent que sur les caractères pris de la forme du corps, tantôt *ordinaire*, tantôt *siluroïde*, tantôt *longue et en bandelette*, ou bien *longue et un peu en bandelette*. L'auteur n'a cité d'ailleurs que quelques genres sous chaque division, comme pour servir d'exemples, et n'en a point donné une liste complète, en sorte que pour plusieurs on peut être en doute de la place qu'il leur assignerait. Il a du moins l'avantage de n'avoir point employé ces caractères erronnés tirés des opercules et des rayons, qui depuis Lacépède avaient été introduits dans plusieurs méthodes. [1]

---

1. Voici le tableau de la méthode de M. de Blainville, telle qu'on la trouve, en 1816, dans le Journal de physique, t. LXXXIII, p. 254, et, sous une forme un peu différente, en tête de son Anatomie comparée.

GNATHODONTES, ou **OSSEUX**.

SQUAMMODERMES, ord. écaill.
TÉTRAPODES.

Abdominaux.

De forme ordinaire,
MÉTROSOMES.

Brochets.
Harengs.
Saumons.
Carpes.

De forme siluroïde,
SILUROSOMES.
Silures.

De forme longue,
SUBENCHÉLIOSOMES.
Cobites.

Thoraciques.

De forme ordinaire,
MÉTROSOMES.
Labres. (Léiopomes.)

Perches. (Acanthopom.)

De forme courte et comprimée, LEPTOSOMES.
Chœtodons.

Fusiforme,
ATRACTOSOMES.
Scombres.

Grosse en avant,
CÉPHALOSOMES.
Cottes.
Trigles.

Longue et subcylindrique,
SUBENCHÉLIOSOMES.
Gobies.
Callionymes.

Longue et cylindrique,
ENCHÉLIOSOMES.
Échenéis.
Cépoles.
Gymnètres.

C'est en 1817 qu'a paru mon tableau du Règne animal ; mais j'avais indiqué les bases de ma méthode dès 1815[1]. J'y ai supprimé l'ordre des branchiostèges. D'une partie de leurs genres j'ai créé celui des plectognathes, fondé sur un mode particulier d'articulation des mâchoires. Les autres ont été répartis dans les ordres des poissons

Jugulaires.
 De forme ordinaire,
 MÉTROSOMES.
  Gades.
 Très-épais en avant,
 CÉPHALOSOMES.
  Batrachoïdes.
 Non symétrique,
 HÉTÉROSOMES.
  Pleuronectes.
 Longue et subcomprimée,
 SUBENCHÉLIOSOMES.

DIPODES.
 A corps fusiforme,
 ATRACTOSOMES.
  Xiphias.
 Très-comprimé,
 LEPTOSOMES.
  Stromateus.
 Long et un peu en bandel.,
 SUBTÉNIOSOMES.
  Ammodytes.
 Long et en bandelette,
 TÉNIOSOMES.
  Trichiures.
 Long et subcylindrique,
 SUBENCHÉLIOSOMES.
  Gymnotes.
 Long et cylindrique,
 ENCHÉLIOSOMES.
  Anguilles.

APODES.
 ENCHÉLIOSOMES.
  Murènes.
HÉTÉRODERMES, à peau de structure variée.
 Nageoires ventrales unies,
 SYNOPTÈRES.
  Cycloptères.
 Nag. thor. en forme de bras,
 BRACHIOPTÈRES.
  Baudroies.
 Point de ventrales,
 PELVOPTÈRES.
  Ostracions.
  Diodons.
 Dorsales épineuses,
 ACANTHOPTÈRES.
  Balistes.
 Très-var., quelquef. nulles,
 HÉTÉROPTÈRES.
  Syngnathes.

DERMODONTES, ou CARTILAGINEUX.
 Ventrales avant l'anus,
 HÉLIOPODES.
  Esturgeons.
 Ventrales entourant l'anus,
 PELVIPODES.
  Raies.
  Squales.
 Ventrales nulles,
 APODES.
  Lamproies.

1. Dans le tome I.er des Mémoires du Muséum.

osseux, pour lesquels j'ai rétabli la division fondée autrefois par Artedi, sur la nature des rayons de la dorsale. Les acanthoptérygiens n'ont formé qu'un seul ordre ; mais pour les malacoptérygiens, je n'ai vu aucun inconvénient à en distribuer les familles d'après la position des ventrales. Démontrant la fausseté des caractères tirés des opercules et des rayons, j'ai pu laisser ensemble beaucoup de poissons que les partisans de ces caractères avaient fort éloignés les uns des autres, notamment tous ceux de la famille des murènes. En général, c'est surtout à bien composer les familles naturelles que je me suis attaché. J'en ai établi vingt-une. [1]

---

1. Voici le tableau de ma distribution telle qu'elle était en 1817. J'ai cherché à la perfectionner dans le présent ouvrage. Je dois dire au reste que, lorsque j'ai publié mon *Règne animal*, je n'avais encore aucune connaissance des ouvrages de M. Rafinesque.

POISSONS.

CHONDROPTÉRYGIENS.
A branchies fixes.
Suceurs.
　Lamproies.
　　Lamproies proprem. dites.
　　Ammocètes.
　Gastrobranches.
Sélaciens.
　Squales.
　　Roussettes.
　　Squales propres.
　　Requins.
　　Lamies.
　　Marteaux.
　　Milandres.
　　Émissoles.

Grisets.
Pélerins.
Cestracions.
Aiguillats.
Humantins.
Leiches.
Anges.
Scies.
Raies.
　Rhinobates.
　Rhinas.
　Torpilles.
　Raies proprement dites.
　Pastenagues.
　Mourines.
　Céphaloptères.
Chimères.
　Chimères propres.
　Callorinques.

Tous les genres ont été soumis à un nouvel
examen, débarrassés des espèces qui m'ont paru

A branchies libres.

STURIONIENS.

Esturgeons.
Polyodons.

OSSEUX.

PLECTOGNATHES.

GYMNODONTES.

Diodons.
Tétrodons.
Mules.

SCLÉRODERMES.

Balistes.
Balistes propres.
Monacanthes.
Alutères.
Tetracanthes.
Coffres.

LOPHOBRANCHES.

Syngnathes.
Syngnathes propres.
Hippocampes.
Solénostomes.
Pégases.

MALACOPTÉRYGIENS ABDOMINAUX.

SALMONES.

Saumons.
Saumons propres.
Truites.
Éperlans.
Ombres.
Argentines.
Characins.
Curimates.
Anostomes.
Serrasalmes.
Piabuques.
Tétragonoptères.
Raüs.
Hydrocyns.
Cytharines.
Saurus.
Scopèles.

Aulopes.
Serpes.
Sternoptyx.

CLUPES.

Harengs.
Harengs propres.
Mégalopes.
Anchois.
Thrisses.
Odontognathes.
Pristigastres.
Notoptères.
Élopes.
Chirocentres.
Érythrins.
Amies.
Vastrés.
Lépisostées.
Polyptères.

ÉSOCES.

Brochets.
Brochets propres.
Galaxies.
Microstomes.
Stomias.
Chauliodes.
Salanx.
Orphies.
Scombrésoces.
Demibecs.
Exocets.
Mormyres.

CYPRINS.

Carpes.
Carpes propres.
Barbeaux.
Goujons.
Tanches.
Cirrhines.
Brèmes.
Labéons.
Ables.
Gonorhynques.

ne leur point appartenir, et subdivisés en sous-genres, propres à faciliter la répartition et la

Loches.
Anableps.
Pœcilies.
Lebias.
Cyprinodons.
SILUROÏDES.
Silures.
Silures propres.
Silures spécialement dits.
Schilbés.
Machoirans.
Pimelodes.
Shals.
Pimelodes propres.
Bagres.
Agénéioses.
Doras.
Hétérobranches.
Macroptéronotes.
Hétérobranches propres.
Plotoses.
Callichtes.
Malaptérures.
Asprèdes.
Loricaires.
Hypostomes.
Loricaires propres.
MALACOPTÉRYGIENS SUBBRACHIENS.
GADOÏDES.
Gades.
Morues.
Merlans.
Merluches.
Lotes.
Mustèles.
Brosmes.
Phycis.
Raniceps.
Lépidolèpres.
Macroures.
POISSONS PLATS.
Pleuronectes.
Plies.
Flétans.

Turbots.
Soles.
Monochires.
Achires.
DISCOBOLES.
Lépadogastres.
Lépadogastres propres.
Gobiésoces.
Cycloptères.
Lumps.
Liparis.
Échenéis.
Ophicéphales.
MALACOPTÉRYGIENS APODES.
ANGUILLIFORMES.
Anguilles.
Anguilles propres.
Anguilles spécialement dites.
Congres.
Ophisures.
Murènes.
Gymnomurènes.
Sphagébranches.
Aptérichtes.
Synbranches.
Alabes.
Gymnotes.
Gymnotes propres.
Carapes.
Aptéronotes.
Leptocéphales.
Donzelles.
Donzelles propres.
Fierasfers.
Équilles.
ACANTHOPTÉRYGIENS.
TÆNIOÏDES.
Rubans.
Lophotes.
Régalecs.
Gymnètres.
Trachyptères.
Gymnogastres.

reconnaissance des espèces. Je ne doute point que l'on n'ait reconnu dans cette partie de mon ouvrage un travail original, établi sur l'obser-

---

Ceintures.
Jarretières.
Styléphores.

GOBIOÏDES.
Blennies.
  Blennies propres.
  Pholis.
  Salarias.
  Clinus.
  Gonnelles.
  Opistognathes.
Anarhiques.
Gobies.
  Gobies propres.
  Gobioïdes.
  Tænioïdes.
  Périophtalmes.
  Éléotris.
Sillago.
Callionymes.
  Trichonotes.
  Coméphores.

LABROÏDES.
Labres.
  Labres propres.
  Girelles.
  Crénilabres.
  Sublets.
  Chéilines.
  Filous.
  Gomphoses.
Rasons.
Chromis.
Scares.
Labrax.

PERCOÏDES.
A dorsale unique.
  A mâchoires protractiles.
  Picarels.
  A dents tranchantes.
  Bogues.

A dents en pavé.
Spares.
  Sargues.
  Daurades.
  Pagres.
A dents en crochets.
Dentés.
Lutjans.
Diacopes.
Cirrhites.
Bodians.
Serrans.
Plectropomes.
A dents en velours.
Canthères.
Cicles.
Pristipomes.
Scolopsis.
Diagrammes.
Chéilodactyles.
Microptères.
Grammistes.
Priacanthes.
Polyprions.
Soghos.
Gremilles.
Stellifères.
Rascasses.
  Rascasses propres.
  Synancées.
  Ptérois.
  Tænianotes.

A dorsale double.
  A dorsales très-séparées.
  Ventrales abdominales.
  Athérines.
  Sphyrènes.
  Paralépis.
  Ventrales subbrachiennes.
  Mulles.
  Pomatomes.
  Muges.

vation directe des objets, et non pas un simple extrait des autres ichtyologistes.

M. *Goldfuss*, en 1820, dans son Manuel de

A dorsales rapprochées.
  A tête armée.
    Perches.
      Perches propres.
      Centropomes.
      Énoploses.
      Sandres.
      Esclaves.
      Apogons.
    Sciènes.
      Cingles.
      Ombrines.
      Lonchures.
      Sciènes propres.
    Pogonias.
    Otolithes.
    Ancylodons.
    Percis.
    Vives.
  A tête cuirassée.
    Uranoscopes.
    Trigles.
      Trigles propres.
      Malarmats.
      Pirabèbes.
      Céphalacanthes.
    Lépisacanthes.
    Chabots.
      Chabots propres.
      Aspidophores.
      Platycéphales.
    Batracoïdes.
  A pector. en forme de bras.
    Baudroies.
      Baudroies propres.
      Chironectes.
      Malthées.
SCOMBÉROÏDES.
  A deux dorsales.
    Scombres.
      Maquereaux.

      Thons.
      Germons.
      Caranx.
      Citules.
      Sérioles.
      Pasteurs.
    Vomers.
      Sélènes.
      Gals.
      Argyreyoses.
    Tétragonures.
  A première dorsale divisée en épines.
    Rhinchobdelles.
      Macrognathes.
      Mastacembles.
    Épinoches.
      Épinoches propres.
      Gastrés.
      Centronotes.
      Liches.
      Ciliaires.
  A dorsale unique.
  Dents en velours.
    Dorées.
      Dorées propres.
      Capros.
      Equula.
      Ménés.
    Atropus.
    Trachichtes.
    Chrysotoses.
    Espadons.
      Espadons propres.
      Voiliers.
    Coryphènes.
      Centrolophes.
      Leptopodes.
      Coryphènes propres.
      Oligopodes.
  Dents tranchantes.
    Sidjans.

zoologie, tome II, a aussi cru devoir donner une distribution des poissons, et des noms grecs aux divisions : pour cela il prend tout simplement les divisions de Gmelin, en réunissant les jugulaires et les thoraciques sous le nom de *sternopterygii*, et les chondroptérygiens et les branchiostèges sous celui de *chondropterygii*; au lieu d'apodes, il dit *peropterygii*, et au lieu d'abdominaux, *gasteropterygii*. Chaque ordre est subdivisé en familles d'après la forme générale, celle de la tête, celle de la bouche, ou tel autre caractère extérieur, mais de manière que l'athérine, par exemple, est entre la

Acanthures.
Aspisures.
Prionures.
Nasons.
SQUAMMIPENNES.
A dents en soie ou en velours.
Chætodons.
Chætodons propres.
Chætodons spéciale-
ment dits.
Chelmons.
Platax.
Héniochus.
Éphippus.
Holacanthes.
Acanthopodes.
Osphromènes.
Osphromènes propres.
Trichopodes.
Archers.
Kurtes.
Anabas.
Cœsio.
Castagnoles.

A dents sur une seule rangée.
Stromatées.
Fiatoles.
Sésérinus.
Piméleptères.
Kyphoses.
Plectorhynques.
Glyphisodons.
Pomacentres.
Amphiprions.
Premnas.

A deux dorsales.

Temnodons.
Chevaliers.
Polynèmes.

BOUCHES EN FLUTE.

Fistulaires.
Fistulaires propres.
Aulostomes.
Centrisques.
Centrisques propres.
Amphisiles.

pœcilie et les cyprins, et le *gnathobolus*, qui est presque un hareng, à côté du *pomatias*, qui n'est qu'une lune (*orthagoriscus*).[1]

1. Voici le tableau de la méthode de M. Goldfuss.

I. GASTEROPTERYGII.

1. Leptocephala.
  Clupea.
  Elops.
  Chirocentrus.
  Synodus. (Erythrin.)
  Amia.
  Pœcilia.
  Atherina.
  Cyprinus.
  Salmo.
  Coregonus.
  Characinus.
  Scopelus.
  Esox.
  Sudis.
  Polypterus.
  Lepisosteus.
2. Rhynchocephala.
  Centriscus.
  Mormyrus.
  Acanthiotus.
  Fistularia.
3. Aptocephala.
  Mugil.
  Sphyræna.
  Exocetus.
  Polynemus.
4. Platycephala.
  Loricaria.
  Cataphractus.
  Cobitis.
  Anableps.
  Malapterurus.
  Platystacus.
  Silurus.

II. PTEROPTERYGII.

1. Ophioidei.
  Leptocephalus.
  Ammodytes.
  Rhynchobdella.
  Ophidium.
2. Enchelioidei.
  Gymnothorax.
  Apterychtis.
  Anguilla.
  Trichiurus.
  Gymnotus.
3. Xyphonoti.
  Gnathobolus.
  Gymnogaster.
  Pomateis. (Triure.)
  Rhombus.
  Stromateus.
  Sternoptyx.
4. Macrorhynchi.
  Anarhichas.

III. STERNOPTERYGII.

1. Orthosomata.
  Gadus.
  Mullus.
  Sciæna.
  Perca.
  Labrus.
  Ophicephalus.
  Amphacanthus.
  Scarus.
  Xyrichtis.
  Sparus.
  Lutjanus.
  Bodianus.
  Holocentrus.

  Coryphæna.
2. Tæniosomata.
  Regalecus.
  Gymnethrus.
  Trachypterus.
  Lepidopus.
  Cepola.
  Macrourus.
  Lepidoleprus.
  Lophotes.
3. Leptosomata.
  Pleuronectes.
  Pimelopterus.
  Glyphisodon.
  Plectorhynchus.
  Premnas.
  Monocentris.
  Gasterosteus.
  Scomber.
  Tetragonurus.
  Xiphias.
  Zeus.
  Atropus.
  Acanthurus.
  Monoceros.
  Chætodon.
  Toxotes.
  Kurtus.
  Brama.
  Anabas.
4. Cephalotes.
  Batrachus.
  Uranoscopus.
  Echeneis.
  Blennius.
  Gobius.

1.

Tout nouvellement (1827) M. Risso, dans la nouvelle édition de ses Poissons de Nice, a encore jugé nécessaire de disposer les poissons dans un ordre à lui. A cet effet il a pris pour base les ordres de Linnæus, en y ajoutant à leur nombre mes plectognathes et mes lophobranches : il a subdivisé ceux des poissons ordinaires, comme Forster, d'après leurs rayons dorsaux mous ou épineux, et y a réparti des genres tirés pour la plupart de mon Règne animal, en un certain nombre de familles, qu'il appelle naturelles, et dont plusieurs sont prises de la même source ; mais sa première division, d'après Linnæus, l'a contraint à en disperser quelques-unes d'une façon qui répond peu à leur titre.[1]

Trachinus.	*Ostracion.*	3. Macrostomata.
Percis.	*Balistes.*	*Cyclopterus.*
Callionymus.	*Syngnathus.*	*Lepadogaster.*
Trigla.	*Solenostoma.*	*Batrachopus.*
Scorpæna.	*Pegasus.*	*Lophius.*
Cottus.	*Polyodon.*	4. Plagiostomata.
IV. Chondropterygii.	*Acipenser.*	*Chimæra.*
1. Microstomata.	2. Cyclostomata.	*Rhinobatus.*
Gnathodon. (*Diodon,*	*Gastrobranchus.*	*Raia.*
Tétrodon.)	*Petromyzon.*	*Squalus.*

1. Tableau de la distribution de M. Risso dans sa deuxième édition, en 1827.

1.re **SÉR.** CHONDROPTÉRYGIENS.	*Lamia.*
1.er ORD. *A branchies fixes.*	*Zygæna.*
1.re FAM. Pétromyzides.	*Mustellus.*
Lamproie.	*Notidanus.*
2.e FAM. Squalides.	*Acanthias.*
Scyllium.	*Centrina.*
Carcharias.	*Scymnus.*
	Squatina.

On voit que les méthodes de la plupart de ces ichtyologistes, toutes variées qu'elles paraissent dans leurs combinaisons, ne sont autre chose que des répétitions, sous d'autres noms, de celle de Linnæus, altérée seulement dans quelques-unes par l'introduction de ces classes prétendues imparfaites, fondées d'après Lacépède sur l'absence supposée de quelque partie des tégumens branchiaux, et dans d'autres par des caractères pris de la nature des rayons telle que l'avait employée Artedi.

Il était donc également impossible qu'elles n'éloignassent pas des êtres naturellement rapprochés, et qu'elles n'offrissent pas des caractères que l'on ne pourrait retrouver dans les objets eux-mêmes.

         Pristis.
3.ᵉ Fam. Raièdes.
         Torpedo.
         Raia.
         Trygon.
         Myliobatis.
         Cephaloptera.
II.ᵉ Ord. *A branchies libres.*
4.ᵉ Fam. Esturgeonides.
         Acipenser.
5.ᵉ Fam. Baudroies.
         Lophius.
II.ᵉ SÉR. POISSONS OSSEUX.
III.ᵉ Ord. *Plectognathes.*
1.ʳᵉ Fam. Gymnodontes.
         Cephalus. (*Lune.*)
2.ᵉ Fam. Balistides.
         Balistes.
         Ostracion.

IV.ᵉ Ord. *Lophobranches.*
         Syngnathus.
         Hippocampus.
V.ᵉ Ord. *Apodes.*
1.ʳᵉ DIV. Apodes malacoptéryg.
1.ʳᵉ Fam. Murénides.
         Muræna.
         Murænophis.
         Sphagebranchus.
         Anguilla.
         Conger.
         Leptocephalus.
2.ᵉ Fam. Ophisurides.
         Ophisures.
II.ᵉ DIV. Apodes acanthoptéryg.
3.ᵉ Fam. Xiphoïdes.
         Xiphias.
         Ammodytes.
         Ophidium.

M. *Oken* a essayé d'une autre voie : on sait qu'il a entrepris de résoudre un grand problème philosophique des idéalistes, celui de déduire *à priori* de l'idée générale de l'être toute la diversité des êtres particuliers, ce qu'il croit pouvoir faire par des combinaisons d'idées de différens degrés. Arrivé à la classe dont nous

---

VIe Ord. *Jugulaires.*
  Ire DIV. Jugulaires malacoptér.
    1.re Fam. Gadoïdes.
      Onos.
      Lota.
      Mora.
      Merluccius.
      Phycis.
      Merlangus.
    2.e Fam. Blennioïdes.
      Blennius.
      Salarias.
      Clinus.
      Tripterygion.
    3.e Fam. Lépidoléprides.
      Lepidoleprus.
    4.e Fam. Pleuronectides.
      Hippoglossus.
      Solea.
      Rhombus.
      Monochirus.
  IIe DIV. Jugulaires acanthopt.
    5.e Fam. Trachinides.
      Trachinus.
      Uranoscopus.
      Callionymus.
    6.e Fam. Dianides.
      Diane.
VIIe Ord. *Thoraciques.*
  Ire DIV. Thoraciques malacopt.
    1.re Fam. Échénéides.
      Echeneis.

    2.e Fam. Gobioïdes.
      Lepadogaster.
      Gobius.
    3.e Fam. Fiatoloïdes.
      Aphie.
      Fiatole.
    4.e Fam. Tænioïdes.
      Lepidopus.
      Lophotes.
      Cepola.
      Gymnetrus.
      Vogmarus.
  IIe DIV. Thoraciques acanthopt.
    5.e Fam. Labroïdes.
      Labrus.
      Julis.
      Crenilabrus.
      Coricus.
      Novacula.
    6.e Fam. Coryphénoïdes.
      Centrolophus.
      Oligopus.
      Coryphœna.
      Lampris.
      Ausonia.
    7.e Fam. Sparoïdes.
      Chromis.
      Smaris.
      Boops.
      Sargus.
      Charax.
      Aurata.
      Pagrus.
      Dentex.
      Cantharus.

faisons l'histoire, il a dû aussi chercher à déduire par ce procédé, de l'idée générale de poisson, celle de tous les poissons particuliers, et les combinaisons auxquelles il a eu recours, descendant de degré en degré, forment une espèce de méthode. Il en a déjà donné trois ou quatre essais assez différens les uns des au-

---

8.ᵉ Fam. Scorpénides.
    Holocentrus.
    Scorpæna.
    Serranus.
    Ailopon.
    Zeus.
    Capros.
9.ᵉ Fam. Tétragonurides.
    Tetragonurus.
10.ᵉ Fam. Mugilides.
    Apogon.
    Mullus.
    Pomatomus.
    Mugil.
11.ᵉ Fam. Triglides.
    Trigla.
    Peristedion.
    Dactylopterus.
12.ᵉ Fam. Perchides.
    Cottus.
    Perca.
    Umbrina.
    Sciæna.
13.ᵉ Fam. Scombéroïdes.
    Scomber.
    Thynnus.
    Orcynus.
    Caranx.
    Citula.
    Seriola.
14.ᵉ Fam. Centronotides.
    Gasterosteus.
    Centronotus.
    Lichia.

15.ᵉ Fam. Squammipennes.
    Chætodon.
    Brama.
    Lepterus.
VIII.ᵉ Ord. *Abdominaux.*
  I.ʳᵉ DIV. Abdominaux malacopt.
  1.ʳᵉ Fam. Cyprinides.
    Cyprinus.
    Barbus.
    Leuciscus.
  2.ᵉ Fam. Exocéides.
    Stomias.
    Chauliodes.
    Belone.
    Scombercsox.
    Exocetus.
  3.ᵉ Fam. Clupéoïdes.
    Macrostoma.
    Alepocephalus.
    Clupanodon.
    Engraulis.
    Alpismaris.
  4.ᵉ Fam. Salmonoïdes.
    Salmo.
    Argentina.
    Saurus.
    Scopelus.
  II.ᵉ DIV. Abdominaux acanthopt.
  5.ᵉ Fam. Athérinides.
    Atherina.
    Sphyrena.
    Paralepis.
    Microstoma.
  6.ᵉ Fam. Centriscides.
    Centriscus.

tres, mais dont aucun ne nous paraît avoir groupé les genres d'après des rapports que la méthode naturelle puisse avouer. Nous ne voyons pas même comment l'on pourrait assigner à ses subdivisions des caractères précis.

Dans sa Philosophie de la nature, en 1811, il se bornait à diviser les poissons, ou ce qu'il appelle ses *animaux carniers* (animaux où la chair domine), selon la prédominance qu'il attribuait en eux à chaque partie du corps, en ventriers, thoraciers, membriers et tétiers [1]; il les comparait respectivement aux infusoires ou aux mollusques, aux univalves et aux seiches ou aux méduses.

En 1816, dans le corps de sa Zoologie, il dispose cette classe en sept ordres, de manière à représenter, selon lui, sept des classes dans lesquelles il divise le règne animal [2] : chacun

---

1. Oken, Phil. de la nat. (en allemand), t. III, p. 3o1 et suiv.

ANIMAUX CARNIERS (*les poissons*).	Poissons membriers.
Poissons ventriers.	*Fistulaires, Pégases,*
Les osseux sans écailles.	*Diodons, etc.*
Poissons thoraciers.	Poissons tétiers.
Les écailleux.	*Lamproies, Squales, Raies.*

2. Oken, Traité de zoologie (en allemand), 2.e part., p. 12.

I. POISSONS OSSEUX.	2.e ORD. Poissons vers.
1. *Réguliers.*	*Gades, Blennies, Scombres.*
I. VENTRALES DÉRANGÉES.	3.e ORD. POISSONS INSECTES.
1.er ORD. Poissons zoophytes.	*Labres, Sciènes.*
Anguilles, etc.	

des sept ordres est divisé ensuite en quatre sous-ordres ou familles, et chaque famille en quatre genres, ce qui lui fait cent douze genres.[1]

II. Ventrales abdominales.
4.ᵉ Ord. Poissons poissons.
Muges, Cyprins.
5.ᵉ Ord. Poissons reptiles.
Cobites, Silures, Salmones, Ésoces.

2. *Irréguliers.*
6.ᵉ Ord. Poissons oiseaux.
Callionymes, Gobies, Chœtodons, Pleuronectes.
II. POISSONS CARTILAGINEUX.
7.ᵉ Ord. Poissons mammaux.
Acipensers, Lophies, Diodons, Raies, Squales.

1. Voici le tableau de cette seconde méthode ichtyologique de M. Oken.

I.ᵉʳ ORD. Poissons zoophytes.
I.ᵉʳ Sous-ord. Murènes.
  1.ᵉʳ Genre. *Apterichte.*
  2.ᵉ — *Synbranche.*
  3.ᵉ — *Sphagebranche.*
  4.ᵉ — *Murène.*
II.ᵉ Sous-ord. Anguilles.
  1.ᵉʳ Genre. *Anguille.*
  2.ᵉ — *Gymnote.*
  3.ᵉ — *Ophidium.*
  4.ᵉ — *Ammodyte.*
III.ᵉ Sous-ord. Cultriformes.
  1.ᵉʳ Genre. *Trichiure.*
  2.ᵉ — *Leptocéphale.*
  3.ᵉ — *Régalec.*
  4.ᵉ — *Anarhique.*
IV.ᵉ Sous-ord. Cépoles.
  1.ᵉʳ Genre. *Cépole.*
  2.ᵉ — *Gymnètre.*
  3.ᵉ — *Lépidope.*
  4.ᵉ — *Centronote,* Bl.
II.ᵉ ORD. Poissons vers.
I.ᵉʳ Sous-ord. Lotes.
  1.ᵉʳ Genre. *Blennie.*
  2.ᵉ — *Phycis.*
  3.ᵉ — *Ptéraclis.*
  4.ᵉ — *Gadus.*

II.ᵉ Sous-ord. Klèques.
  1.ᵉʳ Genre. *Échenéis.*
  2.ᵉ — *Éléotris.*
  3.ᵉ — *Gobiomoroïde.*
  4.ᵉ — ....
III.ᵉ Sous-ord. Thons.
  1.ᵉʳ Genre. *Scombre.*
  2.ᵉ — *Trachinote.*
  3.ᵉ — *Caranx.*
  4.ᵉ — *Pomatome.*
IV.ᵉ Sous-ord. Épinoches.
  1.ᵉʳ Genre. *Gastéroste.*
  2.ᵉ — *Centronote,* Lac.
  3.ᵉ — *Lépisacanthe.*
  4.ᵉ — *Centrogaster.*
III.ᵉ ORD. Poissons insectes.
I.ᵉʳ Sous-ord. Perches.
  1.ᵉʳ Genre. *Sciène.*
  2.ᵉ — *Bodian.*
  3.ᵉ — *Perche.*
  4.ᵉ — *Holocentre.*
II.ᵉ Sous-ord. Gremilles.
  1.ᵉʳ Genre. *Gymnocéphale.*
  2.ᵉ — *Anthias.*
  3.ᵉ — *Lutjan.*
  4.ᵉ — *Grammiste.*

Mais dans le tableau qui est en tête du même ouvrage, voulant pousser plus loin sa méthode idéalistique, il réduit ses ordres à quatre, correspondant aux quatre classes de vertébrés; chaque ordre en quatre sous-ordres, répondant

---

IIIe Sous-ord. Labroïdes.
  1.er Genre. *Labre.*
  2.e — *Calliodon.*
  3.e — *Ophicéphale.*
  4.e — *Spare.*
IVe Sous-ord. Dorades.
  1.er Genre. *Mulle.*
  2.e — *Scare.*
  3.e — *Coryphène.*
  4.e — *Macroure.*

IVe ORD. Poissons poissons.
Ier Sous-ord. Mugiloïdes.
  1.er Genre. *Muge.*
  2.e — *Mugilomore.*
  3.e — *Acanthonote.*
  4.e — *Exocet.*
IIe Sous-ord. Dactylés.
  1.er Genre. *Polynème.*
  2.e — *Polydactyle.*
  3.e — *Cirrhite.*
  4.e — *Chéilodactyle.*
IIIe Sous-ord. Harengs.
  1.er Genre. *Clupe.*
  2.e — *Méné.*
  3.e — *Couteau. (Cyprin. Cultratus.)*
  4.e — *Gastéropélécus.*
IVe Sous-ord. Carpes.
  1.er Genre. *Athérine.*
  2.e — *Argentine.*
  3.e — *Synode.*
  4.e — *Cyprin.*

V.^e ORD. Poissons reptiles.
Ier Sous-ord. Loches.
  1.er Genre. *Cobite.*
  2.e — *Anableps.*
  3.e — *Pœcilie.*
  4.e — *Amie.*
IIe Sous-ord. Mals.
  1.er Genre. *Silure.*
  2.e — *Platystome.*
  3.e — *Doras.*
  4.e — *Loricaire.*
IIIe Sous-ord. Salmones.
  1.er Genre. *Serrasalme.*
  2.e — *Characin.*
  3.e — *Corégone.*
  4.e — *Saumon.*
IVe Sous-ord. Brochets.
  1.er Genre. *Élops.*
  2.e — *Sphyrène.*
  3.e — *Chauliode.*
  4.e — *Ésoce.*

VIe ORD. Poissons oiseaux.
Ier Sous-ord. Grumps.
  1.er Genre. *Callionyme.*
  2.e — *Percis.*
  3.e — *Uranoscope.*
  4.e — *Vive.*
IIe Sous-ord. Ulques.
  1.er Genre. *Gobie.*
  2.e — *Cotte.*
  3.e — *Scorpène.*
  4.e — *Trigle.*

aux quatre ordres; chaque sous-ordre en quatre genres, répondant aux quatre sous-ordres, ce qui fait une triple tétratomie (si l'on peut employer ce mot), et réduit les genres à soixante-quatre.[1]

III.ᵉ Sous-ord. Buttes.
  1.ᵉʳ Genre. *Pleuronectes.*
  2.ᵉ — *Zéus.*
  3.ᵉ — *Chœtodon.*
  4.ᵉ — *Stromatéus.*
IV.ᵉ Sous-ord. Bécates.
  1.ᵉʳ Genre. *Centriscus.*
  2.ᵉ — *Mormyre.*
  3.ᵉ — *Fistulaire.*
  4.ᵉ — *Styléphore.*
VII.ᵉ ORD. Poissons mammaux.
I.ᵉʳ Sous-ord. Querdes.
  1.ᵉʳ Genre. *Myxine.*
  2.ᵉ — *Lamproie.*
  3.ᵉ — *Syngnathe.*
  4.ᵉ — *Pégase.*

II.ᵉ Sous-ord. Morques.
  1.ᵉʳ Genre. *Cycloptère.*
  2.ᵉ — *Baliste.*
  3.ᵉ — *Coffre.*
  4.ᵉ — *Gnathodon.* (*Diodon, Tétrodon.*)
III.ᵉ Sous-ord. Chirques.
  1.ᵉʳ Genre. *Esturgeon.*
  2.ᵉ — *Polyodon.*
  3.ᵉ — *Xiphias.*
  4.ᵉ — *Istiophore.*
IV.ᵉ Sous-ord. Lophies.
  1.ᵉʳ Genre. *Baudroie.*
  2.ᵉ — *Raie.*
  3.ᵉ — *Squale.*
  4.ᵉ — *Chimère.*

1. Cette troisième méthode de M. Oken dispose les poissons comme il suit.

ANIMAUX CARNIERS.
(poissons.)
Poissons poissons.
(*Anguilles.*)
Anguilles-anguilles.
  Apterichte.
  Synbranche.
  Sphagebranche.
  Murène.
Anguilles-gades.
  Anguille.
  Gymnote.
  Ophidie.
  Ammodyte.
Anguilles-spares.
  Trichiure.
  Leptocéphale.

Cépole.
Gymnètre.
Anguilles-raies.
  Anarhique.
  Xiphias.
  Zisius.
POISSONS REPTILES.
(*Gades.*)
Gades-anguilles.
  Gade.
  Échenéis.
  Gastéroste.
  Scombre.
Gades-gades.
  Callionyme. (*Uranoscopes, Vives, etc.*)

Cotte.
Gobie.
Cycloptère.
Gades-spares.
  Pleuronecte.
  Zéus.
  Chœtodon.
  Stromatée.
Gades-raies.
  Cobite.
  Silure.
  Salmone.
  Ésox.
POISSONS OISEAUX.
(*Spares.*)
Spares-anguilles.
  Scorpène.

Enfin, dans son Traité d'histoire naturelle pour les écoles, publié en 1821, il divise la classe en cinq ordres, selon la prédominance qu'il croit y voir du germe, du sexe, des entrailles, de la chair, ou des organes des sens; les quatre premiers ordres sont divisés chacun en trois sous-ordres, et dans les trois premiers chaque sous-ordre l'est en neuf genres; dans le quatrième, chaque sous-ordre l'est en quatre tribus, chacune de trois genres, d'après les mêmes rapports que les quatre ordres; enfin le cinquième est divisé en cinq ordres, d'après les cinq sens. C'est cette division que M. Oken a fait imprimer en français, à Paris, en 1822.[1]

Trigle.	*Clupe.*	Raies-spares.
Polynème.	*Athérine.*	*Pégase.*
Exocet.	*Argentine.*	*Esturgeon et*
Spares-gades.	POISSONS MAMMAUX.	*Spatulaire.*
Sciène.	(*Raies.*)	(*Polyodon.*)
Perche.	Raies-anguilles.	*Chimère.*
Gremille.	*Centrisque.*	*Baudroie.*
Mulle.	*Fistulaire.*	Raies-raies.
Spares-spares.	*Styléphore.*	*Myxine.*
Labre.	*Syngnathe.*	*Lomproie.*
Spare.	Raies-gades.	*Raie.*
Scare.	*Mormyre.*	*Squale.*
Coryphène.	*Baliste.*	
Spares-raies.	*Coffre.*	
Muge.	*Gnathodon.*	

1. Voici le tableau de la quatrième distribution ichtyologique de M. Oken.

POISSONS GERMIERS.	*Sphagebranche.*	*Anguille.*
GERMIERS SPERMIERS.	*Synbranche.*	*Gymnote.*
Aptérichte.	*Murène.*	*Ophidion.*

Nous n'avons point à juger ces essais sous le rapport métaphysique, ni à apprécier la solidité des bases sur lesquelles ils reposent : c'est aux métaphysiciens et non aux naturalistes qu'il appartient de le faire; mais quant aux résultats, chacun peut voir qu'ils s'accordent mal avec les vrais rapports des êtres, et quoique le dernier s'en écarte moins que les précédens, il ne sera jamais possible dans une méthode naturelle de mettre le xiphias auprès de l'esturgeon, le lepidoleprus auprès de la loricaire, etc.

On comprend d'ailleurs qu'il aurait fallu un grand hasard pour que les genres, tels que les

Leptocéphale.	*Blennie.*	*Rhinchobdelle.*
Ammodyte.	*Anarhique.*	*Gastérostéus.*
Germiers oviers.	POISSONS SEXIERS.	*Scombre.*
Lophote.	Sexiers reiniers.	Sexiers masculiers.
Gymnètre.	*Gobie.*	*Otolithe.*
Régalec.	*Périophtalme.*	*Sciæne.*
Cépole.	*Éléotris.*	*Perche.*
Trachyptère.	*Coméphore.*	*Cichla.*
Gymnogastre.	*Trichionote.*	*Serran.*
Styléphore.	*Callionyme.*	*Dentex.*
Lépidope.	*Trachichte.*	*Labre.*
Trichiure.	*Trigle.*	*Scare.*
Germiers tétiers.	*Lépisacanthe.*	*Spare.*
Pleuronecte.	Sexiers femelliers.	POISSONS ENTRAILLERS.
Échenéis.	*Chætodon.*	Entraillers intestiers.
Platycéphale.	*Stromatée.*	*Cobite.*
Macroure.	*Éques.*	*Anableps.*
Phycis.	*Vomer.*	*Pœcilie.*
Gade.	*Zéus.*	*Pimelode.*
Centronote.	*Coryphœne.*	*Malaptérure.*

auteurs précédens les avaient établis, se prêtassent à des arrangemens d'une symétrie si compassée; aussi M. Oken a-t-il été obligé, tantôt d'en réunir un certain nombre en un seul, tantôt d'en subdiviser d'autres en plusieurs, et c'est ce qui lui est arrivé surtout dans son troisième essai, où il n'en admet que soixante-quatre. Ses réunions ne sont pas toujours heureuses. Lorsqu'il met, par exemple, les holo-

Silure.	Sexiers.	*Triacanthe.*
Doras.	*Uranoscope.*	*Ostracion.*
Hétérobranche.	*Cotte.*	Sexiers.
Cataphracte.	*Batrachus.*	*Tétrodon.*
Entraillers veiniers.	Entraillers.	*Diodon.*
Athérine.	*Tænianote.*	*Osthagoriscus.*
Sphyrène.	*Synancée.*	Entraillers.
Polyptère.	*Scorpène.*	*Platystacus.*
Érythrinus.	Carniers.	*Loricaria.*
Lépisostée.	*Malthée.*	*Lepidoleprus.*
Ésox.	*Antennaire.*	Carniers.
Sternoptyx.	*Lophie.*	*Polyodon.*
Gastéropélécus.	Carniers masculiers.	*Acipenser.*
Salmo.	Germiers.	*Xiphias.*
Entraillers pulmoniers.	*Syngnathe.*	
Mulle.	*Solénostome.*	**POISSONS SENSIERS.**
Muge.	Sexiers.	
Clupe.	*Pégase.*	Peaussier.
Élops.	Entraillers.	*Murène.*
Exocet.	*Fistulaire.*	Nasier.
Gonorhynque.	*Aulostome.*	*Chimère.*
Cyprin.	Carniers.	Languier.
	Centrisque.	*Petromyzon.*
POISSONS CARNIERS.	*Amphisile.*	Oreiller.
	Mormyre.	*Raie.*
Carniers ossiers.	Carniers nerviers.	Oculier.
Germiers.	Germiers.	*Squale.*
Lépadogastre.	*Baliste.*	
Cycloptère.		

centrum (sogho) avec les canthères, sous le genre Cichla, il est évident qu'il ne consulte ni les rapports apparens, ni les véritables analogies.

Mais si la Philosophie de la nature n'a pas beaucoup contribué à perfectionner, sous le rapport des méthodes, l'histoire naturelle des poissons, elle a excité à des recherches anatomiques qui lui ont procuré des faits utiles.

L'ostéologie de cette classe était à peine effleurée au commencement du dix-neuvième siècle.

Ce fut en 1800 que M. *Autenrieth*[1], dans son Anatomie de la plie[2], commença à rechercher l'analogie des parties du squelette des poissons avec celles des classes supérieures; il présenta sur leur appareil hyoïdien en particulier plusieurs des idées données plus tard comme nouvelles.

En 1807, M. *Geoffroy Saint-Hilaire* compara les os qui portent la nageoire pectorale à ceux de l'épaule, du bras, de l'avant-bras et du carpe des animaux supérieurs[3], et fit connaître

---

1. *Jean-Henri Frédéric* AUTENRIETH, professeur, aujourd'hui chancelier de l'université de Tubingue.

2. Insérée dans les Archives de zoologie et de zootomie de Wiedemann, t. 1, 2.ᵉ cah., p. 47.

3. Annales du Muséum d'histoire naturelle, t. IX, p. 357.

les variétés et les usages de l'os grêle, placé en arrière de l'épaule[1]. Il s'occupa aussi de l'appareil qui porte la membrane branchiale, et le considéra comme formé de la réunion de certaines parties de l'os hyoïde, du sternum et des cartilages des côtes[2]. Quant aux opercules, il les regardait alors comme des pariétaux détachés du crâne.[3]

M. Rosenthal commença en 1811 ses travaux sur l'ostéologie des poissons, par un mémoire où il décrit les os de leur tête avec beaucoup d'exactitude, mais où il n'est pas aussi heureux à saisir leur analogie[4]. Depuis lors (de 1812 à 1822) il a donné quatre cahiers de planches ichtyotomiques, où il a représenté avec beaucoup de soin les squelettes d'un assez grand nombre de poissons dont l'ostéologie n'avait pas encore été publiée.[5]

J'avais aussi dès-lors beaucoup travaillé sur ce sujet, et j'avais déjà rassemblé plus de trois cents squelettes de poissons : je publiai en 1812[6], en 1814[7] et en 1817[8], les idées que

---

1. Annales du Muséum d'histoire naturelle, t. IX, p. 413. — 2. *Ibid.*, t. X, p. 87. — 3. *Ibid.*, t. X, p. 345. — 4. Dans les *Archives physiologiques* de REIL, t. X, p. 340. — 5. *Tables ichtyotomiques*, par *Fréderic* ROSENTHAL (en allemand); Berlin, 1812 à 1822, in-4.° — 6. Annales du Muséum, t. XIX. — 7. Mémoires du Muséum, t. I. — 8. Dans les planches de mon Règne animal.

je m'étais faites de l'ostéologie de la tête dans cette classe, ainsi que divers exemples pris d'espèces particulières.

Depuis quelques années MM. Burtin et Duméril avaient fait voir les rapports du crâne avec les vertèbres ; en 1807, M. Oken avait essayé d'appliquer cette idée à la structure de la tête des animaux, d'après les principes de sa Philosophie de la nature : il la considéra comme formée de trois vertèbres [1], mais il ne l'examina encore que dans les quadrupèdes.

M. Spix développa ces vues et en modifia les détails dans son grand ouvrage du *Cephalogenesis* [2], imprimé en 1815 : il y représenta plusieurs têtes de poissons, et donna des figures séparées des os qui les composent.

C'est là qu'il avança le premier, que les pièces operculaires répondent aux osselets de l'oreille.

M. Geoffroy Saint-Hilaire, qui était arrivé de son côté sur les os operculaires à des idées peu différentes, les publia en 1818, dans sa Philosophie anatomique. Il y en développa aussi

---

1. Dans un programme allemand : *Sur la signification des os de la tête;* Iéna, 1807.

2. J. B. Spix, de l'académie de Munich, Cephalogenesis, *sive capitis ossei structura, formatio et significatio per omnes animalium classes,* etc.; Munich, 1815, gr. in-folio.

qu'il avait indiquées plus anciennement sur l'appareil des branchies, qu'il regardait comme analogue au sternum, à l'os hyoïde, au larynx, à la trachée et à ses bronches. Il y donna surtout une description et une énumération très-exactes des pièces qui composent cet appareil.[1]

Cette même année 1818, M. Bojanus publia dans l'Isis[2] des déterminations des os de la tête des poissons assez différentes des miennes et de celles de M. Geoffroy. Il en a encore paru d'autres en 1820[3], par M. *Fenner*, et en 1822, par M. *Arendt*. Ce dernier les propose dans un traité spécial sur la tête osseuse du brochet.[4]

M. *Carus* publia en 1818 sa Zootomie, où il inséra une description générale du squelette des poissons, et quelques idées particulières sur leur appareil branchial, qu'il considère comme

---

1. *Philosophie anatomique des organes respiratoires sous le rapport de la détermination et de l'identité de leurs pièces osseuses,* par M. le chevalier GEOFFROY SAINT-HILAIRE; Paris, 1818.

2. Isis de 1818, t. I, p. 498 et pl. 7. Il y a une autre note sur le même sujet, Isis de 1821, t. II, p. 1145. *Louis-Hermann* BOJANUS, auteur d'une excellente monographie de la tortue d'Europe, membre de l'académie de Pétersbourg, ci-devant professeur à Vilna, mort en 1827.

3. *De anatome comparata et philosophia naturali commentatio, sistens descriptionem et significationem cranii, encephali et nervorum encephali in piscibus,* auct. *C. W. H. Fenner;* Iéna, 1820.

4. *De capitis ossei esocis lucii structura singulari, diss.* Ed. *Arendt; Regiomonti,* 1822.

le seul analogue du thorax [1]. Il ne se prononça point sur la nature des pièces operculaires.

Encore cette même année, M. *Schultze* inséra beaucoup de faits curieux sur l'ostéologie des poissons, particulièrement sur leurs vertèbres, dans un mémoire relatif aux premiers commencemens de l'ostéogénie, et au développement de la colonne vertébrale en général. [2]

En 1820, M. *Weber*, dans son Traité de l'oreille des animaux [3], proposa l'idée que les osselets de l'oreille sont ceux qui, dans la carpe, le silure, etc., sont placés entre le crâne et le haut de la vessie natatoire et qui communiquent en effet avec la cavité qui contient le labyrinthe. L'année suivante, M. Bojanus a écrit dans l'Isis un mémoire en faveur de cette nouvelle vue. [4]

Mais en 1824 et 1825, M. Geoffroy reprit toute cette matière de la composition de la tête, et persista dans son opinion sur les opercules: il fit précéder son travail d'une théorie générale de la composition de la vertèbre, qu'il regarda comme composée de neuf pièces ou plutôt de

1. *Charles-Gustave* CARUS, professeur à l'académie chirurgique de Dresde : *Traité de zootomie* (en allemand), p. 98. — 2. Archives allemandes de la physiologie de Meckel, t. IV (1818), p. 329. — 3. *De aure et auditu hominis et animalium;* part. I, *de aur. anim. aquat.*, auct. Ern. Henr. WEBER, *prof. anat. comp.;* Leipzig. — 4. Isis de 1821, t. I, p. 272 et pl. 4.

1.   16

douze; la tête elle-même est une suite de sept vertèbres, et contient, par conséquent, quatre-vingt-quatre os. L'auteur a fait une application spéciale de cette théorie à la tête du *mérou* (*serranus gigas*).[1]

Le squelette entier des poissons a été le sujet de deux ouvrages publiés en Hollande en 1822; la dissertation de M. *Van-der-Hœven*[2], et l'ostéographie de M. *Bakker*[3]. Ce dernier écrit est accompagné de belles figures lithographiées, représentant diverses parties osseuses de plusieurs poissons. Ces deux auteurs considèrent l'appareil operculaire comme propre aux poissons; mais sur les appareils hyoïdien et branchial, ils se rapprochent des idées de M. Geoffroy.

Le deuxième volume de l'Anatomie comparée de M. *Meckel*, imprimé en 1824, contient aussi un résumé très-bien fait sur l'ostéologie

---

1. Voyez les mémoires de M. Geoffroy Saint-Hilaire : *sur la vertèbre*, Mémoires du Muséum, t. IX, p. 89; *sur l'aile operculaire ou auriculaire des poissons*, Mémoires du Muséum, t. XI, p. 420 ; *sur la composition de la tête osseuse de l'homme et des poissons*, Annales des sciences naturelles, Octobre 1824.

2. *Dissertatio philosophica inauguralis de sceleto piscium;* Leyde, 1822, in-8.°, par M. *Janus* VAN-DER-HŒVEN, aujourd'hui professeur de philosophie dans cette université.

3. *Gerbrandi* BAKKER, *professoris grœningiensis, Osteographia piscium, gadi præsertim æglefini, comparati cum lampride guttato;* Grœningue, 1822, in-8.°, avec un cah. de planches in-4.°

des poissons, et l'on ne doit pas en attendre de moins instructifs sur les autres parties de leur économie dans les volumes qui doivent encore paraître. L'auteur n'adopte point la fusion du sternum avec l'os hyoïde, ni le démembrement de la mâchoire inférieure pour former les opercules, ni d'autres hypothèses de ce genre, et en général il ne se croit pas obligé de retrouver os pour os les mêmes pièces dans tous les animaux; il donne même des preuves que cette concordance n'existe point. [1]

C'est ainsi que l'ostéologie des poissons, née en quelque sorte dans la période actuelle, s'y est élevée à une grande perfection.

Leur myologie n'a pas été autant étudiée à beaucoup près, et se réduit presque à ce que j'en ai dit dans mes leçons d'anatomie comparée, et à ce que M. Carus en a donné plus récemment dans sa Zootomie; mais j'ai fait sur ce sujet des travaux considérables pour ma grande anatomie, et j'en donnerai un extrait dans le présent ouvrage.

On a travaillé davantage à leur névrologie.

M. *Weber* fit des recherches sur leur nerf

---

1. J. *F.* Meckel, professeur à Halle, Système d'anatomie comparée (en allemand): il n'en a paru encore que deux volumes; Halle, 1821 et 1824. MM. *Riester* et *Alphonse Sanson* viennent de publier la traduction française; Paris, 1827.

sympathique pour son Anatomie comparée de ce nerf, qui est de 1807, et y représenta l'encéphale de la carpe. [1]

Une dissertation sur leur cerveau, par M. *Apostole-Arsaki*, médecin grec, parut à Halle en 1813, où les encéphales de plusieurs espèces sont décrits et représentés, et où des idées nouvelles sont mises en avant sur les analogies de leurs tubercules. [2]

Feu M. *Kuhl* décrivit et représenta aussi plusieurs de leurs encéphales dans ses Matériaux d'anatomie comparée, imprimés en 1820. [3]

La même année il fut encore question de leur cerveau dans la thèse de M. *Fenner* que nous avons déjà citée.

L'ouvrage de M. *Serre* sur le cerveau, en 1824 [4], et celui de MM. *Magendie* et *Desmoulins*, sur le système nerveux en 1825 [5], offrent également beaucoup d'encéphales de poissons, et dans le dernier il y a des recherches suivies sur la distribution de leurs nerfs.

Les organes de leurs sens firent aussi l'objet

1. *Anatome comparata nervi sympathici*; Leipzig, 1817, in-8.°
— 2. *De piscium cerebro et medulla spinali*; Halle, 1813.
3. *Beiträge zur vergleichenden Anatomie*; Francfort, 1820, in-4.°
— 4. Anatomie comparée du cerveau dans les quatre classes d'animaux vertébrés, t. 1; Paris, 1824, 1 vol. in-8.°, avec un atlas. — 5. Anatomie des systèmes nerveux des animaux à vertèbres; Paris, 1825, 2 vol. in-8.° et un atlas.

d'observations intéressantes. M. *de Sœmmering,* le fils, dans son ouvrage sur la section horizontale des yeux, a donné des coupes instructives de ceux des poissons[1]. MM. *Massalien*[2] et *Jurine*[3] ont décrit l'œil du thon; Sir *Everard Home,* celui du *squalus maximus.*[4]

M. Weber, dans un ouvrage dont nous avons déjà parlé, est entré dans les détails les plus précieux et les plus nouveaux sur leur oreille interne et sur ses rapports avec l'extérieur.[5]

Des dispositions particulières de cet organe ont été observées dans le lépidoléprus par M. *Otto,* dans un mormyre, un pimélode et une serpe, par M. *Heusinger.*[6]

Il y a des observations et des figures de l'oreille de quelques espèces dans la dissertation sur les organes de l'ouïe de M. *Pohl.*[7]

M. *Geoffroy* a donné des idées qui lui sont propres, sur les pierres de leur sac auriculaire.

---

1. *De oculorum hominis animaliumque sectione horizontali commentatio;* Gœttingue, 1818, in-folio. — 2. *Diss. sistens descript. oculorum scombri, thynni et sepiæ, auct. F. O. Massalien;* Berlin, 1815, in-4.° — 3. *Mémoire sur quelques particularités de l'œil du thon,* dans ceux de la Société de physique et d'histoire naturelle de Genève, t. 1 (1821), p. 1. — 4. Leçons d'anatomie comparée, t. III (1823), p. 246. — 5. *De aure et auditu hominis et animalium;* p. 1, *De aure animalium aquatilium;* Leipzig, 1820, in-4.° — 6. Archives de Meckel, 1826, n.° 3, p. 324. — 7. *Expositio generalis anatomica organi auditus per classes animalium, auct. Ed. Pohl;* Vienne, 1818, in-4.°

M. *Duméril* a mis en avant quelques vues particulières sur le siége de leur odorat[1], et M. Geoffroy en a donné plus tard d'assez différentes[2], ainsi que sur l'analogie des os qui entourent les narines.

MM. Bailly et Geoffroy ont examiné la nature et le mécanisme des filets que la baudroie porte sur la tête.[3]

M. Geoffroy a traité particulièrement du sac branchial de la baudroie.[4]

Quant à la splanchnologie thorachique et abdominale des poissons, c'est plutôt dans des monographies anatomiques qu'il faut la chercher, que dans des traités spéciaux. On a beaucoup de ces descriptions particulières.

M. Duméril a donné celle des lamproies en général[5], et M. *Rathke* a traité de celle de la lamproie de rivière, de manière à ne laisser en quelque sorte rien à désirer sur ce genre si singulier.[6]

Sir Everard Home[7] et M. de Blainville en

1. Dans un mémoire lu à l'Institut en 1807, et imprimé parmi les Mémoires d'anatomie comparée de l'auteur. — 2. Annales des sciences naturelles, t. VI (1825). — 3. *Ibid.*, t. II, p. 323. — 4. Annales du Muséum, t. X, p. 480. — 5. Dissertation sur les poissons qui se rapprochent le plus des animaux sans vertèbres; Paris, 1812, in-4.°, et dans ses Mémoires d'anatomie comparée. — 6. Observations sur la structure intérieure de la pricka ou lamproie de rivière (en allemand); Dantzig, 1825, in-4.° — 7. Description anatomique du *squalus maximus*, de Linné;

ont donné de grands squales des mers du Nord.[1]

M. Rathke a publié celle du lump.[2]

Sir *Everard Home*, dans son magnifique ouvrage intitulé *Leçons d'anatomie comparée*[3], décrit et représente les estomacs et les intestins d'une trentaine d'espèces, tant européennes qu'étrangères. Il y parle aussi des cœurs, des branchies et des organes de la génération de quelques-unes; ses observations sur la lamproie, le myxine, divers squales, sont particulièrement dignes d'attention.

Mais le traité le plus important sur les viscères abdominaux des poissons, qui ait paru dans l'époque actuelle, c'est celui de M. *Henri Rathke*, de Dantzig, sur leur canal intestinal et les organes de leur génération. Il y décrit les parties de la splanchnologie dans cinquante-six espèces, toutes de la mer Baltique.[4]

Le même auteur a donné des mémoires intéressans sur le foie, le système de la veine

---

Trans. phil., 1809, et avec des notes de M. de Blainville, dans le Journal de physique de Septembre 1810.

1. Mémoire sur le squale pèlerin; Annales du Muséum d'histoire naturelle, t. XVIII, p. 88. — 2. Archives allemandes de la physiologie, t. VII, p. 498. — 3. *Lectures on comparative anatomy :* Londres, grand in-4.°, t. I et II, de 1814; t. III et IV, de 1823. — 4. Dans les *Plus nouveaux écrits de la société des naturalistes de Dantzig*, t. I, 3.° cah.; Halle, 1824, in-4.°

porte et l'oreillette du cœur des poissons[1], et une suite de belles observations sur leurs organes génitaux[2], et la manière dont ces organes se développent.

MM. *Tiedemann* et *Dœllinger* ont traité de leur cœur : le premier[3] représente cet organe dans trente-une espèces ; le second[4] le considère sous un point de vue plus général, et a cru y remarquer une cavité semblable au ventricule droit des oiseaux, mais qui ne prend point de part à la circulation.

Tout nouvellement (1827), M. *Fohmann*[5] vient de faire connaître dans un grand détail les vaisseaux lymphatiques des poissons, et leurs rapports avec les veines.

Les sécrétions des poissons et les organes par lesquels elles s'exécutent, ont été étudiées avec un grand soin. A la connaissance que l'on avait déjà par Hunter et par d'autres des organes électriques de la torpille et du

---

1. Arch. d'anatomie et physiologie de Meckel, 1826, 1.ᵉʳ cah., p. 152. — 2. Dans le 4.ᵉ cahier des Mémoires de la société d'histoire naturelle de Dantzig ; Halle, 1825. — 3. *Anatomie du cœur des poissons* (en allemand) ; Landshut, 1809, in-4.° — 4. Annales de la société d'histoire naturelle de Vettéravie, t. II, 2.ᵉ cah., p. 311 ; Francfort, 1811. — 5. *Fohmann*, Histoire naturelle du système lymphatique dans les animaux vertébrés ; 1.ʳᵉ part., dans les poissons (en allemand) ; Leipzig et Heidelberg, 1827, in-folio, avec seize planches lithographiées.

gymnote, M. Geoffroy a ajouté celle des organes qui exercent le même pouvoir dans le silure[1], et M. *Rudolphi* en a donné bientôt après une description plus détaillée[2]. M. *de Humboldt*[3] a fait sur le gymnote les expériences les plus suivies et les plus précieuses.

On a eu, sur la vessie natatoire, les observations de M. de la Roche[4] et les miennes[5]; sur l'air qui y est contenu, les expériences de M. *Biot*[6] et de M. *Configliacchi*[7], et sur ses fonctions, un mémoire spécial de M. *G. R. Treviranus*, qui lui attribue surtout la faculté de faire prévoir les changemens du temps.[8]

MM. *de Humboldt* et *Provençal* ont aussi examiné l'air de la vessie, et ont combiné leurs observations avec une investigation très-exacte de l'action des poissons sur l'air dans lequel ils respirent.[9]

M. *Erman* a fait connaître des expériences

1. Annales du Muséum, t. I, p. 392. — 2. Mémoires de l'académie de Berlin pour 1824, p. 137. — 3. Dans ses Observations zoologiques, t. 1, p. 49 et suivantes. — 4. Annales du Muséum, t. XIV, p. 184. — 5. *Ibid.*, t. XIV, p. 165. — 6. Mémoires de la société d'Arcueil, t. I, p. 252, et t. II, p. 487 : il y a trouvé l'azote et l'oxigène en toutes proportions, depuis l'azote pur jusqu'à $\frac{87}{100}$ d'oxigène. — 7. *Sul analise dell' aria contenuta nella vescica natatoria dei pesci;* Pavie, 1809, in-4.° — 8. Dans les OEuvres mêlées d'anatomie et de physiologie de MM. Treviranus, t. II, 2.ᶜ cah.; Brème, 1818, in-4.° — 9. Mémoires de la société d'Arcueil, t. II, p. 359 et suivantes.

du plus grand intérêt, sur la décomposition de l'air atmosphérique dans les intestins du misgurn, et l'espèce de respiration qui en résulte.

On a fait aussi quelques essais sur la composition chimique des divers organes de ces animaux.

MM. *Fourcroy* et *Vauquelin* ont fait l'analyse chimique de la laitance de la carpe. [1]

M. *Chevreul* a analysé leurs os, leurs cartilages et jusqu'au liquide contenu dans leurs cavités intervertébrales. [2]

Tel est l'exposé, aussi fidèle qu'il nous a été possible de le faire, des travaux qui ont mis l'ichtyologie dans l'état où nous la prenons; ils nous serviront de matériaux, en même temps que de point de départ, et nous nous efforcerons d'en tirer, pour notre ouvrage, tout ce qu'ils renferment d'exact et d'utile, en ayant soin de rendre à chaque auteur la justice qui lui est due; mais nous y joindrons beaucoup d'autres matériaux, qui ne sont point publics, et il est aussi de notre devoir d'en rendre compte dès à présent, soit pour faire connaître les sources d'où nous tirerons toutes les augmentations que cette nouvelle histoire des poissons

---

1. Annales du Muséum, t. X, p. 169. — 2. *Ibid.*, t. XVIII, p. 136 et 154.

va procurer à la science, soit pour témoigner notre reconnaissance aux personnes à qui nous devons des secours si considérables.

Moi-même, depuis bien des années, je recueille une partie de ces matériaux. [1]

Dès 1788 et 1789, sur les côtes de Normandie, j'ai décrit, disséqué et dessiné de ma main presque tous les poissons de la Manche, et une partie des observations que j'ai faites à cette époque m'a servi pour mon Tableau élémentaire de zoologie [2] et pour mes Leçons d'anatomie comparée. [3]

En 1803, dans un séjour de plusieurs mois à Marseille, je continuai ce genre de recherches sur les poissons de la Méditerranée.

Je le repris en 1809 et 1810, à Gênes, et en 1813, dans divers lieux de l'Italie, et j'ai donné quelques échantillons des observations que je fis à cette époque, dans les premiers volumes des Mémoires du Muséum.

Ce fut surtout alors que je commençai à m'apercevoir combien toutes les ichtyologies

---

1. Nous avons cru devoir, pour compléter cette histoire de l'ichtyologie, reproduire ici l'exposé de nos travaux, tel que nous l'avons déjà fait connaître dans notre *Prospectus.*
2. Tableau élémentaire de l'histoire naturelle des animaux; Paris, 1798, 1 vol. in-8.° — 3. Leçons d'anatomie comparée; Paris, 1800 et 1805, 5 vol. in-8.°

existantes étaient encore imparfaites, et dans le nombre des poissons qu'elles faisaient connaître, et dans leurs rapprochemens, et dans la critique des synonymes, et même dans les caractères qu'elles assignaient aux espèces.

Je cherchai donc une occasion de faire une étude générale et comparative de toute la classe des poissons, et je la trouvai, lorsqu'il s'agit de disposer la grande collection que feu Péron avait rapportée de la mer des Indes. MM. de Lacépède et Duméril ayant bien voulu permettre que je me chargeasse de ce travail, je compris dans mon arrangement les anciens poissons du Cabinet du Roi, ceux du Cabinet du Stadhouder, ceux de Commerson, que M. Duméril avait heureusement recouvrés et mis en ordre ; ceux que feu M. de Laroche avait rapportés d'Iviça, et ceux que feu M. Delalande était allé chercher à Toulon.

C'est sur cette première revue que j'ai rédigé, pendant les années si troublées de 1814 et de 1815, la partie des poissons de mon Règne animal publié en 1817[1]. Il a dû être évident pour tous mes lecteurs que, dans ce

---

1. *Le Règne animal distribué d'après son organisation, pour servir de base à la zoologie et d'introduction à l'anatomie comparée;* Paris, 1817, 4 vol. in-8.º On en prépare en ce moment une deuxième édition.

livre, la méthode, les caractères des genres, leur division en sous-genres, la critique des espèces, sont les résultats d'une étude faite sur la nature même, et l'on a pu déjà y apercevoir de combien de corrections les ouvrages précédens étaient susceptibles.

Depuis lors je n'ai pas cessé d'employer, de concert avec mes collègues, les professeurs d'ichtyologie, tous les moyens à notre disposition pour accroître cette partie du Cabinet du Roi, et les ministres de la marine, les officiers à leurs ordres, les chefs des colonies, ayant constamment secondé mes efforts et ceux de l'administration du Muséum, la collection a été portée, en peu d'années, à un nombre surprenant, puisqu'il est au moins quadruple de ceux que présentent les ouvrages les plus nouveaux.

Ces grandes augmentations sont dues principalement aux voyageurs qui, depuis 1816, d'après une institution proposée par le ministère de l'intérieur, et sanctionnée par le feu Roi, ont parcouru, aux frais du gouvernement, les diverses parties du globe.

Notre premier fonds, dû aux efforts communs de MM. Péron et Lesueur, embrassait déjà l'Océan atlantique, la mer du Cap, les îles de France et de Bourbon, une partie des Moluques et les côtes de la Nouvelle-Hollande.

Toutes les autres mers ont successivement fourni leurs contingens.

Feu M. *Delalande* est allé au Brésil en 1817, et au cap de Bonne-Espérance en 1820; et cet infatigable préparateur y a fait des collections également étonnantes pour le nombre et pour la conservation.

M. *Auguste de Saint-Hilaire,* savant botaniste, dans un long voyage au Brésil, n'a négligé aucune partie de l'histoire naturelle, et pour les poissons en particulier il a fourni de beaux supplémens à la collection de Delalande.

S. A. le prince *Maximilien de Neuwied* a bien voulu nous communiquer plusieurs poissons recueillis dans la même contrée, et nous en avons vu beaucoup et de très-intéressans dessinés par feu M. *Spix,* que ses héritiers ont jugé à propos de nous soumettre avant la publication très-prochaine qu'ils se proposent d'en faire.

Cayenne est un point où nous avons toujours eu des collecteurs en quelque sorte à poste fixe. Outre les poissons qu'y avaient recueillis autrefois MM. *Richard* et *Leblond,* nous en avons reçu récemment par les soins de M. *Poiteau,* pendant qu'il était chef des cultures dans cette colonie, et de MM. *Leschenault* et *Ad. Doumerc,* qui y ont fait une course en 1824.

Nous avons eu ainsi d'amples moyens d'é-

claircir les poissons de Margrave, et ceux que Bloch a publiés d'après les dessins du prince Maurice de Nassau.

Les Antilles et tout le golfe du Mexique ne nous ont pas fourni des renseignemens moins abondans.

M. *Pley*, ce voyageur courageux, mort victime des souffrances que lui avait occasionées un séjour de six ou sept années dans ces climats terribles, y a formé jusqu'à cinq collections, les unes de la Martinique et de la Guadeloupe, les autres de Porto-Rico et de toute la côte de la Colombie. Également remarquables par la grandeur des échantillons et par leur conservation, elles sont accompagnées de notes précieuses sur les habitudes des espèces, leurs qualités, et les noms qu'on leur donne dans les différens lieux.

M. *Lefort*, premier médecin à la Martinique, et M. *Achard*, pharmacien, nous ont envoyé de la Martinique et de la Guadeloupe des échantillons dont les couleurs mêmes étaient aussi fraîches que si l'on fût venu de les pêcher.

M. *Ricord* vient de nous en apporter de Saint-Domingue un assez grand nombre tout aussi bien conservés.

M. *Poey*, naturaliste instruit, habitant de la Havane, nous en a apporté de l'île de Cuba, et nous avons eu en communication un recueil de belles figures de ceux des côtes du Mexique, faites pour le feu roi d'Espagne, par M. *Mocigno.*

Il nous a été facile de reconnaître ainsi tous les poissons de Plumier, et de rectifier beaucoup des erreurs de Bloch à leur sujet. Tous ceux que Parra a décrits à Cuba, se sont aussi trouvés parmi les nôtres, et nous avons été à même de vérifier et de compléter ce qu'il en a dit.

Les poissons même des hautes vallées des Cordillères ne nous sont point demeurés étrangers. L'illustre et savant voyageur, M. *de Humboldt*, a bien voulu nous en faire venir quelques-uns de ceux qu'il a décrits dans ses Observations zoologiques. [1]

Nos ressources pour les côtes de l'Amérique septentrionale ont été aussi extrêmement multipliées. Le célèbre naturaliste, M. *Bosc*, qui a été consul de France à la Caroline, nous a communiqué les poissons qu'il y a recueillis, et les dessins qu'il en avait faits, dont quelques-uns avaient déjà été publiés par M. de Lacépède, mais d'une manière qui avait besoin d'éclaircissemens pris sur nature.

---

1. *Recueil d'observations de zoologie et d'anatomie comparée*, t. I, p. 17, 48 et suivantes, et pl. 6, 7 et 10; t. II, p. 145, et pl. 45—52.

Nous en avons dû surtout une quantité considérable à M. *Milbert*, habile artiste, qui a séjourné long-temps à New-York. Il nous a envoyé à peu près toutes les espèces décrites par M. Mitchill et beaucoup d'autres, recueillies soit sur les côtes, soit dans les rivières et les lacs de cette partie du monde.

M. *Lesueur* a ajouté nombre d'espèces intéressantes, prises surtout dans les eaux douces de l'intérieur, et dont il a décrit une partie dans les journaux scientifiques de ce pays-là.

Il nous en est aussi parvenu quelques-unes par les soins de M. *Dekay*, jeune naturaliste de New-York, qui a étudié au Muséum et qui a conservé de l'affection pour ce bel établissement.

M. *Mitchill* lui-même en a adressé quelques autres, et a surtout envoyé à l'administration du Muséum des mémoires manuscrits, dont nous avons profité.

Les poissons de Terre-Neuve ont été observés et décrits avec soin par M. *de la Pylaie*, qui nous a libéralement communiqué ses notes et ses dessins, dont nous avons tiré plusieurs renseignemens utiles.

Tout récemment M. *Richardson* a bien voulu nous faire voir ceux qui ont été pris pendant le

1.					17

dernier voyage du capitaine Franklin au nord de l'Amérique. [1]

L'Afrique est la partie du monde où il est le plus difficile de voyager avec l'appareil nécessaire pour faire de grandes récoltes; et cependant M. *Roger*, gouverneur des établissemens français du Sénégal, nous y a fait rassembler une suite de poissons de ce fleuve, qui a eu pour nous un intérêt d'autant plus grand que nous avons pu la comparer à celle que M. Geoffroy Saint-Hilaire avait recueillie dans le Nil; ce qui, en y ajoutant les espèces des rivières du Cap, rapportées par Delalande, et quelques poissons que M. *Marceschaux*, consul de France à Tunis, vient de faire pêcher pour nous dans le lac de Biserte, nous a permis de prendre quelque idée de la population des eaux douces de cette vaste contrée.

Pour les mers orientales, nous avons eu une petite collection de poissons secs, faite autrefois par feu *Sonnerat*, et qu'il nous a donnée en 1814; mais surtout une très-grande, ramassée pendant plusieurs années à Pondichéry et aux îles de France et de Bourbon, par M. *Leschenault*; ce qui nous a mis à même de

---

1. Ils sont décrits dans l'appendice de ce voyage.

bien connaître la plupart des poissons de Commerson et de Russel.

M. *Mathieu*, officier d'artillerie très-instruit, a envoyé de l'Isle-de-France plusieurs espèces rares et bien conservées.

MM. *Diard* et *Duvaucel*, pendant un séjour assez long à Sumatra et à Java, y ont aussi recueilli un bon nombre de poissons; et les généreuses communications que le célèbre M. Temminck nous a données de ceux qui avaient été rassemblés dans les mêmes îles par MM. *Kuhl* et *Van-Hasselt*, et des figures qu'ils en avaient prises, a complété ce que nous pouvions désirer à cet égard.

Ces deux jeunes et malheureux observateurs avaient aussi été aux Moluques, et leurs collections, jointes à celles de Péron, ont commencé à éclaircir pour nous les figures de Valentyn et de Renard, et à nous convaincre que ces figures, si grossières qu'elles soient, représentent cependant toutes des objets réels.

M. *Reinwardt*, savant professeur d'histoire naturelle à Leyde, n'a pas été moins généreux que M. Temminck, et nous a donné une pleine communication de tout ce qu'il a recueilli dans le pénible voyage qu'il a fait dans l'archipel des Indes.

Nous mettons au nombre des envois les plus

riches que nous ayons reçus, les poissons du Gange et de ses affluens, que M. *Alfred Duvaucel,* mon beau-fils, a rassemblés avec le plus grand zèle, et dont il a même tiré quelques-uns des rivières du Népaul. Ces envois, joints aux immenses collections de quadrupèdes, d'oiseaux, de reptiles, d'insectes, de squelettes et de préparations anatomiques, qu'il a adressés au Cabinet du Roi, y rendront à jamais son souvenir précieux. Sans le malheur que j'ai eu de perdre cet intéressant jeune homme, non moins spirituel et instruit qu'il était ardent pour ce genre de recherches, malheur dû en partie aux tracasseries de quelques misérables qui redoutaient le voisinage d'un homme capable de porter la lumière sur leur conduite, les sciences naturelles en auraient obtenu, dans tous les genres, des récoltes supérieures à ce qui a jamais été fait : qu'il me soit permis du moins de consigner ici les regrets que lui doivent les naturalistes. Cette partie de ses envois nous a mis en état de nous faire des idées plus complètes de la plupart des espèces que M. Hamilton Buchanan a décrites dans son bel ouvrage sur les poissons du Gange.

M. *Dussumier,* négociant de Bordeaux, passionné pour l'histoire naturelle, et qui, jeune encore, a déjà fait sur ses propres vaisseaux plusieurs voyages à la Chine et aux Indes, a toujours eu soin de nous rapporter les objets les plus remarquables qu'il recueillait, et nous lui devons plusieurs poissons intéressans par leur rareté et la singularité de leurs caractères. Il a même eu l'attention de faire faire à Canton et de nous confier des peintures très-soignées de plusieurs belles espèces de la Chine. Tout récemment il vient de nous remettre une riche collection, pêchée sur la côte de Malabar et aux îles Seichelles.

M. *Ehrenberg,* qui a recueilli les productions de la mer Rouge ou du Nil avec un discernement et une persévérance admirables, a poussé la complaisance jusqu'à nous communiquer ses dessins et ses descriptions, jusqu'à nous céder ses doubles pour le Cabinet du Roi. Nous ne trouvons pas d'expression pour rendre les sentimens que nous inspire un abandon si noble. Il nous a fourni les moyens d'éclaircir la plupart des articles laissés par Forskal sur les poissons de cette mer, articles si nombreux, mais sur lesquels il régnait encore tant d'obscurité. [1]

---

1. MM. Ehrenberg et Hemprich ont fait, par ordre de l'académie royale des sciences de Berlin, pendant les années 1820 à 1825, un voyage en Lybie, en Égypte, en Nubie, en Arabie et sur la côte occidentale de l'Abyssinie, qui a produit les obser-

Il n'est pas, enfin, jusqu'aux poissons de la mer du Japon et du Kamtschatka, dont nous n'ayons dû quelques-uns à la bonté de M. *Tilesius*, le savant compagnon du capitaine Krusenstern, et M. Lichtenstein nous a communiqué tous ceux qui avaient été rassemblés lors de la même expédition par M. *Langsdorf*, et cédés par celui-ci au Cabinet de Berlin, ainsi que tous ceux que Pallas s'était procurés précédemment et dont il a donné des descriptions dans sa Zoographie russe. Enfin, M. Temminck vient encore de mettre sans réserve à notre disposition une grande collection de poissons de ces parages lointains, arrivée au Muséum royal des Pays-Bas.

Pendant que ces généreux amis de la science accumulaient ainsi autour de nous les poissons des contrées les plus éloignées, il en était d'autres qui se faisaient un plaisir de nous procurer ceux de l'Europe.

Outre les collections faites par Delalande, par La Roche et par moi sur les côtes de la Méditerranée, M. *Risso* nous a envoyé ses espèces de Nice les plus intéressantes, et nous a communiqué les dessins qu'il en a fait faire

---

vations les plus intéressantes pour toutes les branches des sciences naturelles. Voyez le rapport fait à ce sujet par M. de Humboldt; Berlin, 1826, in-4.º

sur le frais, et sans lesquels nous n'aurions pu nous en bien représenter les couleurs. M. *Bonnelli* nous en a envoyé aussi et nous en a prêté quelques-uns des plus rares du Musée de Turin; mais nous en avons dû surtout une collection superbe, aussi nombreuse que bien conservée, au zèle désintéressé de M. *Savigny*, qui, pendant un voyage de près d'un an en Italie, n'a pas cessé de demander tous les poissons qui paraissaient sur les différens marchés; qui est même allé plusieurs fois en mer pour prendre ceux que les pêcheurs négligent : il a procuré ainsi au Cabinet du Roi près de quatre cents espèces toutes des plus beaux modules et de la plus parfaite conservation. Heureux, si l'état de sa santé avait permis à cet observateur si ingénieux de faire jouir par lui-même les naturalistes du fruit de ses efforts. Nous nous empressons du moins de leur signaler ici les titres qu'il s'est acquis à leur reconnaissance.

M. *Biberon*, l'un des employés du Muséum, est allé ensuite en Sicile, et y a recueilli encore plusieurs espèces qui avaient échappé à M. Savigny; M. le docteur *Leach* nous en a procuré quelques-unes de Malte; M. l'amiral *de Rigny*, pendant la noble expédition qu'il commande dans l'Archipel, s'est occupé de nous faire pêcher le scare, si fameux chez les anciens, et qu'aucun moderne n'avait vu, si ce n'est Aldrovande. En ce moment même, nous attendons des produits des parages de l'Archipel, où M. le docteur *Bailli* nous a promis de soigner, pendant le séjour qu'il fait en Grèce, les intérêts de l'ichtyologie. Joignant à ces nombreuses récoltes celles que M. Geoffroy a faites dans le Nil et sur la côte d'Égypte, nous osons nous flatter que rien ne nous manquera pour éclaircir ce qui a été dit sur les poissons de la Méditerranée depuis les temps les plus reculés.

Nous avons encore à Marseille dans M. *Polydore Roux*, conservateur du Musée de cette ville, un correspondant plein d'instruction et de zèle, qui veut bien nous donner tous les renseignemens que nous lui demandons, et qui se propose même, lorsqu'il aura terminé son Ornithologie de Provence, de publier des figures coloriées des beaux poissons de cette côte, encore si mal connus et surtout si incorrectement représentés.

Les poissons de nos côtes de l'Océan n'ont pas été recherchés avec moins de zèle. M. *d'Orbigny*, correspondant du Muséum à La Rochelle, nous a envoyé toutes les espèces du golfe de Gascogne, et nous a mis en état de commenter le Traité que Cornide a donné de ceux de la Galice. Il nous a fourni les élémens de l'histoire du Germon, si intéressant et si oublié de la plupart des naturalistes.

A Brest, M. *Garnot*, ingénieur de la marine, veut bien, non-seulement nous envoyer des poissons, mais fixer sur le papier, d'après le frais et sur des dessins fort exacts, leurs couleurs naturelles.

M. *Baillon*, correspondant du Muséum à Abbeville, dont le nom est si connu des naturalistes par les découvertes que son père et lui ont faites sur les oiseaux, ne met pas moins d'ardeur et de discernement à étudier les poissons de la Manche; et nous lui devons des espèces nouvelles et remarquables dans des genres tels que les pleuronectes, où il est presque inconcevable qu'il en reste à découvrir sur nos côtes.

Feu *Noël de la Morinière*, qui a péri en Norwége pendant un voyage qu'il y faisait pour étudier les pêches des mers du Nord, y avait rassemblé plusieurs des poissons intéressans de ces parages, et nous en avons dû d'autres aux bontés de M. *Reinhardt*, professeur à Copenhague, à qui mon collègue, M. Brongniart, avait bien voulu les demander de notre part.

Nous nous sommes particulièrement attachés à nous procurer les poissons d'eau douce de l'Europe, d'ordinaire si négligés dans les cabinets.

Nous avons recherché par nous-même avec beaucoup de suite ceux de la Seine et des rivières des environs de Paris. Mon collaborateur, M. *Valenciennes,* est allé exprès à Anvers et à Dordrecht, pour y trouver ce prétendu *triptéronote* ou *hautin,* si mal rendu par Rondelet, et qui n'est autre que le lavaret.

M. *Hammer,* professeur à Strasbourg, s'est occupé de nous procurer les poissons du Rhin et des rivières qui descendent des Vosges. M. *De Candolle,* ce célèbre botaniste, a pris la peine, avec M. Major, conservateur du Cabinet de Genève, et avec le concours de plusieurs naturalistes helvétiens, de nous procurer ceux du lac Léman, et des autres lacs de la Suisse et de la Savoie; ce qui nous a donné des moyens de débrouiller l'histoire de plusieurs espèces de truites et d'ombres, encore fort mal éclaircie par Bloch et par ses correspondans. Il y a joint même des poissons des lacs de Lombardie, dont MM. Bosc et Savigny nous ont aussi procuré plusieurs.

Ceux du lac Trasimène nous ont été envoyés par M. *Louis Canali,* savant professeur de Pérugia.

M. *Bredin,* directeur de l'école vétérinaire

de Lyon, nous a fait avoir l'apron du Rhône.

Plusieurs poissons intéressans du Danube nous ont été envoyés supérieurement préparés par les soins de M. de *Schreibers*, le célèbre directeur du cabinet d'histoire naturelle de Vienne. M. *Lichtenstein*, savant professeur de Berlin, nous en a fait avoir quelques-uns du Brandebourg. M. *Thienemann*, de Dresde, si connu par son voyage au Nord, nous en a envoyé beaucoup de Saxe. M. *Nitsch* nous en a fait une collection à Halle.

Nous avons été surtout mis à même de bien connaître les poissons de l'Allemagne et de bien constater toutes les espèces de Bloch, par le voyage que M. Valenciennes a récemment fait à Berlin, et par la faveur qu'il y a obtenue à la sollicitation du célèbre M. de Humboldt, de rassembler jusque dans les étangs qui appartiennent au roi, toutes les espèces que l'on y nourrit, et en grands et beaux échantillons.

Nous avons même reçu des poissons du Don et du Phase par les soins de M. *Gamba*, consul de France en Géorgie, et la communication que M. Lichtenstein a bien voulu nous accorder des poissons de Pallas, donnés au cabinet de Berlin par M. Rudolphi, nous a fourni beaucoup de lumières sur les espèces propres à la Russie; mais ce qui nous a pénétré de la reconnaissance la plus vive, c'est la grâcieuse attention que S. A. I. la grande-duchesse Hélène a daigné nous marquer, en nous faisant envoyer en beaux échantillons les poissons les plus remarquables de cet empire avec leur nomenclature populaire. Qu'il nous soit permis d'exprimer ici notre respectueuse gratitude pour cette preuve qu'une princesse si distinguée a bien voulu donner d'un amour éclairé pour les sciences!

Les grandes expéditions nautiques ordonnées par le feu Roi ont complété cette longue suite d'acquisitions, que l'expédition de Baudin avait commencée. M. *Freycinet* et M. *Duperrey*, dans leurs voyages autour du monde, ont fait recueillir, d'après les instructions qu'ils avaient reçues du zèle pour la science qui anime le ministère de la marine, les poissons de toutes les mers qu'ils ont traversées, et ils ont été parfaitement secondés dans cette recherche, le premier par MM. *Quoy* et *Gaymard*, le second par MM. *Garnot* et *Lesson.* Les relations de leurs voyages offrent au public les figures et les descriptions des espèces nouvelles les plus remarquables qu'ils ont découvertes; mais ils en ont rapporté beaucoup d'autres qui, même lorsqu'elles n'étaient pas nouvelles pour la science, avaient encore un grand intérêt pour notre travail, soit en nous permettant de les mieux décrire que nos prédécesseurs, soit par les particularités anatomiques et autres qu'elles nous ont offertes. C'est ainsi, d'ailleurs, que nous avons eu les poissons de la Nouvelle-Zélande, de la Nouvelle-Guinée, des Mariannes, des îles Sandwich, de la Terre de feu et du Brésil méridional. Nous en avons même reçu par d'autres occasions de la rivière de la Plata, et surtout de Buénos-Ayres; et nous en attendons de belles récoltes de la Nouvelle-Guinée, où MM. Quoy et Gaymard, qui avaient déjà exécuté de si grands travaux lors du voyage de M. Freycinet, viennent de se rendre avec M. *Durville*. Animés d'un nouveau zèle, et fortifiés par l'expérience, ils ne peuvent manquer d'obtenir encore de plus beaux résultats. [1]

Quant à nous, le seul vœu qui nous reste à former, c'est que l'ouvrage que nous avons entrepris ne soit point trouvé trop indigne, ni des écrivains illustres dont nous cherchons à continuer les travaux, ni des secours et des

---

[1]. En ce moment même, MM. Quoy et Gaymard viennent d'expédier du port Jackson au Muséum, avec beaucoup d'autres objets, deux cent soixante-dix poissons de différens parages de la mer des Indes et de la mer du Sud.

encouragemens que nous avons reçus d'un si grand nombre d'amis et de protecteurs de l'histoire naturelle. Heureux si nous pouvions espérer qu'à son tour il prendra rang parmi ceux qui font époque dans la science. C'est à quoi vont tendre tous nos efforts.

LIVRE DEUXIÈME.

Idée générale de la nature et de l'orga-
nisation des Poissons.

CHAPITRE PREMIER.

CARACTÈRES GÉNÉRAUX ET NATURE ESSENTIELLE DES POISSONS.

Plus des deux tiers de la surface du globe sont couverts par les eaux de la mer ; des parties considérables des îles et des continens sont arrosées par des rivières de toutes les grandeurs, ou occupées par des lacs, des étangs et des marais, et cet empire des eaux qui surpasse si fort en étendue celui de la terre sèche, ne lui cède en rien quant au nombre et à la variété des êtres animés qui l'habitent. Sur la terre, la matière susceptible de vie est pour une grande portion employée à la formation et à l'entretien des espèces végétales ; les animaux herbivores y puisent une nourriture qui, une fois animalisée par eux, devient un aliment propre aux carnivores, lesquels ne font guère plus de la moitié des animaux terrestres de toutes les classes; mais dans les eaux, et surtout dans la mer, où le règne végétal est beaucoup plus restreint, tout semble animé ou prêt à le devenir; les animaux n'y vivent qu'aux dépens les uns des autres, ou de la mucosité et des autres détritus des corps des animaux. C'est là que le règne animal offre les extrêmes de la grandeur et de la petitesse, depuis ces myriades de monades et d'autres espèces qui auraient été éternellement invisibles pour nous, sans le pouvoir merveilleux du microscope, jusqu'à ces baleines et ces cachalots, qui surpassent vingt fois les plus grands des quadrupèdes terrestres. C'est là aussi que s'observent le plus de ces grandes combinaisons d'organes, auxquelles les naturalistes ont donné le nom de classes, et même, à bien dire, elles y ont toutes des représentans; car, jusque parmi les oiseaux, ces êtres essentiellement aériens, il en est, tels que les manchots, que leur structure attache pendant leur vie presque entière aux flots de l'Océan. La classe des mammifères a dans les eaux non-seulement les phoques, les morses et les lamantins, qui ne peuvent s'en éloigner; mais tous les cétacés qui ne peuvent en sortir, bien que leur genre de respiration les oblige sans cesse à venir à la surface. Les reptiles y sont représentés par des tortues, des crocodiles, des serpens, et surtout par la famille entière des batraciens. Beaucoup d'insectes sont aquatiques, même dans leur état parfait, et un beaucoup plus grand nombre ne s'élève dans les airs, pour s'y reproduire et y mourir, qu'après avoir passé dans l'eau, sous l'état de larve ou de nymphe, une partie bien plus considérable de leur vie. C'est dans les eaux qu'il faut chercher presque tous les mollusques, les annélides, les crustacés et les zoophytes, quatre classes qui n'ont en quelque sorte sur la terre que des membres isolés et comme égarés. Aussi les anciens disaient-ils, que tout ce qui existe ailleurs se retrouve dans la mer, mais que la mer a beaucoup de choses qui ne sont point ailleurs : *Quicquid nascatur in parte naturæ ulla et in mari esse; præterque multa quæ nusquam alibi.* [1]

Mais parmi ces innombrables créatures qui peuplent et vivifient l'élément liquide, il n'en est point qui y dominent davantage, qui lui soient plus exclusivement propres, et qui s'y fassent plus remarquer par leur nombre, leurs formes variées, leurs belles couleurs, et surtout par les avantages infinis que l'homme en

---

1. Pline, l. IX, c. 11.

1.   18

retire, que ceux qui appartiennent à la classe des poissons; cette importance supérieure des poissons est même telle, qu'elle a fait étendre leur nom à tous les animaux aquatiques, en sorte que dans les auteurs anciens, et même dans les écrivains de nos jours qui ne sont pas naturalistes, on voit souvent ce nom appliqué à des cétacés, à des mollusques et à des crustacés; confusion qu'il est d'autant plus facile d'éclaircir, que la classe des poissons est une de celles qui se laissent le mieux limiter par des caractères invariables.

La définition des poissons, telle que l'ont adoptée les naturalistes modernes, est, en effet, on ne peut pas plus claire et précise. Ce sont des animaux vertébrés et à sang rouge, qui respirent par des branchies, et par l'intermède de l'eau.

Cette définition résulte de l'observation; elle est un produit de l'analyse, ou ce que l'on nomme en physique une formule empirique: mais sa justesse se démontre aussi par la méthode inverse; car, une fois bien saisie, on en déduit en quelque sorte toute la nature des êtres auxquels on l'applique.

Vertébrés, ils ont dû avoir un squelette intérieur : le cerveau et la moelle épinière enveloppés dans la colonne vertébrale; les muscles en dehors des os; quatre extrémités seulement; les organes des quatre premiers sens dans les cavités de la tête, etc.

Aquatiques, c'est-à-dire vivant dans un liquide plus pesant et plus résistant que l'air, leurs forces motrices ont dû être disposées et calculées pour la progression; mais l'élévation a pu se faire aisément : de là les formes de moindre résistance de leur corps, la plus grande force musculaire donnée à leur queue, la brièveté de leurs membres, leur expansibilité, les membranes qui les soutiennent, les tégumens lisses ou écailleux et non hérissés par des plumes ou des poils.

Ne respirant que par l'intermède de l'eau, c'est-à-dire, ne profitant, pour rendre à leur sang les qualités artérielles, que de la petite quantité d'oxigène contenu dans l'air mêlé à l'eau, leur sang a dû rester froid; leur vitalité, l'énergie de leurs sens et de leurs mouvemens ont dû être moindres que dans les mammifères et les oiseaux. Ainsi leur cerveau, bien que d'une composition semblable, a dû être proportionnellement beaucoup plus petit, et les organes extérieurs des sens n'ont pas été de nature à lui imprimer des ébranlemens puissans. Les poissons, en effet, sont de tous les vertébrés ceux qui donnent le moins de signes apparens de sensibilité. N'ayant point d'air élastique à leur disposition, ils sont demeurés muets, ou à peu près, et tous les sentimens que la voix réveille ou entretient, ont dû leur demeurer étrangers; leurs yeux comme immobiles, leur face osseuse et fixe, leurs membres sans inflexions, et se mouvant tout d'une pièce, ne laissent aucun jeu à leur physionomie, aucune expression à leurs émotions : leur oreille, enfermée de toute part dans les os du crâne, sans conque extérieure, sans limaçon à l'intérieur, composée seulement de quelques sacs et canaux membraneux, doit leur suffire à peine pour distinguer les sons les plus frappans, et aussi avaient-ils peu d'usage à faire du sens de l'ouïe, eux qui sont condamnés à vivre dans l'empire du silence, et autour desquels tout se tait. Leur vue même dans les profondeurs où ils vivent aurait peu d'exercice, si la plupart des espèces n'avaient, par la grandeur de leurs yeux, un moyen de suppléer à la faiblesse de la lumière; mais dans celles-là même l'œil change à peine de direction; encore moins peut-il changer ses dimensions et s'accommoder aux distances des objets : son iris ne se dilate ni ne se rétrécit, et sa pupille demeure la même à tous les degrés de lumière. Aucune larme n'arrose cet œil, aucune paupière ne l'essuie ou ne le protège;

il n'est plus dans le poisson qu'une faible image de cet organe si beau, si vif, si animé, dans les classes supérieures. Ne pouvant se nourrir qu'en poursuivant à la nage une proie qui nage elle-même plus ou moins rapidement, n'ayant de moyens de la saisir que de l'engloutir, un sentiment délicat des saveurs leur aurait été inutile, si la nature le leur avait donné; mais leur langue, presque immobile, souvent tout-à-fait osseuse ou cuirassée par des plaques dentaires et ne recevant que des nerfs grêles et en petit nombre, nous montre de reste que l'organe est aussi émoussé que son peu d'usage devait nous le faire supposer. L'odorat même ne peut être aussi continuellement en exercice dans les poissons que dans les animaux qui respirent l'air, et qui ont sans cesse les narines traversées par les vapeurs odorantes. Enfin, leur tact, presque annulé à la surface de leur corps par les écailles, et dans leurs membres par le défaut de flexibilité de leurs rayons et par la sécheresse des membranes qui les enveloppent, a été contraint de se réfugier au bout de leurs lèvres, qui, même dans quelques-uns, sont réduites à une dureté osseuse et insensible. Ainsi les sens extérieurs des poissons leur donnent peu d'impressions vives et nettes; la nature qui les entoure ne doit les affecter que d'une manière confuse; leurs plaisirs sont peu variés; ils n'ont de souffrances à craindre du dehors que les douleurs produites par des blessures effectives. Leur besoin continuel, celui qui seul, hors la saison de l'amour, les agite et les entraîne, leur passion dominante, enfin, doit être d'assouvir le sentiment intérieur de la faim; dévorer est presque tout ce qu'ils peuvent faire, quand ils ne se reproduisent pas : c'est uniquement vers ce but que semblent calculés toute leur structure, tous leurs organes du mouvement. Poursuivre une proie, ou échapper à un destructeur, font l'occupation de leur vie : c'est ce qui détermine le choix des différens séjours qu'ils habitent, c'est l'objet principal des variétés de leurs formes, du peu d'instincts ou d'artifices particuliers que la nature a accordés à quelques-unes de leurs espèces : les filamens pêcheurs de la baudroie, le museau subitement lancé en avant du filou et du sublet, la commotion terrible que donnent la torpille et le gymnote, n'ont pas d'autre objet. Les variations de la température elles-mêmes les affectent peu, non-seulement parce qu'elles sont moins grandes dans l'élément qu'ils habitent que dans notre atmosphère, mais encore parce que, leur corps prenant la température environnante, le contraste du froid extérieur et de

chaleur intérieure n'existe presque pas pour eux.
Aussi les saisons ne sont-elles pas pour leurs mi-
grations et pour les époques de leur propagation
des régulateurs aussi exclusifs que parmi les
quadrupèdes, et surtout que parmi les oiseaux.
Plusieurs poissons fraient en hiver; c'est vers
l'automne que les harengs viennent du Nord,
répandre sur nos côtes leurs œufs et leur laite;
c'est dans le Nord que la classe montre la fécondité la plus étonnante, sinon en espèces variées,
du moins en individus dans les espèces, et nulle
part ailleurs la mer ne nous offre rien d'approchant de ces innombrables myriades de morues
et de harengs qui attirent chaque année des
flottes entières dans les parages septentrionaux.

Les amours des poissons sont froides comme
eux; elles ne supposent que des besoins indivi-
duels. A peine a-t-il été donné, dans quelques
espèces, aux deux sexes de s'apparier et de jouir
ensemble de la volupté; dans les autres, les mâles
poursuivent les œufs plutôt qu'ils ne cherchent
leurs femelles : ils sont réduits à féconder des
œufs dont ils ne connaissent point la mère, et
dont ils ne verront pas les produits. Les plaisirs de la maternité sont également étrangers
au grand nombre des espèces ; quelques-unes
seulement portent pendant quelque temps leurs
œufs avec elles : à quelques exceptions près, les

poissons n'ont point de nid à construire, point de petits à nourrir et à défendre ; en un mot, jusque dans les derniers détails leur économie toute entière contraste avec celle des oiseaux.

L'être aérien découvre nettement un horizon immense ; son ouïe subtile apprécie tous les sons, toutes les intonations ; sa voix les reproduit : si son bec est dur, si son corps a dû être enveloppé d'un duvet qui le préservât du froid des hautes régions qu'il visite, il retrouve dans ses pattes toute la perfection du toucher le plus délicat. Il jouit de toutes les douceurs de l'amour conjugal et paternel ; il en remplit les devoirs avec courage : les époux se défendent, défendent leur progéniture ; un art surprenant préside à la construction de leur demeure ; quand le temps est venu, ils y travaillent ensemble et sans relâche : pendant que la mère couve ses œufs avec une constance si admirable, le père d'amant passionné devenu tendre époux, charme par ses chants les ennuis de sa compagne. Dans l'esclavage même, l'oiseau s'attache à son maître ; il se soumet à lui et exécute sous ses ordres les actes les plus adroits, les plus délicats : il chasse pour lui comme le chien, et il revient à sa voix du plus haut des airs ; il imite jusqu'à son langage, et ce n'est qu'avec peine que l'on se décide à lui refuser une sorte de raison.

L'habitant des eaux, au contraire, ne s'attache point ; il n'a point de langage, point d'affection ; il ne sait ce que c'est que d'être époux et père, ni que de se préparer un abri : dans le danger il se cache sous les rochers de la mer, ou se précipite dans la profondeur des eaux ; sa vie est silencieuse et monotone ; sa voracité seule l'occupe, et ce n'est que par elle qu'on peut lui enseigner à diriger ses mouvemens par quelques signes venus du dehors. Et cependant ces êtres, à qui il a été ménagé si peu de jouissances, ont été ornés par la nature de tous les genres de beauté : variété dans les formes, élégance dans les proportions, diversité et vivacité de couleurs, rien ne leur manque pour attirer l'attention de l'homme, et il semble que ce soit cette attention que la nature ait eu en effet le dessein d'exciter : l'éclat de tous les métaux, de toutes les pierres précieuses dont ils resplendissent, les couleurs de l'iris qui se brisent, se reflètent en bandes, en taches, en lignes onduleuses, anguleuses et toujours régulières, symétriques, toujours de nuances admirablement assorties ou contrastées, pour qui avaient-ils reçu tous ces dons, eux qui ne peuvent au plus que s'entrevoir dans ces profondeurs, où la lumière a peine à pénétrer ; et quand ils se verraient, quel genre de plaisirs pourraient réveiller en eux de pareils rapports?

Aussi l'homme a-t-il de tout temps porté son attention sur les animaux de cette classe; la nourriture abondante qu'ils lui fournissent, fait qu'ils sont des premiers qu'il s'attache à poursuivre : beaucoup de peuples ichtyophages sont encore moins élevés dans l'échelle de la civilisation que les peuples pasteurs, et parmi les nations les plus civilisées, beaucoup de familles tirent de la pêche à peu près toute leur subsistance. Les habitans des îles et des côtes recherchent et observent les nombreuses espèces qui se tiennent parmi leurs rochers, et des navigateurs plus hardis vont au loin attaquer au milieu de l'Océan les phalanges des poissons voyageurs ; et en contribuant ainsi à soulager les premières nécessités des peuples, les poissons n'en demeurent pas moins pour les riches des objets du luxe le plus raffiné. Rome, devenue le gouffre où s'engloutissaient les richesses du monde, consacrait à ce genre de dépenses des sommes qui nous paraissent à peine croyables. On y entretenait d'immenses viviers pour les poissons de mer et d'eau douce; on y faisait venir vivans des poissons des mers éloignées; on en apportait vivans sur la table, où l'on se plaisait à observer les changemens de couleur qu'ils éprouvaient en expirant[1] ; et il paraît qu'à force de soins et de constance on y était parvenu à exercer sur les poissons un bien plus grand empire que leur naturel ne semblait le faire espérer. Quelques-uns y connaissaient leurs maîtres, y avaient des noms propres, par lesquels on les faisait approcher ; c'est du moins ce que nous rapportent quelques auteurs, mais ils en parlent comme de produits étonnans de l'industrie excitée par le luxe.[2]

1. « *Mullum expirantem versicolori quadam et numerosa varietate spectari, proceres gulæ narrant, rubentium squamarum multiplici mutatione pallescentem, utique si vitro spectetur inclusus.* » (Plin., l. IX, c. 17.) Voyez aussi Sénèque, *Quest. nat.*, l. III, c. 18. Et

> *Ingeniosa gula est, siculo scarus æquore mersus*
> *Ad mensam vicus perducitur......*
>
> (Petron., *Carm. de bell. civ.*, v. 33.)

2. Martial., l. IV, ép. 30, v. 3 :

> *Sacris piscibus hæ natantur undæ*
> *Qui norunt dominum manumque lambunt,*
> *Illam qua nihil est in orbe majus.*
> *Quid quod nomen habent et ad magistri*
> *Vocem quisque sui venit citatus.*

Et l. X, ép. 30 :

> *Piscina rhombum pascit et lupos vernas.*
> *Natat ad magistrum delicata muræna.*
> *Nomenculator mugilem citat notum*
> *Et adesse jussi prodeunt senes mulli.*

Pline rapporte le même fait, l. X, c. 70 :
« *Spectatur et in piscinis cæsaris, genera piscium ad nomen venire, quosdamque singulos.* »

C'est en observant les poissons dans des viviers, ou en recueillant ce que les pêcheurs
ont remarqué dans leurs expéditions, que l'on
a appris le peu que l'on sait des mœurs de
ces animaux; mais il est probable que beaucoup de leurs habitudes secrètes nous échappent dans les profondeurs où ils passent la plus
grande partie de leur vie. Les uns sont solitai-
res, les autres vivent en troupes; il en est qui
parcourent des espaces immenses, d'autres qui,
toujours sédentaires, ne quittent point le fond
qui les a vu naître. La nature des fonds détermine aussi le séjour des différentes espèces.
Il en est qu'on ne trouve que dans les endroits rocailleux des bords de la mer; d'autres ne vivent que dans les eaux pures de la
haute mer; d'autres encore aiment les eaux
stagnantes, les eaux bourbeuses, ou se tiennent même enfoncés dans la vase et dans le
sable, et quelques-uns parmi ceux-là ne périssent point même lorsque la vase, dans laquelle ils s'enterrent, n'est plus couverte d'eau :
pour peu qu'elle conserve d'humidité, ils y
subsistent. L'immobilité de quelques-uns, tels
que les *raies*, les *baudroies*, contraste avec
l'extrême rapidité du grand nombre, et surtout des divers *scombres*. Il en est, comme les
anguilles, les *périophtalmes*, qui peuvent vivre

quelque temps à sec et ramper sur le rivage ; il en est, dit-on, comme l'*anabas*, qui grimpent au haut des arbres et vont s'établir dans les petits amas d'eau qui se forment entre leurs feuilles ; quelques-uns, les *pirabèbes*, les *exocets*, ont des nageoires pectorales assez larges pour s'élever et se soutenir dans l'air, et y parcourir un espace étendu. L'industrie la plus remarquable dans toute la classe est peut-être celle de certains poissons des Indes, le *toxotes* et le *chætodon rostratus*, qui savent, en lançant des gouttes à une certaine hauteur, faire tomber dans l'eau les insectes dont ils se nourrissent ; mais toutes ces variétés dans les habitudes tiennent principalement à celles de la conformation, et ce serait en vain que l'on chercherait à s'en rendre compte, si l'on n'étudiait en détail la structure de toutes les parties du corps des poissons, les différences qui distinguent cette structure de celle des autres vertébrés, et les modifications qu'elle éprouve dans les familles, les genres et les espèces.

C'est à cette étude que ce deuxième livre est destiné à nous préparer. Nous y examinerons d'abord le corps du poisson à l'extérieur ; nous décrirons ensuite la charpente osseuse qui le soutient et lui donne sa forme et ses proportions ; les muscles qui agissent sur lui et don-

nent l'impulsion nécessaire à ses divers mouvemens; les organes des sens qui reçoivent les impressions des objets extérieurs : les nerfs qui
tranportent ces impressions; le cerveau où elles
se réunissent, et d'où partent les ordres de la volonté : les organes de la digestion, à commencer
par les dents et à finir par les vaisseaux lactés
qui conduisent le chyle dans le sang; ceux de
la circulation, soit qu'ils amènent le sang des
diverses parties du corps dans les branchies,
ou qu'ils le reportent des branchies sur tous
les points du corps; ces branchies elles-mêmes,
avec tout leur entourage ou les moyens par
lesquels le sang reçoit du dehors la portion
d'oxigène qui lui est nécessaire; les reins et
les autres organes par lesquels le corps se dé-
barrasse de substances qui lui sont inutiles;
enfin, les organes de reproduction des deux
sexes, et l'œuf ou les diverses enveloppes et
provisions préparées au fœtus.

Ce n'est qu'après avoir pris dans les articles
qui vont suivre des notions générales de toutes
ces parties de l'organisation animale, telles
qu'on les trouve modifiées dans les poissons,
que nous pourrons passer à l'histoire particulière des familles, des genres et des espèces.

Nous donnerons à nos descriptions toute la
brièveté qui n'exclura point la clarté; nous y

éviterons surtout l'emploi de cette foule de termes techniques, qui semblent n'avoir été inventés que pour rendre rebutante une science déjà hérissée de tant de difficultés intrinsèques, et qui étaient si peu nécessaires pour décrire des êtres de formes ordinairement aussi simples que les poissons.

CHAPITRE II.

EXTÉRIEUR DES POISSONS.

Les poissons n'ayant point de cou, et leur queue à sa naissance égalant le plus souvent le tronc en grosseur, leur corps est presque généralement d'une venue, diminuant seulement par degrés vers ses deux extrémités, à moins que l'une ou l'autre ne soit ou tronquée ou terminée en massue, ou que la queue (ce qui n'arrive guère que dans les raies) ne soit beaucoup plus grêle que le reste.

Ce corps peut être ou arrondi, comme dans les diodons, ou cylindrique, comme dans les anguilles, ou comprimé soit horizontalement, comme dans les raies, soit verticalement, comme dans le très-grand nombre des poissons.

La tête peut être ou plus grosse que le corps, comme dans les baudroies, ou plus petite, comme dans beaucoup d'espèces; elle peut être ronde ou comprimée dans divers sens; elle peut être obtuse, comme dans les cottes, ou plus ou moins alongée, comme dans les fistulaires et les centrisques. Ils peuvent avoir les deux mâchoires prolongées en bec, comme dans les orphies, ou l'inférieure seulement, comme dans l'hémiramphe, ou leur mâchoire supérieure peut former un museau saillant au-dessus de la bouche, comme dans les raies, les squales et surtout dans les espadons.

La bouche peut s'ouvrir ou en dessous, comme dans les raies, ou au bout du museau, comme dans la plupart des poissons, ou même en dessus et vers le ciel, comme dans les uranoscopes; elle peut être plus ou moins fendue, depuis la forme d'un petit trou, comme dans les centrisques, jusqu'à celle d'une vaste gueule, comme dans les baudroies.

On ne voit à l'extérieur que les organes de deux sens, les orifices des narines et les yeux; mais les premiers peuvent être simples, comme dans les raies et les squales, ou doubles, comme dans la plupart des poissons osseux; ils peuvent être plus ou moins rapprochés, soit des mâchoires, soit des yeux, soit du bout du museau.

Les yeux varient extrêmement par la grandeur, selon les espèces, et même disparaissent quelquefois sous la peau, comme dans les tænianotes, les aptérichtes; leur direction ne varie pas moins que leur diamètre; le plus souvent dirigés sur les côtés, ils se relèvent, et quelquefois au point de regarder tout-à-fait vers le ciel, comme dans les uranoscopes; le genre entier des pleuronectes les a même tous les deux d'un seul côté de la tête, soit du droit, soit du gauche.

Une famille de poissons seulement, celle des chondroptérygiens, a les bords extérieurs de ses branchies fixés à la peau, et autant d'ouvertures pour l'issue de l'eau qu'il y a d'intervalles entre ces branchies; mais tous les autres ont des branchies libres à leur bord externe, et l'eau qu'ils ont avalée sort par une seule ouverture (une seule *ouïe*) de chaque côté; cette ouïe varie beaucoup pour la grandeur et pour le point plus ou moins reculé où elle s'ouvre: les harengs l'ont énorme et contournant tout le côté de la tête; dans les anguilles elle est petite et fort en arrière; quelques espèces de cette famille, les synbranches, n'ont même qu'un seul trou pour les deux ouïes.

L'opercule, dont les battemens servent à la respiration, peut lui-même varier en grandeur et en figure; la membrane qui le complète en dessous peut se joindre en tout ou en partie à celle de l'autre côté, ou à la partie voisine de l'épaule; le nombre des rayons qui la soutiennent peut être plus ou moins considérable; quelquefois, comme dans les tétrodons, les diodons, les coffres, une grande partie de cet appareil est masquée par la peau et ne se voit bien qu'à la dissection; il manque tout-à-fait dans les espèces à plusieurs orifices.

Une partie des nageoires sont verticales, et

servent au poisson comme la carène ou le gouvernail servent à un navire, et celles-là sont, ou attachées au dos : les *dorsales;* ou sous la queue : les *anales;* ou au bout de la queue : la *caudale;* et diffèrent par le nombre, la hauteur, et la nature des rayons qui les soutiennent, et qui tantôt sont épineux, tantôt branchus et composés de beaucoup de petites articulations. D'autres nageoires sont disposées par paires et représentent les quatre membres des classes supérieures. Celles qui répondent aux bras ou aux ailes, nommées *nageoires pectorales,* sont toujours attachées derrière les ouïes; celles qui répondent aux pieds, nommées *nageoires ventrales,* peuvent au contraire être placées plus ou moins en avant, plus ou moins en arrière, depuis le dessous de la gorge jusqu'à la naissance de la queue. Les unes et les autres varient pour la grandeur, pour le nombre des rayons, pour leur structure simple ou articulée; une des paires, ou même toutes les deux, peuvent manquer entièrement : les *anguilles,* par exemple, n'ont point de ventrales; les *murènes* n'ont ni ventrales, ni pectorales; les *aptérichtes* n'ont aucune nageoire.

On nomme MALACOPTÉRYGIENS, les poissons osseux dont tous les rayons des nageoires sont articulés, et ACANTHOPTÉRYGIENS, ceux qui en ont une partie simple et en forme d'épines; mais dans quelques malacoptérygiens, comme les carpes et les silures, la soudure des articulations donne à certains rayons l'apparence d'épines.

L'anus peut être fort loin derrière les nageoires ventrales ou s'en rapprocher, ou avancer avec elles, et, quand elles n'existent pas, venir s'ouvrir jusque sous la gorge, comme on le voit dans les *sternarchus.* Dans certaines espèces, telles que les gobies et les blennies, il a à son arrière une languette qui paraît avoir quelque rapport à la génération, mais qui n'est pas une verge, car les deux sexes en sont munis; elle manque au plus grand nombre des autres poissons.

Toutes les différences, que nous venons d'énumérer, tiennent à la structure intime, à la charpente même du poisson; il en est de plus superficielles.

Les mâchoires peuvent être armées de dents de toutes les sortes, et il peut y en avoir à toutes les parties de la bouche et jusque dans le gosier.

Les lèvres peuvent être garnies d'appendices ou *barbillons,* divers par la substance, le nombre et la longueur, comme dans les barbeaux, les silures, les pogonias.

Il peut y avoir des lambeaux charnus épars sur le corps, comme dans les *scorpènes;* quelques-uns des rayons peuvent être détachés de la nageoire et susceptibles de mouvemens indépendans, et cela, soit aux nageoires verticales, comme dans les baudroies, soit aux pectorales, comme dans les trigles.

Enfin, la nature des tégumens, soit du corps, soit de la tête, soit des nageoires, peut varier; le poisson peut être nu, écailleux, épineux, cuirassé dans toutes ou dans plusieurs de ses parties; ses écailles, les pièces de sa cuirasse, peuvent varier à l'infini par la grandeur, les contours, les dentelures de leur bord, les inégalités de leur surface. Il peut en être de même des diverses pièces qui recouvrent la tête. La ligne formée de chaque côté du corps par une suite de pores ou de petits tubes creusés dans les écailles, peut être plus ou moins marquée ou même hérissée ou cuirassée; elle peut être aussi plus ou moins droite, plus ou moins rapprochée du dos. Si l'on joint à ces considérations ce qui concerne les couleurs, leur distribution, leurs nuances, et ce qui a rapport à la grandeur et au poids du poisson, on peut se faire une idée de tout ce qui caractérise à l'extérieur les divers êtres de cette grande classe, et l'on voit que le langage ordinaire doit suffire à peu près pour exprimer et faire comprendre toutes ces diversités.

CHAPITRE III.

OSTÉOLOGIE DES POISSONS.

Après cet exposé général, nous allons entrer dans l'examen des divers organes, et nous commencerons par ceux qui soutiennent tous les autres, c'est-à-dire par ceux qui composent le squelette; mais avant de passer à l'étude des différens os, il est nécessaire de prendre connaissance de leur nature propre et de leur tissu intime.

Tissu des Os des Poissons.

Sous le rapport du tissu des os, on peut diviser les poissons en *osseux*, en *fibro-cartilagineux* et en *vrais cartilagineux*.

Ces derniers, autrement appelés *chondroptérygiens*, et qui, par l'ensemble de leur charpente, par leurs branchies, dont le bord extérieur est fixé à la peau et d'où l'eau ne s'échappe qu'au travers d'orifices étroits et multipliés, ainsi que par plusieurs autres détails de leur organisation, se distinguent des autres d'une manière bien tranchée, n'ont jamais de véritables os ; leurs parties dures ne consistent intérieurement qu'en un cartilage homogène et demi-transparent, qui se revet seulement à la surface, dans les raies, les squales, d'une couche de petits grains opaques et calcaires, serrés les uns contre les autres ; mais qui dans les lamproies ne prend pas même cette enveloppe, et qui enfin demeure absolument membraneux dans les ammocètes.

L'esturgeon et la chimère partagent, jusqu'à un certain point, relativement à leur épine, cette mollesse de la lamproie ; mais le premier de ces genres a beaucoup des os de sa tête et de son épaule, au moins une lame de leur surface, complétement durcis et ossifiés.

Les autres poissons ne diffèrent guère entre eux que par la dureté des pièces de leur squelette, et c'est mal à propos que les *fibro-cartilagineux* ont été associés par quelques auteurs aux *chondroptérygiens.* La matière calcaire, c'est-à-dire le phosphate de chaux, se dépose par fibres et par couches dans le cartilage qui sert de base à leurs os, comme elle le fait dans les poissons les plus osseux ; elle y est seulement moins abondante, et le tissu de l'os ne devient pas aussi dur, et ne prend point cette homogénéité qui caractérise les os de certains poissons osseux.

Par exemple dans le poisson lune (*tetrodon mola,* L.), ce ne sont pour ainsi dire que des fibres éparses dans des membranes.

La baudroie (*lophius piscatorius*) est le poisson qui en approche le plus pour la mollesse.

Les autres tétrodons et diodons, les balistes, les coffres, ont les os plus durs, plus homogènes, et il en est que l'on aurait peine à distinguer de ceux des poissons que l'on a nommés *osseux*. Ce qui est certain aussi, c'est que la charpente osseuse de ces fibro-cartilagineux est construite sur le plan de celle des poissons osseux, et non pas sur celui des chondroptérygiens, et c'est contre toute vérité qu'Artedi et Linnæus leur ont refusé, soit des opercules, soit des rayons branchiostèges; les balistes ont même de vraies côtes, dont manquent les tétrodons, les diodons et les coffres; leur seule différence ostéologique réelle tient à l'engrénement de leurs mâchoires. Les syngnathes n'ont pas même cette différence-là; mais ils manquent de côtes et de rayons branchiostèges.

C'est bien gratuitement aussi que l'on suppose au squelette des poissons ordinaires ou osseux plus de flexibilité, une nature plus molle, plus extensible qu'à ceux des classes supérieures, et que l'on est même parti de cette supposition pour expliquer la longévité observée dans quelques espèces. La plupart des poissons osseux ont les os autant et plus durs que les autres animaux; il y en a même dans le tissu desquels on ne voit plus ni pores ni fibres, et qui paraissent homogènes et comme vitreux à l'œil.

Aucun poisson, ni osseux ni cartilagineux, n'a à ses os ni épiphyses ni canal médullaire; mais il en est quelques-uns, comme les truites, où le tissu de l'os est plus ou moins pénétré d'un suc huileux. Il en est d'autres, comme la dorée, où l'intérieur de certains os demeure cartilagineux, tandis que leur surface est déjà parfaitement ossifiée. Il y en a enfin où, pendant que le reste du squelette prend une grande dureté, quelques parties demeurent toujours cartilagineuses : c'est ce qu'on voit, par exemple, dans la tête du *brochet*.

Articulations des Os des Poissons.

Les articulations des os des poissons présentent les mêmes variétés que celles des autres animaux; seulement les arthrodies et les gynglimes, c'est-à-dire les articulations qui permettent des mouvemens déterminés, soit dans un plan, soit dans plusieurs, s'y montrent plus rarement, parce que leurs membres n'ont pas à exécuter des mouvemens aussi variés. C'est, par exemple, au moyen d'un gynglime, que la mâchoire inférieure et l'opercule sont attachés à l'appareil ptérygo-palatin, et celui-ci au crâne. On en observe encore dans l'articulation des rayons des nageoires dorsales et anales avec les os interosseux, et dans celle du premier rayon de la nageoire pectorale avec l'os analogue au radius. Il y a même dans les poissons deux sortes d'articulations à mouvemens déterminés, dont on ne trouve pas d'exemple dans les autres classes : celle qui se fait par deux anneaux, joints l'un à l'autre, comme ceux d'une chaîne, et celle qui, à la volonté du poisson, devient ou très-mobile ou très-fixe. Nous verrons des exemples de l'une et de l'autre dans la famille des silures. Les articulations à mouvemens déterminés offrent des ligamens, des cartilages à la surface des os, une liqueur synoviale, comme dans les animaux supérieurs.

L'articulation des corps des vertèbres a lieu au moyen d'une substance fibro-cartilagineuse, qui traverse même ces corps, et prend quelquefois, comme dans l'esturgeon et la lamproie, la forme d'une longue corde, et c'est aussi par des substances fibro-cartilagineuses que s'unissent entre elles les pièces operculaires, celles de l'appareil branchial, les os de l'épaule, du bras, du carpe, les os du bassin, et que ceux-ci s'attachent à ceux de l'épaule.

Composition chimique des Os des Poissons.

D'après les recherches et les expériences que mon savant confrère à l'Institut, M. Chevreul, a bien voulu faire à ma prière, les os des poissons, comme ceux des autres animaux vertébrés, se composent d'une base organique pénétrée de substance terreuse.

La substance terreuse consiste en phosphate de chaux et de magnésie, avec de l'oxide de fer, que l'on peut croire uni à de l'acide phosphorique : il y a aussi une certaine quantité de sous-carbonate de chaux. Quant à la matière animale, elle est de deux sortes : l'une, de nature azotée, fait la base du cartilage ; l'autre, de nature grasse, est une huile qui l'imprègne.

Le cartilage des os de poissons n'est pas semblable à celui des mammifères et des oiseaux ; car il ne donne point de gélatine lorsqu'on le fait bouillir dans l'eau.

L'huile se compose, en grande partie, d'oléine, à laquelle s'ajoutent, en petite quantité, un principe odorant et un principe colorant jaune. Cette huile se change aisément en savon, et donne alors de l'acide oléique, de la glycérine et quelque peu d'acide margarique, en sorte que, si cet acide provenait de la stéarine contenue dans l'huile, cette stéarine ne devrait s'y trouver qu'en petite proportion.

Des os de carpe et de perche, après avoir été exposés au vide et desséchés jusqu'à ce qu'ils ne perdissent plus d'eau, ce qui les avait ré-

duits à quatre-vingt-sept centièmes de leur
poids primitif, ont donné sur cent parties :

En matière azotée cartilagineuse............ 36,5
En matière huileuse, formée en grande partie
   d'oléine.................................... 19,5
En phosphate de chaux...................... 37
En sous-carbonate de chaux 5,5
En phosphate de magnésie et oxide de fer... 0,7
En sous-carbonate de soude, sulfate de soude
   et chlorure de sodium ou sel marin...... 0,8

TOTAL.................. 100.

Dans les poissons cartilagineux ou chondroptérygiens il y a beaucoup plus d'eau ; la proportion des sels solubles, c'est-à-dire du chlorure de sodium, du sous-carbonate de soude,
et surtout du sulfate de soude, y est beaucoup
plus forte ; et celle des phosphates est au contraire beaucoup moindre : mais leur matière
animale est la même quant à sa substance
azotée et à sa substance huileuse : les vertèbres
du *grand squale*, dit le pélerin, ou *squalus
maximus*, analysées à l'état frais, ont donné
sur cent parties :

Eau....................................... 90
Matière azotée du cartilage et huile........ 6,485
Sulfate de soude........................... 1,859
Chlorure de sodium......................... 1,362
Sous-carbonate de soude.................... 0,2
Phosphate de chaux, de magnésie ; oxide de
   fer, alumine et silice.................. 0,094

TOTAL.................. 100.

Ce qui, en supposant les vertèbres sèches, donne :

Matière azotée et huile	64,85
Sulfate de soude	18,59
Chlorure de sodium	13,62
Sous-carbonate de soude	2
Phosphate de chaux, etc.	0,94
Total	100.

M. Chevreul pense que les sels solubles ne sont pas à l'état solide dans ces cartilages, mais bien en dissolution dans l'eau, et il est assez remarquable cependant que le liquide des cavités intervertébrales de ce même squale n'offre que des traces légères de sulfate de soude, tandis que leur cartilage en contient une si grande quantité.

Ce liquide contient en outre du chlorure de sodium, du sous-carbonate de soude et une petite quantité d'huile et de la substance azotée du cartilage.

Disposition générale du Squelette des Poissons osseux.[1]

Nous considérerons ici le squelette du poisson dans les espèces où il prend sa forme la plus gé-

---

[1] L'ostéologie des poissons a été long-temps négligée. On n'en voit point de squelette dans les recueils de Blasius et de Valentin. Cheselden a donné la figure du squelette de la raie, mais sans

nérale, c'est-à-dire dans les poissons osseux, en
remettant un peu plus loin à traiter des par-

---

explication [1]. Duhamel en a donné une autre [2], et y a joint celle du
squelette du carrelet [3]. Bonnaterre a ajouté celle du squelette de la
carpe [4]. Celui qui pendant le dernier siècle en a représenté le plus,
est Jean-Daniel Meyer, qui donne les figures de vingt-quatre espèces [5]. Mais les explications de ces auteurs sont vagues et peu satis-
faisantes. On peut en dire presque autant de cette espèce de figure
idéale donnée par Gouan [6], avec une description où de graves
erreurs d'omission et de commission se laissent encore remarquer;
et ce qu'en a dit Vicq-d'Azyr dans ses mémoires sur les poissons
n'est guère plus complet [7]. Ce n'est guère qu'en 1800 que M. Autenrieth a commencé à en traiter d'une manière vraiment scientifique [8]. Depuis lors on a eu les différens mémoires de M. Geoffroy
dans les Annales et les Mémoires du Muséum et dans la grande
Description de l'Égypte, qui en ont éclairé plusieurs parties [9], et

1. C'est le cul-de-lampe de la préface de son Ostéographie.
2. Pêches, 2.ᵉ part., sect. 9, pl. 7. — 3. *Ibid.*, pl. 12. — 4. Encyclopédie méthodique, planches de l'ichtyologie, pl. A.
5. Dans les Représentations d'animaux et de leurs squelettes, imprimées à Nuremberg, 1748, 2 vol. in-folio. On y voit, t. I, pl. 7, la carpe;
pl. 8, la carpe à miroir; pl. 9, le brochet; pl. 42, l'anguille commune;
pl. 43, l'orfe; pl. 44, la truite; pl. 71, la lote; pl. 72, la brême; pl. 73,
la perche; pl. 74, le goujeon et la loche : t. II, pl. 10, le barbeau;
pl. 11, le nez; pl. 12, le chabot (*cottus gobio*); pl. 51, la tanche; pl. 52,
l'ombre (*salmo thymallus*); pl. 53, le rotangle (*cyprinus erythrophtalmus*);
pl. 54, le carreau (*cyprinus carassius*); pl. 92, le meunier (*cyprinus dobula*);
pl. 93, le gardon (*cyprinus jeses*); pl. 94, l'orfe blanc; pl. 95, le misgurn
(*cobitis fossilis*); pl. 96, le cobitis tænia et le véron (*cyprinus phoninus*);
pl. 97, la vandoise.
6. Histoire des poissons, p. 58 et suivantes, pl. 2. — 7. Dans les Mémoires de l'académie des sciences, savans étrangers, t. VII, et dans ses
OEuvres recueillies par M. Moreau de la Sarthe, t. V. — 8. Archives
zoologiques et zootomiques de Wiedemann, t. I, 2.ᵉ cah., p. 47.
9. Annales, t. IX, sur les os de l'épaule et sur l'os furculaire (le
coracoïdien); t. X, sur le sternum (l'os hyoïde); Mémoires, t. IX, sur
la vertèbre; Description de l'Égypte, histoire naturelle des poissons,
pl. 2, le squelette du tétrodon; pl. 3, celui du bichir. Nous parlerons
plus loin de ses travaux sur la tête.

ticularités qui distinguent celui des chondrop-térygiens.

Ce squelette se compose de la tête, de l'ap-

---

l'on peut y ajouter celui de M. Schulze, dans les Archives alle-mandes de physiologie de Meckel[1], où il y a plusieurs bonnes observations. Mais l'ouvrage *ex professo* le plus récent sur cette matière, est le mémoire de M. Rosenthal, inséré dans les Archives physiologiques de Reil[2], et qui a été suivi et appuyé de plusieurs cahiers in-8.°, où sont représentés avec exactitude les squelettes d'un grand nombre d'espèces[3]. On a de bons résumés sur ce sujet dans la thèse de M. *Van-der-Hœven*, *De sceleto piscium*, Leyde, 1822, in-8.°, et dans l'*Osteographia piscium* de M. Bakker, im-primée la même année à Groningue; et M. Meckel en a aussi donné un très-soigné et très-bien fait, enrichi d'observations nouvelles, dans le t. II de son Anatomie comparée, publiée en 1824, p. 170—381. Nous verrons plus loin les travaux spéciale-ment relatifs à la tête des poissons. Au reste, nous n'aurons pas besoin pour nos descriptions d'avoir recours aux figures de ces au-teurs, attendu que nous possédons tous les squelettes qu'ils ont fait connaître, et un grand nombre d'autres, qui montent aujourd'hui à près de mille.

1. T. IV, 1818, p. 340 et suivantes. — 2. T. VII, p. 340 et suivantes. 3. Premier cahier, Berlin, 1812, pl. 1, la brême; pl. 4, le hareng; 2.ᵉ cah., *ib.*, 1816, pl. 5, la marène; pl. 6, le saumon et le serrasalme; pl. 7, le brochet; pl. 8, la tête de l'orphie; pl. 9, le silure; pl. 10, le *cobitis fossilis*, l'anableps, le *centriscus scolopax*; 3.ᵉ cah., *ib.*, 1821, pl. 11, le flet et le *pleuronectes mancus*; pl. 12, la castagnole (*sparus raii*), le rason (*coryphœna novacula*, L.) et le *balistes brasiliensis*; pl. 13, la dorée (*zeus faber*), les *chœtodon cornutus* et *striatus*, et un soi-disant *coryphœna lutea*; 4.ᵉ cah., *ib.*, 1822, pl. 14, le *sparus sciandra*, Rudolph., qui est un canthère, l'anabase (*perca scandens*, Dald.); pl. 15, un *labrus*, que l'auteur nomme *fuscus*, et le *phycis tinca* (*blennius phy-cis*, Bl.); pl. 16, le cernier, nommé mal à propos *sciæna aquila*; pl. 17, le corb, nommé *sciæna umbra*, le *scomber sarda* et le *scorpena scrofa*; pl. 18, le *trigla hirundo*, l'*uranoscopus scaber*, la tête du malarmat (*trigla cataphracta*); pl. 19, le lump, le *blennius ocellaris*, le *lophius histrio*; pl. 20, le *remora*, le gobie noir et le *lepadogaster balbis* de Risso.

pareil respiratoire, dont la charpente osseuse est fort développée; du tronc, qui embrasse le corps et la queue, et des membres, qui sont les nageoires pectorales et ventrales; les nageoires verticales, c'est-à-dire celles du dos, de l'anus et de la queue, peuvent être regardées comme appartenant au tronc.

La tête, ayant beaucoup plus de parties mobiles que celle des mammifères, a besoin d'être subdivisée en un plus grand nombre de régions. On peut y distinguer le crâne, les mâchoires, les os placés sous le crâne, en arrière des mâchoires, et qui servent à leur suspension et à leur mouvement; les os des opercules ou les espèces de battans qui ouvrent et qui ferment l'ouverture des branchies; les os presque extérieurs qui entourent la narine, l'œil ou la tempe, ou qui couvrent une partie de la joue.

L'appareil respiratoire comprend l'os hyoïde et ses appendices, c'est-à-dire les rayons branchiostèges et les arceaux qui soutiennent les branchies avec les différentes pièces qui portent ces arceaux ou qui y sont suspendues, et qui toutes ensemble remplissent les fonctions du larynx et de la trachée; enfin, les os placés à l'entrée du pharynx, et qui forment en quelque sorte de secondes mâchoires.

Le tronc se compose des vertèbres du dos et

de la queue (car on ne peut guère dire qu'il y ait un cou, et il n'existe pas de sacrum), des côtes, des os nommés interépineux, qui donnent appui aux nageoires dorsales et anales, et des rayons de ces nageoires, ainsi que de ceux de la caudale. Ces rayons, qu'ils aient des branches et des articulations, ou qu'ils soient simplement épineux, se laissent toujours diviser en deux moitiés sur leur longueur.

Il y a rarement dans les poissons un sternum proprement dit, et lorsqu'il existe, il se forme de pièces presque extérieures, qui réunissent les extrémités inférieures des côtes.

L'extrémité antérieure, ou la nageoire pectorale, comprend l'épaule, demi-ceinture osseuse, composée de plusieurs os, suspendue dans le haut au crâne ou à l'épine, et s'unissant en dessous à sa correspondante : on pourrait y trouver des os analogues aux deux pièces de l'omoplate des reptiles, à l'humérus et aux os de l'avant-bras; il y a même ordinairement en arrière un stylet composé de deux pièces, où l'on pourrait chercher à voir l'os coracoïdien, et même la clavicule. Ce qui est plus certain, c'est que les deux os que nous comparons au cubitus et au radius, portent sur leur bord une rangée d'osselets qui paraissent représenter ceux du carpe, et qui eux-mêmes portent les

1.   20

rayons de la nageoire pectorale, excepté le premier de ceux-ci, qui s'articule immédiatement à l'os radial.

L'extrémité postérieure, beaucoup plus variable en position que dans les mammifères, et dont la partie extérieure et mobile, nommée nageoire ventrale, sort tantôt en avant, tantôt au-dessous, tantôt en arrière de l'extrémité antérieure, se compose de quatre os, dont les plus grands, qui sont aussi les plus constans, étant toujours au-devant de l'anus et des orifices de la génération, peuvent être considérés comme une sorte de pubis, et portent sur une partie de leur bord postérieur les rayons de la nageoire, sans osselets intermédiaires que l'on puisse comparer ni au fémur ni au tibia, ou au péroné, ni même aux os du tarse.

Les rayons des nageoires paires se divisent longitudinalement en deux moitiés, comme ceux des nageoires verticales.

Après cette indication générale des parties dans lesquelles se divise le squelette, nous allons procéder à l'examen spécial de chacune d'elles.

Du Squelette de la Tête.

Le crâne des poissons est généralement plus distinct, plus détaché de leur face, que celui d'aucun des autres vertébrés. Dans le plus grand nombre des espèces, l'intermaxillaire et le maxillaire se meuvent sur le crâne au moyen de diarthroses, et peuvent se mouvoir indépendamment l'un de l'autre, indépendamment même du système palatin ptérygoïdien et tympanal, qui a ses mouvemens séparés. [1]

---

1. L'histoire des recherches sur les os de la tête des poissons est toute récente, et date à peine de vingt ans. Gouan, dans son Histoire des poissons, en 1770, et Vicq-d'Azyr, dans ses Mémoires sur leur anatomie, en 1776 (Mém. des sav. étr., t. VII), n'avaient dit sur les os de leur tête que des choses excessivement vagues et en partie erronnées.

Il n'avait été recueilli en 1798, dans mes Leçons d'anatomie comparée, que quelques mots insignifians sur la composition de leur crâne. Il y fut parlé avec un peu plus de détail des os de la face, bien qu'encore très-imparfaitement : on y comparait le sphénoïde au vomer, l'os maxillaire à l'arcade zygomatique, etc.

En effet, alors nos collections étaient dépourvues presque de tout secours sur l'ostéologie de cette classe, et c'est ce qui m'engagea à m'occuper sans relâche de remplir cette lacune. Les innombrables pièces que j'ai rassemblées, et dont je n'ai jamais refusé l'usage, ont servi en même temps de base au grand travail que je donne aujourd'hui, et aux mémoires de divers naturalistes, à qui il était facile de me devancer en apparence sur quelques points particuliers. Cependant je suis loin de me plaindre de publications et de recherches faites de mon aveu, et qui m'ont été utiles à moi-même. J'aurais désiré seulement que, travaillant avec ma permission sur les matériaux que je recueillais pour remplir les vides de mon premier ouvrage, ils n'eussent pas affecté de prendre ce premier ouvrage pour objet de leur critique, et de laisser croire que j'en étais resté à ce point de mes recherches.

Vers 1807, M. Geoffroy, à la suite de son Mémoire sur l'ostéologie de la tête du crocodile, inséré dans le tome X des Annales du Muséum, fit aussi quelques essais pour déterminer les os de la tête de la tortue et de quelques poissons, et c'est alors qu'il

Le dernier système, comme dans les oiseaux et la plupart des reptiles, forme une lame plus

conçut l'idée de regarder l'opercule comme un pariétal sorti du crâne; idée qu'il publia dans son Mémoire sur les os de la tête des oiseaux, imprimé dans ce même tome X, p. 342.

Je fus conduit à m'occuper aussi de la tête du crocodile, lorsque je donnai, dans les Annales, en 1808, t. XI, mon Ostéologie des crocodiles vivans, pour servir à l'explication des os fossiles de crocodiles et d'autres reptiles. Mais dès ce temps-là je m'occupais de mon grand Traité d'anatomie comparée, et spécialement de ce qui regarde l'ostéologie de la tête, et je donnai ma théorie actuelle presque dans son entier à mon cours de 1811. J'en présentai le résumé très-abrégé, en 1812, dans une note sur les pièces osseuses qui composent la tête des animaux vertébrés. (Annales du Muséum, t. XIX, p. 123 — 128.)

Je décrivis avec plus de détail les os de la face des poissons dans mon Mémoire sur la structure de leur mâchoire supérieure, lu à l'Institut en Mars 1814, et imprimé dans le tome I.er des Mémoires du Muséum. Je donnai dans le même volume, pl. 16, quelques exemples des variétés de configuration de ces os, pris de la coryphène, de la girelle et du razon. Enfin, en 1817, je publiai dans mon Règne animal trois figures de la tête de la morue, où tous les os sont désignés par leurs noms.

C'est aussi en 1817 que M. de Blainville a imprimé, dans le Bulletin philomatique, un Mémoire sur l'opercule des poissons, où il avance que le préopercule est l'os jugal, et que les trois autres pièces représentent celles qui se trouvent dans la mâchoire inférieure des reptiles et des oiseaux de plus que dans celle des poissons. Mais l'auteur assure qu'il avait communiqué ces idées longtemps auparavant à ses auditeurs, et leur donne la date de 1812. Elles furent promptement réfutées par M. Geoffroy, à qui je fis voir dans mes préparations une mâchoire de lépisostée toute aussi compliquée que celle d'aucun reptile, bien que ce poisson ait des opercules également aussi complets que ceux d'aucun poisson.

C'est en 1818, dans sa Philosophie anatomique, que M. Geoffroy a fait connaître ce fait, et c'est là aussi qu'il a mis en avant

ou moins verticale, articulée par son angle postérieur supérieur au côté du crâne, der-

l'idée que les os de l'opercule répondent aux quatre osselets de l'ouïe, savoir, l'opercule à l'étrier, le subopercule à l'enclume, l'interopercule au marteau, et un quatrième, souvent en vestige, à l'os lenticulaire, tandis que le préopercule serait le cadre du tympan.

Cependant il avait paru en Allemagne des travaux importans sur l'objet qui nous occupe, mais dont la plupart des anatomistes parisiens, selon un usage qui commence cependant à diminuer, avaient pris peu de connaissance. Dès 1800, M. Autenrieth avait publié, dans les Archives zootomiques de Wiedemann, un Mémoire sur l'anatomie des pleuronectes, où il présentait plusieurs considé- rations remarquables sur la tête des poissons : il regardait les rayons branchiostèges comme les cartilages des côtes ; les branches osseuses qui les portent, comme formées de l'os hyoïde et de quelques parties du sternum, etc. ; opinion qui a été conçue aussi par M. Geoffroy en 1807, et a servi de point de départ à toute sa théorie de l'appa- reil branchial, qu'il a développée en 1818 dans sa Philosophie anatomique. L'opercule, selon M. Autenrieth, résulte de la divi- sion du cartilage thyroïde, etc. ; mais ce savant médecin s'occupait peu dans son Mémoire de l'analogie des os, si ce n'est de l'appareil tympanique, qu'il rapportait encore à l'apophyse condyloïde de la mâchoire inférieure, comme l'avait fait autrefois Hérissant pour l'os carré des oiseaux.

En 1811 il avait paru, dans les Archives de physiologie de Reil, un mémoire de M. Rosenthal, sur le squelette des poissons, où l'auteur décrit tous les os de la tête avec une fidélité et une clarté fort remarquables, et où il s'occupe, mais avec moins de succès, de rechercher leur analogie. Selon lui, mon ethmoïde, mes deux frontaux antérieurs et mon vomer forment la mâchoire supé- rieure ; mes mastoïdiens sont des pièces détachées des pariétaux ; mon frontal postérieur représente la partie écailleuse du tempo- ral, et ma grande aile, le rocher. Il donne au sphénoïde anté- rieur et aux ailes orbitaires les noms de corps du sphénoïde et de ses ailes. Le sphénoïde proprement dit prend chez lui le nom d'os

rière l'orbite, et par l'antérieur à la partie antérieure du crâne au côté du vomer; cette extré-

---

de la base du crâne. Sur les autres os du crâne ses déterminations
et les miennes s'accordent.

Quant à la face, M. Rosenthal ne donne pas des déterminations
si précises. Mes intermaxillaires et mes maxillaires sont selon lui
des divisions du seul intermaxillaire : il appelle os carré, la pièce
que j'ai nommée temporal, et ne donne aux autres os de l'appareil palatin et ptérygoïdien que des noms vagues et qui n'indi-
quent point leur analogie.

M. Oken, dans un programme de 1807, avait considéré le crâne
comme un composé de trois vertèbres, et l'appelait la tête de la
tête ; le nez était pour lui le thorax de la tête, et les mâchoires
représentaient à son avis les bras et les jambes. Ces comparaisons
éveillèrent diversement les esprits, et il s'en fit des applications
aux poissons.

En 1815, M. *Spix*, dans son ouvrage intitulé *Cephalogenesis,*
vit aussi dans le crâne des vertébrés trois vertèbres, mais les os
qui entourent le nez, lui parurent les analogues de l'appareil
hyoïde, et ceux des mâchoires, les représentans des extrémités
antérieures et postérieures. Il y donna des figures de têtes de
brochet, de morue, de truite, d'anguille, de silure et de carpe;
mais il n'y représenta aucun acanthoptérygien. Dans son système,
mon ethmoïde est le nasal; mon frontal antérieur, le lacrymal;
mon sphénoïde antérieur, l'ethmoïde; mon mastoïdien, le temporal écailleux; mon frontal postérieur, une partie du jugal;
mon rocher, une partie de l'occipital latéral. Sur le reste des os
du crâne, il détermine comme moi. Pour la face, il rapporte les
sous-orbitaires au jugal. Mon os transverse et mon palatin forment
ensemble, selon lui, l'os ptérygoïdien, et c'est dans ce que j'ai
appelé ptérygoïdien, qu'il cherche le vrai palatin. Les autres os
de l'appareil ptérygo-tympanique répondent tous ensemble, dit-
il, à la partie annulaire du tympan; mais il reconnaît, comme
moi, l'intermaxillaire et les maxillaires dans les os communément
appelés des mâchoires et des mystaces.

C'est à M. Spix qu'il appartient, si je ne me trompe, d'avoir vu

mité antérieure porte en partie l'os maxillaire;
l'angle postérieur inférieur donne la facette

---

le premier les osselets de l'oreille dans les opercules : mais il les
arrange autrement que M. Geoffroy. Selon lui, le préopercule est
le marteau; l'opercule est l'enclume; le sous-opercule, l'étrier.

M. *Oken*, dans l'Isis, n.° 2, de 1818, a traduit mes diverses
notes sur cette partie, et copié les figures que j'avais insérées soit
dans les Annales du Muséum, soit dans mon Règne animal.

Dans le n.° 3 du même journal est une détermination des os
de la tête des poissons, par M. *Bojanus*, académicien de Pétersbourg, accompagnée de figures au trait, faites sur la brême et sur
le brochet.

L'auteur ne diffère de moi sur le crâne que parce que, se con-
formant à demi aux idées de M. Oken, il fait de mon frontal
antérieur la lame cribleuse de l'ethmoïde, et du postérieur, l'os
temporal écailleux. Il applique à l'inverse de moi les noms de
rocher et de mastoïdien. Quant à l'occipital externe, il en fait
un interpariétal, ne songeant pas qu'il est toujours en dehors
des pariétaux. Mes sous-orbitaires forment pour lui un jugal, et
il nomme mon jugal ptérygoïdien interne; mon temporal est sa
caisse; ma caisse, son apophyse ptérygoïde externe : l'os transverse
et le ptérygoïdien, il les regarde comme des démembremens du
palatin. Enfin, pour les opercules, il les cherche encore dans les
pièces prétendues manquantes de la mâchoire inférieure, idée que
M. Oken admire, et qui n'est cependant que celle de M. de Blainville, publiée cinq ou six ans auparavant, déjà réfutée depuis
deux ans par M. Geoffroy.

M. *Carus*, cette même année 1818, dans sa Zootomie, considère aussi le crâne comme une réunion de trois vertèbres; mais
il ne voit à la vertèbre occipitale que quatre pièces, oubliant les
occipitaux supérieurs et externes; à la sphénoïdale, que cinq, ne
songeant pas au rocher : mes mastoïdiens lui paraissent des tem-
poraux; mon frontal antérieur, la lame cribleuse de l'ethmoïde;
mon premier sous-orbitaire, le lacrymal; les autres, des représentans du jugal. Il admet deux et trois palatins. Il nomme mon
jugal *os discoïdien*, et compare vaguement ceux qui sont au-

pour l'articulation de la mâchoire inférieure.
La face des poissons est enrichie en outre de

dessus à l'os carré ou à la branche montante de la mâchoire
inférieure ; enfin les opercules lui semblent se mouvoir sur l'appareil branchial, à peu près comme les omoplates sur le thorax ;
mais il rejette l'opinion qui fait de l'os hyoïde et des rayons
branchiostèges une combinaison de l'hyoïde avec des parties du
sternum et avec les côtes sternales.

En 1822, M. *Bakker*, dans son *Osteographia piscium*, a décrit
les os de la tête de l'églefin et du lampris. Mon frontal postérieur lui paraît le rocher, bien qu'il ne reçoive aucune des parties
de l'oreille ; mon mastoïdien est pour lui le temporal ; il prend
mon rocher pour la grande aile ; il nomme mes sous-orbitaires
os jugal et os zygomatique. Quant aux os qui remplacent l'os
carré, il se borne à les désigner par les noms de *symplecticum
primum*, *secundum*, etc.

M. *Van-der-Hœven*, qui a écrit aussi en 1822 sur le squelette des
poissons, ne s'est point hasardé à déterminer les os de leur tête.

M. *Meckel*, dans la deuxième partie du second volume de son
Anatomie comparée, imprimée en 1824, a donné, page 324 et
suivantes, une description générale des os de la tête, avec des
observations sur leurs variations dans quelques poissons. Autant
qu'il est possible d'entendre son texte, dénué de figures, et où il
ne met pas partout les synonymes des autres auteurs, ses déterminations s'éloignent des miennes seulement en ce qu'il regarde ma
grande aile comme le rocher ; l'aile orbitaire comme la grande, et
le sphénoïde antérieur comme l'aile orbitaire ; en ce qu'il fait de
mon frontal antérieur une appartenance de l'ethmoïde, et qu'il
rapporte le postérieur au temporal, et le préopercule et le jugal à
l'os carré ou à la partie articulaire du temporal ; enfin, en ce que
ce sont mes sous-orbitaires qui lui paraissent remplacer le jugal.
Il fait d'ailleurs très-bien remarquer à quel point il s'en faut que le
nombre des pièces soit constant, soit dans le crâne, soit dans les
appareils latéraux. Il ne parle pas des pièces mobiles de l'opercule.

Enfin M. *Geoffroy* en est venu, en 1824 et en 1825, à la détermination des os de la tête des poissons, autres que ceux des
opercules, dont il s'était occupé beaucoup plus tôt, et sur lesquels

deux appareils, inconnus dans les classes précédentes, ou que l'on n'a cru du moins y re-

il conserve son opinion que ce sont les os de l'oreille. Il distribue les pièces de la tête, non pas en trois ou en quatre vertèbres, comme ses prédécesseurs, mais il y voit et il admet de même dans toute autre tête sept vertèbres, ayant chacune son corps, sa partie annulaire supérieure, composée de quatre pièces, et sa partie annulaire inférieure, aussi composée de quatre pièces, neuf par vertèbre et soixante-trois en tout. Depuis lors il a considéré chaque corps comme formé lui-même de quatre pièces, ce qui lui en fait en tout quatre-vingt-quatre. Voici le tableau de sa rédaction du 12 Décembre 1825, qui paraît devoir être la dernière, avec les réflexions qu'il m'a suggérées.

Toute tête, selon M. Geoffroy, est une réunion de sept vertèbres, composées chacune d'un anneau supérieur de deux paires d'os, d'un corps impair et d'un anneau inférieur de deux autres paires d'os, comme il suit.	Et ces pièces, selon le même auteur, sont représentées dans les poissons par les os que je nomme de la manière suivante.	Sur quoi je fais les remarques et observations que voici :	
		Sur les os en particulier.	Sur le total de chaque vertèbre.
1.re VERTÈBRE. Anneau supér. { Les deux ethmophysaux ou cornets supérieurs du nez.	Les os propres du nez.	Ces os, toujours extérieurs dans les poissons, et placés au-dessus des narines, ne peuvent être leurs cornets.	Cette réunion d'os manque du caractère essentiel assigné par l'auteur même à toute vertèbre ; elle n'a de réceptacle ni pour le système nerveux ni pour le système sanguin.
Les deux rhinophysaux ou cornets inférieurs du nez.	Les apophyses montantes de l'intermaxillaire.	Il est très-rare que ces apophyses soient séparées par une suture ; et cette suture ne prouve autre chose, sinon que le nombre des os n'est pas constant.	
Corps. { Le protosphénal ou cartilage du nez.	Un cartilage placé entre les pédicules des intermaxillaires et le vomer.	On multiplierait beaucoup les os, si l'on en faisait de tous les cartilages interarticulaires.	
Anneau infér. { Les deux adnasaux ou intermaxillaires.	Les intermaxillaires.		
Les deux addentaux ou portions dentaires des maxillaires.	Les maxillaires.		

trouver qu'au moyen d'analogies très-suscep-
tibles de contestations ; l'appareil des os sous-
orbitaires, qui forment une chaîne allant du
frontal antérieur au postérieur, et complétant
par en bas le cadre de l'orbite, que le maxillaire et le jugal ont abandonné, et prenant ainsi
une fausse apparence de jugal, ou représentant,

II.ᵉ VERTÈBRE.			
Anneau supér. { Les deux nasaux ou os propres du nez.	L'ethmoïde.	L'os que je nomme eth-moïde, est toujours simple, et on ne peut lui faire re-présenter deux os, et sur-tout les deux nasaux ; car il est entre les narines, et non dessus.	Cette vertèbre-ci n'aurait pas d'an-neau supérieur, ou bien il serait dou-ble ; car l'ethmoï-de le diviserait en deux : de plus, les adgustaux, qui seuls peuvent être censés faire l'anneau infé-rieur, sont séparés des autres pièces par les palatins et les ptérygoïdiens.
Les deux lacry-maux ou os ungnis.	Les frontaux an-térieurs.	Ces os existent dans les crocodiles, dans les tor-tues, etc., à côté des vrais lacrymaux caractérisés pour tels, et ne peuvent leur être substitués.	
Corps. { Le rhinosphénal ou lame ethmoï-dale.	Le vomer.		
Anneau infér. { Les deux adgus-taux ou portions palatines des maxil-laires.	Les transverses.		
Les deux vome-raux ou le vomer.	Parties supposées soudées au vomer.	Ces os sont purement hy-pothétiques dans les pois-sons.	
III.ᵉ VERTÈBRE.			
Anneau supér. { Les deux fron-taux.	Les frontaux principaux.		Cette vertèbre est encore toute disjointe ; les pa-latins et les pre-miers sous-orbitai-res sont séparés des frontaux par les frontaux antérieurs ; il n'est possible de voir ni anneau su-périeur ni anneau inférieur continu. Dans le système qui n'admet que trois vertèbres, cha-que vertèbre a au moins l'avantage d'être continue.
Les deux palpé-braux ou cartila-ges tarses.		Comment les cartilages tarses, qui sont entière-ment détachés, pourraient-ils contribuer à l'anneau supérieur, lequel est clos indépendamment d'eux ?	
Corps. { L'ethmosphénal ou le corps de l'eth-moïde.	Un cartilage pla-cé derrière l'eth-moïde.	Voilà encore un carti-lage interarticulaire érigé en os.	
Anneau infér. { Les deux adorbi-taux ou portions or-bitaires des maxil-laires.	Les premiers sous-orbitaires.		
Les deux pala-taux ou palatins.	Les palatins.		

si on l'aime mieux, la partie de cet os et celle du maxillaire, qui, dans les mammifères, étaient sous l'orbite; et l'appareil des pièces operculaires, qui adhère au bord postérieur du système palatin et ptérygoïdien-tympanal, protège les branchies et s'ouvre ou se ferme, selon que le requiert le mouvement de l'eau qui sert à la respiration.

IV.e VERTÈBRE.			Cette vertèbre est la plus disjointe de toutes pour son anneau inférieur; car ni les sous-orbitaires postérieurs, ni les ptérygoïdiens, n'ont aucune connexion avec les trois autres os; ils en sont même fort éloignés.
Anneau supér. { Les deux ptéréaux ou grandes ailes du sphénoïde.	Les grandes ailes.		
Les deux ingrassiaux ou ailes orbitaires du sphénoïde.	Les ailes orbitaires.		
Corps. { L'entosphénal ou corps antérieur du sphénoïde.	Le sphénoïde antérieur.		
Anneau infér. { Les deux jugaux ou os de la pommette.	Les sous-orbitaires postérieurs.	Ici l'auteur abandonne sa doctrine de l'identité du nombre des pièces, où un os ne doit être représenté que par un os. Les sous-orbitaires postérieurs sont quelquefois très-nombreux.	
Les deux hérisséaux ou apophyses ptérygoïdes internes.	Les ptérygoïdiens.		
V.e VERTÈBRE.			Ici les deux anneaux sont aussi disjoints l'un que l'autre; le sphénoïde postérieur n'a aucune connexion, ni avec les pariétaux et les frontaux postérieurs, ni avec les temporaux, la caisse et le jugal.
Anneau supér. { Les deux pariétaux.	Les pariétaux.		
Les deux temporaux.	Les frontaux postérieurs.		
Corps. { L'hyposphénal ou corps postérieur du sphénoïde.	Le sphénoïde postérieur.		
Anneau infér. { Les deux serriaux ou grosses tubérosités du cercle du tympan.	Les temporaux.	Dans ses premiers essais M. Geoffroy parlait d'un os symplectique, qu'il nommait uro-serrial, c'est-à-dire la partie grêle inférieure du cadre du tympan. Ici encore l'auteur abandonne son identité de nombre dans la représentation des os; avec deux il n'en fait qu'un. Je dois dire aussi que jamais le cotyléal, c'est-à-dire la caisse, ne m'a paru un os différent du cadre du tympan : il n'en est que la continuation.	
Les deux cotyléaux.	Le tympanal et le jugal, nommés par M. Geoffroy épicotyléal et hypocotyléal.		

Du Crâne.

C'est entre ces quatre appareils, maxillaire, sous-orbitaire, ptérygo-tympanique et operculaire, qu'est situé le crâne ou la boîte cérébrale, qui, comme à l'ordinaire, contient le nez et l'œil dans des fosses extérieures, le labyrinthe de l'oreille dans une cavité latérale interne, et l'encéphale dans la grande cavité de son milieu. Ce crâne est, comme dans les autres animaux

VI.e VERTÈBRE.			
Anneau supér. { Les deux interpariétaux.	L'interpariétal.	Je n'ai jamais vu l'interpariétal double dans les poissons.	L'anneau supérieur est encore disjoint; car l'interpariétal et les mastoïdiens ne se touchent pas. Le corps y manque.
Les deux rupeaux ou rochers.	Les mastoïdiens.		
Corps. { L'otosphénal ou portion antérieure du basilaire.		Je n'ai pu apercevoir de division transverse du basilaire.	
Anneau infér. { Les parties inférieures du cercle du tympan.	Les préopercules.		
Les deux malléaux ou marteaux.	Les interopercules.	Les interopercules s'attachent à la mâchoire inférieure, et aident à porter l'os hyoïde : ils n'ont point de muscle propre. Comment concilier cela avec les caractères du marteau ?	
VII.e VERTÈBRE.			
Anneau supér. { Les deux suroccipitaux.	Les occipitaux externes.		Tout le monde reconnaît que le basilaire, les deux occipitaux latéraux et le supérieur représentent une espèce de vertèbre, et cette analogie, saisie par M. Duméril, est peut-être tout ce qu'il y a de vrai dans les nombreux échafaudages que divers auteurs ont établis sur elle.
Les deux exoccipitaux.	Les occipitaux latéraux.		
Corps. { Le basisphénal ou portion postérieure du basilaire.	Le basilaire.		
Anneau infér. { Les deux stapéaux ou étriers.	Les opercules.	Je crois avoir amplement réfuté la supposition que les pièces operculaires soient des os de l'oreille, lorsque j'ai suivi la dégradation et la simplification de l'appareil de ces os depuis l'homme jusqu'à la salamandre. (Voy. mes Recherches sur les os fossiles, 2.e édit., t. V.)	
Les deux incéaux ou enclumes.	Les subopercules.		

vertébrés, une cage ou enveloppe composée de pièces unies fixément par des sutures. [1]

Le crâne des acanthoptérygiens fournit le point de départ le plus commode, c'est-à-dire que c'est celui où les pièces constituantes sont le plus au complet et le mieux développées; elles se modifient plus ou moins dans les autres ordres, mais de manière à ce qu'une fois que l'on a bien saisi ce premier type, il est toujours facile de les y ramener. On y reconnaît aisément une grande analogie avec les crânes des reptiles et des oiseaux [2], dont il n'est pas difficile d'y retrouver

---

1. Pour faciliter l'étude de l'ostéologie des poissons, on a représenté dans tous ses détails celle de la perche sur les planches I, II et III. La planche I offre le squelette entier. La tête s'y voit entière par le côté. Les appareils de la face y sont en situation naturelle. Les figures I, II, III et IV de la planche II représentent le crâne et les pièces dont il se compose, vu fig. I par le côté, fig. II en dessus, fig. III en dessous, fig. IV par derrière. La figure V est le crâne vu en dessous avec un côté de la face, vu inférieurement, l'appareil branchial étant enlevé. La figure VI représente, au contraire, le crâne dont on a enlevé les appareils de la face, pour montrer la manière dont s'y attachent les appareils des branchies et de l'épaule. La figure VII est une coupe verticale et longitudinale du crâne, montrant son côté droit par sa face interne. La figure VIII en est une coupe verticale transverse, montrant son côté antérieur par dedans. La figure IX est la partie opposée de la même coupe, et montre en dedans le côté postérieur du crâne. Enfin, la figure X est une coupe horizontale qui montre le plancher de la cavité du crâne. Dans toutes ces figures le même os porte le même numéro.

2. On doit consulter sur le crâne des reptiles, les chapitres où je l'ai décrit, dans mon Traité des ossemens fossiles, t. V, 2.ᵉ part.

presque toutes les parties, et c'est ce dont on aura
la preuve, si l'on veut bien examiner avec nous
un de ces crânes, celui de la perche commune,
par exemple : les autres acanthoptérygiens possèdent tous les mêmes os, et ne diffèrent les uns
des autres que par les proportions de ces os et
celles de l'ensemble ; c'est pourquoi aussi nous
nous bornerons à décrire ces os génériquement
d'après leur nombre, leurs connexions et leurs
fonctions, sans entrer dans les détails de leur
configuration, qui seraient purement spécifi-
ques, et ne serviraient qu'à rendre nos indications plus difficiles à saisir.

À la face supérieure, le *frontal principal*
(n.° 1) forme la voûte de l'orbite et la partie
antérieure de celle du crâne[1]. Il a en avant et
en arrière des os qui forment les piliers antérieur et postérieur de l'orbite, et qui répondent
aux frontaux antérieur et postérieur des reptiles.

Les *frontaux antérieurs* (n.° 2) forment le
pilier de devant, et laissent passer entre eux
les nerfs olfactifs, comme dans tous les animaux
où ces os existent ; mais l'*Ethmoïde* (n.° 3) formant ici une cloison verticale, c'est entre lui et
le frontal antérieur, par une échancrure de ce
dernier, que passe le nerf de chaque côté, très-

---

1. Il ne paraît y avoir qu'une opinion sur cet os ; tous les auteurs le reconnaissent comme nous pour le frontal.

souvent même c'est par un trou du frontal antérieur, et non par une échancrure; mais cet os
n'en est pas moins toujours reconnaissable pour
ce qu'il est. Dans le congre et l'anguille, il reste
toujours à l'état cartilagineux, et disparaît quand
les squelettes sont trop macérés. Ce frontal antérieur a à son bord inférieur une facette pour le
palatin (n.° 22), et souvent en dehors de celle-là
une autre pour le premier sous-orbitaire (n.° 19).[1]

Le *frontal postérieur* (n.° 4) forme le pilier
postérieur de l'orbite, et concourt à fournir
une articulation à l'os que j'appelle *temporal*
(n.° 23).[2]

---

1. M. Spix, conformément à son système général, voit dans
le frontal antérieur des poissons un lacrymal, et M. Oken un
os planum. Nous avons à opposer à ces idées les mêmes raisons
que nous avons déjà données dans notre *Ostéologie du crocodile*
(*Recherches sur les os fossiles*, t. V, 2.ᵉ part., p. 67), où cet os
existe au côté d'un ethmoïde cartilagineux, qu'il enveloppe comme
la partie antérieure du frontal enveloppe l'ethmoïde des rumi-
nans. M. Bojanus, partant sans doute du trou qu'il a dans plusieurs poissons pour le nerf olfactif, en fait une lame cribleuse
de l'ethmoïde; mais cette opinion, qui n'a pas ce soutien dans
toutes les espèces, est réfutée d'ailleurs par les autres rapports de
cet os avec les os voisins. Quant à M. Rosenthal, qui le classe
comme partie du maxillaire supérieur, on ne peut expliquer
son idée que par la supposition qu'il n'avait pas étudié les reptiles, où le frontal antérieur est séparé du maxillaire par un
lacrymal. M. Geoffroy et M. Carus appellent cet os lacrymal
comme M. Spix. M. Bakker adopte ma détermination, mais il
nomme l'os *frontal*, *orbital*.

2. Les auteurs varient beaucoup sur ce *frontal postérieur*. Selon

L'axe de la face inférieure est occupé, comme à l'ordinaire, par le *basilaire* (n.° 5) et le *sphénoïde* (n.° 6). Le sphénoïde se prolonge en avant, comme dans les oiseaux, en une apophyse longue, qui sert de base à la cloison interorbitaire, laquelle reste le plus souvent membraneuse.[1]

Partant de ces premiers renseignemens, on arrive à des déterminations assez démontrables des autres os; mais on arrive aussi, comme dans les oiseaux et les reptiles, à la preuve que leur nombre n'est pas le même que dans le fétus humain, et, qui plus est, nous verrons qu'il n'est pas constant dans les différens poissons.

On reconnaît aisément les deux *pariétaux* (n.° 7) derrière les frontaux, mais ils ne se touchent que rarement[2]; presque toujours ils sont séparés l'un de l'autre par l'os impair (n.° 8),

---

M. Rosenthal et M. Bojanus, c'est la partie écailleuse du temporal. Selon M. Spix, c'est une partie du jugal. M. Bakker en fait l'os du rocher. M. Geoffroy suit l'idée de MM. Rosenthal et Bojanus, et nomme cet os *temporal*.

1. Sur le basilaire et sur le sphénoïde postérieur tout le monde paraît d'accord : seulement M. Geoffroy établit dans le premier une division transversale que je ne puis y voir. Il nomme le segment postérieur *basisphénal*; l'antérieur, *otosphénal*; le sphénoïde, *hyposphénal*. M. Rosenthal donne au sphénoïde le nom vague d'*os de la base du crâne*. Par ce nom d'*os de la base* (*Grundbein*), M. Meckel entend la réunion du basilaire, du sphénoïde et des os latéraux qui s'y attachent.

2. Il paraît qu'enfin tout le monde, et même en dernier lieu M. Geoffroy, est aussi d'accord sur les pariétaux.

duquel s'élève l'épine occipitale, qui est très-grande dans beaucoup de poissons, et s'y prolonge souvent en avant en une vraie crête sagittale; dans ce cas on est tenté naturellement d'appeler cet os impair *interpariétal*[1]; mais quelquefois aussi, comme dans la carpe, les pariétaux se touchent sur une grande partie de leur longueur, et alors l'os en question est en arrière d'eux, et pourrait être regardé comme un *occipital supérieur*; son rôle ressemblerait alors beaucoup à celui qu'il joue dans la tortue. Il y a des poissons, nommément dans la famille des silures, où les pariétaux manquent tout-à-fait, et sont remplacés par un plus grand développement de cet os impair.

Ce dernier a toujours à ses côtés, comme dans cette même tortue, deux paires d'os qui forment les parties latérales de l'occiput, et qui répondent rigoureusement à ceux que j'ai appelés, dans la tortue, *occipital externe* (n.° 9) et *occipital latéral* (n.° 10).

Si l'on aimait mieux appeler l'os impair dont j'ai parlé, *interpariétal*, les deux occipitaux externes pourraient être considérés comme un *occipital supérieur* divisé en deux[2]; ils forment

---

1. M. Geoffroy a fini par nommer aussi cet os *interpariétal*, et je ne vois pas que personne s'éloigne de cette idée.

2. M. Geoffroy a aussi adopté cette détermination, et nomme

chacun le sommet de la première crête latérale du crâne, celle que j'appelle intermédiaire, à laquelle s'attache une des apophyses du sur-scapulaire. Dans l'intérieur du crâne, l'occipital latéral (n.° 10) donne souvent une lame qui s'unit à celle de son correspondant pour former un plancher au-dessus des sacs où sont renfermées les pierres de l'oreille. Il a quelquefois une conformation singulière, notamment dans la carpe, où il est percé d'un grand trou.

L'occipital inférieur ou *basilaire* (n.° 5) occupe sa place ordinaire, et c'est entièrement à lui qu'appartient la facette articulaire en forme de cône creux, par laquelle la tête s'attache au corps de la première vertèbre; mais les deux autres petites facettes qui, dans un grand nombre d'espèces, concourent à l'articulation de la tête avec les facettes articulaires de cette même vertèbre, appartiennent aux occipitaux latéraux (n.° 10).

De chaque côté du sphénoïde, en avant de l'occipital latéral et de l'inférieur, s'élève la *grande aile* ou *aile temporale* (n.° 11), qui va toujours se joindre par une suture au frontal postérieur (n.° 4)', et fournit, conjointement

____

ces deux paires d'os *suroccipital* et *exoccipital*. M. Bojanus appelle l'occipital externe, *interpariétal*.

1. M. Geoffroy, qui a adopté enfin la même détermination,

avec lui, une facette articulaire à l'os temporal. C'est par un trou ou par une échancrure de cette pièce que passent les deux dernières branches de la cinquième paire. Il arrive souvent que, dans l'intérieur du crâne, cette grande aile donne sur le devant un plancher au-dessus de la glande pituitaire, comme les occipitaux latéraux en donnent un sur les pierres de l'oreille.

Pour compléter l'angle latéral postérieur et supérieur du crâne, il y a toujours de chaque côté, entre le frontal postérieur, le frontal, le pariétal, l'occipital interne, l'occipital latéral et la grande aile, un et souvent deux os : le premier (n.° 12) est manifestement le même que j'ai nommé *mastoïdien* dans le crocodile et dans la tortue[1]. Il contribue avec le frontal postérieur, et quelquefois avec la grande aile, à fournir la face articulaire pour le premier os de l'appareil palatin et tympanique, pour cet os que j'ai appelé temporal. Cet os mastoïdien

la nomme *ptéréal*. Tout le monde paraît maintenant d'accord sur cet os, si ce n'est M. Rosenthal et M. Meckel, qui le prennent pour le rocher.

1. A présent M. Geoffroy nomme mon mastoïdien *prérupéal*, et mon rocher, *postrupéal*, et les croit tous deux des parties du rocher. M. Spix en fait le temporal écailleux et une partie de l'occipital latéral. M. Bojanus les nomme à l'inverse de moi. M. Bakker juge que mon mastoïdien est le temporal. M. Meckel est seul de mon avis, et regarde, ainsi que moi, cet os comme remplaçant l'apophyse mastoïde.

se prolonge, dans les poissons, en une apophyse plus ou moins saillante, qui forme le sommet de ce que je nomme la crête externe du crâne, et donne attache à une des apophyses de l'os supérieur de l'épaule ou surscapulaire.

Lorsque les os dont je parle, et qui complètent l'angle du crâne, sont au nombre de deux, et c'est presque toujours ce qui a lieu dans les acanthoptérygiens, je ne puis trouver au second (n.º 13) d'autre nom que celui de *rocher*. Il est généralement petit, et placé entre le mastoïdien, l'occipital latéral et la grande aile; quelquefois, comme dans les gades, il est très-grand et descend jusqu'à l'occipital inférieur et au sphénoïde [1]; souvent aussi il manque entièrement, comme dans le brochet, la carpe, l'anguille.

En avant de la grande aile, plus vers le haut, une pièce (n.º 14), que l'on ne peut appeler que *l'aile orbitaire*, s'engrène avec cette grande aile et avec le frontal postérieur et le frontal [2]. C'est entre elle et sa correspondante que passent, dans le haut, les nerfs olfactifs, et dans le bas, les op-

---

1. C'est le *rocher* de l'églefin que M. Bakker a pris pour la grande aile du sphénoïde, dont il a en effet l'apparence dans le genre des gades. M. Meckel indique cet os, mais sans vouloir le déterminer.

2. M. Geoffroy, qui adopte ma détermination, nomme cette pièce *ingrassial*. M. Rosenthal la nomme simplement l'aile du sphénoïde. M. Meckel la prend pour la grande aile.

tiques; il leur arrive quelquefois, comme dans la carpe, de s'unir l'une à l'autre en dessous, et de former ainsi un plancher sur les nerfs optiques.

Au-dessous ou au-devant de ces ailes orbitaires est un os impair (n.° 15), le plus souvent implanté par une seule lame sur le sphénoïde, et se bifurquant dans le haut, pour rejoindre tantôt les deux ailes orbitaires, tantôt les deux grandes ailes, quelquefois aussi pour rester suspendu dans la membrane interorbitaire qui unit toutes ces parties. C'est un *sphénoïde antérieur,* fort analogue, dans le brochet, par exemple, à ce qu'il est dans les lézards [1]; mais quelquefois, comme dans les cyprins, les silures, cet os est considérable et s'unit non-seulement au sphénoïde et à l'aile orbitaire, mais au frontal et au frontal antérieur; il remplace entièrement alors la cloison interorbitaire par une continuation de la cavité du crâne, qui s'étend jusqu'entre les frontaux antérieurs. D'autres fois, comme dans les sciènes, la cloison interorbitaire se trouve plus ou moins ossifiée par des productions du sphénoïde ou des frontaux antérieurs, ou même

---

1. Selon M. Rosenthal, c'est cet os qui serait le *corps* du *sphénoïde;* selon M. Spix, il est *l'ethmoïde;* M. Meckel en fait *l'aile orbitaire.* M. Geoffroy adopte ma détermination, et nomme l'os *entosphénal.*

de l'ethmoïde, qui s'étendent dans la membrane. Enfin, il y a des poissons où le sphénoïde antérieur manque tout-à-fait, et où toute cette partie est membraneuse.

Cette reconnaissance faite, il ne reste plus à déterminer que les deux os qui forment le bout antérieur du crâne, l'un en dessus, l'autre en dessous. Celui de dessous (n.° 16) se continue avec le sphénoïde; celui de dessus (n.° 3) avec les frontaux et les frontaux antérieurs; en outre ils se joignent l'un à l'autre verticalement, et les cavités des narines sont situées à leurs côtés, en sorte qu'à eux deux ils en fournissent la cloison. Celui de dessous est souvent armé de dents à sa face inférieure. Je n'hésite pas à croire que celui-ci est le *vomer*, et l'autre l'*ethmoïde*, c'est-à-dire ce que, dans les mammifères, on appelle la lame verticale de cet os. Toutes leurs connexions confirment cette détermination. [1]

Il arrive quelquefois, comme dans le congre, l'anguille, que l'ethmoïde et le vomer ne font qu'une seule pièce.

---

1. M. Rosenthal, avec mon ethmoïde, mes deux frontaux antérieurs et mon vomer, compose ce qu'il appelle la *mâchoire supérieure*. Selon M. Spix, mon ethmoïde est le *nasal*. M. Geoffroy adopte pour l'ethmoïde ma détermination, et le nomme *ethmosphénal*; mais il regarde mon vomer comme la lame verticale de l'ethmoïde, et le nomme *rhinosphénal*. M. Bakker est d'accord avec moi sur les deux os, et M. Meckel aussi.

Ainsi le crâne des poissons, lorsque ses pièces sont au complet, se compose de vingt-six os; savoir : six impairs, le *basilaire* (n.° 5), le *sphénoïde principal* (n.° 6), le *sphénoïde antérieur* (n.° 15), le *vomer* (n.° 16), l'*ethmoïde* (n.° 3) et l'*interpariétal* ou *occipital supérieur* (n.° 8); et vingt pairs, les *frontaux principaux* (n.° 1), les *frontaux antérieurs* (n.° 2), les *frontaux postérieurs* (n.° 4), les *pariétaux* (n.° 7), les *mastoïdiens* (n.° 12), les *occipitaux externes* (n.° 9), les *occipitaux latéraux* (n.° 10), les *rochers* (n.° 13), les *grandes ailes* (n.° 11) et les *ailes orbitaires* (n.° 14).

Pour terminer la description du crâne à l'extérieur, nous ferons remarquer qu'il a généralement à l'arrière de son occiput cinq pointes saillantes, qui se prolongent souvent en crêtes, soit en avant, soit en arrière : l'une de ces crêtes, que je nomme *mitoyenne,* est impaire et répond à l'épine occipitale; elle appartient à l'interpariétal, et se prolonge souvent en avant sur la suture des frontaux, et en arrière sur celle des occipitaux latéraux : c'est à sa suite que viennent les apophyses épineuses des vertèbres dorsales, qui s'y attachent par un ligament analogue au cervical des quadrupèdes. La seconde, que je nomme *intermédiaire,* et dont il y a une de chaque côté, est sur l'occipital externe, se prolonge en avant sur le pariétal et quelquefois sur le frontal de son côté. C'est à son extrémité saillante que s'attache la branche supérieure de l'os supérieur de l'épaule, que je nomme *surscapulaire.* Enfin, la troisième crête, que j'appelle *externe,* appartient à l'os mastoïdien, et se prolonge en avant sur le frontal postérieur et le côté du frontal principal, et en arrière sur le rocher et l'occipital latéral; à son extrémité postérieure, qui appartient au mastoïdien, s'attache la seconde et quelquefois l'unique branche de l'os surscapulaire, dont la troisième branche, quand elle existe, s'attache plus profondément. C'est sous cette troisième crête, dans une fosse creusée sous le mastoïdien et le frontal antérieur, que s'articule en arrière l'appareil palatin et temporal, au moyen de l'os que j'appelle *temporal;* et c'est d'elle que se détache ordinairement celle qui va former l'apophyse postorbitaire du frontal postérieur.

L'existence ou la non-existence de ces prolongemens et leur plus ou moins d'étendue influent beaucoup sur la forme particulière de chaque crâne, et même sur celle de tout le corps du poisson: ainsi les poissons à corps comprimé, et dont le dos s'élève beaucoup au-dessus de la tête, ont la crête mitoyenne très-élevée aussi, et les latérales à proportion; au contraire, dans les poissons où la tête est déprimée et le corps arrondi, ces crêtes sont effacées, ou se réduisent à des épines sensibles seulement à l'occiput et d'avant en arrière. Quand le crâne est à la fois élargi et aplati, les crêtes externes en forment ordinairement les bords latéraux. Les voûtes plus ou moins larges, plus ou moins concaves, qui se trouvent quelquefois aux côtés du crâne, comme dans les cyprins et certains silures, sont au nombre des conformations les plus remarquables, et toutefois il suffit, pour les former, que quelques parties des os que nous venons de dénombrer proéminent davantage ou s'unissent les unes aux autres par une ou deux sutures de plus, ainsi que nous le verrons dans le temps. On peut donc dire en général que dans les poissons osseux, quelles que soient les variations de la forme générale de leur crâne, sa composition n'en demeure pas moins à peu près constante, et que les exceptions à cette règle, quoique bien certaines, sont néanmoins assez rares.

Des Fosses du Crâne.

La voûte supérieure de la grande cavité encéphalique est formée par la partie postérieure des frontaux, les pariétaux, l'interpariétal et les occipitaux externes. Les frontaux postérieurs et les mastoïdiens prennent part à ses parois latérales. Les ailes orbitaires sont aux deux côtés de sa paroi antérieure. Son plancher est formé par les branches supérieures du sphénoïde antérieur et par la grande aile; enfin, cette cavité se termine en arrière en un canal entièrement entouré par les occipitaux latéraux.

Ce canal forme, à proprement parler, la *fosse postérieure*.

La *fosse antérieure* est le plus souvent à peu près entièrement membraneuse, et dans le squelette on ne voit qu'un grand trou, limité latéralement par les ailes orbitaires, en dessus par les frontaux, et en dessous par la bifurcation du sphénoïde antérieur. Il y a cependant des genres, tels que les cyprins et les silures, où, comme nous l'avons dit, les ailes orbitaires et un très-grand sphénoïde antérieur s'unissent pour garnir de toutes parts la fosse antérieure de parois osseuses, sauf les orifices nécessaires pour le passage des vaisseaux et des nerfs.

La *fosse moyenne* est limitée en avant par une arête transverse de l'aile orbitaire, et en arrière par une autre arête, qui règne sur la face interne de la grande aile et du frontal postérieur. Ces deux arêtes se réunissent en arrière. Au fond de cette fosse, derrière la partie bifurquée du sphénoïde antérieur, et quelquefois, comme dans la carpe, derrière la réunion des ailes orbitaires, est un trou qui conduit à un grand canal, lequel règne en arrière, sous la fosse moyenne et la postérieure, entouré supérieurement et latéralement par des lames de la grande aile, inférieurement par le sphénoïde, et se terminant en entonnoir dans le basilaire. Il loge en avant la glande pituitaire, et conduit les artères vertébrales dans le crâne. Cette cavité n'existe pas toujours; elle manque, par exemple, dans la morue, qui a sa glande pituitaire peu encaissée.

Entre la fosse moyenne et la postérieure sont les *cavités de l'oreille*, qui, dans les quadrupèdes, sont enveloppées dans le rocher, et forment une saillie à l'intérieur; qui, dans les oiseaux et les reptiles, occupent plusieurs des os voisins, et qui, dans les poissons osseux, communiquent ouvertement avec le crâne. Ces cavités consistent, 1.° dans deux grandes fosses creusées au-dessous de la cavité qui contient le cerveau, et se prolongeant aux côtés de la fosse postérieure : elles sont entourées par la grande aile, l'occipital latéral et le basilaire, et servent à loger les sacs qui contiennent les grandes pierres de l'oreille; 2.° dans divers enfoncemens qui occupent l'angle latéral postérieur du crâne, s'étendent dans l'occipital externe, le mastoïdien, l'occipital latéral, et même un peu dans le pariétal, le frontal postérieur et la grande aile, *et* servent à loger les canaux semi-circulaires.

Des Trous du Crâne.

Suivant que la clôture du crâne est plus ou moins complète en avant, il y a des variétés, non pas précisément dans les trous dont cette cavité est percée, mais dans la manière dont ils sont entourés par les os. Ainsi, dans la plupart des acanthoptérygiens, et nommément dans la perche, que nous prenons pour type, les nerfs olfactifs et optiques, et ceux des troisième et quatrième paires, ne traversent que les membranes qui ferment la grande ouverture placée en avant entre les frontaux, les ailes orbitaires et le sphénoïde antérieur. Il en est de même dans la morue, qui, de plus, laisse sortir la cinquième paire par une échancrure seulement du bord antérieur de sa grande aile; tandis que dans la perche non-seulement il y a dans le milieu de cette grande aile des trous pour les branches de la cinquième paire, mais qu'il y en a même un près de son bord pour la sixième. La huitième paire sort par deux trous percés sur le côté de l'occipital latéral, et la dixième par un de sa face supérieure, non loin du trou occipital.

On peut aussi remarquer dans les crânes osseux quelques solutions de continuité, qui, à l'état frais, ne sont fermées que par des membranes ou des cartilages : ainsi la perche et plusieurs autres acanthoptérygiens en ont une assez notable de chaque côté, entre le pariétal, le mastoïdien et l'occipital externe; on la voit aussi dans le brochet, qui en a encore une autre entre le frontal postérieur, la grande aile et le mastoïdien : c'est même au milieu de ce cartilage dans le brochet qu'est suspendu un très-petit vestige de rocher.

Nous avons déjà parlé de l'énorme trou dont est percé chaque occipital latéral dans les cyprins. Ces poissons en ont un petit impair entre les pariétaux et l'interpariétal; quelques silures ont une fente au même endroit, et une autre plus en avant entre les deux frontaux, etc.

De la Mâchoire supérieure.

Pour reconnaître aisément les *intermaxillaires* et les *maxillaires*, il faut les considérer dans le saumon ou dans les truites proprement dites[1]. Les os dont nous parlons y sont situés

---

1. Ces parties dans la truite sont représentées, pl. III, fig. V, avec les mêmes numéros que dans les figures prises de la perche. La face entière de celle-ci est représentée en situation, pl. III, fig. I; et tous ses os détachés les uns des autres, fig. II.

comme dans tous les mammifères et les reptiles;
les intermaxillaires (n.° 17) sur le devant de la
mâchoire, avec peu de mobilité; les maxillaires
(n.° 18) sur les côtés, jusqu'à la commissure,
armés de dents qui continuent la série des dents
intermaxillaires. De chaque côté, en dedans des
dents maxillaires, est une autre série de dents
appartenant au palatin, comme dans les serpens,
et au milieu il s'en trouve une bande adhérente
à cet os longitudinal qui est, comme nous l'a-
vons dit, l'analogue du vomer. Cette structure
se retrouve dans les éperlans, les ombres ou
corégones et dans toute la famille des clupes.
Dans le polyptère, la ressemblance avec les
mammifères et les reptiles va encore plus loin;
ses maxillaires et ses intermaxillaires sont attachés fixément et sans mobilité au reste de la tête.

Il y a des structures plus ou moins analogues
dans divers autres genres; mais dans le plus
grand nombre des poissons, notamment dans
les cyprins et dans presque tous les acanthoptérygiens, l'*intermaxillaire* (n.° 17) forme la
presque-totalité du bord de la mâchoire supérieure, et se meut en faisant glisser une apophyse montante devant l'extrémité antérieure
du crâne, formée, ainsi que nous l'avons dit,
par deux os analogues à l'ethmoïde (n.° 5) et au
vomer (n.° 16). Le *maxillaire* (n.° 18) est placé

parallèlement à l'intermaxillaire, et forme ce qu'on appelle communément l'*os labial*, parce qu'il porte quelquefois un repli de la peau qui représente une lèvre, ou l'*os des mystaces*, parce qu'il représente une sorte de moustache, et parce que cet os se prolonge quelquefois en un barbillon charnu ou véritable moustache, comme cela se voit surtout dans les silures. Cet os maxillaire (n.° 18) s'articule par des articulations mobiles à l'intermaxillaire (n.° 17), à une facette saillante du vomer (n.° 16) et à une apophyse un peu courbée de l'os palatin (n.° 22). C'est ainsi que l'os intermaxillaire, l'os maxillaire et le palatin avec l'appareil qui est attaché à ce dernier, se meuvent les uns sur les autres et sur le crâne. Le maxillaire (n.° 18) se subdivise quelquefois en deux ou trois pièces, comme dans les harengs, ou même en un beaucoup plus grand nombre, comme dans le lépisostée. L'intermaxillaire (n.° 17) lui-même a quelquefois son apophyse montante distinguée du reste de son corps par une suture [1] : c'est ce que l'on voit nommément

---

1. J'ai cru pendant quelque temps que l'os labial répondait au jugal ; c'est dans ce système que M. Fischer en a parlé dans son Traité de l'os intermaxillaire, où il paraît regarder l'extrémité antérieure du crâne comme répondant à la mâchoire supérieure. M. Rosenthal adopte les idées de M. Fischer par rapport à ce dernier point, mais il veut que le labial ne soit qu'un démembrement de l'intermaxillaire. C'est en 1811 que j'ai reconnu le

dans le cernier [1]. Les cyprins ont quelque chose de plus particulier dans trois petits os placés entre ceux de la mâchoire et le crâne, et sur lesquels nous reviendrons à leur chapitre.

C'est en général de la forme des intermaxillaires que dépend celle du museau des poissons, tantôt aplati horizontalement, ou comprimé par les côtés; tantôt obtus ou arrondi; tantôt avancé au-delà de la bouche, en proéminence plus ou moins saillante, et quelquefois même énorme, comme dans les xiphias; tantôt s'alongeant en même temps que la mâchoire inférieure en une sorte de bec, comme dans l'orphie. C'est surtout de la longueur des pédicules montans de ces intermaxillaires que dépend le plus ou moins de protractilité de la bouche, c'est-à-dire, de cette faculté qu'a le poisson de la faire saillir tout d'un coup en avant du museau; mais toutes ces circonstances, dont nous parlerons à l'article de chaque genre, n'influent point sur la composition de ces parties.

labial pour ce qu'il est, en l'observant dans les truites, et je vois que cette opinion a été adoptée depuis par tous les ostéologistes, excepté M. Rosenthal. Elle est en effet évidente pour quiconque commence l'étude de cet os dans la truite et les autres espèces, où il fait partie du bord de la mâchoire.

1. C'est cette apophyse ainsi séparée que M. Geoffroy prend pour le cornet inférieur du nez, et qu'il nomme *rhinosphénal*.

Des Os nasaux, sous-orbitaires et surtemporaux.

L'appareil nasal, sous-orbitaire et surtemporal est le plus variable de tous dans les poissons, quant au nombre des pièces dont il se compose. Le premier *sous-orbitaire* (n.° 19), en général le plus prononcé dans ses formes, est articulé à une facette de l'apophyse inférieure externe du frontal antérieur; ce qui pourrait le faire regarder comme analogue du lacrymal[1]. Il forme le bord externe ou inférieur de la cavité de la narine, pendant que le bord interne ou supérieur est formé par le *nasal* (n.° 20)[2], qui s'articule dans le haut avec le frontal (n.° 1), descend le long de la crête antérieure de l'ethmoïde (n.° 3), et couvre quelquefois par sa partie inférieure la jonction du palatin (n.° 22) avec le maxillaire (n.° 18), et de celui-ci avec l'intermaxillaire (n.° 17). Au premier sous-orbitaire (n.° 19), dont je viens de parler, s'unit une chaîne d'os plus ou moins grands, plus ou

---

1. C'est l'*adorbital* ou *portion orbitaire du maxillaire* de M. Geoffroy. MM. Spix, Bojanus, Bakker et Meckel le rapportent, ainsi que les suivans, au *jugal*. Pour M. Carus, c'est le *lacrymal*. Ce qui me fait considérer cet appareil comme différent de ceux des autres vertébrés, c'est qu'il recouvre les muscles, au lieu de leur donner attache.

2. C'est l'*ethmophysal* ou *cornet supérieur du nez* de M. Geoffroy.

moins nombreux (n.° 19)[1], qui finit par aller se rattacher au frontal postérieur (n.° 4), après avoir cerné la moitié inférieure de l'orbite. Cette chaîne d'osselets représenterait tout au plus la portion de l'os jugal qui occupe la même place dans beaucoup d'animaux; quelquefois une partie de ces os donne même une lame qui forme sous l'orbite un plancher incomplet. Ce sont eux qui cuirassent la joue et couvrent le crotaphyte et les muscles voisins dans certains poissons, tels que les trigles, les scorpènes, certains salmones, etc. On voit assez souvent à leur suite d'autres petits osselets qui forment en arrière une chaîne semblable de chaque côté (n.° 21) sur l'intervalle de l'apophyse externe et de l'apophyse intermédiaire du crâne, et couvrent l'articulation de l'os surscapulaire (n.° 46) avec ces deux apophyses[2]; ceux-ci du moins sont bien certainement propres aux poissons, et nous n'apercevons pas où il serait possible de leur chercher des analogues dans les autres classes. Nous les appellerons *surtemporaux*.

---

1. Ce sont les *jugaux* de M. Geoffroy.

2. M. Bakker, qui me paraît seul avoir distingué ces petits os, les nomme *surtemporaux* (*supra-temporalia*). Nous adoptons ce nom.

De l'*Arcade palatine*, ou du *Système palatin ptérygoïdien et temporal*.[1]

Ce système est composé de sept pièces de chaque côté. Il comprend assez manifestement le *palatin* en avant (n.° 22), le *temporal* en arrière (n.° 23), et ne peut être expliqué dans le reste de sa composition qu'autant que l'on y fait entrer le *ptérygoïdien*, le *transverse* des reptiles et le *jugal;* mais on rencontre bien des difficultés pour appliquer ces noms, si même leur application peut être faite pour tous avec quelque vraisemblance.

Le *palatin* (n.° 22) n'offre pour sa part aucune de ces difficultés; il est placé comme celui des serpens, et est de même très-souvent armé de dents.

---

1. M. Geoffroy, dans le tome IX des Mémoires du Muséum, pl. 6, donne des figures des lames palato-temporales de la *morue* et du *mérou*, mais sans explication. Plus tard (en 1824 et 1825) il en a donné une qui revient à peu près à la mienne, si ce n'est qu'il fait de mon jugal et de mon tympanal son *hypocotyléal* et son *épicotyléal*, ce qui signifie que ce sont des démembremens d'un os de la caisse, lequel serait lui-même distinct des trois pièces qui composent le cercle du tympan selon M. Serre : de mon temporal et de mon préopercule il fait son *serrial* et son *tympanal*, ce qui signifie qu'ils représentent deux parties du cadre du tympan ; enfin, le septième os, il le nomme *uro-serrial*, c'est-à-dire qu'il le compare au filet grêle qui forme, selon M. Serre, une troisième pièce du cercle du tympan.

Derrière le palatin viennent deux os, dont l'un (n.° 24), étroit et arqué, forme le bord externe; l'autre (n.° 25), plus large, plat et mince, la partie moyenne et interne de cette portion de l'appareil. Il est tout naturel de croire que ce sont les os analogues, le premier (n.° 24), à celui que j'ai nommé dans ces reptiles l'*os transverse*, et le second (n.° 25), au *ptérygoïdien interne*. Pour cette dernière pièce (n.° 25), sa position semble indiquer son nom; l'autre (n.° 24) est placée aussi à peu près comme le transverse; mais elle ne s'articule point au maxillaire, parce que ce dernier est plus libre dans ses mouvemens que celui des lézards, et elle s'attache dans une autre direction au jugal (n.° 26), parce que celui-ci est placé beaucoup plus en arrière.[1]

Je prends, en effet, pour le *jugal*, par les raisons que l'on verra tout à l'heure, un os (n.° 26) large, ordinairement triangulaire, placé en arrière de ce transverse, et qui donne de son angle inférieur l'articulation à la mâchoire inférieure par une facette gynglimoïde.

Au-dessus de cet os, et en arrière du ptéry-

---

1. MM. Bakker et Meckel déterminent ces trois os comme moi; M. Geoffroy aussi ; M. Bojanus en fait des démembremens du palatin, et M. Carus me paraît en avoir la même idée. M. Spix fait de mon ptérygoïdien son palatin ; et c'est le transverse et le palatin ensemble qui lui représentent le ptérygoïdien.

goïdien, en est un autre (n.° 27), large et plat, et au-dessus de celui-ci il y en a un grand (n.° 23), le même que j'ai déjà appelé *temporal,* articulé par gynglime avec les deux os du crâne que nous avons dit répondre au frontal postérieur (n.° 4) et au mastoïdien (n.° 12). Ce temporal fournit en arrière un tubercule articulaire à la pièce principale de l'opercule (n.° 28), et donne inférieurement attache à un stylet osseux (n.° 29) qui porte la branche de l'os hyoïde, et qui représente l'os styloïde des mammifères.

C'est derrière ces trois pièces que règne, tout du long, l'os (n.° 30) qui sert comme de bord fixe pour les mouvemens de l'opercule, et que j'ai nommé *préopercule.* Mais il y a encore entre l'os plat intermédiaire et le préopercule un os long et étroit (n.° 31), qui se glisse en partie derrière celui auquel s'articule la mandibule, et qui fait un angle avec le styloïde.

On peut se rappeler que, dans les oiseaux, l'os nommé carré, et que je regarde comme l'analogue de la caisse, s'articule d'une part avec le crâne, de l'autre avec le ptérygoïdien interne et le jugal, et donne attache dans le bas à la mâchoire inférieure. Ses fonctions se trouvent remplies ici par les quatre os que je viens de décrire, ne comptant pas le préopercule; mais ces quatre os ne sont pas pour cela des démembremens de la caisse; il y en a trois, au contraire, qui viennent se joindre à elle pour l'aider en quelque sorte à remplir le large intervalle qui était nécessaire ici entre la tempe et la mâchoire inférieure, pour loger l'appareil branchial. Je crois les avoir bien déterminés par des comparaisons avec les lézards et les grenouilles. Dans les lézards, l'iguane, par exemple, ou le monitor, l'os que j'ai cru devoir regarder comme analogue au temporal écailleux, s'articule au frontal postérieur et au mastoïdien, et c'est à lui principalement qu'est suspendu le tympanal ou l'os de la caisse. Supposons que ce temporal ait acquis de la mobilité, qu'il se meuve sur les deux os auxquels il s'articulait d'une manière fixe, il répondra au supérieur des os que nous examinons maintenant (n.º 23), à celui qui joint l'appareil palatin et ptérygoïdien au crâne. Cet os serait donc, comme je l'ai dit, le *temporal* [1]. D'un autre côté, nous avons vu dans les grenouilles [2] un jugal ou zygomatique évidemment reconnaissable, se rendre du maxillaire au bas du tympanal, et prendre part à l'articulation de la mâchoire inférieure;

---

1. C'est le *serrial* de M. Geoffroy, le *symplecticum primum* de M. Bakker, l'*os carré* de M. Rosenthal, la *caisse* de M. Bojanus.

2. Voyez mes Recherches sur les os fossiles, t. V, 2.ᵉ partie, p. 390.

en quoi il rappelle un peu ce qui avait déjà lieu dans le kanguroo. Supposons qu'il évince le tympanal de cette articulation, comme le tympanal en a évincé dans les autres ovipares le temporal écailleux; qu'il la prenne à lui seul, et que de l'autre part il ait abandonné le maxillaire supérieur, et ne s'y attache plus : nous aurons alors notre os inférieur de l'appareil des poissons (n.° 26); celui qui offre une facette à l'articulation de la mâchoire inférieure. Cet os serait donc, ainsi que je viens de l'annoncer, le *jugal*, et je le regarde comme tel, malgré toute la singularité de son changement de place et de fonctions[1]. La pièce plate et mince (n.° 27) placée entre le temporal et le jugal ne pourra plus alors représenter que le corps du *tympanal* ou de la caisse, dépouillé de ses facettes articulaires, parce qu'il n'a plus besoin de concourir à des mouvemens déterminés, auxquels contribuent à sa place les deux os qui lui tiennent en haut et en bas, et réduit à un disque plat, parce qu'il n'a plus à contenir ni la cavité de la caisse, ni les osselets de l'ouïe.[2]

---

1. C'est l'*hypocotyléal* de M Geoffroy, l'*os discoideum* de M. Carus, le *ptérygoïdien interne* de M. Bojanus, le *symplecticum quartum* de M. Bakker.

2. C'est l'*epicotyléal* de M. Geoffroy, le *symplecticum tertium* de M. Bakker, l'*apophyse ptérygoïde externe* de M. Bojanus.

Il reste le septième os (n.° 31), celui qui se cache en partie à la face interne du jugal; je ne lui trouve pas d'analogue dans les reptiles; car je ne veux pas prendre pour tel l'os en colonne grêle des lézards, et je lui donnerai le nom de *symplectique*. [1]

Ces sept os sont joints ensemble et au préopercule par synchondrose, et n'ont que point ou peu de mobilité l'un sur l'autre; mais ils forment ensemble une grande lame, qui se meut avec beaucoup de facilité sur les deux gonds que lui fournissent l'articulation antérieure du palatin (n.° 22) avec le maxillaire (n.° 18) et avec le vomer (n.° 3), et l'articulation supérieure du temporal (n.° 23) avec le frontal postérieur (n.° 4), le mastoïdien (n.° 12) et la grande aile (n.° 11). Ce mouvement écarte les bords inférieurs de la lame l'un de l'autre, et élargit la bouche, lorsque le poisson veut y faire entrer l'eau nécessaire à la respiration : un mouvement contraire l'en fait sortir.

---

1. C'est l'*uro-serrial* de M. Geoffroy, le *symplecticum secundum* de M. Bakker, le *styloïde* de M. Meckel. Les autres anatomistes paraissent avoir négligé cette pièce, qui n'est pas très-apparente.

Des Os operculaires.[1]

Le *préopercule* (n.° 30)[2] est un os ordinairement en forme d'équerre, qui entoure le bord postérieur et l'angle de la grande lame palato-temporale décrite ci-dessus, et qui appartient à cette lame plutôt qu'au système operculaire lui-même. Sa forme, les dentelures ou les épines dont son bord ou son angle sont souvent armés, varient beaucoup ; et comme ces variations se voient à l'extérieur, on en a tiré de bons caractères pour la distinction des poissons.

La pièce principale de l'*opercule*[3], à laquelle je laisse exclusivement ce nom (n.° 28), est placée derrière le bord montant de ce préopercule, et s'y meut comme un battant de porte sur son chambranle ; mais à son angle supérieur antérieur, l'opercule a une fossette qui s'articule par diarthrose à un tubercule convexe que lui offre le temporal (n.° 23).

---

1. Sur tout ce qui concerne le squelette de l'appareil respiratoire des poissons, on peut consulter avec fruit la Philosophie anatomique de M. Geoffroy Saint-Hilaire, où les pièces de cet appareil sont décrites avec beaucoup de soin, et représentées fort exactement, quoique l'auteur en donne, selon moi, une théorie peu satisfaisante.

2. Le *tympanal* de M. Geoffroy, le *marteau* de M. Spix.

3. Le *stapéal* de M. Geoffroy, l'*enclume* de M. Spix, l'*opercule* de tous les autres.

Sous le bord postérieur et inférieur de l'opercule est une autre pièce osseuse (n.° 32), que je nomme *sous-opercule*[1], et en avant de celle-là, sous le bord inférieur du préopercule et derrière l'articulation de la mâchoire inférieure, il y en a une troisième (n.° 33), que je nomme *interopercule*[2]. Cet interopercule a une importance particulière, en ce qu'il donne attache à la branche de l'os hyoïde, à l'endroit où elle s'attache elle-même à l'os styloïde qui la suspend au temporal; circonstance d'où il résulte que les battans operculaires ne peuvent ni s'ouvrir ni se fermer sans que les branches hyoïdiennes n'exécutent un mouvement correspondant.

Il est très-rare parmi les poissons osseux ordinaires que cette espèce de volet mobile, qui ouvre et qui ferme les branchies, ne soit pas composée des trois pièces que nous venons de faire connaître.

Nous avons vu que des anatomistes ingénieux ont cru y trouver les représentans des osselets de l'oreille des mammifères; mais, outre les argumens que dans un autre ouvrage[3] nous avons déduits de la simplification successive de l'appareil de ces osselets, et de leur réduction finale

---

1. Le *malléal* de M. Geoffroy.
2. L'*incéal* de M. Geoffroy, l'*étrier* de M. Spix.
3. *Recherches sur les ossemens fossiles*, t. V, 2.ᵉ part.

à un seul dans les derniers des reptiles batraciens; plus on examinera les pièces operculaires, plus on se convaincra que ni leurs connexions entre elles et avec les autres os, ni les muscles qui les mettent en mouvement, ne présentent le moindre rapport avec les osselets dont il s'agit.

De la Mâchoire inférieure.

La mâchoire inférieure est formée de deux branches réunies ensemble en avant et articulées chacune en arrière par une facette creuse à la poulie qui termine le jugal (n.° 26) de son côté. Dans le très-grand nombre des poissons, du moins lorsqu'ils ont atteint quelque grandeur, chacune de ces branches ne se divise qu'en deux os principaux : le *dentaire* (n.° 34)[1], au bord supérieur duquel adhèrent les dents, et l'*articulaire* (n.° 35)[2], où est la facette pour l'articulation. Ils s'unissent principalement par une pointe du second, qui pénètre dans un angle rentrant du premier. Un troisième os, plus petit (n.° 36), se laisse souvent aussi détacher de l'angle postérieur sous l'articulaire, et on peut le nommer l'*angulaire*[3]; et l'on en

1. C'est le *subdental* de M. Geoffroy.
2. Le *submalléal* de M. Geoffroy.
3. Le *subcotyléal* de M. Geoffroy.

trouve quelquefois un quatrième (n.° 37) à la face interne de l'articulaire : il répond à l'*operculaire* des reptiles [1]. Ce n'est que dans un petit nombre de poissons, comme le *lépisostée*, que l'on trouve clairement les mêmes os que dans la mâchoire inférieure des crocodiles, des tortues et des lézards. Néanmoins ce fait suffit pour que l'on ne puisse admettre l'opinion de M. de Blainville, adoptée momentanément par MM. Bojanus et Oken, qui suppose que ce sont ces os manquans qui se transforment en pièces operculaires.

Les mâchoires inférieures des poissons ne varient pas moins dans leurs formes et ne sont pas moins constantes dans leur composition que les crânes et les mâchoires supérieures : tantôt tout-à-fait transversales, tantôt paraboliques ou arrondies en avant, tantôt formant un angle plus ou moins aigu, elles ont quelquefois leur symphyse alongée en pointe grêle et aiguë, comme dans l'orphie ; et même dans l'hémiramphe cette pointe s'alonge sans que la mâchoire supérieure y corresponde. Cependant l'inverse a bien plus souvent lieu.

En résumant le compte de ces os de la face, on voit qu'il y en a dix-huit ou dix-neuf paires de constans ; savoir : une aux nasaux, deux à

---

1. Le *subvoméral* de M. Geoffroy.

la mâchoire supérieure, sept à l'appareil palato-temporal, quatre à l'appareil operculaire, et quatre ou même cinq à la mâchoire inférieure; à quoi il faut ajouter les sous-orbitaires et les surtemporaux, qui, dans la perche, forment encore huit paires : en y joignant les os du crâne, on trouve, pour la tête proprement dite, un total de *soixante* os ou à peu près; mais les subdivisions auxquelles l'os maxillaire supérieur est sujet, augmentent quelquefois sensiblement ce nombre.

De l'Os hyoïde et des Rayons branchiostèges.[1]

Les trois pièces operculaires ne ferment pas à elles seules la grande fente qui est de chaque côté entre la tête et l'épaule du poisson, et dans laquelle sont les branchies; la clôture en est complétée par la membrane dite *branchiostège,* qui adhère à l'*os hyoïde.* Cet os (pl. III, fig. VI et VII), placé comme dans les autres classes de vertébrés, mais toujours suspendu au temporal, se compose de deux branches, chacune de cinq pièces; savoir : l'*osselet styloïde* (n.° 29), qui le suspend au temporal[2], deux grandes pièces

1. On a représenté l'os hyoïde vu par le côté, pl. II, fig. VI, et pl. III, fig. 1; et vu en dessus, avec les os des branchies, pl. III, fig. VI.

2. Le *styl-hyal* de M. Geoffroy.

latérales (n.ᵒˢ 37 et 38), placées l'une derrière l'autre, et formant le corps principal de la branche (c'est la postérieure des deux [n.º 38][1] qui s'attache à l'interopercule); enfin deux petites (n.ᵒˢ 39 et 40), placées l'une au-dessus de l'autre à l'extrémité antérieure de la branche, et servant à la joindre avec sa correspondante[2]. En avant de cette jonction est l'*os lingual* (n.º 41), comme dans les oiseaux et les reptiles, et en arrière, dans l'angle formé par la rencontre des deux branches et sous les branchies, est une pièce impaire, le plus ordinairement verticale (n.º 42), qui représente la *queue de l'os hyoïde*, si connue dans les oiseaux et les lézards[3]. C'est cette pièce qui, en se joignant à la symphyse des huméraux, forme l'*isthme* qui sépare en dessous les deux ouvertures des ouïes. Au total, l'os hyoïde des poissons se compose donc de douze os.

---

1. M. Geoffroy, qui croit ces deux pièces principales dérivées du sternum, nomme l'antérieure *hyo-sternale*, et la postérieure *hypo-sternale*.

2. La supérieure de ces deux petites pièces est nommée par M. Geoffroy *apo-hyal*, et l'inférieure *cérato-hyal*; parce qu'il les regarde comme répondant aux deux premières pièces de la corne antérieure de l'os hyoïde des mammifères.

3. C'est cette pièce impaire et verticale que M. Geoffroy regarde comme l'analogue de l'apophyse impaire antérieure du sternum des oiseaux, et nomme à cause de cela *épisternal*; mais l'épisternal des oiseaux est toujours derrière la fourchette qui est leur clavicule.

Les *rayons* (n.° 43) qui soutiennent la membrane branchiostège adhèrent par articulation mobile, souvent même par de simples ligamens, au bord inférieur des deux principales pièces de chaque branche[1] : les antérieurs sont généralement articulés au bord ; les postérieurs ne sont guère qu'attachés à la face externe près du bord. Leur nombre et leurs formes varient beaucoup : dans la carpe il n'y en a que trois, et dans l'élops il y en a plus de trente ; le nombre le plus commun, du moins dans les acanthoptérygiens, est de sept, comme dans la perche.

Cet os hyoïde peut s'élever et s'abaisser, et entraîne avec lui les branchies, et même la mâchoire inférieure. Il peut aussi, quand il est entraîné par l'écartement de la lame palato-temporale, rendre plus ouvert l'angle de ses branches, et élargir ainsi, de concert avec l'opercule, l'ouverture des ouïes. Les rayons qui s'y attachent ont aussi leurs mouvemens particuliers d'écartement et de rapprochement, et étendent ou plissent la membrane qu'ils soutiennent.

---

1. Ce sont les *côtes sternales* de M. Geoffroy.

Des Os qui portent les Branchies. [1]

Les poissons ne respirent qu'en faisant sortir par les côtés de leur cou l'eau qu'ils ont fait entrer dans leur bouche; elle passe ainsi entre les branchies, qui sont des espèces de peignes, ordinairement au nombre de quatre de chaque côté, formés d'une grande quantité de lames membraneuses ou cartilagineuses, minces, étroites et fourchues, placées à la file les unes des autres. Ces quatre paires de branchies sont portées par quatre paires d'arceaux adhérens par leurs extrémités inférieures aux deux côtés d'une chaîne intermédiaire d'osselets, qui elle-même est attachée en avant dans l'angle de l'os hyoïde, entre les quatre pièces antérieures, et au-dessus de sa queue. Ces mêmes arceaux montent en se recourbant, et attachent leur autre extrémité sous le crâne, mais seulement par de la cellulosité ou des ligamens.

La chaîne intermédiaire des osselets fait en quelque sorte suite à l'os lingual. Il y en a ordinairement trois [2] : le premier (n.° 53) [3] s'attache

---

1. Les os des branchies et les pharyngiens sont représentés en dessus, avec l'os hyoïde, et dans leur position naturelle, pl. III, fig. VI; et ceux d'un côté, avec les deux parties de leurs arceaux étendus, pl. III, fig. VII.

2. M. Geoffroy les considère comme des articulations du corps de l'hyoïde.

3. C'est le *basi-hyal* de M. Geoffroy.

dans le fond de l'angle formé par les branches de l'os hyoïde; le second (n.° 54)[1] est à l'arrière du précédent, et donne attache à la première paire d'arceaux ; le troisième (n.° 55)[2], qui est le dernier, donne attache à la seconde paire : la troisième paire d'arceaux adhère à son extrémité, et la quatrième s'attache dans l'angle de la troisième ; les pharyngiens inférieurs enfin (n.° 56) s'attachent dans l'angle de la quatrième.

Les arceaux se composent chacun de deux parties mobiles l'une sur l'autre. L'inférieure est celle qui s'attache à la chaîne intermédiaire d'osselets, et dans les trois premières paires elle est formée de deux pièces, une interne[3], plus courte (n.° 57), et une externe[4], plus longue (n.° 58); dans la dernière paire il n'y a qu'une pièce (n.° 60). La partie supérieure (n.° 61)[5], beaucoup plus courte que l'autre, est simple dans tous les arceaux, excepté à la première paire, qui, n'ayant point de pharyngien supérieur à porter, est d'ordinaire suspendue au crâne par un petit stylet (n.° 59), que l'on peut, si l'on

1. L'*ento-hyal* de M. Geoffroy.
2. L'*uro-hyal* de M. Geoffroy.
3. Les *thyréaux* et les *arithéaux* de M. Geoffroy.
4. Les *pleuréaux inférieurs* de M. Geoffroy.
5. Les *pleuréaux supérieurs* de M. Geoffroy.

veut, considérer comme le pharyngien de cette paire.

Les deux parties de l'arceau sont unies ensemble par du cartilage qui leur laisse de la mobilité, et forment un angle qui peut s'ouvrir et se fermer plus ou moins. Les arceaux s'attachent à la chaîne intermédiaire par des cartilages flexibles, en sorte que tout cet appareil peut se mouvoir, soit en ouvrant ou fermant l'angle que font ensemble les deux parties de l'arceau, ce qui abaisse ou élève le fond de la bouche, et élargit ou rétrécit dans le sens vertical l'espace situé entre les branchies; soit en portant chaque arceau plus en avant ou plus en arrière, ce qui élargit ou rétrécit les intervalles qui sont entre les branchies et qui donnent passage à l'eau pour sa sortie.

La face externe des arceaux est creusée d'un sillon, et loge les vaisseaux qui fournissent des rameaux aux lames cartilagineuses que cette face porte et qui constituent la partie essentielle de l'organe respiratoire.

Leur face interne est garnie de petites plaques, ou de petits cônes, ou de petites lames osseuses, ordinairement armées de dents très-différemment disposées selon les espèces, mais dont l'usage le plus général est d'arrêter les corps que le poisson avale, de les empêcher de sortir avec l'eau de la respiration, et de s'embarrasser dans les intervalles des lames branchiales. Ces petites pièces font dans leur genre le même service que l'épiglotte des mammifères ou que les dentelures des bords du larynx des oiseaux. [1]

Dans notre perche, par exemple, les arceaux de la première paire en ont un rang extérieur (n.° 63) de grêles et pointues comme les dents d'un rateau, et un rang intérieur en forme de petites plaques ; les arceaux suivans ont deux rangs de ces petites plaques toutes garnies de dents en velours ras.

Des Os pharyngiens.

A l'entrée de l'œsophage, et immédiatement derrière l'appareil branchial, sont les os pharyngiens, dont l'objet est d'exercer une seconde mastication, souvent beaucoup plus puissante que la première : à cet effet ils sont armés de dents très-variables, selon les espèces, pour le nombre et pour la forme.

Il y en a ordinairement deux inférieurs et

---

1. Ces petites plaques ou pointes dentées qui arment les faces des arceaux, sont nommées *trachéaux* par M. Geoffroy, qui y voit les analogues des anneaux de la trachée.

six supérieurs. Les inférieurs (n.° 56) [1] sont attachés derrière les branchies dans l'angle que font ensemble les deux derniers arceaux ; le plus souvent ce sont deux plaques triangulaires qui servent de plancher au pharynx ; quelquefois, comme dans les cyprins, ils se recourbent pour entourer une partie de l'œsophage ; d'autres fois, comme dans les labres et les scares, ils se soudent en une seule pièce, ou s'unissent du moins l'un à l'autre par une suture immobile.

Les supérieurs (n.° 62) [2] consistent en trois pièces de chaque côté qui s'attachent sous l'extrémité interne des branches supérieures des trois derniers arceaux. Les trois du même côté s'unissent généralement en une plaque qui forme avec sa correspondante le plafond du pharynx.

Les os pharyngiens supérieurs restent adhérens sous la base du crâne et ont peu de mouvement ; mais les inférieurs s'élèvent ou s'abaissent en même temps que les branches inférieures des arceaux, et dilatent ou rétrécissent ainsi l'entrée de l'œsophage, en même temps qu'ils compriment les alimens qui y pénètrent.

Dans les cyprins, les pharyngiens supérieurs

---

1. M. Geoffroy les nomme *cricéaux*, les considérant comme les analogues du cartilage cricoïde.

2. Les *pharyngéaux* de M. Geoffroy.

sont petits et sans dents; une proéminence large et concave du basilaire, garnie d'une plaque de substance pierreuse, remplit une partie de l'espace qu'ils occupent ordinairement. Quelquefois, comme dans les scares, il n'y en a qu'une paire; mais on voit qu'en général l'appareil branchial et pharyngien contient trente-six pièces osseuses principales; et si l'on voulait compter les pièces qui arment intérieurement les arceaux, le nombre en irait à plus de cent.

Des Vertèbres.

Les vertèbres des poissons se font reconnaître par la fosse conique dont leur corps est creusé à chacune de ses faces. Les doubles cônes creux qui occupent toujours ainsi l'intervalle entre deux vertèbres, sont remplis par une substance membraneuse et gélatineuse molle, qui passe d'un de ces vides à l'autre par un trou dont chacune des vertèbres est presque toujours percée dans son centre, en sorte que ces portions molles forment un cordon ou chapelet gélatineux qui enfile toutes les vertèbres, et est alternativement mince et épais : et même il est bon de remarquer ici, que, dans quelques espèces de chondroptérygiens, comme la lamproie [1],

---

1. J'ai fait connaître la nature de la corde de la lamproie dans le tome 1.er des Mémoires du Muséum, p. 128.

et en partie dans l'esturgeon, la chimère, le polyodon, le trou de communication est si large, que les corps des vertèbres peuvent être considérés comme des anneaux, et que le cordon qui les enfile n'a point d'inégalités dans son diamètre et ressemble à une véritable corde, dont il porte aussi depuis long-temps le nom dans la lamproie. C'est ce qui a fait dire que la lamproie n'avait point de vertèbres ; mais il est aisé d'en voir les parties annulaires, et leurs corps même deviennent sensibles, pour peu qu'on y fasse attention.

Les vertèbres ont dans les poissons, comme dans les autres animaux [1], à leur partie supérieure, pour le passage de la moelle épinière, une partie annulaire du sommet de laquelle s'élève le plus souvent une apophyse épineuse (*c, c, c*), et en avant et en arrière de sa base se voient de petites apophyses qui répondent aux apophyses articulaires des autres animaux vertébrés, mais qui, le plus souvent, se bornent à se toucher ou à empiéter légèrement l'une sur l'autre, sans s'unir par des articulations à facettes lisses et se prêtant au mouvement. Quelquefois même il y a de ces apophyses ar-

---

1. On a représenté différentes vertèbres par plusieurs faces, pl. III, fig. X, de 67 à 69.

ticulaires d'un côté de la vertèbre et pas de l'autre, en sorte qu'elles ne trouvent pas à quoi s'articuler. La partie annulaire de la première vertèbre est fort souvent séparée de son corps pendant toute la vie du poisson. Les autres, ou n'en sont point séparées, ou s'y soudent de très-bonne heure.

Dans quelques poissons, comme les murènes, une partie des vertèbres antérieures a au-dessous du corps une petite crête ou apophyse verticale. Plusieurs ont aussi les corps d'une partie de leurs vertèbres soudés ensemble; on en voit des exemples dans les cyprins, les silures et les fistulaires, et de plus marqués encore dans un grand nombre de chondroptérygiens.

Les vertèbres placées au-dessus de la cavité abdominale (n.ᵒˢ 67, 67) ont des apophyses transverses (a, a) plus ou moins marquées, qui demeurent quelquefois, dans les cyprins par exemple, long-temps distinguées par des sutures et faciles à séparer du corps de la vertèbre. Dans certains poissons, entre autres dans le merlus, ces apophyses transverses sont très-grandes, et donnent attache à la vessie natatoire. Tantôt les côtes se suspendent à ces apophyses, tantôt elles s'attachent derrière elles au corps même de la vertèbre. Il y a à cet égard beaucoup de variétés.

Dans les vertèbres de l'arrière de l'abdomen (n.ºs 68, 68), les apophyses transverses s'alongent d'ordinaire et se dirigent vers le bas; souvent les dernières finissent par s'unir l'une à l'autre par une traverse, et forment ainsi un anneau: il y a de ces anneaux inférieurs tout du long du dessous des vertèbres de la queue (n.ºs 69, 69), où ils forment un canal qui loge les troncs des vaisseaux comme le canal supérieur loge le cordon médullaire, ce qui n'empêche pas que, dans plusieurs poissons, il n'y ait encore d'autres apophyses transverses aux côtés de la queue.

Il naît de ces anneaux inférieurs de la queue des apophyses épineuses (*b, b*); mais qui sont dirigées vers le bas, comme celles de la partie annulaire supérieure le sont vers le haut, en sorte que la vertèbre semble à peu près pareille dans les deux directions.

Les anneaux inférieurs ont souvent, comme les supérieurs, des espèces d'apophyses articulaires qui, même, sont quelquefois grandes et branchues, et forment ainsi, autour du canal vasculaire, une espèce de réseau. On observe surtout cette particularité dans certaines espèces du genre des thons.

Les vertèbres qui approchent du bout de la queue raccourcissent graduellement leurs apophyses; leur canal se rétrécit ou s'obstrue: les dernières unissent leurs apophyses ensemble et avec les derniers osselets interépineux, et forment ainsi, avec l'extrémité de la dernière de toutes, une plaque triangulaire et verticale (n.° 70), au bord postérieur de laquelle s'articulent les rayons de la nageoire caudale (n.° 71). Toutefois les poissons à queue alongée et pointue n'ont pas toujours cette disposition ; elle manque nommément dans l'anguille : dans d'autres poissons, tels que le *brochet,* elle laisse encore bien voir sa composition.

Le nombre des vertèbres, leur longueur, leur largeur et leur hauteur relatives, les sillons ou les fossettes dont leur corps est marqué, la hauteur et la direction de leurs apophyses, varient à l'infini, et souvent même elles offrent d'une partie à l'autre de l'épine des différences très-remarquables ; mais on ne peut entrer dans ce détail que lorsqu'il s'agira de décrire les espèces : c'est alors surtout que nous ferons connaître les structures très-singulières de la partie antérieure de l'épine dans les ophidies, les loches, les cyprins, les silures, les nœuds de certains chétodons, etc. On doit dire seulement ici que le nombre des vertèbres n'est pas toujours proportionné à la longueur du poisson.

Des Côtes. [1]

Les côtes (n.ᵒˢ 72, 72) n'ont généralement qu'une tête; elles n'adhèrent chacune qu'à une seule vertèbre, comme dans les lézards, et manquent de la partie sternale, si ce n'est que l'on veuille nommer ainsi, dans les poissons qui ont une espèce de sternum, les pièces écailleuses qui le forment ou des arêtes qui vont s'y joindre. [2]

Souvent les côtes ou plusieurs d'entre elles portent en appendice un ou deux stylets (n.ᵒˢ 73, 73) adhérens à quelque point de leur longueur, qui se dirigent en dehors et pénètrent dans les chairs. Il y a quelquefois aussi de ces stylets qui partent du corps de la vertèbre au-dessus de la côte pour pénétrer dans les chairs. C'est ainsi que les arêtes des poissons se multiplient; on en voit un exemple notable dans la famille des harengs, dont presque toute la chair est traversée d'arêtes fines comme des cheveux. Les côtes elles-mêmes varient beaucoup; tantôt grêles et rondes, mais plus ou moins robustes, tantôt comprimées ou en forme de faux, tantôt très-courtes, etc.

---

1. On voit une côte séparée, pl. III, fig. X, 72 et 73.
2. Il faut se rappeler que MM. Autenrieth et Geoffroy ont cru retrouver les côtes sternales dans les rayons de la membrane branchiostège; mais ce n'est qu'une hypothèse sujette à contestation.

Dans certains poissons, tels que les cyprins, les harengs, les côtes adhèrent à la vertèbre par le moyen d'un petit os intermédiaire qui s'insère dans une cavité latérale du corps de la vertèbre, et qui en est une apophyse transverse, mais susceptible d'être détachée du corps.

Comme les côtes n'ont point à agir dans la respiration des poissons, leur mobilité, en général, n'est pas grande; il y a des espèces où elles enceignent tout l'abdomen, et se fixent vers le bas de manière à être presque immobiles. Quelques poissons n'en ont que de petits rudimens, d'autres en manquent même tout-à-fait; mais ceux-ci ne sont pas en si grand nombre qu'on l'a cru.

Des Nageoires verticales.

Soutenues par des rayons comme celles des quatre membres, les nageoires verticales des poissons ne peuvent cependant être comparées, parmi les autres vertébrés, qu'aux crêtes qui relèvent le dos de certains lézards; encore ces crêtes ne sont-elles que des lambeaux écailleux et cutanés, tandis que les rayons des nageoires appartiennent vraiment au squelette.

Chaque rayon est composé d'une partie interne, nommée *os interépineux* (n.ºs 74, 74)[1],

---

1. M. Meckel les nomme *apophyses épineuses accessoires*. On a

qui pénètre dans les chairs entre les grands muscles latéraux, et sert en quelque sorte de racine[1], et d'une partie extérieure (n.ᵒˢ 75, 75), qui est le *rayon proprement dit.*

Il y a assez souvent des os interépineux (n.° 76) qui ne portent pas de rayons, et l'on en voit aussi quelquefois qui en portent plus d'un. La forme de ces os est à peu près celle d'un poignard à quatre tranchans, dont la pointe s'enfonce entre les muscles, et dont le manche ou la tête est à fleur de peau pour porter le rayon extérieur. La partie qui porte le rayon, a une suture transverse qui en détache une sorte d'épiphyse (*a, a*), laquelle, dans plusieurs espèces, produit une petite pointe qui donne encore dans l'articulation du rayon suivant.

Les interépineux sont ordinairement placés de manière que leurs pointes pénètrent entre les apophyses épineuses des vertèbres, et chacune de ces pointes s'attache par une membrane ligamenteuse devant l'extrémité d'une de ces apophyses; mais il y a des poissons, comme les pleuronectes et, pour la nageoire anale, les

---

représenté ces os par leurs différentes faces, et avec les rayons qu'ils portent, pl. III, fig. X, de 74 à 79.

1. Je ne sais pourquoi l'on a dit que les interépineux manquent au bichir : il en a, comme les autres poissons osseux, autant que de rayons ou de fausses nageoires.

silures, etc., où l'on voit deux osselets pour une apophyse vertébrale, et d'autres où ces rapports ne sont pas même réguliers.

On doit remarquer aussi que, dans plusieurs genres, tels que les anguilles, les ophicéphales et les gymnotes, les interépineux inférieurs sont séparés des vertèbres par la cavité de l'abdomen, qui se prolonge au-dessus de la nageoire anale; que, dans d'autres, les pleuronectes, il y en a jusque sur la tête. Ces circonstances, jointes à ce que, dans les parties du dos ou de la queue qui ne portent point de nageoires verticales, il n'y a communément aucuns osselets interépineux, quoiqu'il y ait des vertèbres, empêchent que l'on ne puisse considérer ces os comme faisant partie des vertèbres, ou comme en étant démembrés. [1]

---

1. M. Geoffroy (Mémoires du Muséum, t. IX, p. 97) a imaginé d'établir que l'apophyse épineuse supérieure des mammifères, qu'il nomme *épial*, et qu'il suppose divisée latéralement en deux parties, produit dans les poissons l'osselet interépineux et le rayon, parce que ses deux parties montent l'une sur l'autre : il fait un raisonnement semblable pour les rayons inférieurs, qu'il dérive de la proéminence épineuse, de l'osselet en chevron du dessous de la queue des mammifères, osselet qu'il nomme *cataal*. Mais, indépendamment des autres singularités de cette façon de voir, la plie, qu'il a prise pour exemple, était précisément le poisson qui aurait dû le désabuser; car elle a pour chaque vertèbre deux osselets interépineux et deux rayons, et même la première vertèbre de la queue, à l'aide de l'os postabdominal

Les rayons des nageoires verticales (n.°ˢ 75, 75) s'articulent par un ginglyme lâche chacun sur son osselet interépineux. A cet effet, leur base se sépare généralement en deux petites branches, terminées chacune par un tubercule articulaire, qui entre dans l'enfoncement latéral de la tête de l'osselet interépineux : entre ces deux tubercules est un petit osselet globuleux, sur lequel le rayon se meut en deux sens ; mais c'est dans le plan vertical que leur mouvement est le plus prononcé : ils peuvent se redresser ou se coucher en arrière, élever ainsi la nageoire ou en réduire beaucoup la hauteur. Quelquefois ces deux branches se rejoignent en dessous, et forment ainsi un anneau transverse qui s'enlace avec un anneau longitudinal de l'interépineux, comme on le voit au n.° 76 et au n.° 77.

Une partie de ces rayons verticaux sont des os pointus, et on les nomme *aiguillons* ou *rayons épineux* : les autres ont seulement la base osseuse et solide ; mais le reste de leur longueur est formé d'une multitude de petites

---

attaché au-devant de son apophyse inférieure, porte huit osselets et onze rayons de la nageoire de l'anus : on peut le voir dans *Duhamel*, part. II, sect. 9, pl. 12. Un autre argument non moins fort contre ce système, c'est que tout rayon épineux ou articulé est lui-même divisible en deux moitiés, une de chaque côté; tandis que tout interépineux l'est lui-même en deux pièces, une supérieure et une inférieure.

articulations, et le plus souvent ramifié en un certain nombre de branches, qui elles-mêmes se subdivisent en rameaux : on les nomme *rayons articulés*, *rayons mous*, ou *rayons branchus*.

Très-souvent, et peut-être toujours, ces rayons, même ceux que nous venons d'appeler simples, se partagent longitudinalement par une suture en deux moitiés, une à droite et l'autre à gauche.

Les rayons de la nageoire de la queue (n.° 71) sont toujours mous et articulés ; mais à sa racine en dessus et en dessous elle en a de petits (n.ᵒˢ 78, 78), qui diminuent insensiblement en avant, et où il ne reste que la partie solide de la base.

On peut remarquer ici que la nageoire de la queue a presque généralement un rayon de moins à sa moitié inférieure qu'à la supérieure ; cependant cette règle souffre des exceptions.

Dans un grand nombre de poissons la vertèbre à laquelle se termine l'abdomen et où commence la queue, et même celle qui la suit (n.ᵒˢ 83, 83), ont de grandes apophyses épineuses inférieures, auxquelles vient se joindre un os plus ou moins volumineux (n.° 79), qui descend jusque derrière l'anus, et limite ainsi en arrière la cavité abdominale.

Dans la perche cet os est encore un interépi-

neux simple, comme le montrent nos figures
(n.° 79); mais dans d'autres espèces il paraît
résulter d'un très-grand développement du premier interépineux de la nageoire anale, ou de
la soudure de quelques-uns des premiers de ces
os : il n'en est pas moins vrai qu'il remplit une
partie des fonctions du bassin.

Les premiers interépineux, tant supérieurs
qu'inférieurs, sont dans certains chétodons renflés en grosses massues.

Nous n'avons pas besoin de rappeler ici toutes
les variétés de nombre, de position, de longueur, de grosseur, dont les rayons sont susceptibles : on voit ces circonstances dès l'extérieur,
et elles servent même à caractériser les espèces.
Nous ferons seulement remarquer certains rayons
qui se portent jusque sur la tête, au moyen
d'un interépineux couché sur le crâne, et qui
dans cette position représentent des espèces de
panaches : on en voit de tels dans la baudroie,
dans certains blennies, etc. Nous rappellerons
aussi que dans quelques genres, principalement
de la famille des scombres, les rayons épineux
de la partie antérieure de la dorsale, et plus
souvent encore une partie des rayons mous de
la dorsale et de l'anale, ne se joignent point
aux autres par des membranes complètes, et
forment alors ce qu'on nomme pour les pre-

miers des *épines libres,* pour les autres des *fausses nageoires.*

Le sternum n'existe pas, à beaucoup près, dans tous les poissons. Il consiste en une série d'os impairs, diversement configurés selon les genres, auxquels les côtes viennent se fixer. On le voit principalement dans les *clupées,* les *vomers.*

Des Os de l'Épaule et du Bras. [1]

Dans les poissons osseux, immédiatement derrière l'orifice des ouïes se trouve de chaque côté une suite d'os qui limite cet orifice en arrière, et y forme une espèce de chambranle, sur lequel vient battre l'opercule quand il se ferme.

Ces deux suites, tenant d'ordinaire chacune dans le haut à la tête, et s'unissant ensemble dans le bas, forment une ceinture osseuse qui entoure toute cette partie du corps. Leur sym-

---

1. Indépendamment de ce qui est dit sur ce sujet dans les ouvrages généraux, il y a un Mémoire spécial sur l'épaule des poissons, par M. Geoffroy Saint-Hilaire, Annales du Muséum, t. IX, p. 357, qui est l'origine des recherches de ce savant naturaliste sur l'ostéologie de cette classe. Il en a reproduit la plus grande partie dans sa Philosophie anatomique, t. 1, p. 407 et suivantes. Nous avons fait représenter les os de l'épaule dans leur connexion avec le crâne, et par leur face externe, pl. III, fig. I; détachés du crâne, mais encore réunis et vus à leur face interne, *ib.,* fig. IV; et séparés les uns des autres, *ib.,* fig. III.

1.

physe inférieure s'unit par des ligamens à la queue de l'os hyoïde (n.° 42), et forme avec elle cette espèce d'isthme qui sépare les orifices extérieurs des ouïes l'un de l'autre dans le bas, comme le crâne les sépare dans le haut.

Un petit nombre de poissons osseux seulement, tels que les anguilles, ont cette ceinture libre d'adhérence à sa partie supérieure, et réduite à un petit nombre d'os.

Elle se compose, lorsqu'elle est complète, de trois os de chaque côté, qui représentent l'épaule et le bras, auxquels il adhère en arrière un groupe de deux ou de trois autres, qui tiennent lieu d'avant-bras et qui portent la nageoire pectorale, laquelle représente la main; enfin, il s'y suspend presque toujours un stylet composé d'un ou de deux os, où je crois voir l'analogue de l'os coracoïdien.

Le plus élevé des trois premiers os (n.° 46) est ordinairement fourchu, et s'attache par ses deux apophyses aux deux crêtes latérales du crâne (l'intermédiaire, formée par l'occipital externe, n.° 9, et l'externe, formée par le mastoïdien, n.° 12). Souvent une troisième apophyse pénètre plus intérieurement dans l'intervalle de ces deux crêtes. Cet os se montre à l'extérieur, au haut de l'ouverture des ouïes, comme une écaille plus grande que les autres, et quelquefois son bord est dentelé : il manque dans quelques genres, tels que les anguilles, les baudroies; dans d'autres, comme les dactyloptères et certains silures, il s'unit au crâne par une suture immobile.

Le deuxième de ces os (n.° 47) continue le bord de l'ouverture des ouïes : il manque dans les silures ou s'y soude en une seule pièce avec le précédent.

Le troisième (n.° 48), qui est toujours de beaucoup le plus grand, complète la ceinture, en venant, comme nous l'avons dit, s'unir à son semblable sous la gorge. Il donne souvent à l'extérieur, au-dessus de la base de la nageoire pectorale, une épine ou un angle dentelé, et il a généralement deux lames, une externe et une interne, entre lesquelles est un sillon, où aboutit le faisceau inférieur du grand muscle latéral du corps, et qui est en outre occupé par les muscles de la nageoire pectorale.

Dans les anguilles ce troisième os prend une forme de simple cylindre comprimé et arqué. Il subsiste encore dans quelques poissons qui n'ont plus de pectorales, tels que les synbranches, où il est même assez fort, et qui ont aussi un vestige du deuxième; mais dans la murène (*murœna helena*, L.) ce troisième os n'est plus qu'un long filet cartilagineux, que l'on découvre avec assez de peine dans les chairs.

Presque toujours son union avec celui de l'autre côté se fait par des cartilages ou des ligamens ; mais quelquefois aussi, comme dans les silures, les platycéphales, etc., elle a lieu par une large suture dentée.

C'est à la lame interne de ce troisième os qu'adhèrent un quatrième (n.° 51) et un cinquième (n.° 52), placés l'un au-dessus de l'autre, percés chacun d'un trou, ou échancrés du côté par lequel ils tiennent à l'os précédent. Cette échancrure donne même le plus souvent à l'inférieur des deux la forme d'une équerre. Leur côté libre porte la nageoire pectorale, mais par le moyen d'une rangée intermédiaire de quatre ou cinq osselets (n.° 53), placés entre ces deux os et les rayons de la nageoire (le premier rayon excepté, qui tient immédiatement à l'os supérieur, n.° 52).

Ces osselets rappellent tout-à-fait l'idée des os du carpe. Si cette comparaison est juste, les deux pièces (n.°ˢ 51 et 52), auxquelles adhèrent les osselets, représenteront, comme nous l'avons insinué, le *cubitus* (n.° 51) et le *radius* (n.° 52).

Le troisième os de la ceinture, le grand os inférieur qui porte ces deux-là, répondra donc nécessairement à l'humérus, et le premier et le second (n.°ˢ 46 et 47) représenteront l'omoplate.

En effet, l'omoplate de plusieurs reptiles, surtout celle des grenouilles, est manifestement composée de deux pièces osseuses, et même la supérieure y est souvent fourchue, comme elle l'est presque toujours dans les poissons.

Nous appellerons donc désormais les deux pièces supérieures de la ceinture *surscapulaire*[1] et *scapulaire*[2]; la troisième sera notre *huméral*[3], et les deux sur lesquelles porte la nageoire, seront notre *cubital* et notre *radial*.[4]

Dans certains genres, notamment dans les saumons, dans les cyprins, ces deux derniers os en ont sur leur suture du côté interne un troisième, qui, par son autre extrémité, va s'appuyer contre le bord antérieur de l'humérus, et leur sert ainsi d'arc-boutant.

Dans les silures ces trois os se soudent promp-

---

1. M. Bakker nomme l'os supérieur *omoplate*; c'est l'*omolite* de M. Geoffroy. Je l'avais appelé long-temps *pédicule de l'épaule*.

2. Ce second est l'*omoplate* de M. Geoffroy, l'*acromion* de M. Bakker.

3. Gouan nomme cet os *clavicule*; et en effet il en remplit jusqu'à un certain point les fonctions. M. Geoffroy a aussi adopté à la fin cette dénomination. M. Bakker le regarde comme composé de la clavicule et de l'humérus, et l'appelle *cænosteon*. M. Meckel l'appelle simplement *clavicule*, comme M. Geoffroy.

4. M. Bakker a déjà nommé ces os ainsi; mais M. Geoffroy prend notre cubital pour l'*humerus*, et ne parle point du radial, au moins d'une manière distincte: il prend, dans la baudroie et le polyptère, des os du carpe pour ceux de l'avant-bras.

tement ensemble, et même avec l'humérus, probablement à cause de l'effort qu'ils ont à faire pour soutenir le gros rayon épineux de la pectorale.

Dans les anguilles, où il n'y en a que deux, ils sont comme suspendus sur la jonction du scapulaire et de l'huméral.

On n'en voit plus dans les espèces où il n'y a point de pectorale.

Il reste une espèce de stylet, composé presque toujours de deux pièces (n.ºs 49 et 50), dont la supérieure (n.° 49), plus ou moins aplatie, est suspendue à l'os (n.° 48) que je viens de comparer à l'humérus, et adhère à sa face interne et à son bord postérieur et supérieur.[1]

Ce stylet descend le long du côté du corps derrière la nageoire pectorale, et se prolonge

---

1. Je crois avoir parlé le premier de ce stylet dans mes Leçons d'anatomie comparée, p. 333. M. Geoffroy, Annales du Muséum, t. IX, p. 364, l'avait comparé à une moitié de la fourchette des oiseaux, qui, ainsi que je l'ai prouvé, est leur vraie clavicule; et cette opinion a été adoptée par la plupart des anatomistes : cependant il est clair qu'elle est incompatible avec la position de cette pièce en arrière ; aussi M. Geoffroy s'est-il réformé lui-même, et la nomme-t-il, dans sa Philosophie anatomique, l'os coracoïdien ; mais il n'a pas fait observer qu'elle se compose presque toujours de deux pièces. M. Bakker, qui du reste nomme cet os comme nous, n'a pas fait non plus cette remarque. M. Van-der-Hœven, sur les os de l'épaule, se borne à extraire M. Geoffroy.

plus ou moins avant dans les chairs. On a cru y voir l'analogue de la clavicule ; mais il se dirige en arrière : c'est plutôt le coracoïdien qu'il représente, lequel se perd dans les chairs, faute de trouver, comme dans les oiseaux et les reptiles, un large sternum pour s'y appuyer. Il lui arrive aussi quelquefois de se joindre à celui de l'autre côté, et même dans les sidjans[1] et les seserins il est très-fort et se porte jusqu'au commencement de la nageoire de l'anus.

Une disposition non moins curieuse est celle des batrachus, où la pièce supérieure dépasse l'humérus en dessus, et va se fixer dans le haut à l'apophyse épineuse de la première vertèbre.

Dans les cyprins, au contraire, le stylet est réduit à un os grêle d'une seule pièce, et il manque tout-à-fait dans les anguilles, les anarhiques et les silures.[2]

---

1. C'est une observation intéressante due à M. Geoffroy.

2. M. Geoffroy a cru retrouver le stylet dans le premier rayon de la pectorale des silures, celui qui est épineux, et qui s'unit au radius par une articulation si remarquable, que nous décrirons ailleurs ; mais il est aisé de prouver, comme nous le ferons en traitant de ce genre, que ce n'est qu'un rayon, et même un rayon articulé, qui ne parait épineux que parce que ses articulations se sont soudées ensemble. L'osselet qu'il juge analogue au stylet dans le *silure électrique*, n'est que le troisième os de l'avant-bras dont nous avons parlé page 373.

Des Os du Carpe.

Au bord externe de ces quatrième et cinquième os que j'appelle *radial* et *cubital* (n.ºs 51 et 52), adhèrent les petits os plats que l'on a comparés au carpe (n.° 64) : ils ne forment d'ordinaire qu'une rangée, et n'y sont qu'au nombre de quatre ou cinq[1]; mais quelquefois ils se rétrécissent tellement dans leur milieu, qu'ils semblent former deux rangées. Leur fonction est de porter les rayons de la *pectorale* (n.° 65), quelque nombreux qu'ils soient, excepté cependant le premier (n.° 66), qui s'articule immédiatement sur l'os supérieur du bras, c'est-à-dire sur le radial (n.° 52).

Ce sont les os du carpe, et non pas ceux du bras ou de l'avant-bras, qui s'alongent et forment à l'extérieur des espèces de bras : dans les baudroies, où il n'y en a que deux; dans les batrachus, où il y en a cinq; dans les polyptères, où il n'y en a que trois[2]. Alors le cubitus et le radius sont d'ordinaire fort réduits.

---

1. M. Van-der-Hœven, p. 67, d'après M. Geoffroy, Annales du Mus., t. IX, p. 365 — 368, dit que les os du carpe manquent dans certains poissons, ou y sont confondus avec ceux des rayons. Je ne trouve pas que cela arrive dans aucun poisson osseux.

2. M. Geoffroy (*loc. cit.*) a cru que les deux os longs qui portent la pectorale de la baudroie, sont les os qu'il nomme *radius* et *cubitus* dans les autres poissons; mais il n'en est point ainsi:

Des Os de l'extrémité postérieure.

L'os innominé, la cuisse, la jambe et le tarse, de chaque côté, ne sont représentés que par un seul os (n.° 80), en général de forme triangulaire, mais plus ou moins compliqué d'apophyses et de lames saillantes[1]. La pointe du triangle est en avant; et dans les poissons jugulaires et thoraciques de Linnæus, c'est-à-dire dans mes subbrachiens, cette pointe, ou les apophyses qui la remplacent, s'attachent à la symphyse des os que nous avons nommés *humérus*. Dans les vrais abdominaux, elle demeure libre dans les chairs.

Le côté postérieur, ordinairement le plus étroit, donne attache aux rayons de la nageoire ventrale, au côté interne desquels il donne sou-

les deux os que nous regardons comme os de l'avant-bras, existent à leur place dans ce genre comme dans les autres; et les deux grands os qui forment le pédicule de la nageoire, sont de ceux que nous rapportons au carpe. M. Bakker adopte l'idée de M. Geoffroy; il a bien aperçu la difficulté, mais sans la résoudre. M. Meckel détermine ces os absolument comme nous. Dans le bichir ou polyptère, il y en a trois qui s'alongent pour porter la pectorale; et les pièces de la base des rayons y forment un second rang à cette espèce de carpe. M. Geoffroy a pris les deux extrêmes de ces trois os du carpe pour le radius et le cubitus. Les mêmes os s'alongent aussi dans les platycéphales, les périophtalmes, et d'autres genres, où il est impossible de ne pas voir les os du bras au-devant d'eux.

1. M. Bakker nomme cet os *coxa*. Il est représenté, pl. III, fig. VIII, par la face supérieure, et fig. IX, par l'inférieure.

vent encore quelque apophyse en arrière (*b, b*).
Presque toujours le côté interne s'unit à celui de
l'os correspondant par une suture (*a , a*). Il arrive quelquefois que ces deux os demeurent séparés l'un de l'autre, soit en avant, comme dans
les baudroies, soit en arrière, comme dans les
batrachus. Chacun sait que nombre de poissons,
les anguilles, les gymnotes, les xiphias, etc.,
sont entièrement privés de nageoires ventrales;
que d'autres, comme les lepidopus, n'en ont
que des vestiges incomplets. Dans le premier
cas, il n'y a point du tout d'os du bassin.

Des Rayons des extrémités.

Les rayons des extrémités, sans être aussi
symétriques que ceux des nageoires verticales,
se divisent de même longitudinalement chacun
en deux moitiés. Excepté le rayon externe de la
ventrale dans les acanthoptérygiens, ils sont
presque toujours tous articulés; mais leur base
est plus compacte que le reste de leur longueur,
et les articulations ne s'y voient point ou presque point. Cette base s'élargit de manière à
prendre une attache solide à l'os radial, à ceux
du carpe et à ceux du bassin. Le premier rayon
de la pectorale est rarement branchu, et même
ses articles se soudent quelquefois de manière à
simuler un rayon épineux; c'est ce qui arrive en-

tre autres dans les silures. La même chose arrive aussi quelquefois à l'un des premiers rayons de la dorsale, dans les cyprins, les silures, etc. ; en sorte que ce ne sont pas vraiment des rayons épineux, malgré cette apparence, et que ces poissons appartiennent à tous égards aux malacoptérygiens.

Les premiers articles des rayons pectoraux ou ventraux s'alongent quelquefois, comme dans le bichir, de manière à représenter une deuxième rangée d'os du carpe et une rangée d'os du tarse.

Il n'est pas nécessaire que nous nous occupions ici des variétés de nombre et de proportion de ces rayons, qui sont assez connues par les simples descriptions extérieures.

Voilà l'exposé des élémens dont se compose le squelette des poissons ordinaires ou osseux, et sous cette dénomination nous comprenons même, comme nous l'avons déjà dit, beaucoup de poissons appelés cartilagineux par nos prédécesseurs, parce que leurs os sont moins complétement ossifiés, tels que les baudroies, les tétrodons, les balistes, etc. Si l'on excepte les vertèbres et les rayons des nageoires, il y a peu de variété dans le nombre et les connexions de ces élémens, et c'est seulement des différences de leurs formes et de leurs proportions que résultent ces innombrables différences de la forme générale des poissons. Ces corps alongés comme des vers ; ces autres, globuleux ou prismatiques, ou aplatis horizontalement, ou tellement comprimés par les côtés, qu'ils ont l'air de disques ou de lames tranchantes ; ces têtes monstrueusement grosses, anguleuses, hérissées ; celles dont la petitesse relative est si singulière ; les museaux courts et larges ; ceux qui se prolongent en pointe ou en épée, n'ont presque jamais ni plus ni moins d'os les uns que les autres dans leur composition.

Mais les poissons chondroptérygiens, les seuls que je place dans une grande division relativement à l'ensemble de leur organisation, diffèrent beaucoup des autres pour le squelette, et il est nécessaire d'en parler séparément. Nous ne le ferons ici qu'en abrégé, nous réservant de traiter en détail de leur anatomie, quand nous serons arrivés à leur histoire.

Idée sommaire du Squelette des vrais Poissons cartilagineux, dits chondroptérygiens.

Les pièces de ce squelette, dans les sélaciens, c'est-à-dire dans les raies et les chiens de mer, ne prennent point le tissu fibreux qui caractérise les os. Leur intérieur demeure toujours cartilagineux, et leur surface extérieure se durcit par de petits grains calcaires qui s'y accumulent, et qui lui donnent cette apparence pointillée qui les distingue.

C'est probablement ce qui fait que le crâne de ces poissons n'est point divisé par des sutures, et ne se compose que d'une seule enveloppe, modelée d'ailleurs et percée à peu près comme un crâne de poisson ordinaire, en sorte que l'on y distingue les mêmes régions, les mêmes fosses, les mêmes éminences et les mêmes trous, mais non des os qui puissent être séparés.

Leur face est aussi très-simplifiée. Il n'y a que deux os à leur arcade palato-temporale : le premier descend du crâne à l'articulation des mâchoires ; l'autre tient lieu de mâchoire supérieure, et porte les dents ; le maxillaire et l'intermaxillaire étant réduits à de petits vestiges cachés dans l'épaisseur de la lèvre. La mâchoire inférieure n'a également qu'un os de chaque côté (l'articulaire), lequel porte les dents, et il ne reste des autres qu'un seul vestige, aussi caché sous la peau de la lèvre.

L'appareil operculaire manque ; mais l'appareil hyoïdien et branchial a de grands rapports avec celui des poissons osseux ; et il y a en outre dans les chiens de mer, vis-à-vis de l'attache extérieure de chaque branchie, un os grêle suspendu sous les tégumens, qui est un vrai vestige

de côte, mais bien différent des rayons branchiostèges, que l'on a voulu considérer dans les
poissons osseux comme des côtes sternales. L'appareil branchial est placé plus en arrière que
dans les poissons osseux, et sous le commencement de l'épine, ce qui recule d'autant la ceinture de l'épaule.

Celle-ci, qui dans les raies seulement s'attache à de larges apophyses de l'épine, mais
qui est libre d'adhérence dans les squales, est
dans les deux genres d'une seule pièce, qui entoure le corps, et qui porte de chaque côté une
rangée plus ou moins nombreuse d'autres pièces,
servant de base à la nageoire pectorale, et aux
bords desquelles adhèrent les rayons.

Le bassin est de même d'une seule pièce transverse qui ne s'articule pas à l'épine, et porte de
chaque côté une lame ou une tige à laquelle
adhèrent les rayons de la ventrale. C'est cette
tige qui se prolonge en forme de massue dans
les mâles, et y prend une structure très-com-
pliquée, sur laquelle nous reviendrons.

Il y a des parties de l'épine où plusieurs vertèbres sont soudées ensemble, où du moins l'espace où elles devraient être n'est occupé que par
un tube d'une seule pièce, percé de chaque côté
de plusieurs trous pour autant de paires de nerfs.
Tel est le commencement de celle des raies. On

peut aussi remarquer dans les raies et les squales qu'il y a deux fois plus d'anneaux supérieurs que de vertèbres. Outre les parties annulaires ordinaires, il y en a qui répondent aux jointures des vertèbres ensemble.

Les côtes spinales, quand il y en a, sont généralement fort petites. Celles des raies surtout le sont beaucoup plus que celles des squales. Les esturgeons les ont assez grandes.

Sur ce point, comme en ce qui touche la structure de ses branchies, l'esturgeon est intermédiaire entre les genres dont je viens de parler et les poissons ordinaires. Plusieurs des os de sa tête, et tous ceux de son épaule, sont complétement durcis et comme pierreux à leur surface, mais non fibreux [1]; et, d'un autre côté, la corde qui traverse les axes des corps de ses vertèbres, n'ayant point de rétrécissemens, le rapproche de la lamproie.

Dans ce dernier genre, toutes les parties du squelette sont plus simples encore que dans les sélaciens. Son épine surtout est beaucoup plus molle, et elle n'a point d'arcs branchiaux : ses branches n'adhèrent à l'intérieur qu'à un canal membraneux; à l'extérieur, au contraire, un

---

1. Voyez la Lettre de M. de Bær sur le squelette intérieur et extérieur; *Archives de Meckel*, 1826, n.° 3, p. 327.

appareil formé par ces espèces de côtes, dont les premiers vestiges s'étaient montrés dans les squales, et qui ici sont rameuses et s'attachent les unes aux autres, entoure ses branchies comme d'une espèce de cage.

Les ammocètes n'ont pas même de squelette cartilagineux. Toutes les parties de leur charpente demeurent toujours à l'état membraneux, et, sous ce rapport, ils ressembleraient à des vers plutôt qu'à des animaux vertébrés.

La chimère a aussi la corde de son épine plus forte et plus marquée que le corps des vertèbres. Sur le devant, un certain nombre de parties annulaires sont remplacées par une crête d'une seule pièce. On voit aussi une corde très-forte dans le polyodon.

Toutes ces variations dans le squelette des poissons chondroptérygiens seront exposées plus clairement, lorsqu'étant arrivé à leurs articles particuliers, nous pourrons entrer dans les détails nécessaires. [1]

---

1. On trouvera des faits intéressans sur cette matière dans le mémoire de M. Schultze, *sur les premières traces du système osseux et le développement de la colonne épinière dans les animaux*, inséré dans les Archives allemandes de la Physiologie, de M. Méckel, 1818, t. IV, p. 329.

CHAPITRE IV.

MYOLOGIE DES POISSONS.

Des mouvemens dont le Squelette des Poissons est susceptible.

L'épine, composée d'un nombre plus ou moins grand de vertèbres, auxquelles les cartilages qui les unissent permettent quelque mouvement des unes sur les autres, se courbe avec facilité à droite et à gauche, sur une seule ou sur plusieurs courbures alternativement convexes et concaves, selon qu'elle est plus ou moins longue. Elle se ploierait de même dans le sens vertical, sans les apophyses épineuses supérieures et inférieures, qui empêchent d'autant plus les mouvemens, qu'elles sont plus hautes et plus rapprochées. Au total, c'est donc en frappant latéralement l'eau par les flexions alternatives de son tronc et de sa queue, que le poisson exerce son principal mouvement en avant. La surface qui choque ainsi l'eau, augmente ou diminue de hauteur selon que les nageoires du dos, de l'anus et de la queue ont leurs rayons plus écartés et plus redressés, ce qui se fait au moyen de la mobilité de ces rayons sur les osselets interépineux aux-

1. 25

quels ils sont articulés ; mobilité qui, d'après la forme des articulations, a lieu en avant, en arrière, ou sur les côtés, au gré du poisson, et qui produit des effets semblables à ceux des mouvemens d'un gouvernail.

Quant aux nageoires paires, les pectorales ont d'abord le mouvement de la ceinture de l'épaule, qui peut se faire d'avant en arrière, ou d'arrière en avant, dans une étendue qui dépend de la liberté de l'articulation de l'omoplate, et de l'existence ou de la non-existence du sternum, mais qui est en général fort bornée. Les os du bras sont rarement doués d'une mobilité particulière. Le carpe lui-même ne se meut séparément que dans les espèces où il est alongé. Mais les rayons ont tous la faculté de s'écarter ou de se rapprocher les uns les autres, et la nageoire qui en est composée, celle de se porter en avant ou de se coller contre le corps, de s'élever, de s'abaisser, ou d'incliner diversement son plan à l'horizon. Elle agit sur l'ensemble du poisson à peu près comme ferait une aile placée en cet endroit, et sa force dépend de sa surface et de la vigueur de ses muscles.

On sait qu'il y a dans les pirabèbes et les exocets des pectorales assez grandes pour élever le poisson hors de l'eau et lui faire décrire dans l'air une courbe assez étendue.

Les ventrales ont le mouvement des os du bassin, qui se portent en avant, ou en arrière, ou de côté, et, lorsqu'ils ne sont pas soudés l'un à l'autre, s'écartent ou se rapprochent. Elles ont encore un écartement ou un rapprochement de leurs rayons, un mouvement d'ensemble vers la verticale, ou vers l'horizon, en se rapprochant du ventre, ou vers le côté : elles agissent par-là comme feraient des rames.

Enfin, la tête, qui est un peu mobile sur l'épine, a beaucoup de mobilité dans ses mâchoires, ses arcades palato-temporales, son os hyoïde, ses arcs branchiaux, ses os pharyngiens et ses opercules. L'écartement ou le rapprochement de ces parties, très-utiles pour la déglutition et pour la respiration, contribuent aussi au mouvement du poisson en avant, par la pression qu'en éprouve l'eau qui est entrée dans la bouche, et qui est forcée de sortir en arrière par les ouvertures des ouïes.

A ces divers mouvemens il faut ajouter celui que le corps du poisson reçoit dans le sens vertical, du plus ou moins de compression que les côtes impriment à la vessie natatoire. Cette vessie, placée sous l'épine du dos et remplie d'air, suivant qu'elle est ou comprimée ou dilatée, donne au corps du poisson une pesanteur spécifique, égale, supérieure ou inférieure à celle de l'eau, et le fait ainsi rester en équilibre, ou descendre, ou monter.

Il s'agit dans ce chapitre de faire connaître les muscles qui impriment aux organes osseux les divers mouvemens que nous venons d'indiquer.[1]

Nous décrirons d'abord les grands muscles qui agissent sur le tronc tout entier; ceux des nageoires verticales viendront ensuite; puis nous traiterons de ceux des nageoires paires, et nous terminerons cet examen par les muscles assez compliqués qui meuvent les unes sur les autres les diverses parties de la tête et de ses appareils.

Les muscles des poissons, comme ceux des autres vertébrés, se composent de fibres char-

---

1. La myologie des poissons a été encore infiniment plus négligée que leur ostéologie. On trouve une description ébauchée des muscles les plus extérieurs dans Gouan (Hist. des Poiss., p. 69 et suiv.), d'après un acanthoptérygien, peut-être un spare. Vicq-d'Azyr a donné quelques traits incomplets de la myologie des chondroptérygiens et de l'anguille. (Deuxième Mémoire sur les poissons, Acad. des sc., Sav. étr., t. VII.) Nous y avons beaucoup ajouté, M. Duméril et moi, dans mes Leçons d'anatomie comparée, t. I.er *passim*, pour le corps et les membres; t. III, p. 90, pour les mâchoires, et t. IV, p. 353, pour les branchies et leurs opercules; mais nos descriptions n'ont pas encore toute la clarté et la généralité désirables. Celles que je donne ici sont nouvelles, et fondées sur des observations plus nombreuses; mais j'ai pris, comme dans le reste de ce traité anatomique, la perche pour type principal: les exceptions les plus notables seront marquées en leur lieu.

nues de couleur plus ou moins rouge, et de fibres tendineuses de couleur blanche ou argentée, dans des positions respectives semblables. Mais on peut dire qu'excepté certains muscles particuliers, quelquefois d'un rouge foncé, la chair des poissons est plus pâle que celle des quadrupèdes et surtout que celle des oiseaux. Il y a même des espèces qui l'ont presque entièrement blanche. Son odeur et sa saveur sont différentes : elle exhale plus d'infection lorsqu'elle se décompose, et une infection d'un caractère particulier, que l'on a comparée à celle du gaz hydrogène phosphoré, mais qui, selon M. Chevreul, tient à un principe spécial.

Des grands Muscles latéraux du Tronc.[1]

Il n'y en a essentiellement qu'un de chaque côté (n.° 1), allant depuis la tête dans le haut, et les os de l'épaule dans le bas, jusqu'aux côtés de la base de la nageoire caudale; mais ce

1. On a représenté les muscles de la perche sur les planches IV, V et VI de ce volume : la planche IV est la couche latérale externe; la planche V, la couche latérale profonde. On voit, pl. VI, fig. I, les muscles du dessous de la tête et de la poitrine, couche superficielle; fig. II, les muscles du dessous du crâne et de la face interne de la membrane branchiostège; fig. III, les muscles propres des branchies. Le cœur y est aussi en situation. C'est sur ces trois planches qu'il faut chercher les numéros que nous donnons aux muscles dans ce chapitre.

muscle unique est fort compliqué, et représente les trois faisceaux du sacro-spinal, faisceaux qui, les poissons n'ayant point de cou, s'étendent depuis la queue jusqu'à la tête, sans offrir les distinctions qui ont lieu dans d'autres animaux entre les portions cervicales et les portions dorsales et caudales.

Celui d'un côté est séparé de l'autre par l'épine et ses apophyses, par les muscles profonds des osselets interépineux (n.ºs 3 et 4), et par les côtes qui ceignent la cavité abdominale. Ils s'écartent l'un de l'autre inférieurement (en *a*), pour faire place au bassin, auquel ils donnent souvent chacun une languette, et pour laisser sortir les nageoires ventrales. Plus en avant (en *b*), chacun d'eux se divise en deux pour laisser passer la nageoire pectorale et les muscles qui lui appartiennent.

La portion supérieure de cette division antérieure s'insère principalement au crâne (en *d, e*) et aux os de l'épaule (en *f, g*), et même, dans beaucoup d'espèces, à la partie de l'humérus qui est au-dessus de la pectorale (en *h*). Il s'en arrête aussi une partie à la première côte, et de cette côte il en part quelquefois un lambeau (*y*), qui va jusqu'à l'os mastoïdien, et que l'on pourrait comparer à un scalène. Sa portion inférieure s'insère à la partie inférieure de l'os huméral (en c), et surtout à sa symphyse. Elle se continue par-dessous jusqu'au corps ou à la pièce impaire de l'os hyoïde (de c en d). C'est cette prolongation qui occupe ce que l'on nomme l'isthme. Cette division inférieure du grand muscle enveloppe l'os en stylet de l'arrière de l'épaule (en a, b), à peu près comme, dans les quadrupèdes carnassiers, le vestige de la clavicule est enveloppé entre le grand pectoral et le sterno-cléido-mastoïdien, ou du moins cet os est attaché à sa surface par de la cellulosité serrée.

Ces deux grands muscles sont divisés transversalement, par des lames aponévrotiques, en autant de couches de fibres qu'il y a de vertèbres. Ce sont ces couches qui, détachées par la cuisson (lorsqu'elle a dissous la gélatine des tendons), font paraître la chair des poissons feuilletée.

Ces lames aponévrotiques et les feuillets charnus qu'elles distinguent, sont disposés plus ou moins obliquement à l'épine, et généralement courbés de manière que leurs parties supérieure ($i\,k$, $i\,k$) et inférieure ($l\,m$, $l\,m$) se dirigent obliquement d'arrière en avant, la première en montant, la seconde en descendant, et que leur partie moyenne ($k\,l$, $k\,l$) fait un angle ou un arc plus ou moins convexe, dont la convexité est dirigée en avant. Le muscle se divise ainsi dans le sens de sa longueur en trois bandes. Lorsqu'on entame sa couche superficielle, on trouve que la bande supérieure se sépare aisément de la moyenne; et, en écartant cette bande supérieure des os à son bord inférieur, on observe que sa partie profonde et inférieure s'attache aux apophyses épineuses des vertèbres par des filets tendineux qui se portent obliquement en arrière. Si on l'écarte supérieurement des apophyses épineuses et des os interépineux, on trouve que sa partie supérieure profonde donne aussi des tendons obliques aux apophyses épineuses, mais dirigés obliquement en avant. Sa partie plus superficielle envoie aussi quelquefois, dans les endroits où il y a des nageoires dorsales, aux interépineux de ces nageoires, surtout à ceux des aiguillons, des lanières également obliques et dirigées en avant. C'est cette bande qui nous paraît représenter l'*épineux du dos*.

La bande moyenne nous semble représenter le *long dorsal* et le muscle qui, dans les quadrupèdes à queue, a été nommé *lombo-sous-caudien latéral*. Comme le bassin n'interrompt pas ici la continuité des muscles de la queue avec ceux du dos, il n'y a pas plus de distinction que dans le cou. Supérieurement sa partie profonde donne des languettes obliques et dirigées en arrière aux côtés des apophyses épineuses des vertèbres. Sur le reste de sa hauteur, ses fibres les plus profondes vont d'une côte à l'autre, et les rapprochent comme feraient des intercostaux.

La troisième bande me paraît répondre dans la partie qui règne sous la queue au *lombo-sous-caudien inférieur* des mammifères; mais, dans toute la partie où elle longe l'abdomen, elle fait fonction des muscles abdominaux, surtout dans les espèces où les côtes n'embrassent pas toute cette cavité. Son union avec la bande moyenne est beaucoup plus étroite que celle de la bande supérieure.

Le long de chaque flanc, au milieu de la hauteur du poisson, et par conséquent sur la bande moyenne du grand muscle latéral, règne un léger sillon, dans lequel est logé un vaisseau muqueux. Il répond aux extrémités des côtes accessoires; mais il ne pénètre pas profondément, et il n'y a point à cet endroit de séparation entre les muscles, du moins dans la plupart des poissons à corps comprimé.

Il n'en est pas toujours de même. Dans l'anguille, par exemple, c'est à l'endroit de ce sillon qu'est la principale solution de continuité, en sorte que la bande supérieure a ses lames en forme de V ouvert en avant. Dans la truite il y a trois solutions presque également prononcées, les deux ordinaires et une mitoyenne.

Dans les poissons à corps déprimé, les bandes

supérieure et inférieure sont horizontales et parallèles l'une à l'autre; l'inférieure y prend encore plus sensiblement le rôle des muscles abdominaux.

Les grands muscles latéraux se terminent en arrière par une aponévrose, qui s'insère par des languettes tendineuses à la base des rayons de la caudale, qu'elle porte de côté. Sur cette aponévrose s'insèrent même quelques-uns des petits muscles propres de cette nageoire, et elle cache ses muscles profonds. Les bandes supérieure et inférieure s'insèrent plus particulièrement aux rayons extrêmes, et paraissent concourir à les écarter des autres et à dilater la caudale.

L'usage de ces grands muscles latéraux ne présente d'ailleurs aucune difficulté : chacun d'eux fléchit de son côté tout ou partie du corps du poisson, et ils lui impriment par conséquent ces mouvemens alternatifs de flexion et d'extension qui transportent le poisson en avant; car c'est par les coups que sa queue et, jusqu'à un certain point, tout son corps, donnent latéralement à l'eau, que le poisson se meut dans ce sens. La portion inférieure antérieure, qui se porte à la symphyse des os huméraux, et de là au corps de l'os hyoïde, et représente le sterno- et le cléido-hyoïdien, concourt avec le génio-hyoïdien, dont nous parlerons plus loin, à abaisser la mâchoire inférieure, et par conséquent à ouvrir la bouche. La tête n'ayant point de muscles propres dans les poissons osseux, c'est uniquement à ces grands muscles latéraux qu'elle doit les mouvemens, au reste très-obscurs, qu'elle peut exécuter. Il n'en est pas de même dans les chondroptérygiens, où elle a des muscles à elle.

Des Muscles grêles supérieurs et inférieurs du Tronc.

Dans l'intervalle des deux grands muscles latéraux, soit du côté du dos, soit le plus souvent aussi du côté du ventre, règnent deux muscles grêles, qui d'ordinaire ne sont interrompus que par les nageoires dorsale et anale, aux bases antérieures et postérieures desquelles ils s'attachent : ils meuvent ces nageoires ; mais ils servent aussi à courber le tronc, soit vers le haut, soit vers le bas, lorsque la disposition des vertèbres rend ces mouvemens possibles.

Dans la perche, où les dorsales commencent dès la nuque, il n'y a qu'une paire supérieure de ces muscles, et on ne la voit qu'entre la deuxième dorsale et la caudale (n.° 7) ; mais inférieurement il y en a deux paires, une (n.° 6) qui va de la partie postérieure du bassin à l'anale, et embrasse l'anus ; l'autre (n.° 8) qui s'étend de l'anale à la caudale, et correspond à la portion dorsale (n.° 7).

Dans les poissons qui n'ont qu'une dorsale plus ou moins courte, comme les cyprins, il y en a deux paires sur le dos, et lorsqu'il y a deux dorsales écartées l'une de l'autre, comme dans les truites, il y en a trois paires; mais si les dorsales, au nombre de deux ou trois, se touchent et occupent une grande partie du dos, comme dans les gades, les muscles de ce côté se réduisent à peu de chose.

Les mêmes variations ont lieu pour ceux du ventre.

Dans les poissons abdominaux, où les ventrales sont éloignées des pectorales, il y en a trois paires bien marquées; l'une allant des huméraux au bassin; l'autre, du bassin à l'anale; la troisième, de l'anale à la caudale : on les voit aussi très-bien dans la truite. Quelquefois, comme dans les cyprins, la première paire a des intersections tendineuses, et se rattache plus ou moins aux muscles latéraux. Dans certaines espèces à corps déprimé, comme la baudroie, les muscles inférieurs ne se distinguent pas de la portion inférieure des muscles latéraux, qui elle-même prend tout-à-fait l'apparence de muscles abdominaux.

Des Muscles propres de la Nageoire caudale.

Il y en a de trois sortes : les uns superficiels, les autres profonds, les troisièmes allant d'un rayon à l'autre.

Les superficiels (n.ºs 11, 11) adhèrent d'une part à l'aponévrose qui termine le grand muscle latéral du corps, et par laquelle ce muscle s'insère à la caudale. Les petits muscles que porte cette aponévrose s'écartent en éventail, pour s'insérer obliquement à un nombre plus ou moins grand de rayons.

Ceux qui vont d'un rayon à l'autre (n.ºs 12, 12) sont placés entre leurs bases, et se portent plus en arrière que les précédens.

Les profonds (n.ºs 9 et 10) ne se découvrent qu'après que l'on a enlevé le grand muscle latéral. Ils adhèrent à la fin de l'épine, et surtout à la vertèbre comprimée en triangle qui la termine, et qui porte la nageoire caudale : l'un est supérieur, l'autre inférieur. On peut souvent les séparer en deux couches : leur insertion aux bases des rayons se fait par des languettes cachées par celles de l'aponévrose terminale du grand muscle latéral.

Il y a quelquefois, notamment dans la perche, un troisième muscle (n.° 13), qui naît du milieu de la hauteur de la vertèbre, entre les deux précédens, et qui va en montant à la partie supérieure de la nageoire : il doit, ainsi que les muscles superficiels et ceux d'entre les rayons, concourir à rétrécir la nageoire. Les muscles profonds doivent, ainsi que les grands muscles latéraux, la porter de côté.

Des Muscles propres des Nageoires dorsales et anales.

La description de ces muscles est très-simple, parce qu'ils sont tous disposés uniformément, et chaque rayon en a six, savoir, quatre profonds et deux superficiels.

Les superficiels (n.ºs 2, 2, 2) s'insèrent au rayon, aux côtés de sa base, un à droite et l'autre à gauche : ils sont couchés sur les grands muscles du corps, transversalement à leur direction, et adhèrent à la peau. Leur longueur et leur force sont d'autant plus considérables, que le poisson se sert davantage de ses nageoires verticales pour frapper l'eau à droite et à gauche, et que le mouvement des rayons dans ce sens a plus de liberté. La perche, que nous avons prise pour sujet de nos dessins, les a de longueur médiocre.

Les profonds sont cachés en grande partie entre les deux grands muscles du corps : ils adhèrent à l'osselet interépineux, deux en avant (n.° 3) et deux en arrière (n.° 4), séparés les uns des autres par les arêtes de cet osselet, et insérés à la base du rayon, qu'ils peuvent redresser ou coucher en arrière, ou même porter de côté lorsque l'antérieur et le postérieur du même côté agissent ensemble; mais ce dernier genre de mouvement est presque toujours peu marqué.

Des Muscles de l'Épaule.

La ceinture qui constitue l'épaule des poissons, et qui se compose des os que nous avons nommés *surscapulaire*, *scapulaire* et *huméral*, n'est pas susceptible de mouvemens très-étendus, et sert plutôt de point fixe pour ceux du tronc, des branchies et de la mâchoire inférieure. Cependant, en supposant que ces autres parties soient elles-mêmes fixes momentanément, cette ceinture peut être tirée en arrière par les grands muscles latéraux du corps (n.° 1), dont elle reçoit une grande partie.

On peut dire aussi que l'épaule éprouve quelque mouvement en avant de la portion (*d, c*) de ce même muscle qui se rend au corps de l'os hyoïde, et qui y trouve un point d'appui lorsque cet os est rapproché de la mâchoire par le génio-hyoïdien, et que la mâchoire elle-même est fermée par les crotaphites.

Enfin, il y a dans quelques espèces un muscle qui, de la partie postérieure, inférieure et latérale du crâne, va à la partie supérieure et antérieure de l'os huméral, et qui couvre en partie la membrane qui sert de diaphragme entre la cavité des branchies et celle du corps. Il peut agir sur l'épaule, mais faiblement, et il est plus probable que sa destination est d'agir sur le diaphragme et de comprimer les intestins. Dans la perche il ne s'étend (n.° 10) que de l'arrière du mastoïdien au surscapulaire et au scapulaire.

Le stylet coracoïdien n'a pas précisément de muscle particulier, mais, comme nous l'avons dit, il est enchâssé dans le grand muscle latéral du corps. Quelquefois seulement il donne attache à une couche musculaire mince et oblique, qui recouvre en partie ce grand muscle.

Des Muscles de la Nageoire pectorale.

Dans le grand nombre des espèces où les os du carpe sont petits, ces muscles s'insèrent seulement aux rayons.

Il y en a deux couches à chaque face, qui se terminent toutes par autant de languettes tendineuses qu'il y a de rayons. La direction des deux couches de chaque face se croise un peu. La couche antérieure superficielle (n.° 14) vient de l'os huméral, et est descendante : la couche profonde (n.° 15) vient de la face externe et du bord inférieur de l'os cubital ; elle est ascendante. C'est l'inverse aux couches postérieures : la couche la plus voisine des os y descend ; l'autre y monte. Les deux couches de la face antérieure, lorsqu'elles agissent ensemble, portent la nageoire en avant, c'est-à-dire qu'elles lui font faire avec le corps un angle plus ou moins ouvert ; les deux couches postérieures la rapprochent et la collent contre le corps. Chaque couche, agissant séparément, peut élever ou abaisser la nageoire suivant sa direction. Le plus souvent il se détache de la couche postérieure profonde un lambeau (n.° 16), qui, portant son tendon sur le bord supérieur, devient un releveur spécial de la nageoire. C'est par la combinaison de ces différentes actions que la pectorale s'épanouit ou se contracte. Dans les espèces où le carpe se prolonge, comme dans la baudroie, ces muscles spéciaux prennent plus de développement.

Ce sont les couches dont nous avons parlé d'abord qui, agrandies par degrés dans les squales, deviennent enfin les énormes muscles des ailes de la raie, lesquels forment la plus grande partie de la chair mangeable de ce poisson.

Des Muscles du Bassin.

Les os qui portent les nageoires ventrales, et auxquels on applique le nom d'*os du bassin*, sont mus en avant et en arrière par les muscles grêles inférieurs du tronc (n.° 6), dont nous avons déjà parlé. Les antérieurs viennent de l'extrémité inférieure des huméraux, et s'insèrent à la face inférieure des os en question près de leur bord interne. Les postérieurs tiennent au bord postérieur des os du bassin, se rendent vers l'anus, qu'ils entourent, et se perdent sur les muscles latéraux, ou s'attachent aux premiers interépineux de la nageoire anale. Les antérieurs sont quelquefois subdivisés. Dans les poissons dont les ventrales s'attachent sous la gorge ou sous le thorax, ils sont fort courts, et s'unissent assez intimement aux grands muscles latéraux.

Ces os du bassin sont mus l'un vers l'autre par des muscles transverses, placés sous leur face inférieure, dont une partie est quelquefois croisée, mais qui n'existent pas toujours. La perche, par exemple, ne les a pas, et ils manquent probablement dans toutes les espèces où les os du bassin sont unis l'un à l'autre par une suture. Ils sont, au contraire, fort développés dans la baudroie, où ces os sont éloignés l'un de l'autre.

Les os du bassin reçoivent des grands muscles latéraux, entre lesquels ils sont placés, une languette qui les tire de côté; mais en général leurs mouvemens, ainsi que ceux des os de l'épaule, ne sont pas très-prononcés.

Des Muscles des Nageoires ventrales.

Ils sont portés par les os du bassin; les abaisseurs, à leur face inférieure (n.ºs 17 et 18); les releveurs, à la supérieure. Deux couches à chaque face, un peu croisées l'une sur l'autre, comme ceux des pectorales, se divisent en autant de languettes qu'il y a de rayons, et plus ou moins distinctes, selon que ces rayons sont plus ou moins écartés et jouissent de mouvemens plus isolés. Les plus extérieures de ces languettes (n.° 17) se séparent plus généralement, et servent à dilater les nageoires.

Ces muscles propres des rayons des extrémités, tant aux nageoires pectorales qu'aux ventrales, peuvent être comparés aux courts fléchisseurs et aux courts extenseurs des doigts des lézards, surtout du crocodile; animaux qui les ont généralement ainsi disposés en deux couches à chaque face de la main et du pied, mais plus distincts, et secondés par des muscles longs, qui manquent entièrement dans les poissons.

Des Muscles des Mâchoires.

Elles n'en ont qu'une seule masse (n.° 20), qui est commune aux deux mâchoires, et qui ferme la bouche en les rapprochant l'une de l'autre.

Cette masse adhère à toute la face externe de la partie postérieure de l'arcade palato-temporale et à tous les os qui la composent, y compris le bord antérieur du préopercule. Elle est le plus souvent divisée en trois ventres, quelquefois même en quatre ; sa forme approche de la quadrangulaire, et elle donne de son bord antérieur deux tendons réunis par une aponévrose. Celui qui part de l'angle supérieur, et qui est le plus long, va dans le haut au maxillaire supérieur. Celui de l'angle opposé, qui est beaucoup plus court, s'insère à la mâchoire inférieure, derrière son apophyse coronoïde. L'aponévrose s'épanouit sur la membrane qui joint les deux mâchoires.

C'est, comme on voit, une organisation bien différente de notre crotaphyte et de notre masséter ; mais nous l'avons trouvée constante dans tous les poissons osseux, et dans aucun d'eux nous n'avons rien vu qui ressemblât aux muscles ptérygoïdiens. Quant aux poissons cartilagineux, leurs muscles des mâchoires offrent des différences importantes, que nous décrirons dans leur temps.

Une différence non moins remarquable, c'est qu'il n'y a point de digastrique, ni de muscle qui en tienne lieu, pour abaisser la mâchoire inférieure ; elle n'opère ce mouvement, et la bouche ne s'ouvre, par conséquent, que par l'action simultanée des muscles qui vont de l'épaule à l'os hyoïde et de celui-ci à la mâchoire inférieure.

Ce dernier muscle (n.° 27) répond au génio-hyoïdien, et nous en reparlerons.

Mais la mâchoire inférieure des poissons, pouvant dans beaucoup d'espèces rapprocher plus ou moins ses deux branches, a reçu un muscle propre destiné à cet usage (n.° 24). Il est placé en travers dans l'angle que font ces branches, et derrière leur symphyse, au-dessus de la terminaison antérieure du génio-hyoïdien.

Des Muscles de l'Arcade palato-tympanique.

Il y en a toujours un (n.° 22) qui occupe une portion considérable de la voûte du palais, et qui consiste en une couche épaisse de fibres transversales, qui se rendent d'une partie plus ou moins étendue du dessous du sphénoïde et de la grande aile, transversalement au bord supérieur de cette arcade et à sa face interne, s'insérant principalement au temporal et à la partie voisine de la caisse et du ptérygoïdien interne. Ce muscle abaisse l'arcade, et la rapproche de celle du côté opposé, ce qui resserre latéralement l'espace occupé par l'appareil branchial.

Un autre abaisseur, plus gros et moins étendu, est quelquefois plus en arrière, et vient du dessous de la partie latérale du crâne, en avant de l'abaisseur de l'opercule; dans la perche, c'est tout au plus une subdivision légère.

Le releveur de cette même arcade (n.° 24) naît derrière l'orbite, sous le rebord du frontal postérieur et en avant du releveur de l'opercule, et s'insère au haut de la face externe du temporal et à une portion du ptérygoïdien externe. Il est l'antagoniste du précédent, écarte l'arcade palatine, et dilate l'espace consacré aux branchies.

Ainsi, l'arcade palatine, composée des os que nous avons appelés palatin, ptérygoïdien interne et externe, jugal, caisse et temporal, se meut sur ses deux articulations, l'une antérieure, qui appartient au palatin, l'autre postérieure, qui appartient au temporal, et son mouvement consiste à écarter sa partie inférieure de celle du côté opposé, ou à les rapprocher; mouvement qui écarte aussi les branches de la mâchoire inférieure et l'appareil operculaire, et dilate tout l'appareil branchial.

C'est une action essentielle à la respiration, et que le poisson continue pendant toute sa vie.

Des Muscles de l'Opercule.

Les mouvemens de l'opercule sont assez semblables à ceux de l'arcade palatine, et les muscles qui les produisent sont placés en arrière de ceux de cette arcade. Il y en a également un externe (n.° 25), qui relève l'opercule, et un interne (n.° 26), qui l'abaisse.

Ils se divisent quelquefois en plusieurs ventres. Il y a même des espèces où les releveurs forment deux ou trois muscles distincts.

Le releveur (n.° 25) adhère principalement le long de la crête externe formée par l'os mastoïdien ; l'abaisseur (n.° 26) tient à la face latérale inférieure, dans une partie où la grande aile et le rocher s'unissent ensemble et au mastoïdien. Il est séparé de l'abaisseur de l'arcade palatine (n.° 24) par le faisceau des muscles supérieurs antérieurs des branchies.

Le subopercule et l'interopercule n'ont pas de muscles particuliers ; ils partagent les mouvemens communs de l'arcade palato-temporale et de l'opercule proprement dit.

Il faut remarquer encore que les muscles qui rapprochent les branches de l'hyoïde, et qui contractent la membrane branchiostège, concourent aussi à rapprocher les appareils palatins et operculaires. [1]

Des Muscles de l'Os hyoïde.

Le principal (n.° 27) répond au génio-hyoïdien ; il vient de la face interne de la branche de la mâchoire inférieure près de sa symphyse, et se porte sur les côtés de la branche hyoïdienne, où il s'insère à la première de ses deux grandes pièces. Assez souvent des fibres transversales réunissent les deux génio-hyoïdiens en une seule masse, au moins dans leur partie moyenne, comme cela se voit dans la perche. Souvent une bande musculaire transversale réunit une branche de l'hyoïde à l'autre ; mais la perche ne l'a point. Au reste, les muscles placés entre les rayons de la membrane branchiostège agissent aussi médiatement pour rapprocher les branches de l'hyoïde. Il ne faut pas oublier non plus la portion du grand muscle latéral du corps (n.° 1) qui se rend au corps de l'hyoïde, et fait fonction de sterno-hyoïdien.

---

1. Une remarque non moins importante, c'est qu'il n'y a nulle analogie des muscles de l'opercule à ceux des osselets de l'oreille des mammifères.

Des Muscles de la Membrane branchiostège.

Il y a généralement une couche de fibres (n.ºs 28, 28) qui règne en travers à la face interne des rayons branchiostèges, et qui y occupe plus ou moins de place, selon les espèces.

Une partie de ces fibres prennent leur origine à la face interne de l'opercule vers sa base; mais il en vient souvent aussi du subopercule : elles passent sur les rayons, et n'y adhèrent que par de la cellulosité. Elles forment ainsi une espèce de bourse autour de chaque cavité branchiale, bourse d'autant plus complète, que l'ouverture branchiale est plus petite; quelquefois celles d'un côté s'unissent à celles de l'autre par-dessous l'isthme, soit en totalité, comme dans les anguilles, soit en partie, comme dans le cycloptère ou la baudroie; quelquefois même, comme dans les anguilles, elles se joignent par un raphé au corps de l'os hyoïde, et en général à la partie inférieure et antérieure du tronc; mais, lorsque les ouïes sont bien fendues, ces communications d'un côté à l'autre n'existent pas. Il y a cependant souvent une paire de muscles très-remarquables, qui vont, en se croisant mutuellement, du rayon inférieur d'une des membranes à l'extrémité antérieure de la branche opposée de l'hyoïde (n.ºs 29, 29). Ils étendent la membrane et la rapprochent de celle de l'autre côté. Quant à la couche fibreuse qui règne sur les rayons, son effet général est de les rapprocher les uns des autres et de contracter la membrane branchiostège.

Il y a aussi de petits muscles particuliers à chaque rayon branchiostège, qui ont leur autre attache à la partie voisine de la branche de l'os hyoïde, et qui, suivant les espèces et la direction, contribuent à dilater ou à contracter la membrane; mais ils n'existent pas toujours. Je ne les vois pas dans la perche; mais ils sont aisés à observer dans la baudroie et le cycloptère.

Des Muscles de l'Appareil branchial et pharyngien.

On peut les diviser en plusieurs groupes, dont les uns suspendent cet appareil au crâne, d'autres à l'épine, d'autres s'attachent à l'os huméral, d'autres au corps de l'hyoïde; il y en a enfin qui sont propres à l'appareil, et unissent ses parties les unes avec les autres.

Un premier faisceau est attaché au crâne, entre l'abaisseur de l'arcade palatine et celui de l'opercule, à la partie de la grande aile et du rocher qui est sous la rainure articulaire offerte au temporal par le frontal postérieur et le mastoïdien.

Ce faisceau se divise en deux ordres de rubans, quatre externes et deux ou trois internes.

Les quatre externes (n.ᵒˢ 30, 30) vont s'insérer au dos des pièces supérieures des quatre arceaux des branchies; les internes, aux deux premiers pharyngiens.

Ces muscles soulèvent la partie supérieure de l'appareil, et la rapprochent du crâne; en même temps les extérieurs portent les arceaux en avant, et dilatent les intervalles des branchies.

Un deuxième faisceau s'attache au crâne, derrière l'abaisseur de l'opercule, et tient à l'extrémité de l'os mastoïdien.

Il se compose de deux rubans : un antérieur (n.ᵒ 32), qui va à la pièce supérieure du quatrième arceau, plus en dehors que le dernier des externes du faisceau précédent, et un postérieur (n.ᵒ 33), qui aboutit au tissu du pharynx, derrière le troisième pharyngien supérieur.

Ce deuxième groupe a presque les mêmes fonctions que le premier.

Un troisième faisceau ne se compose que d'un muscle, mais considérable (n.ᵒ 44, pl. VI, fig. IV), qui prend du bord interne et postérieur du troisième pharyngien supérieur, et, passant au travers des fibres du pharynx, va obliquement s'attacher à l'épine.

Ce muscle entraîne tout l'appareil en arrière, et en même temps le soulève, comme les deux précédens.

La partie supérieure du deuxième arceau a un muscle particulier attaché au côté de la base du crâne, à peu près sur la jonction de la grande aile au basilaire, et qui va horizontalement s'insérer à l'arceau, au-devant de l'insertion du faisceau externe que cet arceau reçoit du premier faisceau.

L'action de ce muscle rapproche les deux rangées d'arceaux l'une de l'autre et de l'axe de la base du crâne, secondée en cela par les muscles transverses propres de l'appareil que nous décrirons bientôt.

Trois muscles agissent sur l'appareil par le moyen du pharyngien inférieur, auquel ils s'insèrent.

L'un (n.° 35) vient de la crête supérieure du corps de l'os hyoïde, au-dessus de l'insertion du grand muscle latéral. Il se rend au pharyngien en montant obliquement en arrière; il le tire en bas et en avant, et est l'antagoniste de celui qui s'attache à l'épine.

Les deux autres (n.ºs 36 et 37) viennent de l'os huméral; n.° 36, de sa partie inférieure et en montant en avant; n.° 37, de sa partie moyenne et en marchant presque horizontalement : n.° 36 abaisse l'appareil en le tirant en arrière; n.° 37 le tire en arrière simplement.

C'est entre ces trois muscles et leurs congénères du côté opposé que sont situés le péricarde et le cœur du poisson.

Les muscles propres de l'appareil sont, les uns transversaux, les autres obliques. Ces derniers sont, à la face inférieure, au nombre de quatre de chaque côté, et vont de la chaîne impaire des osselets à la partie inférieure de chaque arceau. Leur action consiste à abaisser cette partie.

Les transverses supérieurs (n.° 39) sont au nombre de trois, et vont de chaque pharyngien à la portion voisine de l'arceau. Le dernier est commun aux pharyngiens et aux arceaux des deux côtés.

Il n'y en a qu'un inférieur (n.° 40), qui est épais, et va d'un pharyngien à l'autre.

Ces deux derniers muscles ont pour objet de rapprocher les pharyngiens et de rétrécir un peu l'appareil dans le sens transversal.

C'est aussi jusqu'à un certain point l'effet des premiers.

Cette description des muscles des branchies, prise principalement de la perche, convient au grand nombre des acanthoptérygiens; mais elle ne s'appliquerait pas à tous les poissons sans des modifications assez importantes pour le nombre et la direction des rubans appartenant aux différens faisceaux; modifications qui dépendent, comme on le comprend aisément, de la forme générale de la tête et des différentes grandeurs des pharyngiens, ainsi que des fonctions auxquelles les appellent les différentes manières dont ils sont armés. Nous en verrons des exemples dans la suite.

Mais des différences encore plus essentielles sont celles que l'on observe dans les chondroptérygiens. Leur appareil branchial n'a point d'opercule, et est entouré d'une enveloppe musculaire générale, souvent renforcée par des espèces de côtes. Nous en donnerons des descriptions détaillées lorsque nous serons arrivés à cette grande division de la classe des poissons.

Quant aux analogies de ces muscles, tout ce que l'on peut en dire, c'est que le faisceau des suspenseurs a quelque rapport avec les stylo-hyoïdiens et les stylo-pharyngiens de l'homme, et que les transverses supérieurs peuvent se comparer aux hyo- et aux crico-pharyngiens; mais ce sont des rapports tellement éloignés, qu'ils ne peuvent établir de véritable analogie.

CHAPITRE V.

CERVEAU ET NERFS DES POISSONS.

Après avoir décrit le mécanisme des mouvemens, nous passons au système des organes sensitifs, c'est-à-dire aux ressorts qui mettent ce mécanisme en jeu.

Ce système se compose, comme dans les animaux supérieurs, des sens extérieurs, d'un appareil médullaire central et de nerfs qui établissent leur communication. Comme dans ces animaux supérieurs aussi, l'appareil médullaire central, c'est-à-dire l'encéphale et la moelle épinière, occupe la cavité comprise dans le crâne et le canal vertébral.

Du Cerveau.[1]

Ce qui frappe le plus à l'aspect du cerveau des poissons, c'est son extrême petitesse, non-

---

1. Le cerveau des poissons a été de bonne heure étudié et décrit avec un peu plus de détail que leurs muscles, et dans ces derniers temps l'on a examiné avec soin la distribution de leurs nerfs. En 1685, Collins a donné des figures de cerveaux d'un certain nombre de poissons, médiocrement dessinées, et avec des explications peu approfondies et peu concordantes : pl. 60, d'un squale; pl. 61, d'une raie blanche; pl. 62, d'une raie bouclée et d'un ange; pl. 63, d'une morue, d'une lamproie, d'une truite et d'un ombre; pl. 64, d'une carpe; pl. 65, d'une barbue, d'une plie, d'une li-

seulement par rapport à la totalité du corps, mais par rapport à la masse des nerfs qui en

---

mande, d'un flet, d'une sole et d'un turbot; pl. 66, d'un merlan, d'une perche, d'un goujon et d'une anguille; pl. 67, d'une dorée, d'un éperlan, d'une grémille, d'un hareng et d'un poisson qu'il nomme *gurnet*, mais que je ne crois pas le grondin; pl. 68, d'une orphie, d'un saumon, d'un muge et d'un maquereau; pl. 69, d'un brochet, d'une tanche et d'une perche. Sa planche 70 représente l'origine de la moelle alongée d'un muge, d'un grondin, d'une carpe, d'un brochet et d'un goujon.

En 1761, Camper, dans son Mémoire sur l'oreille des poissons écailleux, imprimé en 1762 parmi ceux de la société de Harlem, donna une description et une figure du cerveau de la morue; et en 1762, dans un mémoire sur l'oreille des poissons en général, imprimé en 1774 dans le tome VI de ceux des savans étrangers de l'académie des sciences, il décrivit et représenta ceux de la baudroie, du brochet et de la raie. Il est le premier qui ait cherché à en déterminer les parties d'après l'apparence la plus sensible : il nomme *hémisphères*, les lobes creux placés en avant du cervelet, et *tubercules quadrijumeaux*, les petites éminences qu'ils renferment; les lobes inférieurs lui paraissent des éminences mamillaires.

En 1766, Haller, à la fin du tome IV de sa Physiologie, plaça une description du cerveau de la carpe; et la même année il adressa à l'académie de Harlem un mémoire sur le cerveau des oiseaux et des poissons, inséré en 1778 dans le tome III de ses *Opera minora*, p. 191, dans lequel il décrivit ceux de la carpe, du meunier, de la tanche, du ferra, de la truite du lac de Genève et de celle des Alpes, de l'ombre chevalier, de la perche et de la lote. Ses descriptions sont détaillées; mais une application singulière qu'il fait des noms des parties, et le défaut de figures, les rend difficiles à entendre. Il nomme les lobes antérieurs *tubercules olfactifs antérieurs;* ceux du dessous, *tubercules olfactifs inférieurs;* les lobes creux avant le cervelet, *couches optiques :* cependant il appelle *cornes d'Ammon*, les grands tubercules de leur intérieur; et, tout en reconnaissant le cervelet comme analogue de celui des

sortent, et même à la cavité du crâne dans laquelle il est logé.

***

quadrupèdes, il donne le nom de *corps cannelés* aux lobes d'après le cervelet, et celui de *glande pinéale* au globule qui est entre eux dans les cyprins. Ces dénominations ne sont pas heureuses; mais l'auteur n'avait pas l'intention d'y attacher l'idée de concordance des parties.

En 1776, Vicq-d'Azyr, dans ses deux mémoires sur l'anatomie des poissons, imprimés parmi ceux des savans étrangers présentés à l'Académie, t. VII, inséra quelques observations sur les cerveaux des poissons, et représenta, mais assez mal, ceux du congre, de l'anguille, d'un labre, de la vive, de la plie et du turbot. Il ne paraît pas avoir eu d'idées bien arrêtées sur les dénominations des parties.

En 1785, Monro, dans son Anatomie des poissons, donna, pl. 34, une assez bonne figure du cerveau de la raie; mais ce qu'il dit dans son texte, p. 44, du cerveau des poissons en général, se réduit à peu près à rien.

On trouve dans une thèse de M. *Ebel*, intitulée : *Observationes nevrologicæ ex anatome comparata*, publiée en 1788, et réimprimée en 1793 dans les *Scriptores nevrologici minores* de Ludwig, t. III, des figures du cerveau du brochet, de la carpe et du silure : il nomme les parties comme Camper.

C'est après ces différens auteurs que j'ai publié, en 1800, dans mes *Leçons d'anatomie comparée*, t. II, p. 166, ma description du cerveau des poissons. J'y ai considéré, à l'exemple de Camper et d'Ebel, les lobes moyens comme les vrais hémisphères, les tubercules qu'ils contiennent comme les quadrijumeaux; les lobes inférieurs m'ont paru les couches optiques. J'y ai donné, t. V, pl. 17 et 18, des figures détaillées des cerveaux de la carpe, de l'anguille et du poisson lune. J'ai fait connaître plusieurs circonstances générales de la distribution des nerfs, et j'y ai représenté ceux de la tête et des parties adjacentes dans la carpe.

En 1813, M. *Apostole-Arsaky*, dans une thèse soutenue à Halle, *De cerebro et medulla spinali piscium*, a représenté les cerveaux du congre, du xiphias, du merlus, de la mustèle, de l'uranoscope, de la cépole, de la rascasse, de la dorée, de la sole, de la casta-

1.

Il ne remplit point cette cavité à beaucoup près, et l'intervalle entre la pie-mère, qui le serre de près, et la dure-mère, qui tapisse le crâne intérieurement, est occupé seulement par

---

gnole, du sargue, de la saupe, du bogue, du saurel, du surmulet, du grondin, du poisson lune, du requin, du marteau, de la roussette et de la raie. C'est le recueil le plus riche et le plus exact en ce genre. L'auteur y considère les lobes creux immédiatement en avant du cervelet comme analogues des tubercules quadrijumeaux, et ceux qui sont placés en avant de ceux-là, comme représentant seuls les hémisphères.

En 1817, M. *Weber*, dans son *Anatomia comparata nervi sympathici*, imprimée à Leipzig, donne de nouveau l'encéphale de la carpe, et continue de nommer les lobes creux *hémisphères;* mais c'est dans le lobe impair, ou cervelet, qu'il croit voir l'analogue des tubercules quadrijumeaux, et il nomme *cervelet* les lobes derrière l'impair, ceux qui bordent et couvrent le quatrième ventricule. En 1820, dans son traité *De aure et auditu hominis et animalium*, il représente encore le cerveau de la carpe, et y ajoute celui du silure. On doit d'ailleurs à cet habile anatomiste d'importantes découvertes sur la névrologie des poissons, notamment celle du nerf longitudinal supérieur, qu'il croit toujours né de la cinquième paire, mais auquel la huitième contribue souvent aussi.

La même année 1820, M. *Fenner*, dans une thèse imprimée à Iéna, *De anatomia comparata et naturali philosophia commentatio,* etc., tient encore à l'idée, que le vrai cerveau est dans les lobes creux, et place les couches optiques dans les lobes inférieurs.

La même année encore, M. *G. R. Treviranus*, dans un mémoire sur le cerveau, inséré dans le troisième volume du recueil qu'il public avec son frère, donne aussi sa théorie du cerveau des poissons. Les lobes antérieurs lui paraissent représenter les lobes olfactifs du cerveau des mammifères : les lobes creux devant le cervelet, ou, comme il les appelle, les hémisphères postérieurs, répondent à la partie postérieure des couches optiques; mais il leur attribue les fonctions du grand cerveau : les tubercules qu'ils

une cellulosité lâche ou espèce d'arachnoïde, imprégnée assez souvent d'une huile, ou même quelquefois, comme dans l'esturgeon et le thon, d'une graisse assez compacte.

---

contiennent sont les quadrijumeaux; les lobes inférieurs, les éminences mamillaires. Ainsi l'on voit qu'il s'éloigne peu de Camper et de ceux qui l'ont suivi.

L'Académie des sciences avait proposé, sur ma demande, pour sujet d'un de ses prix de 1821, la description comparative de l'encéphale dans les quatre classes de vertébrés, et cette question excita à de nouvelles recherches.

L'auteur couronné, M. *Serre*, a publié son ouvrage en 1824. Il y décrit et y représente les cerveaux de la raie, du requin, de l'ange, de l'aiguillat, de l'esturgeon, du congre, de l'anguille, de la morue, du merlan, de l'aigrefin, du turbot, de la sole, de la carpe, du barbeau, de la tanche, du brochet, de la perche, du grondin et de la baudroie. Malheureusement ses figures sont gravées avec trop de négligence. Le grand volume et la cavité des tubercules quadrijumaux dans les fétus de mammifères le déterminent à prendre, comme M. *Arsaky*, les lobes de devant le cervelet pour les analogues de ces tubercules, et à considérer en général l'encéphale des poissons comme représentant à beaucoup d'égards celui des fétus des animaux supérieurs.

M. *Desmoulins*, qui avait aussi travaillé pour ce prix, a publié avec M. *Magendie* un ouvrage plus étendu que celui qu'il avait soumis à l'Académie. Il y décrit dans le II.ᵉ livre, t. I, p. 140 — 183, le système cérébro-spinal des poissons, et y donne dans les articles du III.ᵉ livre plusieurs observations sur leurs différens nerfs. Ses descriptions sont appuyées de figures des cerveaux et d'une partie des systèmes nerveux de la raie bouclée, de la raie ronce, de la torpille, de la lamproie, de plusieurs squales, de l'esturgeon, du poisson lune, de deux trigles, de la vive, du muge, du barbeau, de la carpe, de la morue, du merlan, de la lote, du lump, du turbot, de la carpe et du congre. Il adopte, comme M. Serre, les idées d'Arsaki sur les différens lobes.

On a remarqué que ce vide entre le crâne et le cerveau est beaucoup moindre dans les jeunes sujets que dans les adultes, ce qui prouve que leur cerveau ne croît pas dans la même proportion que le reste de leur corps ; et effectivement nous en avons trouvé les dimensions à peu près les mêmes dans des individus dont l'un est d'ailleurs double de l'autre.

Les lobes qui composent l'encéphale sont placés à la file les uns des autres, et représentent souvent une espèce de double chapelet. Il y a cependant aussi des tubercules, et même quelquefois assez nombreux, cachés dans l'intérieur ou sous quelqu'un des grands lobes. [1]

Pour arriver à reconnaître l'analogie de ces divers lobes et tubercules avec ceux des cerveaux des autres classes, il faut d'abord partir d'un point fixe, que nous prendrons dans le cervelet (a, pl. VI, fig. V, VI, VII et IX).

C'est en effet une partie sur la nature de laquelle on ne peut se tromper, caractérisée comme

---

1. On a représenté le cerveau de la perche en situation, et avec les nerfs de la tête et de l'épaule, pl. VI, fig. V : il est dessiné à part, par sa face supérieure, *ib.*, fig. VI ; par le côté, fig. VII ; par-dessous, fig. VIII ; et on l'a dessiné, fig. IX, tel qu'il paraît lorsque les hémisphères ont été ouverts et le cervelet jeté sur le côté, après avoir coupé une de ses jambes. Les nerfs superficiels du corps sont représentés avec les muscles, pl. IV (la première de la myologie), et les nerfs profonds, pl. V.

elle l'est parce qu'elle est impaire, et par sa position en travers sur le haut de la moelle, qu'elle
joint par les côtés, comme ferait un pont.

Or, en avant de ce cervelet on voit sans dissection à la face supérieure une première paire
de lobes (*b, b, ib.*), dont l'intérieur est constamment creux, et qui sont précédés par une
et quelquefois par deux autres paires (*c, c, ib.*),
généralement solides. Dans l'intérieur des *lobes
creux*, sur leur plancher, et en avant du cervelet, sont fort souvent une ou deux paires de
petits tubercules (*d, ib.*, fig. IX). A la face
inférieure il y a sous les lobes creux une autre
paire de protubérances (*e, e, ib.*, fig. VIII), que
nous pouvons appeler *lobes inférieurs*, et entre
elles, en avant, est suspendu un corps impair
(*f*) qui répond à ce que l'on nomme la *glande
pituitaire*. En arrière du cervelet sont d'autres
lobes (*g, g*), différens par le nombre et la
configuration, dont les classes supérieures n'offrent tout au plus que des vestiges, et que nous
appellerons les *lobes postérieurs*.

Certains anatomistes prennent les lobes creux
pour les hémisphères du cerveau, les lobes placés plus en avant pour les analogues des protubérances olfactives des classes supérieures, et
les lobes inférieurs pour les analogues des lobes
optiques des oiseaux; d'autres regardent les lo-

bes inférieurs comme des analogues des protubérances mamillaires des mammifères, les lobes
creux comme ceux des lobes optiques des oiseaux ; placent le cerveau proprement dit dans
les lobes antérieurs, malgré leur petitesse et leur
simplicité, et ne veulent reconnaître de protubérances olfactives que dans les lobes qui précèdent quelquefois ceux-là, ou plutôt qui en sont
quelquefois distingués par un étranglement.

Avant de décider entre ces deux opinions, il
est nécessaire d'entrer dans plus de détails sur
les formes et la composition de ces parties, et
sur les principales variations qu'elles éprouvent
dans les diverses espèces.

La grandeur relative du cervelet (*a*) est assez
considérable, et il surpasse souvent en volume
les parties situées en avant de lui : ses lobes
latéraux ou n'existent point ou ne forment que
de légères proéminences.

Dans les poissons osseux, dans la perche par
exemple, sa forme est le plus souvent celle d'un
cône mousse dont le sommet se recourbe en arrière, à peu près à l'inverse d'un bonnet phry-
gien ; et cependant il y en a aussi, comme le
maquereau, où son sommet se recourbe en
avant ; d'autres, comme le thon, où il s'étend
en avant et en arrière, de façon à recouvrir
presque tout le reste de l'encéphale.

Dans les chondroptérygiens il prend des formes et des volumes très-différens ; tantôt presque réduit à une barre transversale, comme dans les esturgeons et les lamproies, tantôt rond ou ovale, ou lobé, et fort volumineux, comme dans les raies et surtout dans certains squales.

Il a aussi quelquefois, notamment dans plusieurs squales, dans le thon, sa surface sillonnée transversalement ; et même, lorsqu'elle est lisse, comme c'est l'ordinaire, on voit dans l'intérieur de sa substance un axe médullaire, qui envoie des ramuscules de même nature dans la matière corticale, et qui est creusé d'une cavité qui communique dans le quatrième ventricule.

Les lobes creux (*b, b*), placés immédiatement au-devant du cervelet, et sur la nature desquels on varie, sont de forme ovale.

Dans le plus grand nombre des poissons osseux leur coque offre deux couches, le plus souvent faciles à séparer, une extérieure, grise, une intérieure, blanche.

Les fibres de la couche extérieure, dirigées obliquement d'arrière en avant, aboutissent pour la plupart au nerf optique ; mais elles concourent à sa formation avec d'autres fibres venues les unes du lobe inférieur, les autres de la moelle alongée, quelques-unes même, comme il est facile de le voir dans les raies, du lobe antérieur.

Les fibres de la couche interne du lobe creux, bien plus apparentes que les autres (dans les poissons osseux), sont dirigées transversalement, et tapissent la voûte du ventricule commun renfermé dans les lobes creux.

Elles semblent naître d'un bourrelet demi-circulaire (*h*, *h*, fig. IX.), de matière grise, qui occupe de chaque côté la base de ce ventricule, comme les fibres du plafond des hémisphères dans l'homme naissent des corps cannelés.

Les voûtes des lobes creux s'unissent ensemble dans la ligne médiane, ce qui forme une espèce de corps calleux et une arête saillante en dedans ; mais il n'y a point de septum complet.

Sur le plancher de ce ventricule se voient (dans les poissons osseux) deux ou quatre tubercules de substance grise (*d*, fig. IX), et placés au-devant de la base du cervelet, sur l'aqueduc qui conduit du ventricule des lobes creux dans celui qui est sous le cervelet et à son arrière, lequel répond au quatrième ventricule des classes supérieures.

Le nombre et les formes et proportions relatives de ces tubercules varient selon les genres.

Dans certains poissons, comme la carpe, la

paire antérieure est longue, et se dirige en ar-rière, en se recourbant comme une corne de bélier.

Dans d'autres, tels que le maquereau, c'est la paire postérieure qui est la plus grande : elle se courbe en avant, et semble se replier comme un intestin.

Dans le thon il y a jusqu'à trois tubercules de chaque côté, placés les uns à côté des autres, et semblables à autant de replis d'intestins.

Ils manquent entièrement dans les chondrop-térygiens, où l'on ne voit pas non plus de fibres distinctes à la face interne des lobes creux.

Mais dans le très-grand nombre des poissons osseux, notamment dans les perches, les bro-chets, les clupées, les gades, etc., les tuberculés intérieurs sont au nombre de quatre, peu diffé-rens par la grandeur.

Le nerf de la quatrième paire naît en arrière des lobes creux et des tubercules qu'ils renfer-ment, et dans le sillon qui les sépare de la base antérieure du cervelet; quelquefois un peu sur le côté, mais non pas, comme on l'a dit, tout-à-fait en dessous.

Il n'est pas difficile de suivre la moelle alon-gée dans sa marche vers les parties antérieures, et de la voir se rendre, après qu'elle a dépassé le cervelet, par ses fibres plus extérieures dans les lobes creux (b, b), et par les plus internes dans les lobes antérieurs (c, c).

Ces derniers, quand ils ne sont pas entièrement soudés ensemble, comme cela arrive dans les raies et dans les squales, communiquent l'un avec l'autre, au moins par une et quelquefois par deux commissures (k). Leur surface est quelquefois sillonnée de circonvolutions : on en voit dans l'anguille, dans le surmulet, mais surtout dans la morue. Leur proportion varie : d'ordinaire ils sont plus petits que les lobes creux ; l'anguille les a plus grands : leur supériorité est énorme dans les raies et les squales.

Les nœuds ou les tubercules (i, i) qui sont encore quelquefois en avant de ces lobes antérieurs, dont on peut même quelquefois distinguer deux paires, comme dans l'anguille, ne s'unissent point entre eux par une commissure ; mais ils se joignent chacun au lobe devant lequel il est, et l'on peut suivre le nerf olfactif sous leur face inférieure jusqu'à la commissure (k) des lobes antérieurs (c, c).

Il y a toujours aussi une commissure (m) qui unit les parties antérieures de la base des deux lobes creux ; et c'est derrière elle, et en avant des quatre tubercules contenus dans ces lobes, qu'est ouvert le ventricule analogue au troisième de l'homme, qui conduit, comme à l'or-

dinaire, à l'infundibulum et vers la glande pituitaire, à la face inférieure de l'encéphale.

Aux côtés de l'infundibulum, en dessous, se
montrent les deux lobes (*e, e*) que nous avons
appelés inférieurs. Ils sont généralement assez
grands, en forme d'ovale ou de rein, et l'on ne
trouve que rarement un ventricule dans leur
intérieur. Lorsqu'il existe, il communique avec
le troisième ventricule, et par son intermédiaire
avec le grand ventricule commun aux deux
lobes creux.

Ces tubercules inférieurs (*e, e*) fournissent
sensiblement des fibres au nerf optique. C'est à
leur arrière, et même souvent dans le sillon
qui les distingue du reste de la moelle alongée,
que naît le nerf de la troisième paire.

Ils m'ont paru plus volumineux dans le surmulet que dans aucun autre poisson. Ils y sont
creusés d'un ventricule et sillonnés à leur surface.

La dénomination que l'on doit donner aux
paires de lobes que nous venons de décrire, et
qui sont placées au-devant du cervelet, dépend
de l'importance relative que l'on attribue, soit
à la complication de leur structure, soit à l'origine du nerf optique.

Si l'on s'attache à l'origine du nerf optique,
il est certain qu'on peut trouver de l'analogie

entre les lobes creux (b, b) et cette paire externe des lobes du cerveau des oiseaux à laquelle on avait donné le nom de couches optiques, et que M. Gall aime mieux considérer comme les analogues des tubercules quadrijumeaux.

Mais si l'on a égard à la composition des lobes creux, à ce bourrelet demi-circulaire (h), espèce de corps cannelé qui fait la base intérieure de leur enveloppe, et d'où partent les fibres transverses de leur plafond, à la position du troisième ventricule, à celle de la commissure (m) placée en avant de l'entrée de ce ventricule, et qui nécessairement répond à la commissure antérieure du cerveau, aux petits tubercules (d) cachés dans leur intérieur, et qui ressemblent si bien par la position, la figure, les rapports, aux tubercules quadrijumeaux des mammifères, on y pourra reconnaître aussi tous les caractères essentiels du cerveau des vertébrés.

Une comparaison avec quelques mammifères où la partie antérieure des hémisphères, d'où naît immédiatement le nerf olfactif, est séparée du reste par un sillon assez profond, et représente les lobes antérieurs (c, c) des poissons, confirmera cette analogie.

La tortue, le crapaud et beaucoup d'autres reptiles la confirmeront également. Le lobe olfactif de leur cerveau ressemble aux lobes antérieurs des poissons. Leur cerveau ressemble aux lobes creux. Il a les mêmes corps analogues aux cannelés, les mêmes commissures, la même entrée pour le troisième ventricule et pour l'infundibulum. Seulement dans les reptiles les tubercules analogues des quadrijumeaux sont grands et creux comme dans les oiseaux, rapprochés l'un de l'autre en dessus comme dans les quadrupèdes, et visibles au dehors, tandis que dans les poissons ils sont à la fois, comme dans les quadrupèdes, solides, rapprochés l'un de l'autre, petits et cachés par l'hémisphère qui se porte en arrière jusque près du cervelet.

On a beau avoir remarqué que dans les embryons de quadrupèdes et d'oiseaux les hémisphères sont à peu près aussi petits, et les tubercules quadrijumeaux aussi grands à proportion que les lobes antérieurs et les lobes creux des poissons. Les hémisphères n'y sont pas pour cela des masses solides, et les tubercules, quoique creux, ne montrent pas dans leur intérieur des corps cannelés et d'autres tubercules plus petits. Ce n'est pas sous eux qu'est la commissure antérieure du cerveau, et ils n'interceptent pas le troisième ventricule. Dans les reptiles, que l'on a voulu aussi faire entrer en comparaison, il est vrai, ainsi que nous venons de le dire, que les tubercules optiques sont creux comme dans les oiseaux; mais les hémisphères le sont aussi, et contiennent un corps cannelé, ressemblent, en un mot, de tout point à ces lobes creux des poissons, et ils leur ressemblent d'autant plus, qu'ils ont aussi en avant des espèces de lobes solides qui sont leurs lobes olfactifs.

Un argument plus plausible est celui que l'on tire de la position de la glande pinéale.

A la vérité, cette partie ne se voit pas dans le grand nombre des poissons; mais il est bien difficile de ne pas reconnaître pour telle dans l'anguille, et surtout dans le congre, un petit globe de matière grise, placé au-devant des lobes creux, et inséré par deux petits cordons à la base postérieure des lobes solides qui sont devant eux.

Dans la morue et dans d'autres poissons où il n'y a pas de globule, on voit au moins un petit filet médullaire flottant à cet endroit.

Si ces parties représentent la glande pinéale et ses pédicules, on sera obligé d'avouer que, quel que soit le système d'analogie que l'on adoptera, il y aura dans le cerveau des poissons au moins une transposition des connexions. Le troisième ventricule et l'infundibulum seront rejetés en arrière dans l'hypothèse où les lobes creux seraient les analogues des tubercules quadrijumeaux. La glande pinéale sera portée en avant dans l'hypothèse qui regarde ces lobes comme les hémisphères.

Quant aux lobes inférieurs (e, e), comme ils donnent manifestement une partie des fibres des nerfs optiques, je les avais regardés autrefois comme les analogues des lobes optiques des oiseaux, qui seraient descendus encore plus bas que dans la classe volatile, et auraient le plus souvent perdu leur cavité; mais d'autres anatomistes préfèrent de croire que ce sont les analogues des protubérances blanchâtres ou mamillaires de l'homme et des mammifères, protubérances qui manquent dans les oiseaux et dans les reptiles, et qui, selon cette opinion, reparaîtraient ainsi subitement dans les poissons et beaucoup plus grandes que dans les mammifères.

J'avoue que je ne puis encore trouver que les argumens qu'ils allèguent soient suffisamment péremptoires; et j'ai peu vu dans la série des êtres de ces résurrections d'organes se remontrant subitement dans une classe après avoir disparu dans une ou deux de celles qui la précèdent dans l'échelle.

Une particularité du cerveau des poissons non moins remarquable que toutes les précédentes, consiste dans les lobes (g, g) qu'ils ont derrière le cervelet, sur les côtés du quatrième ventricule, et qui forment même souvent, comme le cervelet, un pont en travers sur ce ventricule.

Les variétés de leurs proportions, de leurs formes, de leurs connexions, sont très-nombreuses.

Dans les raies et les squales, et même dans l'esturgeon, ce sont des replis ou des cordons qui prolongent de chaque côté le bord postérieur de la base du cervelet, et se portent en arrière en bordant le quatrième ventricule.

Dans la plupart des poissons ils consistent en deux tubercules ou renflemens des côtés de la moelle, derrière le cervelet, lesquels se touchent par quelque point ou s'unissent par une commissure.

Dans les cyprins, leur volume est considérable : ils couvrent toute cette partie de la moelle. On y distingue deux bosselures en avant, une au milieu, et leurs parties latérales sont striées transversalement.

Je les trouve aussi fort grands dans le surmulet, où leur surface est marquée de sillons tortueux comme celle d'un cerveau.

Dans les trigles, on voit jusqu'à cinq renflemens de chaque côté, placés à la file les uns des autres, arrondis, occupant un espace qui s'étend jusqu'à la deuxième vertèbre, et qui égale presque en longueur le reste de l'encéphale. C'est du dernier de ces tubercules que sort la deuxième paire des nerfs spinaux, laquelle aboutit aux rayons libres, qui, dans ce genre, sont attachés au-dessous de la pectorale.

On a comparé ces lobes à la petite bandelette grisâtre qui est placée dans les mammifères en travers du corps restiforme, ou de ce cordon médullaire qui va en arrière du cervelet à la moelle et borde de chaque côté le quatrième ventricule; mais il faut convenir qu'ils en seraient un développement prodigieux.

On voit sur le fond du quatrième ventricule de légers sillons longitudinaux qui marquent déjà la division des faisceaux médullaires dont les externes se rendent dans les lobes creux et aboutissent à ce bourrelet (h, h) que j'ai nommé corps cannelé, et dont les médians se continuent jusqu'aux lobes antérieurs (c, c). On y distingue aussi des linéamens qui paraissent indiquer les origines des nerfs de la cinquième, de la septième et de la huitième paire.

En dessous il n'y a rien qui ressemble à un pont de varole; mais on y voit des sillons qui paraissent distinguer les mêmes faisceaux dont nous venons de parler. Les médians représentent les pyramides; mais on n'y aperçoit aucun croisement de fibres. Il n'y a point de corps olivaires, à moins qu'on ne veuille les chercher dans les tubercules du dessus de la moelle (g, g); mais ils seraient alors beaucoup plus remontés que dans les mammifères. Sur les côtés de la moelle sont les faisceaux dits restiformes qui aboutissent au cervelet.

La glande pituitaire (f) est placée, comme à l'ordinaire, sous le cerveau; à l'extrémité de l'infundibulum. Elle est généralement grande dans les poissons, et des appendices membraneuses et vasculeuses de formes diverses l'y accompagnent souvent. Ces appendices sont surtout fort remarquables dans les raies. Quelquefois, comme dans la baudroie, l'aigrefin, etc., l'infundibulum se prolonge en un filet grêle, et la glande pituitaire est fort loin en avant. Il n'est pas plus facile de reconnaître ses usages dans les poissons que dans les autres classes d'animaux.

Des Nerfs et de la Moelle épinière.

Les nerfs olfactifs (o, o) sortent des tubercules antérieurs (c, c), et très-souvent il y a encore à leur racine un autre renflement (i, i): ils varient beaucoup pour la grosseur et la composition; tantôt simplement capillaires, tantôt gros, quoique simples, tantôt doubles ou triples, ou enfin composés de filets plus ou moins nombreux, réunis en faisceaux. Dans plusieurs poissons ils se renflent en un ganglion avant de se distribuer à la membrane pituitaire, et l'on a remarqué que cela arrive surtout dans des espèces où il n'y a point de renflement à leur base en avant des lobes antérieurs.

Les nerfs optiques (n, n) se croisent au-devant de l'infundibulum (f), et, dans la plupart des poissons, sans s'unir ni se coller l'un à l'autre, si ce n'est par quelque cellulosité.

Il est très-aisé, dans la perche, dans la morue par exemple, de les décroiser et de voir que le nerf de l'œil droit vient du côté gauche de la moelle, et réciproquement.

Mais dans les raies ils sont unis au point que leur croisement est aussi problématique que dans les mammifères.

Leur structure, dans un certain nombre de poissons osseux, a cela de très-remarquable, que leur substance médullaire n'est qu'un large ruban mince, plissé longitudinalement pour remplir le tube que lui donne la dure-mère; mais il est d'autres poissons où ils se composent, comme à l'ordinaire, d'un faisceau de filets nerveux.

Nous avons déjà indiqué l'origine des nerfs de la troisième paire (p), et de la quatrième (q).

Ceux de la cinquième, ou les trijumeaux (r), naissent des côtés du quatrième ventricule, au-dessous et tout près de la partie antérieure des lobes (*g*) placés derrière le cervelet, ou des jambes du cervelet lui-même. On peut en suivre les racines plus profondément et dans des directions diverses.

Les nerfs de la sixième paire (*u, u*) naissent, comme à l'ordinaire, à la face inférieure de la moelle alongée, à quelque distance l'un de l'autre, et à peu près entre les racines postérieures de la cinquième; ainsi que ceux de la quatrième, ils sont tout aussi grêles que dans les autres classes.

Ceux de la huitième ou de la paire vague (*t*), qui sont presque aussi considérables que ceux de la cinquième, naissent derrière ceux-ci, le plus souvent par plusieurs filets sortant sur une seule ligne longitudinale des côtés de la moelle, sous les lobes de derrière le cervelet, et qui s'unissent en un ganglion (*t'*) avant de se subdiviser.

Entre ces deux paires (la cinquième et la huitième) on reconnaît les nerfs acoustiques (*s, s*), et il y a d'ordinaire en avant de la huitième un nerf particulier (*v, v*) qui répond au glosso-pharyngien. On ne peut apercevoir dans les poissons de nerf de la neuvième paire.

Les nerfs spinaux, à compter de la dixième paire, naissent, comme dans les classes supérieures, de la moelle, par deux ordres de racines ; mais ils ne naissent pas toujours dans le voisinage des trous de la colonne vertébrale par lesquels ils doivent passer. Il y a même des espèces, telles que le poisson lune, où la moelle épinière est tellement raccourcie, qu'elle ne semble qu'une petite proéminence conique de l'encéphale, de laquelle les différentes paires de nerfs partent comme une queue de cheval.[1]

Dans d'autres, telles que le lump, elle est prolongée et renflée vis-à-vis de chaque paire. En général, elle ne se termine que vers la fin de l'épine. Les nerfs des racines supérieures se renflent à peine d'une manière sensible en ganglion dans les chondroptérygiens, et l'on a même nié qu'ils se renflent aucunement dans les poissons osseux. Il est certain cependant qu'ils forment des ganglions suffisamment marqués dans le bar, la perche, etc.

Les premières paires de nerfs de l'épine se réunissent plus ou moins en plexus pour se rendre à la nageoire pectorale. Dans les raies, où cette nageoire est si énorme, elle reçoit des nerfs de beaucoup d'autres parties de l'épine.

---

1. Il est très-faux qu'il y ait, comme l'ont dit Arsaky et d'autres d'après lui, rien d'approchant dans la baudroie. Sa moelle règne presque tout le long de l'épine : mais elle est enveloppée et cachée par les nerfs, qui naissent beaucoup plus haut qu'ils ne sortent.

Le nerf grand sympathique (X, X, fig. IV) tire des racines, comme à l'ordinaire, des différens nerfs spinaux, et forme divers plexus et ganglions en se rendant aux viscères. Sa ténuité est généralement extrême, et même on a voulu nier qu'il existât dans les chondroptérygiens; mais c'est une assertion erronnée, car je l'ai vu fort distinctement dans les raies. Dans le poisson lune, ses ganglions sont assez grands. On peut le suivre dans la tête jusqu'aux nerfs de la cinquième paire; mais on n'a pu voir encore assez nettement sa jonction avec ceux de la sixième. Nous croyons cependant l'avoir aperçue dans la morue.

La distribution de ces différens nerfs est remarquable surtout par la ressemblance qu'elle conserve avec ce que l'on voit dans les classes supérieures. Chaque paire garde toujours la même destination : la première va à l'organe de l'odorat; la seconde produit, par son expansion, la rétine de l'œil; la troisième, la quatrième et la sixième vont aux muscles de l'œil, et chacune aux mêmes que dans les quadrupèdes ou les oiseaux, savoir, la troisième à peu près à tous; la quatrième à l'oblique supérieur; la sixième à l'abducteur. La troisième pénètre aussi dans l'intérieur du globe, et donne les filets de sa membrane choroïde; mais il paraît qu'elle ne forme point de ganglion ophthalmique, du moins n'a-t-on pu encore le découvrir.

La cinquième et la huitième paire sont les plus importantes et celles qui se rendent à plus de parties différentes.

La cinquième sort du crâne par un trou de la grande aile, qui est souvent divisé en deux par un filet osseux. Sa division en branches (pl. VI, fig. V) se fait à différens endroits de son cours, selon les espèces; mais elle donne constamment : 1.° une branche ophthalmique (α), qui passe dans le haut de l'orbite, se rend vers la narine et se distribue aux parties adjacentes jusqu'au bout du museau et à l'os inter-maxillaire ; 2.° une branche maxillaire supérieure (β), qui passe sous l'œil, se distribue à la joue, à l'os maxillaire supérieur, envoie une branche vers la narine et s'anastomose avec la ptérygo-palatine ; 3.° une branche maxillaire inférieure (ϑ), qui n'est souvent qu'une division de la précédente, donne des filets à la partie postérieure du palais et aboutit à la mâchoire inférieure et à son canal dentaire. Souvent les filets du palais sont fournis par une branche particulière ; 4.° une branche ptérygo-palatine (λ), qui se porte en avant, traverse le fond de l'orbite sous les muscles de l'œil, suit la direction du vomer, passe entre cet os et le palatin, pour finir au bout du museau, où elle contracte souvent des anastomoses remarquables avec le maxillaire supérieur; 5.° une branche operculaire (μ), qui traverse un canal de l'os temporal, donne des rameaux au crotaphite, à la joue, aux muscles de l'opercule, à l'opercule lui-même, pénètre plus intérieurement, se joint en avant au nerf maxillaire inférieur, et se distribue en arrière aux pièces operculaires inférieures et à la membrane branchiostège; enfin, presque toujours, 6.° une branche (ξ) qui remonte vers le haut du crâne, s'unit avec une branche de la huitième paire (θ) pour sortir par un trou du pariétal et de l'interpariétal, et régner tout le long du dos (en Θ), aux côtés des nageoires dorsales, recevant des filets de tous les intercostaux, et en donnant aux muscles et aux rayons de ces nageoires.

Cette branche est superficielle jusqu'au moment où elle plonge sous les petits muscles externes des rayons. Elle a quelquefois des rameaux également superficiels qui descendent aux parties antérieures des muscles du tronc au-dessus des pectorales, et d'autres qui se rendent jusque vers l'anale, où ils forment un nerf longitudinal semblable à celui du dos.

Ce nerf est très-fort dans les silures, et a été décrit par M. Weber dans le silure commun et dans la lote ; mais on le trouve, quoique plus faible, dans bien d'autres poissons et probablement dans tous. [1]

La septième paire de nerfs (s, s), consacrée à l'ouïe comme dans les autres vertébrés, naît sur les côtés de la moelle alongée, entre la cinquième et la huitième, et se divise diversement pour pénétrer dans les sacs qui contiennent les pierres et dans les ampoules des canaux semi-circulaires. Elle contracte aussi des unions avec la dernière branche de la cinquième paire (μ), et en a surtout une constante avec la première branche de la huitième ou le glosso-pharyngien (ν, ν).

C'est principalement dans la distribution de cette huitième paire que l'on peut admirer la constance avec laquelle chaque nerf s'attache dans toutes les classes aux mêmes fonctions.

Le glosso-pharyngien sort du crâne tantôt par un trou de l'occipital latéral, tantôt, comme dans la morue, par un trou du rocher, et se distribue à la première branchie, à quelques

---

1. Nous l'avons vu dans la lote, dans la morue, dans la perche, dans le bar, dans la carpe, dans le silure ordinaire, dans le bagre, etc. Celui de la carpe ne vient que de la huitième paire, et non de la cinquième : celui du silure, au contraire, ne vient que de la cinquième ; mais dans la morue, dans la perche, etc., il vient des deux paires à la fois.

parties environnantes, et va jusqu'à la langue, où il s'épanouit.

Le nerf vague proprement dit sort du crâne par un trou de l'occipital latéral plus grand que le précédent, et se dilate quelquefois, comme dans la carpe, tout près de son origine; d'autres fois, comme dans la perche, à une plus grande distance, en un ganglion (t') qui fournit des rameaux aux trois dernières branchies et aux pharyngiens inférieurs. Le tronc du nerf se continue sur le pharynx et suit l'œsophage jusqu'à l'estomac.

Cette distribution est, comme on voit, la même que dans les autres vertébrés, quant aux fonctions auxquelles le nerf préside, avec cette circonstance, que ce nerf a dû modifier sa marche pour se rendre dans l'organe respiratoire, parce que cet organe lui-même a changé de place.

Mais cette paire donne encore un nerf, et quelquefois deux, dont les rapports avec ceux des classes supérieures sont moins apparens. Le premier est une branche qui sort tantôt de la base antérieure de cette paire, tantôt du bord postérieur de son ganglion, et se rend en ligne droite jusqu'à l'extrémité de la queue. Dans beaucoup de poissons, notamment dans la perche, après avoir donné un filet superficiel (g)

qui suit le commencement de la ligne latérale, ce nerf marche en ligne droite (π) dans l'épaisseur des muscles latéraux, entre les côtes et leurs appendices, recevant de tous les nerfs de l'épine des filets particuliers différens des intercostaux, et en donnant à la peau, au travers de tous les intervalles des couches musculaires.

Dans d'autres, tels que la morue, il est superficiel dans toute sa longueur, et on ne lui voit pas de communication avec les nerfs de l'épine, ou du moins elles sont difficiles à voir.

Dans la carpe ces communications ont lieu par des filets très-fins. [1]

Le second de ces nerfs (θ) est celui qui s'unit à une branche de la cinquième paire, pour for-

---

1. M. Weber a pensé que c'était un caractère propre du nerf dorsal de recevoir des filets des nerfs spinaux; mais le nerf latéral, venu de la huitième paire, en reçoit aussi dans beaucoup de poissons, et il est probable qu'on en découvrira dans tous. On voit planche IV (en Θ) une partie du nerf dorsal formé par la cinquième et la huitième paire avant qu'il s'enfonce sous les petits muscles latéraux des rayons, et (en ϱ, ϱ) le nerf superficiel sorti de la huitième paire, qui marche sous la ligne latérale. Nous avons représenté, pl. V, le nerf dorsal (Θ, Θ) dans toute son étendue, avec les filets qu'il reçoit de tous les nerfs de l'épine; et le nerf latéral profond (π, π, π) de la huitième paire, qui passe sous les appendices des côtes, reçoit aussi des filets de tous les nerfs de l'épine, et va se terminer en un plexus sur le côté du bout de la queue. La branche du premier, qui (dans la morue par exemple) suit la base de l'anale, n'a pu être représentée, parce que nous ne l'avons pas vue dans la perche.

mer le nerf dorsal ($\odot$), dont nous avons déjà parlé.

C'est aussi du nerf de la huitième paire que sort le rameau (φ) qui donne des filets au diaphragme.

Le dernier des nerfs du crâne (ζ) sort de la moelle alongée, après la huitième paire; il donne un rameau à la vessie natatoire, puis son tronc principal se distribue à la partie antérieure de l'épaule et va jusqu'aux muscles qui se rendent de l'humérus à l'os hyoïde; mais il en sort des branches qui s'anastomosent avec le premier nerf spinal, et ce plexus forme le tronc d'où naissent les nerfs des muscles externes de la nageoire pectorale et de ceux de sa face antérieure.

La deuxième paire de l'épine (ω) donne des nerfs aux muscles internes et à la face postérieure de cette même nageoire.

Cette paire est remarquable dans les trigles par la grosseur qu'elle prend en sortant du canal vertébral et par les grosses branches qu'elle donne aux rayons libres placés dans ces poissons sous la nageoire pectorale. Elle y naît au côté de la dernière des cinq paires de tubercules qui suivent le cervelet dans ce genre d'une organisation singulière.

Dans les poissons dont le bassin est suspendu

aux os de l'épaule, soit que leurs ventrales sortent en avant des pectorales, ou sous elles, ou en arrière, c'est de la troisième et de la quatrième paire spinale que les ventrales tirent leurs nerfs; la troisième en donne à leurs muscles attachés au bassin; la quatrième y fournit aussi, mais se distribue surtout à leurs rayons: il vient aussi aux muscles quelques filets de la cinquième.

Dans les poissons appelés jugulaires, où les ventrales sont attachées plus avant que les pectorales, ces nerfs se recourbent en dessous pour aller trouver sous la gorge les parties auxquelles ils sont destinés; mais ils partent des mêmes paires.

Il n'en est pas de même des poissons dits abdominaux. Les nerfs de leurs ventrales viennent de paires plus reculées. Dans la carpe, ce sont la septième et la huitième paire spinale qui les fournissent.

Les chondroptérygiens ne diffèrent pas beaucoup des autres poissons pour la répartition des nerfs du crâne; mais leurs nerfs de la pectorale viennent d'un bien plus grand nombre d'origines. Au surplus, nous traiterons spécialement de leur névrologie quand nous serons arrivés à leur histoire.

CHAPITRE VI.

ORGANES DES SENS EXTÉRIEURS DES POISSONS.[1]

L'odorat, la vue, l'ouïe sont donnés aux poissons par des organes analogues à ceux des autres classes et placés de même; si leur goût paraît faible, il y a lieu de croire néanmoins qu'il réside aussi dans les tégumens de la langue, à moins que les tissus singuliers qui se voient aux palais de quelques espèces, telles que les cyprins, n'en soient aussi le siége. Quant au tact, indépendamment de leurs tégumens généraux, dont la sensibilité varie à l'infini, des dispositions particulières de certaines parties, qui deviennent plus ou moins prolongées, plus ou moins mobiles, selon les espèces, lui fournissent des organes quelquefois très-singuliers et très-remarquables.

De l'Œil.[2]

L'œil des poissons est suspendu dans un orbite dont nous avons déjà décrit la composi-

---

1. On a représenté les organes de la vue, de l'ouïe et de l'odorat d'après la perche, pl. VII; savoir : les narines, fig. II; l'œil, fig. III à VIII; l'oreille, fig. IX et X.

2. La membrane plissée qui forme le nerf optique, a été décrite et représentée par Malpighi dans le xiphias.

Il y a de bonnes observations sur l'œil des poissons dans les

tion au chapitre de l'ostéologie; voûté en dessus par le frontal principal, limité en avant et en arrière par les frontaux antérieur et postérieur, cet orbite a son cadre complété en dessous par

---

mémoires de *Petit* le médecin, insérés parmi ceux de l'académie des sciences pour 1726 et 1730. Dans ce dernier surtout il a traité avec détail des formes et des courbures de ses parties, et nommément du cristallin de plusieurs poissons de mer et d'eau douce. Haller en a étudié et décrit toutes les parties avec beaucoup d'exactitude, à la vérité sur des poissons d'eau douce seulement, dans les Mémoires de 1762. Son travail, présenté de nouveau, avec des additions, à la société de Gœttingue en 1766, a été réimprimé en latin dans ses *Opera minora*, t. III. Il y fait bien connaître le ligament falciforme du cristallin, les deux lames de la rétine, etc. : il prend le corps rouge d'entre la ruischienne et la sclérotique pour un muscle.

Vicq-d'Azyr ne parle point de l'œil dans ses Mémoires sur les poissons ; et Monro se borne à quelques détails sur ses humeurs, considérées sous le point de vue dioptrique.

J'ai ajouté quelques faits dans mes Leçons d'anatomie comparée, t. III, où j'ai fait connaître surtout les différences des yeux des chondroptérygiens, et on en trouve quelques-uns de plus dans un mémoire de M. Rosenthal, imprimé en 1811 dans le dixième volume des Archives physiologiques de Reil.

M. de Sœmmering, le fils, dans sa Dissertation sur la coupe transversale de l'œil (Gœttingue, 1818, in-folio), donne de belles figures des coupes de l'œil de l'esturgeon, de l'aiguillat, de la raie, de la morue et du brochet.

On trouve aussi quelques faits utiles dans la thèse de M. *Angely*, sur l'œil et les organes lacrimaux (Erlang, 1803); dans celle de M. *Muck*, sur le ganglion ophthalmique (Landshut, 1815), et dans celle de M. *Massalien*, sur les yeux du thon et de la seiche (Berlin, 1815). Enfin, M. *Jurine* a inséré en 1821, dans le premier volume de la société de physique de Genève, des observations sur l'œil du thon, à propos duquel il fait des remarques importantes sur celui de plusieurs autres poissons.

la chaîne des os sous-orbitaires ; son fond est occupé par le sphénoïde antérieur et les membranes qui s'y attachent ; son plancher, enfin, est en partie soutenu par le ptérygoïdien et par une portion plus ou moins considérable des autres os de l'appareil ptérygo-palatin.

La position, la direction et la grandeur des yeux des poissons varient à l'infini.

Dans les uns ils regardent le ciel, et sont souvent très-rapprochés l'un de l'autre ; dans d'autres ils sont très-écartés sur les côtés, ou même un peu dirigés vers le bas. Mais, de toutes les directions, la plus extraordinaire est celle qu'on observe dans le genre des pleuronectes (turbots, plies, soles, etc.), où les deux yeux sont placés, l'un au-dessus de l'autre, du même côté de la tête. Il y en a dans certains poissons des genres anguille et silure de si petits qu'on a peine à les apercevoir ; et dans d'autres poissons, tels que le priacanthe ou le pomatome, ils surpassent par le diamètre proportionnel tout ce que l'on connaît dans les classes supérieures. Cependant on peut dire en général que les poissons ont l'œil grand, et surtout que sa pupille est large et ouverte, comme il convenait qu'elle le fût pour rassembler les rayons dans le fond des eaux, où ils arrivent en si petite quantité.

Il n'y a point de véritables paupières : la peau passe toujours au-devant de l'œil, et y forme une conjonctive peu adhérente qui, le plus souvent, prend la transparence nécessaire pour que les rayons puissent arriver à l'organe. Dans certains poissons, comme l'anguille, elle y passe sans faire le moindre repli : il y en a même, comme la cécilie, le gastrobranche, où elle demeure opaque et cache le vestige d'œil. Dans d'autres, tels que le maquereau, le hareng, elle forme un repli adipeux en avant et en arrière ; mais ces replis sont fixes et sans muscles ni mobilité : les squales en ont un plus mobile au bord inférieur de l'orbite. Quelquefois, comme dans le poisson lune, la peau se renfle autour de l'œil, et est garnie intérieurement de fibres qui composent une espèce de sphincter, et dont l'action est contre-balancée par plusieurs faisceaux de fibres dans des directions rayonnantes.

Le globe de l'œil[1] est assez peu mobile. Comme

---

1. La figure III, pl. VII, représente le globe de l'œil, entier, vu par derrière, les muscles écartés, et montrant l'entrée des nerfs : le corps graisseux parait au travers de la sclérotique. En figure IV la sclérotique est ouverte et ses lobes écartés ; le nerf optique est débarrassé de son enveloppe et déplissé : on voit à nu le corps graisseux placé sous la sclérotique. En figure V ce corps graisseux est enlevé, ainsi que la couche argentée qui enveloppe la choroïde, et l'on voit à nu le corps rouge et en forme de fer à cheval, placé entre cette couche et la choroïde. La figure VI est le globe dépouillé de sa sclérotique et de sa cornée, et vu par le

1.

celui de l'homme, il a six muscles, dont quatre droits' (n.ºs 1, 2, 3, 4, fig. III), venant du fond de l'orbite en arrière et à peu près du contour du trou optique, et deux obliques (*a, b*), venant de la paroi antérieure de l'orbite, et s'insérant transversalement au globe, l'un en dessus, l'autre en dessous. L'oblique supérieur n'a point la poulie qui change sa direction dans les quadrupèdes. Le muscle en forme d'entonnoir des quadrupèdes manque aussi.

C'est à l'oblique supérieur que s'insère le nerf de la quatrième paire, et à l'abducteur celui de la sixième ; les autres reçoivent leurs nerfs de la troisième paire, absolument comme dans le reste des vertébrés.

Les intervalles restés entre l'orbite, le globe, ses muscles, ses nerfs et ses vaisseaux, sont garnis d'une cellulosité lâche, remplie d'un fluide gélatineux ou de graisse, très-propre à faciliter les mouvemens de l'œil.

côté, montrant la saillie du cristallin hors de la pupille. La figure VII est une coupe du globe de l'œil dans le sens vertical, et montrant l'emboîtement mutuel de toutes les parties. Enfin, la figure VIII est le globe coupé en travers, et montrant le ligament du cristallin.

1. Si l'on prend leur direction par rapport à l'axe de l'œil, ou à sa surface extérieure, ils y sont souvent très-obliques : c'est apparemment ce qui a fait dire à feu Albers que la dorade (*cory' phœna*) a deux muscles droits et quatre obliques ; mais j'ai suivi la nomenclature usitée pour l'homme.

Il n'y a ni glande lacrymale, ni points lacrymaux, et en effet cet appareil n'était pas nécessaire à des animaux dont l'œil est sans cesse lavé par l'eau dans laquelle ils habitent.

Dans les raies et les squales le globe de l'œil est porté sur un pédicule cartilagineux mobile, attaché au fond de l'orbite entre les origines des muscles droits; circonstance qui doit donner de la force à ses mouvemens.

La face antérieure de l'œil (*c,* fig. VII) est généralement plane ou peu convexe, et l'humeur aqueuse peu abondante; le reste de la surface du globe est en sphéroïde plus ou moins approchant de la sphère, mais quelquefois assez irrégulier. Les raies ont le dessus plat, en sorte que leur œil présente la forme générale d'un quart de sphère.

Un œil très-singulier est celui de l'anableps, qui a deux cornées séparées par une ligne opaque et deux pupilles percées dans le même iris, en sorte qu'on le croirait double; mais il n'a qu'un vitré, qu'un cristallin et qu'une rétine.[1]

Le cristallin des poissons (*d,* fig. VI, VII, VIII) est sensiblement sphérique, très-volumineux, et laisse pour le vitré une place moindre que dans

---

1. Voyez Lacépède, Mém. de l'Institut, sc. math. et phys., t. II, 1799, p. 372.

les yeux des animaux qui vivent dans l'air. Sa consistance est très-grande ; son noyau, très-dur, demeure transparent même dans l'esprit de vin ; ses couches extérieures. sont nombreuses, et se divisent en fibres dans la direction des méridiens de ce petit globe : sa capsule est molle ; elle est attachée dans une fosse du vitré par un ligament circulaire produit par la membrane du vitré, qui l'entoure à peu près comme l'horizon d'un globe géographique.

Il y a de plus dans un grand nombre de poissons un ligament en forme de faux (*e*, fig. VIII) qui passe par un sillon de la rétine et pénètre dans le vitré, dont il est le seul lien. Ce ligament commence à l'entrée du nerf optique, et suit la concavité intérieure en descendant vers le bas de l'œil ; il contient des vaisseaux et des nerfs : sa pointe inférieure, la plus voisine de l'uvée, s'attache à la capsule du cristallin par sa face inférieure, tantôt au moyen d'une simple proéminence où d'une lame un peu plus opaque; tantôt, ainsi qu'on l'observe dans le *thon*, au moyen d'une espèce de grain ou de tubercule transparent, et plus dur que le vitré dans lequel il est plongé[1]. Il y a des poissons, tels que

1. C'est ce que M. Jurine nomme le ganglion du cristallin. Ne l'ayant vu que dans des yeux altérés par l'esprit de vin, il le supposait opaque.

les salmones, les clupées, où ce ligament est opaque et noir, comme la face interne de la ruyschienne.

Les chondroptérygiens n'ont pas ce ligament, ni beaucoup de malacoptérygiens, notamment les carpes.

Dans le congre on voit deux très-petits ligamens, un antérieur et un postérieur, qui retiennent le cristallin comme par deux pôles.

On distingue à l'œil des poissons quatre et même cinq tuniques. La plus extérieure (f, f), ou la sclérotique, est épaisse, fibreuse, soutenue en partie, dans la plupart des espèces, par deux pièces cartilagineuses, intercalées dans son tissu, et qui laissent un vide entre elles en arrière : elles s'ossifient plus ou moins dans les grands poissons, et même dans certaines espèces, dans l'espadon par exemple, elles forment à elles deux une enveloppe sphérique complétement osseuse, sauf les orifices pour l'entrée du nerf et pour l'enchâssement de la cornée.

Dans les chondroptérygiens la sclérotique n'a point ces pièces, elle est uniformément cartilagineuse; dans les raies et les squales son cartilage a en arrière une proéminence pour l'articulation avec le pédicule qui porte le globe. Très-souvent sa partie fibreuse prend aussi dans les poissons ordinaires de l'épaisseur en arrière, et y forme une tubérosité.

L'ouverture antérieure de la sclérotique encadre la cornée, qui y est sertie dans un cercle souvent un peu plus épais.

La cornée est lamelleuse comme dans les autres classes, et sa lame la plus interne est quelquefois teinte en jaune ou en vert; c'est ce qu'on voit dans la perche.

Sous la sclérotique est d'abord, dans beaucoup de poissons, un tissu cellulaire de nature graisseuse ($g, g,$ fig. IV), plus ou moins étendu, et qui forme quelquefois une couche épaisse. Il manque dans la morue et dans d'autres espèces; mais il est très-épais dans le maigre : dans la perche il forme différens lobes au pourtour du globe.

Plus intérieurement est une membrane très-mince, presque sans consistance, qui ne semble au premier coup d'œil qu'un enduit de couleur argentée ou dorée, et qui enveloppe toutes les parties plus intérieures. C'est même cette couche qui se continue sur le devant de l'iris et lui donne la belle couleur métallique qui le rend presque toujours si éclatant dans les poissons.

La pupille des poissons n'a généralement point la faculté de changer de diamètre; mais on doit remarquer la singulière production découpée en forme de palme que son bord supérieur forme dans les raies, les pleuronectes, et qui peut fermer l'ouverture de la pupille, comme ferait une jalousie.

La face postérieure de l'iris, ou l'uvée, est formée par une autre membrane, qui tapisse tout l'intérieur de l'œil, et dont la face interne est d'ordinaire garnie d'un enduit ou d'une sorte de vernis plus ou moins noir. Cette membrane, très-finement vasculeuse, peut être divisée en deux lames : l'interne, plus mince, plus simple, est une vraie ruyschienne; l'externe, qui est proprement la lame vasculeuse, est assez épaisse; c'est la choroïde.

Dans les grands yeux la ruyschienne forme sensiblement, à la face interne de l'uvée, à l'endroit où sont les procès ciliaires des mammifères, un cercle de plis rayonnans et très-fins; mais ces plis ne sont pas aussi saillans et n'atteignent pas jusqu'à la capsule du cristallin, en sorte qu'on ne peut pas dire que ce soient de véritables procès ciliaires. Ces plis, ainsi que le reste de l'uvée, touchent immédiatement au corps vitré et y adhèrent avec force; et la convexité antérieure du cristallin saille même souvent au travers de la pupille, en sorte que l'humeur aqueuse n'a point de chambre postérieure.

Entre la choroïde et la membrane de couleur métallique qui l'enveloppe, est un appareil entièrement propre aux poissons, et même aux poissons osseux, car les chondroptérygiens ne l'ont pas. C'est une bande ou un bourrelet diversement courbé (*h, h,* fig. V), et formant un anneau irrégulier et incomplet qui entoure à quelque distance l'entrée du nerf optique. Ce bourrelet est divisé quelquefois en deux parties; d'autres fois il représente un large croissant, mais il a toujours une solution de continuité à sa partie inférieure. Il est toujours très-rouge; son tissu offre principalement des vaisseaux sanguins, transverses, serrés, parallèles entre eux. Il en sort d'autres vaisseaux, souvent très-tortueux, toujours très-ramifiés, et qui forment dans l'épaisseur de la choroïde un réseau fort serré, que Haller a considéré comme une membrane particulière.

La nature de ce bourrelet n'est pas facile à déterminer. Quelques-uns l'ont cru musculaire; mais les stries rouges que l'on y voit, sont vasculaires et non fibreuses : d'autres l'ont regardé comme glanduleux ; mais il ne paraît en sortir que des vaisseaux sanguins. Peut-être est-ce un tissu érectile, analogue à celui du corps caverneux, et qui a quelque influence pour accommoder la forme de l'œil aux distances et à la densité des milieux.

Le nerf optique (i, i, fig. III à VII), ainsi que nous l'avons dit, se compose dans beaucoup de poissons (du moins parmi les acanthoptérygiens) d'une membrane plissée, enveloppée dans une tunique plus ou moins forte qui se termine à la sclérotique : il se rend dans un point de l'œil assez éloigné du centre, et y pénètre le plus souvent obliquement. Après avoir percé la sclérotique, il a souvent encore un assez long trajet à faire au travers du tissu graisseux et entre les branches du bourrelet vasculaire, avant de percer la choroïde et la ruyschienne. Son diamètre se rétrécit beaucoup au moment où il se montre en dedans de la ruyschienne; tantôt il paraît à l'intérieur de l'œil comme un point ou une tache blanche et ronde ou irrégulière, tantôt comme une ligne. Lorsque le nerf est plissé, la rétine elle-même a sa lame interne très-plissée : elle tapisse d'ailleurs, comme à l'ordinaire, toute la concavité intérieure de l'œil jusqu'à la naissance de l'uvée, et enveloppe ainsi presque tout le vitré. Dans les poissons qui ont un ligament falciforme, elle est fendue pour le laisser passer, mais elle le serre de très-près, et sa fente se marque souvent par deux lignes blanchâtres qui suivent de ce côté toute la concavité de l'œil. On divise aisément la rétine en deux lames, dont l'interne est plus mince et plus fibreuse ; l'externe est plus pulpeuse.

D'après cette structure générale de l'œil des poissons, la sphéricité à peu près complète de son cristallin, l'immobilité de sa pupille, la difficulté où il est de changer la longueur de son axe, on ne peut douter que leur vision ne soit très-imparfaite. Les images ne peuvent que se peindre confusément sur leur rétine ; et il est en conséquence peu probable qu'ils soient susceptibles d'avoir des perceptions bien distinctes des formes des objets. Il est vrai de dire cependant qu'ils reconnaissent leur proie même de loin, et qu'ils la reconnaissent par la vue, puisque des mouches artificielles les trompent, et les font mordre à l'hameçon comme des appâts véritables.

De l'Oreille. [1]

L'oreille des poissons ne consiste en quelque sorte que dans le labyrinthe, et encore dans un labyrinthe moins compliqué à beaucoup d'égards que celui des quadrupèdes et des oiseaux.

---

1. *Casserius* avait déjà vu dès 1600 et 1610 plusieurs parties importantes de l'oreille des poissons, et la connaissait mieux que celle de l'homme ; car il représente passablement (*Pentesteseion,* p. 224) les canaux semi-circulaires et les pierres du brochet. Sténon, dans les *Acta medica* de Copenhague pour 1673, dé-

Ils n'ont point d'oreille externe, à moins qu'on ne veuille donner ce nom à une petite cavité, quelquefois un peu contournée en spi-

---

crit l'oreille interne de l'émissole en abrégé, mais assez exactement, quoique sans figures.

On peut conclure de quelques mots de *Swammerdam* (*Bibl. nat.*, t. I, p. 111) que le labyrinthe des poissons ne lui était pas non plus inconnu. Mais son livre n'a été imprimé qu'après sa mort, en 1737.

Duverney, dit-on, le connaissait aussi; mais ses observations à ce sujet n'ont jamais été imprimées.

Bromel, professeur d'Upsal, a donné un catalogue des pierres d'oreilles de poissons qu'il avait recueillies.

Klein, dans son premier *Missus historiæ piscium promovendæ*, imprimé en 1740, a parlé en détail de ces pierres, et a représenté exactement celles du brochet, du saumon, de la truite, de l'ombre, de la marène, du hareng, de la morue, du dorsch, de la lote, du sandre, de la perche, de la gremille, de l'épinoche, du turbot, de la plie, de la barbue, de la carpe, du barbeau, et de plusieurs autres cyprins, etc., mais hors de leur position et de leur liaison avec le labyrinthe.

En 1753, *Étienne-Louis Geoffroy*, médecin de Paris, présenta à l'Académie un mémoire *ex professo* sur l'oreille des poissons, qui n'a été imprimé qu'en 1778. Il y décrit généralement bien l'oreille de l'anguille, du merlan, du brochet, de la carpe, du gardon, de la limande et de la perche; seulement il a voulu trouver un méat auditif externe dans quelques trous du crâne, qui ne paraissent point avoir cette destination. Les figures annexées dans l'origine à ce mémoire ayant été perdues, il n'y en a point dans l'imprimé. Ce qui concerne la raie était compris dans un mémoire sur l'ouïe des reptiles, présenté en 1752, et imprimé dès 1755.

Pierre Camper avait fait ses Recherches en 1761 : elles parurent d'abord dans les Mémoires de Harlem en 1762. Il en envoya de plus développées à l'académie des sciences en 1767, qui parurent dans le tome VII des Savans étrangers, en 1774. Il y décrit surtout l'oreille de la raie, de la morue, du brochet et de la bau-

rale, qui est au-devant de l'espèce de fenêtre ovale qu'a la raie; cavité entièrement cachée sous la peau. Les poissons osseux n'ont ni cette

---

droie, avec des figures à sa manière, c'est-à-dire un peu vagues. Il ajouta peu à ce qu'avait dit Geoffroy, si ce n'est qu'il dénia trop généralement l'existence du canal extérieur, et qu'il parla d'un organe qu'il nommait *tensor bursæ*, et qui ne parait qu'un appendice ou plutôt un ligament plus prononcé dans le brochet que dans beaucoup d'autres poissons.

En 1773, dans le dix-septième volume des *Novi Commentarii* de Pétersbourg, *Kœlreuter* a donné une description et des figures très-exactes et très-détaillées de l'oreille de deux espèces d'esturgeons, l'*ordinaire* et le *huzo*.

Monro dit ne s'être occupé de l'oreille des poissons que sur la nouvelle qu'il eut des observations de Camper; mais cette nouvelle fut tardive, car elle ne lui arriva qu'en 1779. Ses observations ont paru dans son Anatomie des poissons, en 1785, avec de belles figures. Il a mieux décrit que ses prédécesseurs et que ses successeurs l'oreille extérieure des chondroptérygiens, et l'a surtout bien représentée dans son recueil de *Trois traités sur le cerveau, l'œil et l'oreille*, imprimé à Édimbourg en 1792.

John Hunter assure avoir découvert l'oreille interne des poissons dès avant 1760; mais il n'a publié ses remarques qu'en 1786, et par extrait seulement, dans ses *Observations on certain parts of the animal œconomy*. Il y reconnait avoir été devancé par Geoffroy sur la raie.

Mais la description la plus nette et les plus belles figures de l'oreille des poissons sont dues à M. *Scarpa*, dans ses *Disquisitiones de auditu et olfactu*, imprimées à Pavie en 1789. Il y représente d'après nature l'oreille de la raie, de la roussette, de la baudroie, du brochet. Il nie mal à propos la communication avec le dehors, découverte par Monro dans la raie.

La même année 1789, M. *Comparetti* a fait paraître à Padoue ses *Observations sur l'oreille interne*, où il décrit avec soin et représente avec exactitude, bien que sans élégance, celles de la raie, de l'ange, de l'aiguillat, de l'émissole, de l'esturgeon, du thon,

cavité, ni même aucune fenêtre ovale : quelques-uns d'entre eux, comme les lepidoleprus ou macroures, certains mormyres, ont seule-

---

de l'amie, de l'anguille, du flet, du brochet, de la donzelle, de la carpe et du goujon.

C'est d'après les recherches de ces auteurs, et celles que j'ai faites moi-même, que j'ai décrit l'oreille des poissons dans mon Anatomie comparée. J'ai ajouté quelques faits relativement à l'esturgeon, au poisson lune, à la distribution des nerfs, etc.; et je ne crois pas que cette description, en tant que générale, ait eu des modifications à subir.

Mais dans un ouvrage latin, imprimé à Leipzig en 1820, sur l'oreille de l'homme et des animaux, M. *Ern. Henri Weber* a donné beaucoup de détails intéressans sur cette partie dans les poissons, avec des descriptions fort claires, et des figures très-belles et très-exactes; et y a proposé une hypothèse toute nouvelle sur des osselets adhérant aux premières vertèbres de l'épine des cyprins, des silures et des loches, que l'on avait regardés jusqu'à présent comme exclusivement affectés à la vessie natatoire, mais dont M. *Weber* a montré qu'ils sont aussi en rapport avec le sac de l'oreille des poissons; ce qui lui fait penser qu'ils représentent les osselets du tympan de l'homme et des animaux supérieurs, et que non-seulement ces osselets, mais la vessie natatoire elle-même, sont au nombre des organes qui servent à l'ouïe.

Cette opinion a été soutenue par M. Bojanus dans l'Isis de 1818. M. Geoffroy l'a combattue, du moins en ce sens qu'il a fait voir que ces osselets sont plutôt des démembremens des premières vertèbres que les vrais osselets de l'ouïe, qu'il continue toujours à croire représentés par les pièces operculaires.

Plus nouvellement j'ai reconnu des rapports entre l'oreille et la vessie natatoire dans des poissons où l'on n'en avait pas soupçonné, et notamment dans le myripristis.

Il y a enfin des observations curieuses de MM. Otto et Heusinger sur des ouvertures du crâne dans les lepidoleprus et dans les mormyres, qui peuvent transmettre à l'oreille interne quelque chose des vibrations de l'élément ambiant.

ment au crâne des ouvertures bouchées par la peau, par lesquelles les trémoussemens du liquide ambiant peuvent être médiatement conduits jusqu'au labyrinthe. Dans d'autres, tels que les myripristis, le crâne est ouvert en dessous, et son orifice est bouché par une cloison membraneuse, à laquelle adhère la vessie natatoire; mais ces communications sont fort différentes de celle qui a lieu par le moyen du tympan, et encore plus de celle qui a lieu par la trompe d'Eustache.

Les poissons manquent en effet du tympan et de ses osselets, ainsi que de la trompe d'Eustache. Ceux qui ont voulu retrouver dans les os de l'opercule les quatre osselets de l'oreille de l'homme, subitement et prodigieusement développés, n'ont conçu une pareille idée que d'après le système très-hasardé que les pièces osseuses doivent se retrouver en même nombre dans toutes les têtes, et en effet ils ne peuvent alléguer aucune autre raison en leur faveur : ni la forme, ni les rapports, ni les fonctions de ces os, ni les muscles qui s'y attachent, ni les nerfs qui s'y rendent, ne peuvent se prêter à la comparaison; or, cette identité du nombre des pièces souffre tant d'exceptions, qu'elle ne peut en bonne logique servir à elle seule de preuve à une autre proposition , elle-même tout aussi douteuse.

Quant à ceux qui ont cru voir dans la vaste et quintuple communication des branchies avec la bouche un développement de la trompe d'Eustache , ils n'ont pas même cherché à appuyer leur système sur quelque ressemblance dans le nombre et la structure des parties.

Il y aurait quelque chose de plus plausible à alléguer en faveur de l'idée de M. Weber, lequel voit les analogues des osselets de l'oreille dans les pièces osseuses qui sont aux côtés des premières vertèbres, et qui soutiennent la vessie natatoire des cyprins et des silures. On ne peut contester, en effet, que ces pièces osseuses n'aient, comme nous le verrons ailleurs , une connexion médiate avec le labyrinthe ; mais cette connexion n'est pas semblable à celle des osselets de l'ouïe dans les animaux supérieurs ; et fût-il démontré qu'ils concourent à l'exercice du sens de l'ouïe, ils n'en resteraient pas moins , ainsi que M. Geoffroy l'a établi, de simples démembremens des apophyses transverses des premières vertèbres.

L'analogie ne rend point d'ailleurs vraisemblable qu'il doive y avoir des osselets de l'ouïe dans les poissons, puisque l'on voit ces osselets décroître, pour le nombre et pour le volume, depuis les quadrupèdes jusqu'à la salamandre et à la sirène, où ils sont réduits à une seule et unique petite plaque, qui représente la dernière moitié de l'étrier.

Le labyrinthe membraneux dans les raies est entièrement renfermé dans un labyrinthe osseux plus large, creusé sur les côtés de l'arrière du crâne, dans l'intérieur duquel il est soutenu par des vaisseaux et de la cellulosité, et il adhère par une espèce de ligament à un endroit de la face supérieure du crâne, percé d'une petite ouverture, et fermé par une membrane, sur laquelle est une petite cavité membraneuse, recouverte par la peau : c'est là toute la communication de ce labyrinthe avec l'extérieur, et il n'en a avec l'intérieur du crâne que par les trous qui laissent passer les nerfs.

L'esturgeon, le poisson lune, ont seulement leurs canaux semi-circulaires enveloppés dans des canaux creusés dans le cartilage du crâne; mais le reste de leur labyrinthe est dans le crâne même. Il y a aussi quelque chose d'approchant dans les brochets.

Dans le très-grand nombre des poissons osseux tout le labyrinthe membraneux [1] est suspendu

---

1. L'oreille gauche de la perche est représentée planche VII, fig. IX, vue par sa face externe, dans un crâne dont les parties latérales ont été enlevées à cet effet, et où l'on a montré en même temps la sortie des différens nerfs. L'oreille du côté opposé

dans une cavité du crâne, qui n'est qu'un enfoncement latéral de la grande cavité où est l'encéphale. Il ne reste de vestiges du labyrinthe osseux que quelques brides osseuses ou membraneuses, autour desquelles tournent les canaux semi-circulaires et une cavité plus ou moins profonde, creusée dans la base du crâne au-dessus de l'os basilaire, où s'enfonce le sac dont nous parlerons bientôt.

On doit remarquer cependant un principal ligament qui suspend les deux canaux semi-circulaires verticaux à la voûte du crâne, près du bord postérieur du pariétal, et qui est fort analogue à celui qui communique avec la fenêtre ovale des raies.

La liqueur huileuse ou mucilagineuse qui enveloppe d'ordinaire le cerveau, pénètre aussi dans les cavités et entoure le labyrinthe membraneux.

Les canaux semi-circulaires membraneux, au nombre de trois, renflés chacun en une ampoule qui reçoit les filets du nerf acoustique, ne diffèrent de ceux des classes supérieures que par une plus grande étendue. Il y en a un inférieur, presque horizontal, qui se porte vers

est représentée, fig. X, par sa face interne, dans un crâne fendu verticalement par le milieu, et où l'on voit aussi les racines des différens nerfs prêtes à traverser les trous de ce crâne.

1.   30

le côté du crâne, et deux presque verticaux, l'un antérieur et l'autre postérieur. Ces deux derniers s'unissent par une de leurs extrémités, en sorte qu'à eux trois ils n'aboutissent que par cinq orifices dans la cavité commune qui représente le vestibule membraneux.

La forme de cette cavité varie beaucoup : tantôt c'est un canal alongé, tantôt un sac ovale ou une pyramide triangulaire, etc. Ce que l'on nomme le *sac*, est un appendice de ce vestibule, qui en est distingué par un étranglement. On assure que l'étranglement est clos, et que les injections ne passent pas d'une cavité dans l'autre ; mais cela n'est pas exact, du moins pour les chondroptérygiens. La membrane qui forme le vestibule et le sac paraît uniforme, et est plus mince et plus faible que celle des canaux semi-circulaires. Le sac est en général au-dessous et le plus souvent en arrière du vestibule ; il est logé dans une concavité du plancher du crâne, et quelquefois cette concavité est recouverte par une lame osseuse, au point de ne laisser que l'orifice pour la partie étranglée qui joint le sac au vestibule.

La liqueur qui remplit tout le labyrinthe, est un peu gélatineuse et parfaitement transparente ; le sac et le vestibule en sont gonflés : ils contiennent de plus des corps d'une nature particulière, de consistance d'amidon dans les chondroptérygiens, de nature tout-à-fait pierreuse dans les poissons osseux.

Dans ceux-ci il y a généralement un de ces corps dans le vestibule, et deux dans le sac, un grand et un petit ; ces derniers sont séparés l'un de l'autre par une cloison membraneuse.

Ces pierres et ces masses de consistance d'amidon sont entièrement calcaires, et se dissolvent dans les acides avec une vive effervescence. On ne leur aperçoit rien qui ressemble à l'organisation des os : les pierres tout-à-fait dures des poissons osseux ressemblent plutôt à des coquilles.

Leur forme est très-déterminée, souvent très-singulière et parfaitement constante pour chaque espèce, au point que l'on pourrait distinguer les poissons osseux par les pierres de leur oreille presque aussi aisément que par aucun autre caractère : par exemple, celles des gades sont elliptiques, crénelées dans leur bord, relevées dans leur milieu ; celles des sciènes sont ovales, très-épaisses, tuberculeuses en quelques endroits, et marquées d'un sillon courbe qui en parcourt la surface, etc. [1]

____

1. On peut consulter le traité que Klein a donné de ces pierres, mais qui pourrait être fort augmenté.

Le nerf acoustique sort de l'encéphale à peu près vis-à-vis la jonction du sac avec le vestibule; il donne supérieurement un filet à chacun des canaux semi-circulaires ; ce filet pénètre dans l'ampoule du canal auquel il appartient, et s'y épanouit. Une autre portion du nerf va au vestibule; mais la plus considérable se répand par une infinité de filets, qui forment un très-bel appareil, sous la paroi du sac qui contient la grande pierre.

Dans les raies et les squales les canaux semi-circulaires sont un peu autrement disposés que dans les poissons osseux, et ils aboutissent à un vestibule en forme de tube, dont l'extrémité supérieure adhère à la fenêtre ovale : ce vestibule, après avoir reçu les canaux semi-circulaires, aboutit à un grand sac ovale, qui a lui-même deux appendices, un antérieur et un postérieur. On ne peut guère douter que cet appendice ne représente la petite cavité, seul vestige de limaçon qui soit demeuré aux reptiles, d'autant que dans les reptiles elle contient aussi une petite masse semblable à de l'amidon.

Cette conclusion doit probablement s'étendre au sac des poissons osseux, malgré sa position en arrière; d'autant plus qu'il est souvent, peut-être toujours, divisé en deux cavités par une cloison membraneuse.

Les oreilles, telles que nous venons de les décrire, sont, comme on voit, beaucoup moins parfaites que celles des quadrupèdes, des oiseaux et même de la plupart des reptiles. Dépourvues de tympan, d'osselets et de trompe d'Eustache, elles ne peuvent guère recevoir l'impression des vibrations de l'élément ambiant qu'autant que ces vibrations se communiquent au crâne; encore, les os ne serrant pas de près le labyrinthe membraneux, le crâne ne peut transmettre ses mouvemens à ce labyrinthe que d'une manière fort affaiblie. L'absence d'un véritable limaçon et de sa lame fibreuse ne permet pas de croire que l'oreille des poissons puisse être affectée par la différence des tons. Tout ce qu'elle offre au physiologiste, c'est un appareil membraneux fort sensible, où les filets nerveux, qui se distribuent dans les ampoules des canaux semi-circulaires, doivent partager tous les mouvemens du fluide dans lequel ils plongent; où ceux qui s'attachent aux sacs et au vestibule doivent être encore plus vivement agités par les secousses que ces mouvemens impriment aux pierres contenues dans ces cavités.

Il est donc probable que les poissons entendent ; que le bruit produit en eux une sensation forte, mais qu'ils ne distinguent ni cette infinie variété de tons et de voix, ni ces articulations dont nous voyons tous les jours les quadrupèdes et les oiseaux être si vivement frappés. Aussi, tout ce que l'expérience nous apprend sur le degré auquel les poissons jouissent de la faculté d'entendre, c'est qu'ils s'effraient facilement des sons subits et inconnus; c'est que les pêcheurs sont obligés d'observer un silence profond pour ne pas les mettre en fuite; c'est qu'ils s'habituent à se laisser appeler pour recevoir leur nourriture, et à reconnaître les sons que l'on emploie pour cela.

Nous avons vu ailleurs que les Romains en avaient accoutumé à connaître leurs propres noms; mais nous ne savons pas si les modernes ont poussé leur éducation aussi loin.

Quant à ces appareils spéciaux qui n'ont été accordés qu'à quelques genres, aux cyprins, aux silures, aux loches, aux lepidoleprus, et dans lesquels on a cru reconnaître les suppléans ou même les analogues du tympan ou des osselets de l'oreille des mammifères, comme ce sont des organes d'exception, qui sont loin d'appartenir à la classe entière, nous remettons à les décrire lorsque nous traiterons des genres qui en sont pourvus.

Des Narines.

Les narines des poissons ne sont point disposées de manière à être traversées par l'air ou par l'eau lors de la respiration. Elles ne consistent qu'en deux fosses creusées vers le devant du museau, et tapissées d'une membrane pituitaire, qui est relevée de plis très-réguliers. Dans les poissons ordinaires, l'os que nous regardons comme le nasal leur sert de voûte, et le vomer, le maxillaire et l'intermaxillaire contribuent à soutenir leurs parois; le premier sous-orbitaire forme leur bord inférieur. Leur forme est tantôt oblongue, tantôt ovale ou ronde. Elles sont placées ou au bout du museau ou sur ses côtés, quelquefois à sa face supérieure, et même, dans les raies et les squales, à sa face inférieure près des angles de la bouche. La lamproie les a rapprochées sur le sommet de la tête et s'ouvrant par une petite ouverture commune. Dans le très-grand nombre des poissons, peut-être même dans tous les osseux, elles s'ouvrent chacune par deux trous, l'un en avant, l'autre en arrière, quelquefois assez éloignés l'un de l'autre : c'est ce qu'on nomme des *narines doubles*; mais cette dénomination est impropre, les deux trous ne donnant que dans une seule cavité.

L'orifice antérieur a souvent ses bords tubuleux, comme dans l'anguille, et quelquefois la tubulure du bord se prolonge, comme dans la lote et dans plusieurs silures, par un de ses côtés, en un tentacule plus ou moins considérable. D'autres fois ces rebords n'existent pas; c'est ce que l'on voit dans les scombres, où de plus l'orifice postérieur est une ligne verticale.

Les narines de la baudroie, par une singularité remarquable, sont portées, comme des champignons, chacune par un petit pédicule: la tête de cette espèce de champignon contient la cavité de la narine, qui s'ouvre, comme à l'ordinaire, par deux petits orifices.

Il y en a où l'ouverture postérieure donne sous la lèvre; c'est ce qui a lieu notamment dans quelques congres étrangers, et c'est un rapport remarquable avec les sirènes et les protées.

Dans les espèces où la fosse est ronde, les plis de la membrane pituitaire qui la tapisse sont disposés comme les rayons d'un cercle autour d'un centre ou d'une ligne courte[1]; mais dans celles où la fosse est oblongue et alongée,

---

1. La planche VII, fig. II, représente les nerfs olfactifs et les narines de la perche détachées des os. Une des narines est entière et ouverte pour montrer ses rayons; l'autre est coupée au milieu pour montrer la distribution du nerf à sa membrane.

ils sont des deux côtés d'un axe, et y forment des peignes très-réguliers, ou y représentent les barbes d'une plume. Leur nombre et leur saillie varient beaucoup, c'est à peine si on les aperçoit dans le lump ; la perche, par exemple n'en a que seize dans chaque narine ; le turbot vingt-quatre ; dans le congre ou l'anguille ils sont en quantité presque innombrable, des deux côtés d'un axe saillant, qui règne sur toute la face interne du long tube de leur narine. Les rayons eux-mêmes se subdivisent en petites branches dans l'esturgeon, et peut-être dans d'autres espèces ; en un mot, la surface de cette membrane se multiplie de diverses manières.

Cette surface offre des vaisseaux fins et nombreux, et il s'en sépare une mucosité abondante qui en remplit les intervalles.

Le nerf olfactif, sorti des tubercules antérieurs du cerveau, et tantôt simple, tantôt double, tantôt divisé en plusieurs filets plus ou moins prolongés, plus ou moins épais, selon les espèces, se rend à la face postérieure ou convexe de la narine. Il se comporte diversement, soit dans son trajet, soit au moment où il touche à sa destination.

Certains poissons l'ont très-grêle, comme le tétrodon ; dans d'autres, comme la morue, il est grêle, mais double ou triple. Les raies et les squales l'ont gros et simple, quelquefois même il y est si court qu'il ne semble qu'un appendice du cerveau ; dans le thon il demeure aussi simple sur toute sa longueur. Dans la perche il se divise en deux dans son milieu, et ses filets se multiplient au voisinage de la narine. Le turbot, la baudroie, l'ont divisé dès son origine près du cerveau en plusieurs filets. Le congre, l'anguille, l'ont divisé presque dès l'origine en deux gros troncs, qui donnent chacun successivement un grand nombre de branches, subdivisées en rameaux pour toutes les lamelles de leur longue narine.

Dans plusieurs genres le nerf olfactif, comme nous l'avons dit, au moment de toucher à la fosse nasale, se renfle en un ganglion ; c'est ce que l'on voit dans la morue, dans la carpe, et généralement dans les cyprins.

On a observé que ce renflement a lieu pour l'ordinaire dans les poissons où le nerf n'est pas renflé à sa base, et où par conséquent il n'y a pas une paire surnuméraire de tubercules en avant des lobes antérieurs du cerveau.

Cependant il se renfle bien manifestement dans la raie, quoiqu'elle manque de ces tubercules.

Les filets du nerf olfactif pénètrent régulièrement dans tous les replis de la membrane pituitaire, et se terminent à leurs tranchans.

On ne voit pas, du moins dans les poissons osseux, que l'enveloppe des narines ait de la mobilité, et que leurs orifices soient munis de muscles propres à les ouvrir ou à les fermer.

Il est certain que les poissons jouissent de la faculté de percevoir les odeurs; que les odeurs les attirent ou les repoussent, et il n'y a point de raison pour douter que le siége de cette faculté ne soit dans l'organe dont nous venons de parler. Cependant il ne serait pas impossible que cette membrane si délicate ne servît aussi à reconnaître les substances mêlées à l'eau, ou dissoutes dans ce liquide, et qui ne seraient point odorantes par elles-mêmes, et à diriger ainsi le poisson dans le choix des eaux qui lui sont plus ou moins favorables.

On peut conjecturer sans invraisemblance que le degré des facultés dont cette membrane jouit, dépend du développement que lui donnent le nombre et l'étendue de ses plis.

Des Organes du Goût.

Les poissons, à peu d'exceptions près, avalent leur nourriture rapidement et sans la mâcher; ceux même dont les mâchoires sont armées de manière à broyer et à couper les alimens, ne peuvent les garder long-temps dans la bouche, à cause de la position et du jeu de leurs organes respiratoires ; aucunes glandes salivaires n'y versent de liqueurs propres à les humecter, en sorte qu'ils les savoureraient faiblement, quand même ils auraient reçu des organes propres à leur en faire bien discerner les saveurs ; mais il paraît que leurs organes du goût sont eux-mêmes assez faibles.

Il en est où le plancher de la bouche n'a pas même de saillie que l'on puisse nommer langue : dans la plupart la langue est courte et peu détachée ; jamais elle n'a de muscles propres qui lui donnent un mouvement d'alongement ou de flexion, comme dans les quadrupèdes ; mais lors même qu'elle est le plus distincte et le plus charnue en apparence, elle ne consiste qu'en une substance celluleuse ou ligamenteuse, appliquée sur le devant des os linguaux : enfin, très-souvent sa surface est armée de dents quelquefois serrées les unes contre les autres comme des pavés, et qui doivent lui ôter le peu de sensibilité qu'elle aurait sans elles.

Il ne se rend à cet organe que des nerfs peu abondans, provenus du glosso-pharyngien, après qu'il a donné presque toute sa substance à la première branchie.

On pourrait supposer que quelques portions du palais ou du pharynx suppléent à la langue pour ce genre de sensation, et en particulier dans le genre des cyprins on trouve, à l'entrée du gosier, la voûte du palais garnie d'une substance charnue, molle, épaisse, qui reçoit beaucoup de nerfs de la huitième paire, et qui, se trouvant répondre à peu près aux dents pharyngiennes, si puissantes dans les animaux, semble offrir toutes les dispositions convenables pour savourer les alimens; mais il est bien difficile de constater ce que cette conjecture peut avoir de réel.

Cet organe est très-singulier par un genre particulier d'irritabilité; pour peu qu'on le touche ou qu'on le pique, l'endroit piqué se soulève et prend pour quelques instans la forme d'un bouton conique; on peut répéter cette irritation sur tous les points de l'organe, et toujours avec le même effet, tant que la vie y subsiste, et on sait qu'elle dure long-temps dans les carpes, même après qu'on leur a coupé la tête. Ce phénomène pourrait être l'objet d'expériences physiologiques intéressantes.

Des Organes du Tact.

Les poissons ne sont pas beaucoup plus favorisés pour le tact que pour le goût; dénués de membres prolongés, et surtout de doigts flexibles et propres à envelopper les objets, ce n'est guère qu'au moyen de leurs lèvres qu'ils peuvent explorer les formes des corps : les appendices nommés *barbillons*, que plusieurs d'entre eux, comme les silures, les loches, plusieurs gades et plusieurs cyprins, portent autour de la bouche; les filamens ou rayons détachés de la nageoire pectorale que l'on a nommés *doigts* dans les trigles et les polynèmes; les autres rayons mobiles, dont la tête des baudroies est pourvue, et qui sont détachés de la première nageoire dorsale, leur servent plutôt à s'apercevoir de l'approche des corps étrangers qu'à reconnaître leurs formes et leurs autres qualités tangibles, et toutefois, dans les limites qui leur sont imposées, ces organes sont fort sensibles, et reçoivent des nerfs remarquables par leur grosseur.

L'enveloppe générale du corps des poissons doit aussi, du moins dans ceux où elle est revêtue d'écailles, ne pas jouir d'une grande sensibilité; mais à cet égard les variétés sont presque infinies, depuis les espèces qui, comme la lamproie, ne paraissent rien offrir qui ressemble à des écailles, ou celles qui, comme l'anguille, les ont petites, minces et comme noyées sous un épiderme épais, jusqu'à celles où les écailles forment des boucliers osseux, comme dans l'esturgeon, ou constituent par leur réunion une cuirasse inflexible, comme dans les coffres.

Les écailles sont des productions de la nature de l'ongle ou de la corne, mais le plus souvent d'une substance plus calcaire, qui garnissent la peau des poissons.

La composition chimique des écailles offre la plus grande ressemblance avec celle des os et des dents. M. Chevreul, qui a bien voulu s'occuper d'en faire l'analyse dans un lépisostée, dans un chétodon et dans un bar, a obtenu les résultats suivans, après en avoir enlevé l'eau, en les exposant pendant six semaines au vide sec.[1]

	ÉCAILLES		
	de Lépisostée.	de Perca labrax.	de Chétodon.
Matière grasse formée en grande partie d'oléine	0,40	0,40	1,00
Matière azotée	41,10	55,00	51,42
Chlorure de sodium		Trace.	Trace.
Sous-carbonate de soude	00,10	00,90	1,00
Sulfate de soude		00,00	0,00
Sous-carbonate de chaux	10,00	3,06	3,68
Phosphate de chaux (des os) .	46,20	37,80	42,00
Phosphate de magnésie	2,20	0,90	0,90
Peroxide de fer	Trace.	Trace.	Trace.
Perte	0,00	2,84	0,00
	100,00	100,00	100,00

1. Par ce desséchement le lépisostée avait perdu 11,75 pour 100, le chétodon 13, le bar 16.

Dans le très-grand nombre des genres les écailles sont *imbriquées*, c'est-à-dire qu'elles se recouvrent comme les tuiles; leur partie extérieure et apparente n'est revêtue que par une lame de derme qui se dessèche promptement; leur partie cachée s'enfonce dans une cavité, dans une espèce de bourse, creusée dans le derme, ou formée par un de ses replis[1] : cette partie enfoncée de l'écaille a d'ordinaire une surface différente. L'on y aperçoit de très-fines stries parallèles à son bord, et des rayons qui se rendent en éventail du centre vers ce bord, lequel est le plus souvent divisé en lobes et en dentelures. La partie découverte varie bien davantage, et est tantôt lisse, tantôt pointillée, tantôt hérissée ou ciliée par de petites pointes. Cette écaille ainsi enchâssée dans le derme n'y adhère point par des vaisseaux[2]; mais il paraît

---

1. On pourrait croire au premier coup d'œil cette disposition très-différente de celle du grand nombre des lézards et des serpens, où ce que l'on nomme écaille n'est qu'une production du derme, recouverte par l'épiderme, lequel prend à sa face externe plus de consistance et d'épaisseur; mais les scinques nous conduisent déjà aux écailles imbriquées des poissons : les replis de leur peau y sont occupés par une sécrétion calcaire, qui forme une vraie écaille nettement séparable de la substance du derme qui l'enveloppe. Qu'on suppose cette substance du derme plus mince, plus fine, et on aura l'écaille des poissons, qui semble enchâssée dans une fosse de ce derme.

2. Leuwenhoek a avancé le premier que les écailles croissent

qu'elle y croît comme une coquille dans le manteau d'un mollusque, ou comme une dent dans son germe et dans sa tunique, et les variétés de la surface des écailles, leurs sillons, leurs fossettes, leurs arêtes, les épines dont elles sont armées ou hérissées, les cils ou les dentelures dont leur bord est garni et qui donnent souvent à la loupe un spectacle très-agréable [1], n'excèdent pas ce que l'on voit dans les coquillages, auxquels on ne conteste pas de croître par couches.

Il y en a de très-épaisses, entièrement pierreuses, qui se recouvrent peu, mais qui sont très-serrées et forment au poisson une véritable cuirasse, telles sont celles des lépisostées, du bichir, etc.

Dans certains poissons, comme l'anguille, les écailles ne se recouvrent point les unes les autres, et ont toutes leurs parties également

---

par des couches toujours plus larges, qui se forment sous les précédentes. (Voyez ses OEuvres, p. 205 ; ses Épîtres physiologiques, p. 214.) Mais il croyait à tort pouvoir compter autant d'années au poisson qu'il distinguait de couches à ses écailles.

1. On peut en voir des figures dans *Baster* (*Opera subseciva*, t. III, pl. 15) et dans quelques planches des *Amusemens microscopiques* de Ledermüller. *Schœffer* donne aussi des figures d'écailles dans son *Pisc. bavar. pentas*, et on en voit encore quelques-unes dans d'autres ichtyologistes. Je ne trouve pas que Broussonnet, dans son mémoire inséré au Journal de physique, t. XXXI, p. 12, ait beaucoup ajouté aux faits rapportés par ses prédécesseurs.

incrustées sous un épiderme assez épais ; néanmoins elles sont encore assez rapprochées.

Dans d'autres, tels que le turbot, le cycloptère, il y a des écailles semblables à des cônes ou à des tubercules plus ou moins hérissés, qui adhèrent à la peau par leur base large, et entre lesquelles sont des intervalles nus.

Des écailles semblables, mais réduites à n'être que de petites pointes, hérissent le corps de la plupart des tétrodons. Dans les diodons ces pointes deviennent de longues épines, dont la base s'élargit pour les porter comme des trépieds.

Les grains aigus, qui rendent âpres les peaux des roussettes et de la plupart des chondroptérygiens, sont aussi des espèces d'écailles, et quand ils prennent la forme de tubercules mousses, qui se touchent et que l'on peut polir, ils donnent ce que l'on appelle le *galuchat,* armure qui appartient à des espèces de pastenagues. On en voit dont la forme et la grosseur en fait de vrais boucliers, et telles sont celles de l'esturgeon.

Les écailles les plus développées, et qui montrent le mieux leur nature analogue à celle des dents, sont celles que l'on nomme les *boucles de la raie.* Leur base, ovale et renflée, est creuse à l'intérieur, et il y pénètre des vaisseaux qui y vivifient un noyau pulpeux, très-semblable à celui d'une dent.

La cuirasse des coffres ou ostracions n'est formée que d'un assemblage d'écailles larges et plates, qui se touchent par leurs bords, et deviennent ainsi nécessairement anguleuses.

C'est le derme qui sécrète sous les écailles cette matière d'un éclat métallique argenté, qui rend tant de poissons si brillans ; elle se compose de petites lames polies comme de l'argent bruni, qui se laissent enlever par le lavage, soit de la peau, soit de l'écaille dont elles vernissent la face inférieure. Chacun sait que c'est cette matière qui colore les fausses perles. Il s'en sécrète aussi, dans beaucoup de poissons, dans l'épaisseur du péritoine et des enveloppes que le péritoine fournit à certains viscères, particulièrement à la vessie natatoire.[1]

Les écailles ne sont pas également répandues, ni de forme et de consistance semblables sur tout le corps. Souvent la tête en est dépourvue, et ne se défend que par les rides et les âpretés de ses os, immédiatement recouverts d'une peau très-mince et très-adhérente ; mais il arrive aussi qu'il peut y avoir, selon les genres, des

[1]. Voyez sur cette matière argentine un mémoire de Réaumur, parmi ceux de l'académie des sciences pour 1816, p. 229.

écailles sur la joue, sur les pièces operculaires, sur le crâne, et même sur le museau et sur les mâchoires, enfin, jusque sur la membrane branchiostège. Les écailles s'étendent aussi plus ou moins sur les nageoires, et même dans les squammipennes les nageoires du dos et de l'anus en sont revêtues presque comme le reste du corps.

Les écailles de la ligne latérale se distinguent des autres par un ou plusieurs petits tubes dont elles sont creusées, et souvent aussi par d'autres particularités. Dans les caranx, par exemple, elles se relèvent en arêtes des deux côtés de la queue.

Il arrive aussi que les écailles du bord inférieur du ventre sont comprimées, tranchantes, et, s'unissant ensemble, présentent une espèce de sternum extérieur, dont la forme rappelle celle d'une scie. C'est ce qu'on voit dans les harengs, dans les serrasalmes.

Le genre de tégumens fourni par les écailles, très-propre à faciliter la natation par les surfaces lisses et peu résistantes qu'il présente au liquide, et à préserver le poisson des chocs et des frottemens auxquels il est exposé parmi les rochers qui hérissent les profondeurs de la mer, l'est très-peu à garantir de l'impression des changemens de température; mais la chaleur des poissons n'excédant pas celle du milieu qui les entoure, ils craignent moins le froid que les oiseaux et les quadrupèdes : c'est par la même raison que les reptiles ne sont aussi recouverts que d'écailles ou d'une peau nue.

CHAPITRE VII.

ORGANES DE LA NUTRITION DES POISSONS.[1]

Les fonctions végétatives des poissons suivent le même ordre que celles des autres vertébrés; ils saisissent et divisent leur nourriture avec les dents; ils lui font subir une première digestion dans l'estomac; passant de là dans le canal des intestins, elle y reçoit la bile qu'y verse le foie, et le plus souvent une liqueur

---

[1]. On a représenté la splanchnologie et l'angéiologie de la perche sur les planches VII et VIII. La figure I, pl. VIII, représente une perche ouverte, montrant le cœur et les organes abdominaux avec les épiploons dans leur situation naturelle. La figure II, pl. VIII, montre les mêmes organes et les branchies en situation et vus par le côté gauche, après que l'on a enlevé les opercules, les os de l'épaule, les muscles et le péritoine de ce côté : cette figure est faite d'après un individu femelle dont l'ovaire était très-rempli. La grande figure de la planche VII représente une perche où tous les muscles et le péritoine d'un côté sont enlevés, et où les pièces operculaires et les autres appareils latéraux de la tête et de l'épaule sont détachés et abaissés ; ce qui montre à nu les branchies, le cœur et les sinus veineux, les artères qui sortent des branchies, les artères et les veines du tronc, et tous les viscères de l'abdomen avec leurs artères et leurs veines : une grande partie des nerfs cérébraux et les premiers nerfs spinaux y sont aussi montrés dans leur distribution; mais on a négligé le reste de ceux de l'épine pour ne pas trop compliquer la figure. Cette figure est faite d'après un individu femelle dont l'ovaire est peu développé. La figure III, pl. VIII, représente le canal intestinal et le foie, écartés de manière à montrer la distribution de la veine porte et la vésicule du fiel.

analogue à celle du pancréas ; les sucs nutri-
tifs, absorbés par des vaisseaux analogues aux
lactés, et peut-être en partie directement par
les veines, se mêlent au sang veineux, qui est
porté au cœur, et de là dans les branchies, où
le contact de l'élément ambiant le change en
sang artériel ; celui-ci va nourrir tout le corps :
mais il doit aussi s'en porter au dehors diverses
parties, et la transpiration, les divers liquides
qui suintent de la peau, enfin les reins et l'u-
rine qu'ils préparent, produisent cet effet.

Nous aurons donc à faire connaître dans ce
chapitre les organes de la manducation, de la
digestion, de la circulation, de la respiration
et des excrétions.

En général, les poissons montrent de la voracité : on les voit sans cesse se poursuivre et
se dévorer entre eux ou avaler tous les petits
animaux qu'ils trouvent à leur portée ; mais le
degré de leur pouvoir à cet égard dépend,
comme on le comprend aisément, de l'ouverture de leur gueule et de la force de leurs dents ;
si les dents sont aiguës et crochues, elles retiennent les animaux les plus agiles ; si elles sont
larges et fortes, elles broient les proies les plus
dures ; quand le poisson n'en a que de faibles
ou en est entièrement dépourvu, il est réduit
à des alimens sans résistance.

Les poissons mettent peu de choix dans leurs alimens, et leurs forces digestives suffisent pour dissoudre tout ce qui a eu vie. Ils avalent d'autres poissons, malgré leurs épines et leurs arêtes; les crabes et les coquillages ne les effraient point, et on en trouve souvent les débris dans leurs intestins. Ils rejettent ces matières indigestes, comme les oiseaux de proie rejettent les plumes et les os des petits oiseaux qu'ils ont avalés.

Les espèces qui vivent principalement de matières végétales sont en petit nombre; on en trouve surtout dans le genre des smaris, et dans quelques autres démembremens de celui des spares.

La digestion paraît se faire assez vite dans les poissons, et leur accroissement dépend beaucoup de l'abondance de la nourriture; ils grandissent moins promptement dans de petits viviers où ils sont trop nombreux, que dans les étangs vastes qui leur fournissent les alimens nécessaires.

Cet accroissement dans les poissons qui vivent long-temps, peut excéder de beaucoup les limites ordinaires; mais si l'on excepte quelques espèces élevées par l'homme, on connaît peu la durée naturelle de leur vie, et c'est par des conjectures assez peu fondées que l'on a supposé qu'elle devait se prolonger presque sans limite. La raison sur laquelle on appuie cette opinion, celle que leurs os ne durcissent pas autant que dans les animaux à sang chaud, n'est du moins pas applicable à la plupart d'entre eux.

De la Manducation, et surtout des Dents.

Nous avons fait connaître, p. 333 et 347, la composition des mâchoires et la manière dont elles exécutent, de concert avec l'appareil hyoïde et branchial, les mouvemens nécessaires pour saisir les alimens et les avaler.

Il reste à parler des dents, au moyen desquelles ces alimens sont généralement saisis et portés dans le pharynx, et plus rarement découpés ou triturés de diverses manières.

Les poissons peuvent avoir des dents adhérentes à tous les os qui enveloppent la cavité de la bouche et celle du pharynx : aux intermaxillaires, aux maxillaires, aux palatins, au vomer, à la langue, aux arcs branchiaux et aux os pharyngiens, et il y a des genres qui ont effectivement des dents à tous ces os, soit de formes semblables pour tous, soit de formes différentes ; mais quelques-uns ou plusieurs de ces os peuvent aussi manquer de dents, et il existe des poissons qui en sont absolument dépourvus.

La perche, par exemple[1], a des dents en velours serré à ses intermaxillaires (n.° 17); à ses dentaires (n.° 34); à une bande transversale en forme de croissant sous l'extrémité antérieure de son vomer (n.° 16); à une bande longitudinale de chaque palatin (n.° 22), qui même se continue un peu le long du bord du ptérygoïdien externe (n.° 24). Elle en a encore à ses pharyngiens supérieurs (n.ºs 61, 62) et inférieurs (n.° 56), et à toutes les tubérosités de ses arcs branchiaux; mais elle en manque à la langue.

Nous désignons les dents, quant à leur position, d'après les os auxquels elles sont attachées. Ainsi nous distinguons des dents intermaxillaires, maxillaires, mandibulaires, vomériennes, palatines, ptérygoïdiennes, linguales, branchiales, pharyngiennes supérieures et pharyngiennes inférieures.

Leurs formes ne sont pas moins variées que leurs positions, et donnent lieu à des épithètes encore plus nombreuses; le plus souvent elles représentent des *cônes* ou des *crochets* plus ou moins aigus: quand ces crochets sont nombreux et disposés sur plusieurs rangs ou en quinconce, on les a comparés aux pointes qui hérissent les

---

1. Voyez les planches II et III.

cardes à carder la laine ou le coton; souvent aussi ils sont assez grêles et assez serrés pour se présenter à l'œil comme les poils du *velours,* et quand ils sont en même temps fort courts et fort serrés , c'est un *velours ras* qu'ils représentent; mais quand ils sont alongés et faibles, ils forment des *brosses* ou des espèces de *cheveux*. Enfin ces petites dents fines peuvent être en même temps si courtes qu'elles se réduisent à une simple *aspérité,* sensible au tact plus qu'à la vue. On comprendra aisément les termes que nous emploîrons pour désigner ces diverses nuances; mais indépendamment de ces dents en crochets, il en existe de tranchantes à leur extrémité ou en forme de coin, comme les antérieures des sargues et les pharyngiennes des scares; le tranchant peut en être dentelé comme dans les acanthures, ou aiguisé en pointe dans son milieu, comme dans les serrasalmes. Il en existe aussi de rondes , soit hémisphériques, soit ovales , comme les postérieures des spares; ces dents rondes peuvent être disposées sur plusieurs rangs , ou même serrées les unes contre les autres, comme des pavés, ainsi qu'on les voit au palais et à la langue du glossodonte, sur les mâchoires de la raie bouclée, aux os pharyngiens des labres et de plusieurs sciènes. Il y en a aussi de pointues, comprimées et tranchantes des deux côtés, comme celles des trichiures, des chirocentres; d'autres dont la couronne est plate et relevée de lignes saillantes, comme celles du pharynx de la carpe, ou qui se renflent en massue, comme celles du pharynx de plusieurs cyprins; il y en a à couronne tuberculeuse, comme celles des mylètes, etc.

Toutes ces dents sont simples, et naissent sur un germe pulpeux également simple.

Quelle que soit la forme des dents, la croissance de celles qui sont simples est la même, et se fait par couches, comme dans les dents des mammifères; mais l'accroissement ne va jamais au point de former une racine qui s'enfoncerait dans l'alvéole. Les dents des poissons, comme celles des monitors et de beaucoup d'autres sauriens, ne consistent que dans la partie dite la couronne, et lorsque cette couronne est complète, le noyau pulpeux sur lequel elle s'est formée, s'ossifie : quand la dent doit tomber, elle se casse et se détache de ce noyau ossifié, qui demeure et s'unit à la mâchoire au point d'en faire partie; dans quelques espèces, cependant, telles que l'anarrhique, le noyau osseux, devenu plus grand que la dent et faisant une proéminence sur la mâchoire, s'en détache à la manière du bois des cerfs, et probablement par un mécanisme analogue, et il tombe avec la dent qu'il porte.

Le remplacement des dents se fait pendant une grande partie de la vie, et, à ce qu'il paraît, dent à dent et sans époques fixes, comme pour les feuilles des arbres verts.

La dent nouvelle naît tantôt dessous, tantôt à côté, tantôt en arrière ou en avant de la dent en place.

Dans le remplacement vertical, qui a lieu surtout pour les dents rondes, lorsque le noyau ossifié de la vieille dent s'est uni à la mâchoire, il est nourri avec elle, il prend une texture celluleuse ; sa cavité se remplit, et quand la couronne est détachée, la surface de l'os est continue : mais il y a plus profondément une cavité où la dent de remplacement a commencé à se former ; elle perce à son tour la surface de l'os, et subit les mêmes changemens que celle qui l'a précédée.

Le remplacement par le côté a lieu surtout pour les grandes dents coniques ou en crochets, ou pour les dents tranchantes : la dent nouvelle perce l'os à côté de la dent en place ; mais celle-ci n'en tombe pas moins par rupture, comme à l'ordinaire.

Parmi les dentitions singulières on peut ranger celle du pharynx des cyprins, celle des mâchoires des scares, et bien plus encore celle des tétrodons et des diodons.

Les cyprins n'ont de dents qu'à leurs pharyngiens inférieurs, qui entourent les côtés du pharynx comme des demi-colliers ; ces dents sont peu nombreuses, mais très-fortes ; à la face supérieure il y a une plaque triangulaire de substance dentaire ou d'émail, mais très-dure, que l'on nomme vulgairement *pierre de carpe*, et qui est enchâssée et comme sertie dans une dilatation de l'os basilaire. Elle croît par des couches qui se forment à la face qui touche à l'os ; c'est contre elle que les pharyngiens inférieurs compriment et broient les alimens.

Les mâchoires des scares ont presque la forme extérieure d'un bec de perroquet ; à leur base sont des petits trous par où les dents, dont on voit les germes dans l'intérieur, doivent sortir pour se fixer à leur surface, sur laquelle les dents précédentes forment déjà de petites verrues en quinconce : elles se portent ainsi par degrés jusque vers le bord, où elles prennent de l'activité, lorsque celles qui les avaient précédées à cette place, sont tombées par suite de la détrition.

Aux os pharyngiens des mêmes poissons les dents sont tranchantes, et sortent verticalement et en quinconce de la face de l'os : à mesure que les antérieures s'usent, il en sort de nouvelles en arrière.

Il en est de même des dents pharyngiennes des labres, avec cette seule différence, qu'elles sont rondes au lieu d'être tranchantes.

Les mâchoires des tétrodons ressembleraient assez aux os pharyngiens des scares pour le développement de leurs dents, si ce n'est que chacune de ces dents, ou plutôt de ces lames, occupe toute la largeur de l'os. Les postérieures sont les plus nouvelles, et les antérieures sont les plus usées.

Dans les diodons il y a deux séries de lames, dont les unes forment le bord de la mâchoire et les autres un disque placé plus en arrière, et séparé du bord par un léger enfoncement; elles se succèdent aussi, et de manière que dans le disque les postérieures soient les plus nouvelles, et dans le rebord les supérieures.

Mais le caractère commun à ces deux dentitions, c'est que la mâchoire entière n'est armée que de deux ou même d'une seule dent composée, dont les lames croissent par la transsudation de lames pulpeuses interposées entre elles, et sont réunies par la même masse d'émail.

La chimère a, comme les deux genres dont nous venons de parler, des dents composées; mais elles naissent et croissent sur des germes en forme de filets et non de lames, et leur tissu intérieur est percé de tubes fins, comme un jonc ou comme les dents de l'oryctérope. Il y en a quatre plaques à la mâchoire supérieure et deux à l'inférieure.

Les dents plates et larges des mylobates (poissons de la famille des raies) sont aussi composées dans ce sens que leur substance se forme sur une multitude de filets pulpeux, et est enduite d'un émail commun.

Les dents de la lamproie sont des cornets minces moulés sur des germes assez charnus; il y en a sur les lèvres, sur les mâchoires et sur la langue, de formes et de directions différentes, sur lesquelles nous reviendrons.

Dans les squales à dents tranchantes, le noyau de la dent demeure toujours cartilagineux, et même il est long-temps flexible, en sorte que les dents de remplacement (qui viennent toujours en arrière des dents en place) demeurent, dans les espèces où elles sont tranchantes, comme les requins, couchées en arrière, et même quelquefois les unes sur les autres, sur plusieurs rangs. Elles se redressent, et la base de leur noyau prend de la consistance, quand le moment est venu où elles doivent prendre de l'activité.

Il y a des squales dont une partie des dents

sont plates et larges, et composées comme celles des mylobates.

Au surplus, nous entrerons aux articles particuliers dans les détails nécessaires à la connaissance de la dentition de chaque poisson.

De la Déglutition.

Dans la plupart des poissons osseux, indépendamment des lèvres qui, même lorsqu'elles sont charnues, n'ayant pas de muscles propres, auraient peu de force pour retenir les alimens dans la bouche, il y a généralement en dedans de chaque mâchoire, derrière les dents antérieures, une espèce de voile membraneux ou de valvule formée par un repli de la peau intérieure et dirigée en arrière, dont l'effet doit être d'empêcher les alimens et surtout l'eau avalée pour la respiration, de ressortir par la bouche.[1]

L'aliment saisi par les dents des mâchoires, retenu par cette valvule, porté plus en arrière par les dents du palais et de la langue, lorsqu'elles existent, est empêché par les dentelures des arcs branchiaux de pénétrer dans les intervalles des branchies, où il pourrait blesser les organes si délicats de la respiration. Les

---

1. On a fait de cette valvule à la mâchoire supérieure un caractère du genre zeus ; mais elle existe dans une infinité d'autres poissons, et presque toujours aux deux mâchoires.

mouvemens de la mâchoire et de la langue ne peuvent donc le faire pénétrer dans d'autre voie que celle du pharynx où il subit encore une nouvelle action de la part des dents des os pharyngiens, qui le triturent ou le portent plus en arrière et jusque dans l'œsophage.

On ne peut pas dire qu'il y ait dans tout ce trajet aucun organe qui remplisse les fonctions des glandes salivaires : à la vérité, les cyprins et quelques autres genres ont le palais garni d'une couche épaisse de substance molle, rougeâtre, animée par des nerfs très-nombreux, et qui s'irrite à la moindre percussion ; il suinte de sa surface, par des pores imperceptibles, une légère mucosité ; mais je ne puis y voir pour cela une glande salivaire, ni même une vraie glande. C'est un tissu très-particulier, fort sensible, et qui est probablement destiné à l'exercice d'un sens plus ou moins analogue au goût.

L'œsophage est revêtu d'une couche de fibres musculaires fortes, serrées, et formant quelquefois divers faisceaux, dont les contractions poussent le bol alimentaire vers l'estomac, et c'est ainsi qu'il est complétement avalé ; car l'œsophage des poissons est nécessairement très-court dans la plupart des espèces, puisqu'il n'y a point de cou.

Néanmoins il y a quelquefois dans l'épaisseur

des parois de l'œsophage une substance glandu-
leuse. Elle est très-apparente dans les raies.

Du Canal intestinal.

Les viscères de la digestion sont enfermés
dans la cavité abdominale, qui est séparée en
avant de celle qui contient le cœur, par une
espèce de diaphragme peu étendu, formé d'une
lame que donne le péricarde, et d'une autre
qui appartient au péritoine; ce diaphragme est
dépourvu de muscles propres, mais renforcé par
des fibres aponévrotiques entre ses deux lames,
et reçoit néanmoins quelque action d'un des
muscles des branchies : le grand sinus veineux
occupe une partie de son épaisseur. Une autre cavité règne le long de l'épine, et contient les reins
et la vessie aérienne; le péritoine la sépare de
l'abdomen proprement dit, et en même temps,
comme dans les autres animaux, il se replie en
dedans de la cavité abdominale, pour embrasser
et pour suspendre les viscères qu'elle contient,
et qui sont le canal intestinal, le foie, la rate,
ainsi que le pancréas lorsqu'il existe. Les organes
de la génération et la vessie urinaire sont également enveloppés dans des replis du péritoine, et
logés dans son intérieur; mais, comme nous venons de le dire, les reins, et même le plus souvent
la vessie natatoire, sont en dehors et tapissés

du côté du ventre seulement, par le péritoine.

Une chose très-remarquable est que beaucoup de poissons, tels que les raies, les squales, les esturgeons, les lamproies, les saumons, ont aux côtés de l'anus deux trous qui pénètrent dans la cavité abdominale, en sorte que la lame intérieure du péritoine se continue avec l'épiderme et appartient à l'ordre des membranes muqueuses ; deux autres trous, au moins dans les raies et les squales, étendent même sa continuité jusque dans le péricarde et à toute sa lame interne. [1]

Le canal intestinal se compose des mêmes tuniques que dans les autres vertébrés, et les variations qu'elles subissent dans leurs épaisseurs respectives et leurs différens replis, sont analogues à ce que l'on voit dans les classes supérieures, et ne sont pas moins nombreuses : il y a des valvules conniventes, des papilles internes de différentes formes ; des endurcissemens coriaces, des rides dé diverses directions. Les fibres charnues se renforcent ou s'affaiblissent ; il se place quelquefois un tissu glandulaire entre les membranes, etc.

---

1. Monro, *Anatomie des poissons*, pl. 1, fig. 5, n.º 28, montre les ouvertures de l'abdomen et, pl. 2, fig. 1, n.ᵒˢ 22, 22, celles du péricarde dans les raies ; pl. 8, il fait voir celles de l'abdomen de l'esturgeon.

Les plis intérieurs de l'œsophage sont en général longitudinaux; sa cavité se continue directement jusqu'au fond du cul-de-sac de l'estomac : quelquefois même, comme dans les cyprins, dans les labres, l'estomac n'a point de cul-de-sac et n'est qu'une légère dilatation du canal, qui mérite à peine le nom d'estomac; mais le plus souvent il se recourbe, ou bien il donne d'une partie plus ou moins voisine de l'entrée et du côté droit la branche à l'extrémité de laquelle est le pylore. Cette branche transverse, ou même montante, prend quelquefois, comme dans l'ombre et le muge, tant d'épaisseur dans sa tunique charnue, qu'elle forme un véritable gésier, dont l'estomac ordinaire représente alors le jabot.

La grandeur du sac stomacal, ses proportions de longueur et de largeur, l'épaisseur de ses parois, ses rides, etc., varient à l'infini, et ne peuvent être exposées que dans les histoires particulières des espèces.

Le canal intestinal est plus ou moins long, plus ou moins large, et fait aussi plus ou moins de replis; il a des parois plus ou moins épaisses, des villosités plus ou moins marquées, selon les espèces : tel poisson, comme la lamproie, l'a tout droit; tel autre, comme beaucoup de percoïdes, ne lui fait faire que deux ou trois replis;

tel autre encore, comme l'hypostome, l'a mince comme un cordon et assez long pour surpasser plusieurs fois la longueur de son corps. Ce sont encore des détails dans lesquels les histoires particulières peuvent seules entrer.

Il y a généralement du côté de l'anus une valvule qui sépare la partie postérieure de l'antérieure; mais rarement cette partie postérieure est-elle plus large, et jamais elle n'a de cœcum comme dans les quadrupèdes.

Un des replis les plus remarquables que l'on observe dans les intestins des poissons, est la valvule spirale des raies, des squales, de l'esturgeon, dont on trouve des vestiges jusque dans la lamproie.

C'est tout près du pylore qu'il y a dans le grand nombre des poissons des boyaux aveugles souvent très-nombreux, et dont la veloutée, repliée en mailles serrées, paraît fournir abondamment une liqueur glaireuse, que l'on croit avec vraisemblance tenir lieu de celle du pancréas, et qui est d'autant plus utile, que les poissons, comme nous l'avons dit, n'ont généralement pas de glandes salivaires [1]. C'est dans

---

1. M. Rathke pense que la substance spongieuse du palais de la carpe et de quelques autres poissons est une espèce de glande salivaire, et c'est justement dans des poissons dépourvus d'appendices au pylore qu'il a trouvé cette substance.

quelques poissons de la famille des scombres qu'il y en a le plus; les gades en ont aussi beaucoup; d'autres, comme les labres, les silures, les cyprins, le brochet, en sont entièrement dépourvus; dans d'autres encore, tels que les perches et les pleuronectes, il n'y en a que de courtes et en petit nombre : la perche de rivière n'en a que trois; les pleuronectes n'en ont que deux; l'esturgeon les a nombreuses, mais courtes et réunies par des vaisseaux et de la cellulosité en une masse qui fait la nuance entre leur état ordinaire de liberté et le pancréas compacte des raies et des squales. Dans l'esturgeon, en effet, chacune de ces appendices communique encore avec le canal par un orifice spécial. Dans les raies et les squales, comme dans les quadrupèdes, le pancréas est une vraie glande conglomérée, qui verse sa liqueur par un canal commun.

L'anus varie singulièrement pour la position, et ne dépend pas même à cet égard de celle des nageoires ventrales; cependant il est toujours plus en arrière qu'elles, mais lorsqu'elles sont sous la gorge ou qu'elles manquent, l'anus se porte souvent lui-même presque sous la gorge. Il n'est toutefois jamais plus en arrière que la base de la queue, tandis que la cavité abdominale se prolonge souvent en un ou deux sinus sur les côtés de la queue bien en arrière de l'anus.

Pour donner un exemple particulier des dispositions du canal alimentaire, nous dirons que dans la perche [1] il se compose d'un œsophage (A) court, charnu, en forme d'entonnoir, qui donne immédiatement dans un estomac (B) fait comme un sac à fond obtus ; intérieurement l'œsophage a des rides serrées, revêtues d'une veloutée très-fine et qui, dans l'estomac, se changent en rides plus grosses, saillantes, irrégulières, plissées en travers et au nombre de sept ou huit. Du côté droit de l'estomac, vers le milieu de sa hauteur, part une branche courte (C), de même nature que l'estomac lui-même, mais beaucoup plus étroite et dont les rides ne sont qu'au nombre de quatre ou cinq.

C'est à l'extrémité de cette petite branche qu'est le pylore, rétrécissement léger, au-delà duquel la veloutée se prolonge en une espèce de valvule annulaire, mince, dentelée au bord, qui ferme le retour des alimens de l'intestin vers l'estomac.

Autour de la naissance de l'intestin adhèrent trois boyaux aveugles ou appendices cœcales (D, D, D), un peu plus minces et un peu plus

---

1. On peut suivre cette indication sur les planches VII, fig. I, et VIII, fig. I, II et III.

longs que la branche de l'estomac qu'ils entourent. Ils communiquent avec l'intestin par autant de petits orifices situés derrière la valvule du pylore. Leur membrane interne est toute hérissée de petites franges ou de petits lambeaux minces, étroits et pointus, dont les bases tiennent les unes aux autres, et forment une espèce de réseau : il en suinte une mucosité abondante.

L'intestin fait deux replis, se portant d'abord en arrière le long du côté gauche (en E, E), jusqu'au milieu de l'abdomen, revenant ensuite vers l'estomac (par F, F), et se recourbant enfin pour se rendre à l'anus, en suivant une ligne oblique (G). Les intervalles sont occupés par la rate (H), qui est logée dans le premier repli; par l'ovaire (K), qui est souvent fort volumineux; par les vaisseaux et enfin par beaucoup de graisse épanchée dans une cellulosité qui est une production de l'enveloppe péritonéale, et qui représente à quelques égards les épiploons des mammifères.

Cet intestin va en diminuant légèrement de diamètre jusqu'au milieu de sa dernière ligne, où un renflement assez sensible (en L) marque le commencement du gros intestin ou plutôt du rectum. Il y a aussi intérieurement à cet endroit une valvule circulaire, formée par un léger repli de la membrane interne, qui ne permet pas aux matières une fois descendues dans le rectum de rebrousser chemin.

La rate des poissons (H) varie pour la position, le volume et la grandeur; mais elle ne manque jamais, et il n'y en a jamais qu'une : le plus souvent elle est à peu près au milieu des replis du canal intestinal. Comme dans les animaux supérieurs, elle ne fait que recevoir du sang artériel, qu'elle élabore et transmet au foie, où se rend aussi le sang de presque tout le reste de l'intestin : ses relations de position avec l'estomac sont souvent très-différentes de ce qu'on voit dans les mammifères, et on ne peut lui attribuer aucune fonction qui dériverait constamment du plus ou moins de pression exercée sur elle par l'estomac.

Le foie (M) est généralement grand et placé plus à gauche qu'à droite : sa figure et le nombre de ses lobes varient beaucoup, ce nombre est même quelquefois excessif; mais il a toujours une vésicule du fiel (N), tantôt de grandeur médiocre, tantôt fort grande ou fort longue et pendant assez loin du foie. Le canal excréteur (n) s'insère plus ou moins haut dans l'intestin, et quelquefois même dans l'estomac (comme je l'ai vu dans le poisson lune). Les canaux hépatiques (m) sont quelquefois assez nombreux; ils se joignent successivement au canal cystique.

La substance du foie est plus molle de beaucoup que dans les quadrupèdes et les oiseaux, et son tissu est presque toujours pénétré d'une substance huileuse abondante.

Le mésentère des poissons est fort incomplet, et se réduit souvent à quelques brides qui enveloppent les vaisseaux et les nerfs, et établissent des liaisons entre le péritoine et la tunique péritonéale du canal.

Très-souvent cette tunique se prolonge en appendices remplies d'une graisse huileuse, et qui sont autant de véritables épiploons (P, P).

On ne voit jamais dans le mésentère de glandes conglobées, et toutefois il a ses vaisseaux lactés comme dans les autres animaux.

En effet, le système des vaisseaux absorbans ne paraît pas moindre dans les poissons que dans les autres vertébrés[1], et il est certain du moins que ceux du canal intestinal sont extraordinairement nombreux et forment souvent des réseaux serrés et à plusieurs couches. On

---

1. Will. Hewson et Alexandre Monro se sont disputé la première découverte des vaisseaux lymphatiques dans les vertébrés ovipares. Monro assure les avoir vus dans les oiseaux en 1758, 1759 et 1760, et en avoir parlé en 1767; les avoir découverts dans la raie en 1760 et dans la tortue en 1765; ce qu'il a publié en 1770. Le mémoire d'Hewson, sur les lymphatiques des oiseaux, dans les *Transact. phil.*, est de 1768; et sur ceux des reptiles et des poissons, de 1769.

peut, au moyen de l'injection, les suivre jusque sur les bords des valvules conniventes et des autres replis intérieurs de la veloutée. Ils aboutissent par plusieurs troncs dans le grand sinus veineux ou dans quelques-unes des principales veines qui s'y rendent.

Il n'est pas non plus très-difficile de voir ceux de quelques autres parties, et M. *Fohman* a injecté entre autres avec succès ceux des branchies; on doit donc croire que dans cette classe la nature suit les mêmes procédés d'absorption que dans les autres ovipares.[1]

De la Circulation.[2]

Les poissons ont, comme les animaux à sang chaud, une circulation complète pour le corps,

---

1. Voyez, sur les lymphatiques des poissons, le bel ouvrage que M. Fohman vient de publier, comme faisant la première partie d'une histoire générale de ces vaisseaux dans les vertébrés; Heidelberg et Leipzig, 1827, in-folio. Il les représente dans la torpille, dans l'anguille, dans le brochet, et dans quelques parties du silure, de l'anarrhique, de la morue et du saumon. Monro avait donné la représentation de ceux de la raie dans son *Anatom. and Physiol. of fishes*, pl. 18 et 19.

2. Duverney a décrit dans les Mémoires de l'Académie pour 1701 et dans ses OEuvres, t. II, p. 496, et pl. 9, tout l'appareil de la circulation et de la respiration des poissons, et fait un calcul sur les nombres effrayans de parties discernables dont il se compose; et dans ceux de 1699 il a donné une description particulière de celui de la carpe, qui est aussi dans ses OEuvres, *loc. cit.*, p. 470.

une autre également complète pour les organes
de la respiration, et une circulation abdominale
particulière qui aboutit au foie par le moyen de
la veine porte ; mais leur caractère propre consiste en ce que leur circulation branchiale a seule
à sa base un appareil musculaire, ou un cœur
qui correspond à l'oreillette et au ventricule
droit des animaux dont nous venons de parler,
et qu'il n'y a rien de semblable à la base du sys-

Monro, dans son *Anat. and Physiol. of fishes*, a représenté
les principaux troncs du système vasculaire dans la raie ; les veines
branchiales et les artères du corps qui en naissent, pl. 1 ; le grand
sinus veineux et les artères branchiales, pl. 2 ; les artères abdominales et la veine porte, pl. 3. Kœlreuter a donné la figure du
cœur du sterlet. (*Nov. Comm. petrop.*, t. XVI, pl. 14.) Vicq-d'Azyr,
dans les Mém. des sav. étr., t. VII, pl. VII, donne, fort mal, ceux
de la barbue et du flet. Il y a un traité *ex professo* sur le cœur des
poissons par M. Tiedemann (en allemand, Landshut, 1809), avec
des figures des cœurs de la raie ronce, de la raie bouclée, de la
raie blanche, de la roussette, de l'émissole, de l'esturgeon, du
congre, de la murène, de la vive, de la lote, de la sole, de la
barbue, du boulereau, de la scorpène, du chétodon arcuatus, de
la sciène barbue, du saurel, de l'orphie, de la fistulaire, de la
loricaire, de l'ombre, de la truite, de la truite de mer, du huch,
du muge, du brochet, de la carpe et du barbeau. — Voyez encore
sur le cœur des poissons, Peyer, *Miscell. ac. cur.*, déc. II, ann. 1,
p. 201, pris du saumon. Muralt, *ib.*, p. 124, de la lote. Collins,
pl. 15, fig. 5, du saumon. Al. Monro, *Anat. et Phys. of fishes*,
pl. 18, fig. 1 et 2, du saumon ; pl. 22, fig. 1, de la morue.
Kœlpin, *Mém. de l'acad. de Stockholm*, année 1769, de l'espadon.
G. Needham, *De biolychnio*, et Valentin, *Amph. Zool.*, t. II,
p. 122, du brochet. J. Plancus, *Comm. bonon.*, t. II, pl. 11,
p. 297, du tétrodon mola. Dœllinger, *Mémoires de la société de
Vettéravie*, t. II, 2.ᵉ cah., pl. 13, fig. 1, de la carpe.

tème de la circulation du corps; c'est-à-dire que les analogues de l'oreillette et du ventricule droit leur manquent entièrement, et que les veines branchiales s'y changent en artères sans être enveloppées de muscles.

Cet appareil musculaire de leur circulation[1] se compose de l'oreillette (α), du ventricule (β) et du bulbe de l'artère pulmonaire (γ), et l'oreillette elle-même est précédée d'un grand sinus (δ) où aboutissent toutes les veines du corps, ce qui fait quatre cavités séparées par des étranglemens, que le sang doit successivement parcourir lorsqu'il vient du corps pour se rendre dans les branchies. L'ensemble en est petit à proportion de la grandeur du corps, et ne grandit pas dans la même raison que l'individu auquel il appartient. Trois de ces réceptacles, l'oreillette, le cœur et le bulbe, sont logés dans un péricarde, qui est lui-même placé sous les os pharyngiens, entre les parties inférieures des arcades branchiales, et préservé le plus souvent à l'extérieur par les os huméraux. Cependant sa position diffère quelquefois dans les chondroptérygiens et surtout dans les lamproies.

Le grand sinus veineux (δ) n'est point dans

---

1. Le cœur est vu par le côté, pl. VII, fig. I; en dessous, pl. VIII, fig. I : le sinus et l'oreillette, ouverts en dessus, pl. VIII, fig. VIII; le ventricule et le bulbe, ouverts en dessous, pl. VIII, fig. VII.

le péricarde, mais entre la paroi postérieure de cette cavité et la membrane qui tient lieu de diaphragme, et qui n'est que la partie antérieure du péritoine renforcée de fibres aponévrotiques.

Ce sinus est étendu transversalement, et reçoit par plusieurs troncs différens les veines du foie, des organes de la génération (φ), des reins (ψ), des nageoires, des branchies et de la gorge, et enfin celles de la tête (ω), qui elles-mêmes passent en partie par un sinus de l'arrière du crâne (q). Il envoie tout ce sang par un seul orifice de sa convexité antérieure dans l'oreillette (α), qui est ouverte à sa partie postérieure pour le recevoir. Deux valvules membraneuses minces garnissent seules cette communication et sont, comme on le pense aisément, tournées vers l'oreillette.

L'oreillette (α) est dans le péricarde, en avant du grand sinus veineux, et au-dessus du ventricule, ou, en d'autres termes, à sa face dorsale.

Sa configuration est très-variée et souvent très-bizarre ; elle est en général plus large que le ventricule, et le déborde ; cependant ses parois sont plus minces, quoiqu'elles aient aussi de nombreuses colonnes charnues.

Son orifice, percé à sa face inférieure, donne dans le ventricule (β) par le milieu de la face supérieure de celui-ci, et est garni de deux valvules analogues aux mitrales de l'homme, mais dont les attaches sont beaucoup plus simples.

Le ventricule (β), du moins dans les poissons osseux, est le plus souvent de forme tétraèdre; quelquefois il est oblong ou approche de l'ovale: dans les cartilagineux sa forme est arrondie et souvent déprimée.

Il est au-dessous de l'oreillette; sa cavité se contourne de manière que, presque verticale dans la partie qui communique avec l'oreillette, elle devient horizontale et longitudinale pour aboutir au bulbe (γ). Ses parois sont très-robustes et munies intérieurement de colonnes charnues puissantes; sa substance est formée de deux couches très-différentes : l'interne a des fibres plus transversales, l'externe les a plus longitudinales, et leur union est si légère qu'il se forme souvent entre elles, à la partie inférieure et latérale du cœur, une solution de continuité qui a l'air d'un second ventricule, mais qui est close de toute part et même n'est pas intérieurement tapissée par une membrane. [1]

C'est dans le bulbe (γ) de l'artère branchiale

---

1. M. Dœllinger l'a décrite dans les cyprins. Je l'ai vue très-manifeste dans un grand xiphias. M. Rathke pense, et je crois avec raison, qu'elle est produite par un commencement de décomposition.

que sont les fibres les plus vigoureuses, la plupart disposées circulairement. Le nom de cette partie vient de sa forme; sa communication avec le ventricule est garnie tantôt de deux, tantôt de trois valvules membraneuses ; mais il y a souvent dans son intérieur, surtout dans les cartilagineux, d'autres rangées de valvules ; quelquefois même ces valvules sont charnues.

Le prolongement de ce bulbe sort du péricarde, et devient l'artère branchiale (ε), qui se porte en avant en marchant sous la chaîne impaire d'osselets qui réunit les arceaux des branchies.

L'artère branchiale se divise plus ou moins immédiatement, mais de manière à donner un rameau à chaque branchie.

Ce rameau (ζ) marche dans le sillon creusé le long de la convexité de chaque arc branchial, et plus extérieurement que la veine qui suit la même voie, mais en sens contraire.

A cet arc sont attachés un grand nombre de feuillets parallèles les uns aux autres, ordinairement terminés en pointe fourchue et quelquefois très-profondément divisés; le grand rameau qui marche dans le sillon de l'arc donne une branche (η) à chacun de ces feuillets, et cette branche, après s'être bifurquée deux fois, fournit une infinité de petits ramuscules qui rampent en travers sur chaque face du feuillet et finissent par s'y changer en veinules. Les petites veinules de chaque côté aboutissent toutes dans une veine branchiale (ϑ), qui marche le long du bord interne du lobe latéral du feuillet, et les deux veines aboutissent dans le tronc de la grande veine de la branchie (λ), lequel marche dans le même sillon que l'artère, mais plus profondément, et qui va d'ailleurs en sens contraire, c'est-à-dire que l'artère branchiale venue du cœur et du côté ventral, diminue à mesure qu'elle monte vers le dos, et qu'elle fournit des artérioles, tandis que la veine branchiale, au contraire, recevant, par les veinules et les veines des feuillets, le sang de ces artérioles, grossit à mesure qu'elle se porte vers le dos.

Les raies ont deux veines pour chaque branchie, lesquelles ne se réunissent qu'au moment où elles en sortent.

En sortant du côté dorsal des branchies (en μ, μ), les veines branchiales prennent le tissu et les fonctions d'artères ; les antérieures envoient déjà, avant d'avoir quitté la branchie, plusieurs rameaux à diverses parties de la tête, et même il faut remarquer que le cœur et plusieurs parties situées sous la poitrine reçoivent leur sang d'une veine branchiale, par un rayon qu'elle leur envoie, presque dès sa naissance, et par consé-

quent bien avant qu'elle soit sortie de la branchie; cependant ce n'est que de la réunion des
troncs venus des quatre branchies que se forme
la grande artère, qui porte le sang aux viscères
(π, π) et à toutes les parties du tronc, et qui
est, par conséquent, le représentant de l'aorte
des mammifères, mais d'une aorte qui n'aurait
à sa base ni ventricule, ni oreillette.

Ainsi les cavités gauches du cœur des mammifères n'existent pas dans les poissons, et elles
sont remplacées par un simple appareil vasculaire, situé au-dessus des branchies, comme les
cavités droites sont situées au-dessous.

Comme nous venons de le dire, les artères
de la tête (ϱ, ϱ) naissent des branches qui sortent des deux premières branchies avant qu'elles
soient réunies en un tronc. Ce tronc lui-même,
qui est l'aorte principale, donne dès sa naissance une grosse branche (π, π) pour les viscères, qui se distribue diversement, selon les
espèces, au foie, à l'estomac, aux intestins, à la
rate, aux organes génitaux et à la vessie natatoire; puis ce tronc (σ, σ) suit la direction de
l'épine et s'enfonce dans les anneaux qui sont
sous les vertèbres de la queue. Dans ce trajet il
donne à droite et à gauche des rameaux aux
reins, aux intervalles des côtes et en général
aux muscles du tronc.

Le sang distribué à la tête, au tronc, à l'appareil branchial, aux organes génitaux et à la vessie natatoire, retourne au cœur par le grand sinus veineux (δ) ; mais, sauf quelques rameaux, celui de l'estomac, des intestins et de la rate se rend au foie par la veine porte (λ), qui varie au moins autant que l'artère viscérale, soit pour le nombre des rameaux principaux qui en réunissent toutes les petites branches, soit pour le nombre des troncs par lesquels elle pénètre dans le foie. Il y a même des espèces, comme les cyprins, dont le foie entrelace ses lobes avec les replis de l'intestin, et où le sang du canal intestinal aboutit directement au foie par beaucoup de petites branches, sans que l'on puisse y reconnaître un tronc particulier de veine porte.[1]

Il y a ici à faire une remarque essentielle et qui correspond avec ce que M. Jacobson a observé dans les oiseaux, d'une espèce de veine porte rénale, mais qui est sujette à la même objection : le sang d'une bonne partie des muscles du tronc se rend dans une grande veine qui règne dans le canal vertébral au-dessus de la moelle épinière, et comme cette veine n'aboutit point antérieurement au grand sinus,

---

1. Voyez, sur la distribution de la veine porte des poissons, le mémoire de M. Rathke, dans les *Archives physiologiques* de Meckel, 1826, n.° 1, p. 126.

mais qu'elle a beaucoup de branches latérales qui pénètrent dans le rein, on pourrait croire qu'elle ne porte pas au cœur le sang qu'elle reçoit, mais qu'elle le distribue dans le rein, comme la veine porte distribue le sien dans le foie ; cependant, comme la portion de cette veine située en arrière de l'abdomen communique par des branches latérales avec la veine cave qui marche au-dessous de l'épine, on peut bien croire aussi qu'elle rentre dans la classe des veines ordinaires.

De la Respiration.

C'est par la subdivision presque infinie des vaisseaux sur la surface des lames des branchies que le sang des poissons subit l'influence du liquide ambiant. Ce liquide est l'eau, que le poisson fait sans cesse affluer et passer entre ses branchies par le mouvement de ses mâchoires et de ses appareils operculaires et hyoïdiens, tels que nous les avons décrits ci-dessus, et cette respiration est tout aussi nécessaire aux poissons, que la respiration de l'air aux autres animaux ; ils donnent les mêmes marques d'angoisse lorsqu'elle est arrêtée, et périssent aussi rapidement : cependant l'action de l'eau sur le sang est beaucoup plus faible que celle de l'air ; ce n'est pas par elle-même ni par l'oxigène qui entre dans sa composition que l'eau agit ; elle ne se décompose pas, et c'est seulement la petite quantité d'air qu'elle contient en dissolution et en mélange qui sert à la respiration de ces animaux : si on la prive d'air par l'ébullition, elle les tue promptement ; il est même nécessaire à beaucoup de poissons de venir respirer l'air en nature, surtout quand l'eau qu'ils habitent en est épuisée. On a, à cet égard, des expériences très-concluantes, et il suffit d'éloigner certains poissons de la surface de l'eau par le moyen d'un diaphragme de gaze pour les asphyxier.

Dans cette respiration, comme dans celle des animaux supérieurs, l'air atmosphérique, aussi bien que l'air contenu dans l'eau, abandonnent leur oxigène.[1]

Au total, l'absorption de l'oxigène est très-faible, et on a calculé qu'un homme en consomme cinquante mille fois plus qu'une tanche.

---

1. Spallanzani a fait voir que les poissons absorbent l'oxigène et le convertissent en acide carbonique. M. Silvestre a montré qu'ils respirent l'air atmosphérique ou celui qui est contenu dans l'eau, et non pas l'oxigène de l'eau. MM. de Humboldt et Provençal, appliquant à cette question les méthodes d'une chimie perfectionnée, ont obtenu les résultats que nous indiquons. Leur mémoire est inséré parmi ceux de la Société d'Arcueil, t. II, p. 359 et suivantes, et dans les Observations zoologiques de M. de Humboldt, t. II, p. 194.

Tout cet oxigène ne revient pas sous forme d'acide carbonique; il en reste toujours un peu dans le corps du poisson, qui garde aussi toujours une assez notable proportion d'azote, laquelle s'emploie peut-être en partie à remplir la vessie natatoire.

Il y a aussi des poissons qui avalent l'air atmosphérique et en convertissent l'oxigène en acide carbonique, en le faisant passer au travers de leurs intestins. Tel est le cobitis, d'après les curieuses expériences de M. Ehrmann, et même dans tous il se fait à la peau et sous les écailles une transmutation semblable.

Lorsque les poissons demeurent hors de l'eau, ils périssent, non pas faute d'oxigène, mais parce que leurs branchies se dessèchent [1], et que le sang ne peut y circuler aisément : aussi les espèces dont l'orifice branchial est étroit, comme l'anguille, ou celles qui possèdent quelque réceptacle où elles puissent conserver de l'eau, comme les anabas et les ophicéphales, subsistent-elles plus long-temps à l'air, tandis que celles dont les ouïes sont très-fendues, comme le hareng, expirent à l'instant même où on les tire de l'eau.

---

1. Voyez Edwards, *Influences des agens physiques sur la vie*, p. 124.

Des Excrétions et Sécrétions particulières.

Les excrétions des poissons, comme celles des autres animaux, se font ou par la peau, ou par des organes sécrétoires spéciaux.

Les reins sont chez eux plus volumineux que dans aucune autre classe, et s'étendent des deux côtés de l'épine tout du long de la cavité abdominale, remontant souvent jusque sous la base du crâne et au-dessus des branchies et du cœur : ils s'unissent souvent l'un à l'autre par leur partie postérieure, et même dans presque tous les acanthoptérygiens ils se réunissent à leur partie antérieure au-dessus de l'œsophage. Dans la perche cette partie antérieure est très-volumineuse. Dans les cyprins, les reins se renflent surtout vis-à-vis l'étranglement de la vessie natatoire. Les uretères, plus ou moins longs, selon les genres, aboutissent à une dilatation commune, qui tient lieu de vessie, et dont l'orifice extérieur est placé immédiatement derrière l'anus et derrière l'orifice des organes de la génération, qui eux-mêmes s'ouvrent tantôt en dedans, tantôt au bord même de l'anus, mais toujours à son arrière, ce qui est l'inverse de ce que l'on voit dans les quadrupèdes.

Quelquefois, comme dans les chondropté-rygiens, les orifices des uretères et ceux des vaisseaux déférens donnent dans un cloaque commun ou au moins dans la même ouverture.

La peau des poissons est humectée par différentes humeurs préparées par des vaisseaux particuliers qui s'ouvrent à l'extérieur à des points différens, selon les genres. C'est généralement un mucus difficile à délayer dans l'eau.

Dans la raie il y a d'abord à la face inférieure un grand vaisseau, qui entoure le museau, en y formant des angles et des contours fort réguliers, verse sa liqueur de chaque côté par trois ou quatre branches, et se recourbe en dessus pour se terminer par divers orifices, et l'on voit de plus de chaque côté à l'angle extérieur des branchies une espèce de bourse ronde et blanche, dans laquelle pénètre une grosse branche du nerf de la cinquième paire, et d'où sortent une multitude de longs vaisseaux simples, qui marchent en faisceaux rayonnans dans quatre ou cinq directions, et vont s'ouvrir à différens points très-éloignés de la peau. [1]

Presque toute l'épaisseur du museau des squales est occupée par une cellulosité remplie de mucilage, d'où partent des faisceaux de tubes qui excrètent ce mucilage par les pores de

---

1. Monro, pl. 6 et 7.

la peau, et l'on y voit de plus de gros vaisseaux réguliers, dont un marche tout le long de chaque côté du corps.

Dans les gades, il y a un grand vaisseau qui règne tout le long du corps, se bifurque derrière l'œil, se rend par deux branches de chaque côté vers le bout du museau, et donne d'espace en espace des branches qui s'ouvrent à la peau : un plus petit rampe le long du préopercule et de la mâchoire inférieure. [1]

L'anguille, le congre, ont de grosses ouvertures à différens points de leur museau, par où s'ouvrent de ces longs vaisseaux analogues à ceux qui forment dans la raie des contours si réguliers ; mais chaque espèce offrira à cet égard des différences qu'il conviendra d'énumérer à son article, et nous nous bornerons ici à ces indications.

La ligne latérale des poissons a généralement quelque appareil sécrétoire qui en suit la longueur. Cela se voit surtout bien distinctement dans le thon, où sous la ligne latérale règne partout un corps d'un rouge plus foncé que le reste de la chair, duquel partent les petits tubes qui forment les porcs de la ligne ; chacun de ces petits tubes reçoit un filet du nerf de la ligne

---

1. Monro, pl. 5.

latérale. Il y a quelque chose de très-semblable dans la carpe.

Le tissu cellulaire placé sous la peau est plus ou moins rempli d'une graisse huileuse ; elle est abondante dans le genre des saumons et dans quelques autres poissons connus pour être gras ; mais ce n'est pas le plus grand nombre. Dans quelques-uns, comme la mole ou poisson lune, il y a une couche épaisse d'une espèce de lard, mais gélatineux et non pas huileux.

Une graisse huileuse remplit aussi très-généralement les intervalles des muscles, et nous avons vu qu'il y en a presque toujours autour du cerveau.

Quelques poissons cependant manquent de cette graisse, les gades, les pleuronectes et en général les cartilagineux n'en ont pas même dans le crâne ; l'esturgeon a au contraire la graisse qui entoure le cerveau très-abondante et très-compacte.

Une des sécrétions les plus remarquables qui se fassent dans le corps des poissons, c'est celle de l'air qui remplit leur vessie natatoire ; du moins est-il bien certain que dans les genres fort nombreux où cette vessie n'a point de communication au dehors, l'air qu'elle contient ne peut y être produit que par une sécrétion, pour laquelle il y a au reste dans ces genres des organes glanduleux fort diversifiés[1]. Il existe aussi des poissons, tels que l'anguille, qui réunissent un canal de communication et des organes glanduleux; mais dans la plupart de ceux qui ont ce canal, on ne voit pas de glandes.

La vessie elle-même est composée d'une tunique très-fine à l'intérieur, et d'une tunique plus épaisse d'une nature fibreuse très-particulière, qui donne spécialement la meilleure colle de poisson; elle est tapissée en dehors par la tunique générale que le péritoine donne à tous les intestins. Elle est tantôt simple, comme dans les perches; tantôt munie, comme dans certains gades, d'appendices plus ou moins nombreux et quelquefois branchus, comme dans certaines sciènes; tantôt divisée en deux parties, une antérieure et une postérieure, par un étranglement, comme dans les cyprins, les myripristis, les thérapons et beaucoup de salmones, ou en deux parties latérales par une

---

1. Gauthier Needham, dans son traité *De formato fœtu*, est le premier qui ait donné à cet organe une attention particulière, et qui ait établi que l'air s'y introduit par sécrétion. Redi, dans ses Observations sur les animaux qui vivent dans des animaux vivans, a bien fait connaître les corps qui servent dans plusieurs poissons à cette sécrétion. Kœlreuter a aussi donné des preuves de cette origine dans un mémoire sur la lote, *Nov. Comm. petrop.*, t. XIX. On peut voir enfin à ce sujet mon mémoire sur le maigre, *Mém. du Mus.*, t. I, p. 1.

échancrure, comme dans les tétrodons et les diodons. Les catostomes l'ont même divisée en trois parties. C'est principalement dans les abdominaux qu'elle communique par un tuyau avec le canal intestinal, soit avec l'œsophage, comme dans les cyprins, soit avec le fond de l'estomac, comme dans les harengs. Celle de l'esturgeon donne immédiatement dans l'œsophage par une large ouverture. Elle est quelquefois pourvue de muscles propres, notamment dans les sciènes et dans plusieurs salmones de la division des charax.

C'est généralement de l'azote mélangé à peine de quelques fractions d'oxigène ou d'acide carbonique, qui se trouve dans la vessie natatoire.[1]

Cependant, M. *Configliacchi* assure y avoir trouvé jusqu'à quarante centièmes d'oxigène ; M. *Biot* a remarqué que ce sont surtout les poissons habitués à vivre dans la profondeur qui ont davantage de ce gaz, et il en a reconnu une fois jusqu'à quatre-vingt-sept centièmes.[2]

---

1. Cette observation est due primitivement à Fourcroy.

2. Voyez, sur l'air contenu dans la vessie natatoire, le mémoire de M. Biot, dans le premier volume de la Société d'Arcueil, p. 252 (1807); partie de celui de MM. Provençal et de Humboldt, sur la respiration des poissons, même recueil, t. II, p. 359 (1809); et l'ouvrage intitulé : *Sull' analisi dell' aria contenuta nella vescica natatoria dei pesci ; memoria di Pietro Configliacchi;* Pavie, 1809; in-4.°

L'usage le plus apparent de la vessie natatoire est de maintenir le poisson en équilibre avec l'eau, ou de le rendre plus pesant ou plus léger qu'elle, et par conséquent de le faire descendre ou monter selon qu'il comprime ou qu'il dilate cet organe. A cet effet, il lui suffit de rapprocher ses côtes ou de les écarter. Il est certain que les poissons auxquels on la crève, demeurent au fond de l'eau, se renversent et ne jouissent plus de la facilité de mouvemens qu'ils montraient auparavant.

Un phénomène curieux est aussi celui qui arrive aux poissons que l'on pêche à la ligne, et que l'on retire d'une grande profondeur assez vite pour qu'ils n'aient pas le temps de comprimer leur vessie ou de la vider de l'air qu'elle contient; cet air, n'étant plus comprimé par la grande colonne d'eau qui pesait sur lui, rompt la vessie et se répand dans l'abdomen, ou bien il la dilate extrêmement et fait saillir l'œsophage et l'estomac dans la bouche.[1]

On a pensé[2] que la vessie natatoire pouvait être aussi un auxiliaire des organes de la respiration, et il est certain que lorsqu'on en prive

---

1. C'est une observation faite dans la Méditerranée par MM. Biot et de Laroche. M. Jurine l'a répétée sur les perches du lac de Genève.

2. M. Gotthelf de Fischer, sur la vessie natatoire des poissons: Leipzig, 1795.

un poisson, la production de l'acide carbonique, par ses branchies, est presque réduite à
rien.[1]

Mais ce qui a été dit aussi qu'elle est ma-
tériellement l'analogue du poumon, parce que
dans certaines espèces elle communique avec
l'œsophage, et qu'elle n'est pas plus dépourvue
de cellules et de vaisseaux que les poumons des
salamandres, par exemple, ne nous paraît repo-
ser sur aucun fondement réel.

Non-seulement il n'y a point de ressemblance
dans la distribution des vaisseaux, non-seulement la vessie natatoire d'une infinité de poissons, du plus grand nombre sans comparaison,
n'a pas de communication directe avec l'extérieur; dans plusieurs c'est au fond de l'estomac que s'ouvre le canal par lequel elle se
fait, et enfin dans les espèces même où cette
communication a lieu par l'œsophage, ce n'est
pas dans le même rapport de connexion; c'est
en dessus que la vessie natatoire s'ouvre dans
ce canal, et le poumon y communique toujours
en dessous.

Au reste, quelque opinion que l'on se fasse
de ses usages, il est difficile de s'expliquer com-

---

1. C'est une expérience de MM. de Humboldt et Provençal,
loc. cit.

ment un organe aussi considérable a été refusé à un si grand nombre de poissons, et non-seulement à ceux qui demeurent ordinairement tranquilles au fond de l'eau, comme les raies et les pleuronectes, mais à beaucoup d'autres qui ne paraissent le céder à aucuns pour la rapidité et la facilité de leurs mouvemens, tels que les maquereaux, par exemple. La présence ou l'absence de la vessie natatoire n'est pas même en accord avec les autres rapports de conformation des poissons, et dans le genre même des maquereaux, une espèce très-semblable au maquereau vulgaire (le *scomb. pneumatophorus,* de Laroche) se trouve en être pourvue[1]. Il y a beaucoup d'exemples semblables; le *polynemus paradisæus* en manque, tandis que tout le reste du genre en est pourvu; elle est très-vaste dans les sébastes, et dans un genre voisin, les pélores, elle est à peine de la grandeur d'un pois.

Le pouvoir accordé à quelques poissons en petit nombre, de produire des commotions électriques, peut aussi être mis au rang de leurs plus grandes singularités d'organisation, d'autant plus que les organes par lesquels ils exercent ce pouvoir, ne diffèrent pas moins entre

---

1. Voyez, sur l'anatomie de la vessie natatoire des poissons, le mémoire de M. de Laroche et mon rapport sur ce mémoire, Annales du Muséum, t. XIV.

eux qu'ils diffèrent des autres genres d'organes.

Dans la torpille ce sont des tubes membraneux remplis de mucosité, divisés par des cloisons transversales, serrés les uns contre les autres, comme des rayons d'abeilles, en deux groupes placés de chaque côté de la tête, et qui reçoivent d'énormes branches de nerfs de la cinquième et de la huitième paire[1]; dans le gymnote c'est un appareil qui occupe tout le dessous de son corps sur une grande épaisseur, et se compose de lames parallèles entre elles, séparées par des couches minces de mucilage.[2]

1. Le pouvoir engourdissant de la torpille était fort connu des anciens : Oppien et Claudien l'ont chanté. Parmi les modernes, Borelli et Redi s'en sont occupés. Lorenzini, en 1678, dans un ouvrage particulier (*Osservazioni intorno alle torpedini*); Kæmpfer, en 1712 (*Amœn. exot.*, p. 509); Réaumur, en 1714 (Mém. de l'acad. des sciences, p. 344), ont décrit cette action singulière et les organes qui en sont le siége. Ces derniers ont été anatomisés plus en détail par J. Hunter, dans les Transactions de 1773, t. LXIII. Sa nature électrique a été déterminée en 1772 par les expériences faites par Walsh à l'île de Ré et à La Rochelle, et rapportées dans le même volume des Transactions, ainsi que dans le tome IV du Journ. de phys. M. Geoffroy en a aussi décrit les organes (Ann. du Mus., t. I); mais il a cru mal à propos qu'ils représentent les vaisseaux muqueux des raies. Ces derniers existent dans la torpille, indépendamment des organes électriques.

2. La puissance électrique du gymnote a été découverte par Richer (Mém. de l'Acad., 1677), décrite par Lacondamine, Bankroft et Fermin. Sa nature a été reconnue dès 1757 par Sgravesande, gouverneur d'Essequibo, d'après les indications d'Allamand. En 1775, Walsh compléta la démonstration, en obtenant

Dans le silure, deux couches de substances différentes sont interposées entre la peau et les muscles, sur la plus grande partie du corps. La plus extérieure est celluleuse, aponévrotique à sa face interne; elle reçoit des nerfs de la cinquième paire; la plus intérieure est d'un tissu floconneux, et tire ses nerfs des intercostaux.[1]

Au moyen de ces appareils, où l'on a cru, à cause des lames différentes qui y alternent, retrouver quelque chose d'analogue à une pile galvanique, ces animaux peuvent à volonté donner à ceux qui les touchent ou qui en approchent, de véritables commotions électriques. Ce pouvoir s'affaiblit par l'exercice, et a besoin d'être renforcé par le repos; c'est pour les poissons qui le possèdent une très-bonne arme défensive, et il leur sert probablement aussi à étourdir ou même à tuer les animaux dont ils veulent faire leur proie.[2]

---

des étincelles. L'organe a été décrit par J. Hunter dans le soixante-cinquième volume des Transactions.

1. C'est *Adanson* qui a fait connaître en 1751 la force engourdissante du silure, et indiqué la ressemblance de ses effets avec ceux de la bouteille de *Leyde*; première analogie qui ait été saisie entre ce genre de phénomène et l'électricité. L'organe électrique du silure a été décrit par M. Geoffroy, Ann. du Mus., t. I, p. 3, et pl. 26, fig. 4; et plus exactement par M. Rudolphi, Mém. de l'acad. de Berlin, 1824, p. 137 et suivantes, et pl. 1 à 4.

2. C'est ce que prouvent surtout les expériences de *Williamson*, dans le tome LXV des Transactions, p. 94.

CHAPITRE VIII.

ORGANES DE LA GÉNÉRATION DES POISSONS.

Les raies, les squales et les chimères, qui produisent des œufs très-grands et munis souvent de coquilles cornées très-fortes, ou qui amènent même au jour des petits vivans, ont des organes très-semblables à ceux des reptiles, pour la production de l'œuf et pour sa fécondation à l'intérieur, ainsi que pour le séjour plus ou moins prolongé que l'œuf ou le fétus doit faire dans le corps de la mère.

Mais dans les autres poissons, même dans ceux qui sont vivipares, et qui doivent être fécondés avant de pondre, on n'aperçoit pour les deux sexes que des organes extrêmement simples ; savoir : dans la femelle, deux sacs membraneux dont les parois, plus ou moins multipliées par des replis, contiennent les œufs dans leur épaisseur, jusqu'au moment où ils ont acquis le développement nécessaire, et s'échappent en déchirant la membrane qui les retenait, et dans le mâle, deux sacs qui tiennent en réserve une grande abondance de liquide fécondant, sécrété par le tissu glanduleux de leurs parois.

Les ovaires des poissons ordinaires varient

pour la grandeur et pour les lobes dans lesquels ils se divisent. Quelquefois l'un des deux s'oblitère et il ne s'en développe qu'un; c'est ce qu'on voit dans la perche : le plus souvent il y en a deux de forme ovale ou oblongue, et dont la lame interne forme plus ou moins de replis, selon qu'il est nécessaire pour les œufs qu'elle a à contenir.

Dans la baudroie, ce sont deux sacs énormes, à parois minces, et qui ne portent les œufs que dans l'épaisseur d'un de leurs côtés; mais ces œufs y sont en grand nombre, et hors le temps de la ponte, les petits groupes qui en sont formés ne ressemblent à l'œil nu qu'à de petites papilles, comme il y en a dans les intestins.

Les poissons osseux vivipares, blennies, silures, anableps, etc., ne diffèrent point des poissons ordinaires par la structure de leurs ovaires. Ce sont deux sacs composés de deux tuniques, dans l'intervalle desquelles naissent les œufs; en grossissant ils font saillie et gonflent la tunique interne, qui se moule sur eux; en sorte qu'ils ne tiennent à la poche que par un pédicule. C'est dans cette situation qu'ils grossissent, et que le germe qu'ils contiennent se développe, comme celui d'un poisson ovipare se développerait dans l'eau.

Les deux sacs des ovaires se réunissent ordinairement en un canal commun, qui a son issue derrière l'anus, et en avant de l'orifice urinaire. Il en est de même de ceux des testicules.

Assez souvent cette issue n'est pas un simple trou, mais a une partie saillante en forme de languette; laquelle alors existe dans les deux sexes, et toutefois il serait possible qu'elle servît à l'accouplement; car on l'observe surtout dans des genres qui ont beaucoup d'espèces vivipares, les blennies, les gobies, etc.

Dans certains poissons, comme l'anguille, la lamproie, les ovaires se divisent extérieurement en un grand nombre de lobes de figures diverses, tenant ensemble par la membrane commune, et recélant les œufs dans leurs duplicatures. Ce ne sont point des sacs, mais comme des amas de feuillets empilés.

On ne voit pas de canal, et les œufs ne doivent s'échapper qu'en tombant dans l'abdomen et en sortant par l'un des deux trous percés aux côtés de l'anus. C'est ce que l'on croit nommément de la lamproie [1], et ce que l'on est aussi réduit à penser de l'anguille.

On l'a également avancé des truites [2], dont il

---

1. Carus, Zootomie, p. 637.
2. Duméril, sur les poissons cyclostomes, p. 53.

est vrai que les ovaires sont fermés, du côté de la cavité abdominale, par le péritoine, qui les colle à la région de l'épine, et divisés intérieurement en lames transverses, sans qu'on leur voie d'issue pour les œufs, ce que l'on pourrait prendre pour l'oviductus paraissant réduit à un simple ligament.

Le nombre des œufs, dans les espèces fécondes, est quelquefois effrayant; il va dans plus d'une espèce à des centaines de mille.

On trouve de temps à autre parmi les poissons ordinaires des individus qui ont d'un côté un ovaire et de l'autre un testicule, et qui sont par conséquent de vrais hermaphrodites; mais il paraît que certaines espèces réunissent naturellement et constamment les organes des deux sexes. Cavolini l'assure d'un acanthoptérygien, le serran ou perche de mer, et sir Everard Home, de l'anguille et de la lamproie; pour ce dernier genre, MM. Magendie et Desmoulins pensent qu'il a des mâles, qui seulement seraient infiniment plus rares que les femelles[1]; mais

---

1. Ces anatomistes ont observé une lamproie qui, bien que péchée dans le temps où toutes les autres étaient pleines d'œufs, avait des organes à la vérité placés et divisés comme les ovaires, mais dont les feuillets ne contenaient point d'œufs et ne paraissaient offrir qu'un tissu membraneux très-fin; mais au microscope on y voit des globules semblables à ceux que contiennent les ovaires de l'esturgeon dans leur état flétri.

l'exemple unique qu'ils ont produit pourrait n'être qu'une femelle vidée d'œufs, ou dont les œufs, par une cause quelconque, ne se seraient pas développés. Quant au serran, nous avons vérifié que ses ovaires ont leur portion postérieure d'un tissu différent du reste de leur masse, et fort semblable à celui d'une laitance. Il reste à savoir si cette partie en fait réellement les fonctions.

Les raies, les squales et les chimères ont des organes plus compliqués. Les testicules des raies, placés dans le haut de l'abdomen sur l'estomac (ou derrière lui, en supposant le poisson debout sur sa queue), sont composés de lobes plus durs, arrondis, divisés en très-petits lobules, et d'une partie plus molle et plus semblable à la laitance des autres poissons; dans les squales les testicules sont de gros cylindres ployés comme en serpentant et divisés à l'intérieur en une infinité de vaisseaux : du haut de ces corps partent deux épididymes, composés chacun des replis infinis d'un seul vaisseau déférent, qui grossit et s'entortille moins à mesure qu'il va vers l'anus; après s'être renflé en une espèce de vésicule séminale, il s'ouvre avec celui de l'autre côté dans une proéminence conique de la face supérieure du rectum, près de l'anus, laquelle peut passer pour une verge, ou du moins servir au même usage lors de l'accouplement.

Les femelles de ces mêmes poissons ont deux ovaires, où les jaunes des œufs grossissent comme dans ceux des poules; quand ils s'en échappent, ils sont saisis par les pavillons de deux oviductus ouverts tout-à-fait au-dessus du foie et tout près du diaphragme. Ces oviductus sont membraneux et minces jusque vers le milieu de leur longueur, où ils traversent chacun une grosse glande en forme de rein, d'un tissu particulier, et qui paraît verser, par une infinité de pores, dans l'intérieur de l'oviductus la substance propre à produire la coquille; après l'avoir traversée, ces canaux descendent et s'ouvrent chacun à l'un des côtés d'une poche placée derrière ou plutôt au-dessus du rectum et qui est une vraie matrice : cette poche s'ouvre elle-même par un large orifice à l'extrémité du rectum à sa paroi supérieure.

Lorsque les raies et les squales veulent se féconder, ils s'approchent ventre à ventre, et les mâles ont à leurs nageoires ventrales des appendices souvent très-compliquées dans leur structure, et qui paraissent leur servir à saisir avec plus de fermeté la queue de leurs femelles.

L'esturgeon mâle a des testicules suspendus au mésentère et sans canal déférent; mais un tube assez large, ouvert dans l'abdomen par une espèce de pavillon, y reçoit le sperme, se rend obliquement vers le bas de l'uretère, où il le verse, et d'où il aboutit, ainsi que l'urine, à une ouverture percée derrière l'anus.

L'œuf des raies est revêtu d'une coquille de substance fibreuse, semblable à de la corne, enveloppée par dehors et doublée par dedans de membranes épaisses et glutineuses; sa forme est aplatie, carrée, avec les quatre angles prolongés en pointes. On nomme vulgairement ces œufs *coussinets de mer* ou *souris de mer*[1] : ils contiennent, outre le jaune, une masse albumineuse et transparente. L'œuf des squales est oblong, d'une corne homogène, souvent jaune et transparent : quelquefois sa surface est relevée de lames transversales saillantes; ses angles se prolongent en longs cordons repliés et cornés.

Il paraît que cette coquille se forme lorsque l'œuf traverse la glande qui occupe le milieu de l'oviductus; elle s'y forme par excrétion et par couches. Quand on saisit l'œuf dans l'oviductus, on le trouve quelquefois encore engagé par sa partie postérieure dans le passage de la glande, et cette partie est alors molle et incom-

---

1. Voyez *Tilesius*, sur les œufs des poissons cornés, et sur la reproduction des raies et des squales (en allemand, Leipzig, 1802, in-4.°).

plète. J'ai lieu de croire que les pointes de l'œuf des raies et les cordons de celui des squales se filent dans les sillons latéraux de cette partie de l'oviductus qui traverse la glande. L'œuf des chimères est aussi enveloppé d'une forte coquille plate, cornée, ovale et velue.

Toutes ces coquilles de chondroptérygiens étant de nature cornée et ne pouvant se casser comme celles des œufs des oiseaux, la nature leur a donné une ouverture à l'un des bouts, dont le petit peut écarter les bords, et sortir quand il a acquis son développement; on a même pensé que, lorsque ces œufs sont pondus, cette ouverture permet à l'eau de concourir à la respiration du fétus; mais je l'ai toujours trouvée fermée d'une membrane.[1]

Dans les squales vivipares, dont les petits éclosent dans l'oviductus ou dans la matrice, tels que sont les requins, il n'y a autour du fétus qu'une enveloppe membraneuse, où l'on reconnaît toutefois les cordons tortueux des œufs des autres espèces.

Certaines espèces portent leurs œufs sur elles pendant quelque temps après les avoir pondus et même quelques-unes jusqu'à ce qu'ils soient éclos. Ainsi les syngnathes ont derrière l'anus,

---

1. Voyez Home, Leçons d'anatomie comparée, trentième leçon.

sous la base de la queue, une fosse fermée par deux pièces écailleuses, comme par deux battans de porte, où les œufs se déposent avec ordre, et où ils demeurent jusqu'à ce que les petits soient éclos[1]. Les asprèdes les portent suspendus à la peau de leur ventre.

Mais le plus grand nombre des poissons répand ses œufs dans l'eau, agglutinés par un mucilage qui les enveloppe et les attache aux pierres, aux plantes aquatiques, tantôt en groupes, tantôt en cordons ou en réseaux, selon les espèces. Ces œufs sont des globules transparens, dans le milieu desquels on voit le jaune. Dans cet état le mâle les féconde en y répandant sa laite, et c'est pour répandre ou féconder leurs œufs que les poissons montrent le plus d'activité : c'est alors que plusieurs remontent les rivières, que d'autres voyagent en troupes, que d'autres se poursuivent ou se rapprochent, soit par paires, soit en beaucoup plus grand nombre.

Le germe se montre plus ou moins vite dans l'œuf fécondé, selon la température, et son accroissement est en général assez lent : le petit

---

1. C'est ce fait mal vu qui a engagé Aristote à dire (*Hist. an.*, t. VI, p. 15) que *l'aiguille* (le syngnathe) se rompt quand le temps de pondre approche, qu'elle a sous le ventre une fente qui se referme après la ponte, etc.

sort communément avant d'avoir beaucoup grandi, en perçant l'enveloppe avec sa queue.[1]

Dans les poissons osseux vivipares, tels que les silures, les anableps, certains blennies, etc., l'œuf grossit dans l'ovaire même, autant qu'il faut pour le fétus qui s'y développe, et il y a des espèces où il y devient assez grand. Le petit venant à éclore rompt, pour s'échapper, l'œuf et la membrane qui le retenait.

Tous ces œufs se composent, outre le fétus, d'un vitellus, qui communique par un pédicule avec l'intestin du fétus, et qui diminue à mesure que le fétus grandit, et d'une membrane externe, qui répond à la membrane de la coque des oiseaux, et qui embrasse le fétus et son vitellus.

Je n'ai pu, jusqu'ici, apercevoir d'amnios, à moins qu'on ne veuille regarder comme tel la tunique interne de la membrane générale; mais cet amnios embrasserait le vitellus comme le fétus.

Le vitellus a deux tuniques, complètes l'une et l'autre, quoique très-fines. L'externe se continue par sa lame extérieure avec la peàu et

---

1. Sur la fécondation des œufs des poissons, voyez *Cavolini*, Traité de la génération des poissons et des crabes (en italien, Naples, 1787 et 1789, in-4.°; en allemand, Berlin, 1792, in-8.°).

par l'intérieure avec le péritoine; l'interne, très-vasculeuse, se continue avec les membranes des intestins et leur tunique péritonéale; la cavité donne directement et visiblement dans celle de l'intestin, et la matière du jaune y afflue. Il y a même des genres, comme les squales, où j'ai vu un lobe de vitellus intérieur toujours renfermé dans l'abdomen du fétus; c'est comme un appendice de l'intestin. Les artères de cette tunique intérieure viennent de l'artère céliaque; ses veines aboutissent à la veine porte.

Ce qui distingue essentiellement les œufs de poissons, ainsi que ceux des batraciens, de ceux des animaux qui, une fois éclos, respirent toujours par des poumons, c'est l'absence absolue de l'allantoïde et des vaisseaux ombilicaux, qui ne paraissent se montrer à aucune époque. Il n'y a par conséquent pas non plus de placenta, et toutefois le vitellus fort réduit des fétus de requins prêts à naître, m'a paru adhérer à la matrice presque aussi fixément qu'un placenta. Son cordon était hérissé d'une quantité de ramifications vasculaires ou d'une espèce de chevelu assez semblable à celui des racines des arbres.

Le plus souvent l'abdomen n'est pas renflé, même par ce lobe intérieur dont nous venons de parler; mais quelquefois, comme dans l'anableps, le vitellus a déjà en grande partie dis-

paru au dehors que l'abdomen a encore un renflement formé par une dilatation de la peau du
poisson, et dans l'intérieur duquel on voit avec
les intestins le reste du pédicule du vitellus. Ce
renflement, qui montre déjà de petites écailles
écartées les unes des autres, se contractera petit
à petit, et alors les écailles se rapprocheront.

De quelque manière que le poisson ait été
amené à la vie extérieure, il est désormais livré
à lui-même et chargé seul de pourvoir à ses besoins. Le très-grand nombre périt, dévoré par
les poissons plus grands, par les oiseaux aquatiques, par les reptiles ; ceux qui survivent,
prennent un accroissement plus ou moins ra-
pide, selon les espèces : dans certains poissons,
cet accroissement dure à peu près toute la vie,
et la vie de plusieurs est très-longue. On prétend connaître des carpes de plus d'un siècle;
mais cette longue vie, que l'on a attribuée au
peu de dureté des os, est loin d'avoir été accordée à toutes les espèces.

CHAPITRE IX.

RÉSUMÉ GÉNÉRAL DE L'ORGANISATION DES POISSONS.

Telle est, ce nous semble, l'idée générale que l'on peut se faire de la nature et de l'organisation des poissons, idée qui au reste ne sera complète que lorsque nous l'aurons particularisée dans les descriptions des espèces, en faisant connaître ce qui est propre à chacune.

Il résulte, selon nous, tant de cet exposé général que de toutes les observations sur les organisations particulières, que les poissons forment une classe d'animaux distincte de toutes les autres, et destinée en totalité par sa conformation à vivre, à se mouvoir, à exercer les actes essentiels à sa nature dans l'élément aqueux. C'est là leur place dans la création. Ils y ont été dès leur origine; ils y resteront jusqu'à la destruction de l'ordre actuel des choses, et ce n'est que par de vaines spéculations métaphysiques, ou par des rapprochemens très-superficiels, que l'on a voulu considérer leur classe comme un développement, un perfectionnement, un annoblissement de celle des mollusques, ou comme une première ébauche, comme un état de fétus des autres classes des vertébrés.

Sans contredit, les mollusques, comme les

poissons, respirent par des branchies : ils ont en commun avec eux et avec les autres vertébrés un système nerveux, un système circulatoire, un canal intestinal et un foie, et personne ne le sait mieux que moi, qui le premier ai fait connaître un peu complétement leur anatomie et leurs rapports zoologiques.[1] Comme l'animalité n'a reçu qu'un nombre borné d'organes, il fallait bien que quelques-uns de ces organes au moins fussent communs à plusieurs classes. Mais où est d'ailleurs la ressemblance ? La charpente de ces animaux, leur système entier de locomotion, sont-ils comparables dans la moindre de leurs parties ? Et comment les organes même qui sont communs aux mollusques et aux poissons, pourraient-ils être ramenés aux rapports et aux connexions qu'ils ont dans ces derniers et dans les autres vertébrés ? Par quel passage la nature nous conduirait-elle des uns aux autres ? On peut aisément, je le sais, en n'ayant point d'égard à toutes leurs différences, composer une définition qui

---

1. Dans mon Mémoire sur les affinités des animaux que l'on nomme vers, et sur leur distribution en classes, imprimé en 1795, et duquel sont nées toutes les classifications qui ont eu lieu depuis pour les animaux sans vertèbres ; et ensuite dans mes Mémoires sur l'anatomie des mollusques, imprimés dans les Annales du Muséum, depuis 1802, et recueillis en un volume en 1817.

n'embrasserait que ce qu'ils ont de commun; mais cette définition resterait toujours une pure abstraction de l'esprit, une définition purement nominale, un vain assemblage de mots, qui ne pourrait jamais se représenter par un plan commun, quelque dépouillé de détails que l'on essayât de le concevoir.

La même méthode s'emploierait à tout rapprocher, comme on le voudrait; car, enfin, deux êtres, quelque éloignés qu'ils soient, se ressemblent toujours par quelque point, ne fût-ce que par l'existence.

Le cœur même, dans les mollusques qui n'en ont qu'un, est placé en sens contraire des poissons; c'est à la jonction des veines branchiales et des artères du corps qu'il s'attache; dans plusieurs, les membres sont sur la tête; dans d'autres, les organes de la génération sont sur le côté : souvent ceux de la respiration sont au-dessus de ceux de la digestion, ou s'épanouissent sur tout ou partie de la face dorsale. En un mot, ils ont des branchies; les poissons aussi : voilà tout ce qui les rapproche.

Aussi remarque-t-on que toutes les fois que l'on a voulu sortir de ces formules purement verbales ou métaphysiques, on s'est égaré dans les comparaisons les moins admissibles.

Pour l'un, les coquilles des bivalves représentent les opercules des poissons; pour l'autre, le bouclier de la seiche est un véritable os fibreux; pour un troisième, les grandes écailles de l'esturgeon ou les épines des diodons deviennent un squelette extérieur. D'autres vont chercher leurs analogies dans les crustacés; les rebords de leur thorax représentent des opercules, et sous ces rebords on trouve en effet des branchies; mais que l'on pénètre un peu plus avant, et tout est renversé : le cordon médullaire est vers le ventre, le cœur vers le dos, et ce cœur, comme celui des mollusques, reçoit le sang des branchies et ne l'y envoie pas. Aussi en désespoir de cause, quelques-uns ont-ils voulu voir des rayons ou des apophyses épineuses de vertèbres dans les pieds des crustacés; mais alors ce n'est plus un perfectionnement qui a lieu dans les poissons, c'est une dégradation manifeste.

Le rapprochement des poissons avec les autres vertébrés n'est pas tout-à-fait aussi mal fondé. Ici du moins commencent des rapports sensibles dans le nombre des systèmes organiques et dans leurs connexions mutuelles; mais qu'il y a encore loin de là, je ne dis pas à l'identité, je dis même à l'apparence d'une marche progressive.

La tête des poissons, et encore mieux leur

crâne, est divisé en un nombre d'os à peu près
pareil à celui que l'on observe dans le crâne
des oiseaux et des reptiles sauriens, ou de
l'ordre des lézards; et comme il y a aussi quelque ressemblance, mais beaucoup moins complète, entre ces os et ceux des fétus de mammifères, comme aussi la circulation dans les
reptiles a quelque rapport avec celle de ces
fétus de mammifères, on a regardé les classes
ovipares, les reptiles surtout, comme des mammifères retenus à une première époque de leur
développement, et poussant la comparaison
jusqu'aux poissons dont la respiration et la circulation, pour ce qui concerne les vaisseaux,
est à peu près la même que dans les têtards
des grenouilles et des autres reptiles batraciens,
on a conclu qu'ils représentent ces têtards;
qu'ils sont par conséquent en quelque sorte des
fétus au second degré, des fétus de fétus. Mais
quand ces rapports, dans le nombre des os,
seraient aussi complets qu'ils le sont peu, quand
on pourrait oublier que justement les reptiles
les plus voisins des poissons, la grenouille, la
salamandre, dans tous leurs états, ont beaucoup
moins d'os au crâne et à la face que les poissons et même que les mammifères, cette manière de voir n'en serait pas moins vicieuse, en
ce que, comme nous venons de le dire, elle

ne considère qu'un ou deux points et néglige tous les autres, ou ne les rattache à ce système qu'en faisant des suppositions qui répugnent au sens intime; qu'en admettant, que des appareils entiers se renversent, que des os qui appartiennent à un organe vont s'intercaler entre ceux d'un autre, que des os placés dans une classe à côté l'un de l'autre, montent l'un sur l'autre dans la classe suivante, qu'un ensemble, qui était allé toujours diminuant et se simplifiant, comme celui des osselets du tympan, reprend subitement le nombre de ses pièces, et un volume énorme pour exercer une fonction toute différente, celle de protéger les branchies, et encore lorsque l'on a obtenu toutes ces concessions arbitraires, on n'en est pas plus avancé; car il se trouve à l'examen que l'on n'a point encore le nombre de pièces qu'on désirait, que ces pièces ne sont point dans la connexion où elles auraient dû être, qu'en un mot, rien encore n'offre ces prétendues analogies auxquelles on croyait être arrivé par des routes si pénibles.

Supposons, par exemple, que l'apophyse épineuse d'une vertèbre se détache, que l'une de ses deux moitiés s'élève au-dessus de l'autre; accordons même qu'en de telles circonstances la nature modèle autrement ces pièces, qu'elle crée cette articulation si compliquée que l'on a nommée articulation en anneau, aura-t-on obtenu pour cela un interépineux de poisson et le rayon de nageoire dorsale qui s'y articule? Non, car l'interépineux lui-même est composé de trois pièces, et le rayon, fût-il un simple rayon aiguillonné, se divise encore verticalement en deux moitiés. Que serait-ce s'il s'agissait d'un rayon mou divisé en outre en de nombreux rameaux et en des centaines de petites articulations? Quant aux six muscles distincts pour chacun de ces rayons, l'évidence qu'ils n'ont point d'analogues est telle que personne n'a osé leur en assigner, et il en serait de même, quoi que l'on en ait dit, si l'on essayait de comparer les muscles de l'opercule à ceux des osselets de l'ouïe.

Sans doute, l'appareil qui porte les branchies a bien quelque rapport, quoiqu'assez éloigné, avec celui qui porte les houppes branchiales des têtards, ou celles des sirènes et des proteus; mais cela même prouverait qu'il n'est pas l'analogue du larynx et des bronches, puisque le larynx et les bronches existent dans ces animaux simultanément avec leur appareil branchial, et y a-t-il d'ailleurs la moindre comparaison à faire entre les muscles de cet appareil dans les deux classes?

Or, si la nature a créé des muscles exprès pour les reptiles et d'autres pour les poissons, pourquoi ne pourrait-elle pas leur avoir créé des os?

On a voulu trouver dans les pièces operculaires des ouïes des poissons les os de l'oreille des mammifères; mais alors ils n'en seraient pas des germes, ils en seraient au contraire un énorme développement, et comment concilierait-on cette idée avec ce fait, que précisément ceux des reptiles qui semblent le plus se rapprocher de la classe des poissons, qui, dans leur premier âge, sont presque de vrais poissons, que précisément ceux-là, dis-je, les salamandres et même les grenouilles, sont précisément ceux de tous les vertébrés où les osselets de l'oreille sont réduits à l'état le plus faible et le plus rudimentaire?

Concluons donc que, s'il y a des ressemblances entre les organes des poissons et ceux des autres classes, ce n'est qu'autant qu'il y en a entre leurs fonctions; concluons que si l'on peut dire que ces animaux sont des mollusques annoblis, des mollusques élevés d'un degré, ou s'ils sont des fétus de reptiles, des reptiles commençans, ce n'est tout au plus que dans un sens abstrait et métaphysique, et que même alors il s'en faut beaucoup que cette expression abstraite donne des idées justes de leur organisation ; concluons surtout qu'ils ne sont ni des anneaux de cette chaîne imaginaire des formes successives, dont aucune n'aurait pu servir de germe aux autres, puisqu'aucune n'aurait pu subsister isolément, ni de cette autre chaîne non moins imaginaire des formes simultanées et nuancées, qui n'a de réalité que dans l'imagination de quelques naturalistes, plus poëtes qu'observateurs, mais qu'ils appartiennent à cette chaîne réelle des êtres coexistans, des êtres nécessaires les uns aux autres et à l'ensemble, et qui, par leur action mutuelle, maintiennent l'ordre et l'harmonie de l'univers ; chaîne dont aucune parcelle n'a pu exister sans toutes les autres, et dont les replis, sans cesse rapprochés ou écartés, embrassent le globe dans leurs contours.

CHAPITRE X.

DISTRIBUTION MÉTHODIQUE DES POISSONS EN FAMILLES NATURELLES ET EN DIVISIONS PLUS ÉLEVÉES.

On a pu voir par ce qui précède, que les différences des organes extérieurs et intérieurs propres à caractériser les poissons, ne sont pas moins nombreuses que marquées; et, en effet, il est peu de classes d'animaux où il soit aussi aisé de reconnaître des genres et des familles naturelles et d'y répartir les espèces. Au moindre examen chacun est en état d'apercevoir les rapports qui lient les harengs, par exemple, aux aloses, aux anchois, aux mégalopes, aux élopes, aux chirocentres; ceux qui rattachent les anguilles aux murènes, aux synbranches, aux cécilies. On n'est pas moins frappé de l'affinité des innombrables tribus des cyprins; de celles des silures, des salmones, des scombres et de leurs semblables. Mais pour disposer ces genres et ces familles avec quelque ordre, il aurait été nécessaire de saisir un petit nombre de caractères importans d'où il résultât quelques grandes divisions qui, sans rompre les rapports naturels, fussent assez précises pour ne laisser aucun doute sur la place de chaque poisson ; et c'est à quoi l'on n'est point encore parvenu d'une manière suffisamment détaillée.

A la vérité, les nombreux caractères particuliers aux chondroptérygiens ou aux poissons à squelette vraiment cartilagineux, ou, pour parler encore plus exactement, à périoste grenu, étaient trop saillans pour n'avoir point été saisis par tous les esprits méthodiques. Tous les ichtyologistes ont donc fait de ces poissons un ordre à part ; mais presque tous ont altéré la justesse de leur division, en y mêlant des poissons qui ne leur ressemblent que par quelque mollesse dans le squelette.

Cependant ces derniers poissons ne doivent pas être indistinctement rejetés dans la foule. Il en est à la vérité, tels que la baudroie et le lump, qui, à cette mollesse près, ne diffèrent en rien des poissons ordinaires, et ne peuvent en être régulièrement séparés ; mais il en est aussi qui ont des caractères particuliers dans les tégumens, dans les dents, et surtout dans la disposition du squelette de la tête. Les tétrodons, les diodons, les coffres, et même les balistes, sont de ce nombre. Les syngnathes ont aussi dans leurs branchies des caractères distinctifs de grande importance. L'apparence extérieure remarquable de ces genres avait engagé beaucoup de naturalistes à les séparer des autres ; mais on a été généralement peu heureux à découvrir leurs vrais caractères.

Artedi, par exemple, non-seulement les réunit aux baudroies et aux lumps, dans l'ordre des branchiostèges, mais il établit tout cet ordre sur une supposition fausse ; celle que ces poissons n'auraient pas de rayons à leur membrane branchiale[1], tandis qu'ils en ont tous, et qu'Artedi lui-même décrit ceux du lump.[2]

Linnæus, après avoir, dans sa dixième édition, placé parmi les reptiles les chondroptérygiens, auxquels, par une combinaison tout aussi peu motivée, il joint les baudroies ; après avoir mis avec les branchiostèges d'Artedi les mormyres et les syngnathes, et leur avoir donné à tous pour caractère de manquer non-seulement de rayons aux branchies, mais d'opercules, ce qui pour plusieurs est contraire à la plus simple observation, réunit dans sa douzième édition les chondroptérygiens et les branchiostèges en un seul ordre de reptiles (*amphibia nantes*), sur le caractère encore entièrement opposé à la vérité, de posséder à la fois des branchies et des poumons.

---

1. C'est ainsi du moins que l'on explique la définition qu'il en donne (*Gen. pisc. titul. vers.*) : *branchiis osseis, ossibus destitutis*, et (p. 85), *branchiostegi in branchiis nulla ossicula gerunt.*

2. *Gener. pisc.*, p. 62, *membrana branchiostega ossicula sex gracilia continet.*

Gmelin rétablit les deux ordres d'Artedi, mais toujours en attribuant aux branchiostèges cette absence de rayons. Gouan les caractérise seulement par des branchies incomplètes ; expression vague et fort contestable dans presque tous les genres. Pennant les réunit avec les chondroptérygiens sous le nom commun de *cartilagineux ;* dénomination adoptée par M. de Lacépède, et dont nous avons déjà vu l'impropriété. En effet, elle n'est bonne ni dans un sens positif, ni dans un sens négatif. On ne peut dire en aucune manière que le squelette des balistes soit cartilagineux ; et dans le nombre des poissons que Pennant et ceux qui l'ont suivi laissent parmi les osseux, il en est, comme le leptocéphale, qui ont à peine une apparence de squelette.

J'ai donc dû m'occuper d'abord de démêler parmi ces poissons, en quelque sorte anomaux, ceux qui s'écartent assez du type des poissons ordinaires pour mériter d'en être séparés, et ensuite de leur découvrir des caractères nets et susceptibles d'être clairement expliqués par des paroles.

Cet examen m'a convaincu que l'on avait mal à propos retiré de la grande masse des poissons ordinaires les baudroies, les lumps, les centrisques, les mormyres et les macrorhynques[1], qui ne diffèrent en rien d'essentiel des poissons ordinaires : mais j'ai reconnu que les syngnathes, dont la forme et l'économie sont si singulières, pouvaient être distingués par leurs branchies en forme de houppes, cachées sous un opercule qui ne laisse pour la sortie de l'eau qu'une petite ouverture vers la nuque; et que les diodons, les tétrodons, les coffres et les balistes, indépendamment de ce qu'il y a d'incomplet dans leur squelette et de singulier dans leur tournure, ont les mâchoires et en général tout le squelette de la tête un peu autrement arrangé que le commun des poissons; que leur mâchoire supérieure et leurs os palatins sont articulés entre eux et avec le vomer par des sutures immobiles; ce qui leur laisse beaucoup moins de liberté pour ouvrir et fermer leur bouche; et c'est probablement à cette circonstance que se rapporte aussi le peu de mouvement que laisse à leur appareil branchial la peau qui le recouvre étroitement, et qui a empêché plusieurs naturalistes de s'apercevoir qu'il était muni d'opercules et de rayons, comme dans tous les poissons.

Mais ces familles une fois séparées, il reste

---

1. Le *macrorhynque* de Lacépède, ou *syngnathe argenté* de Bonnaterre, n'est même autre chose qu'un *lépidope*, incomplétement décrit par Osbeck.

les neuf dixièmes des poissons parmi lesquels la première distinction qui se présente est celle des poissons à nageoires molles, ou dont les rayons sont branchus et articulés, et des poissons à nageoires épineuses dont une partie des rayons sont des osselets pointus sans branches ni articles, ou, comme les a nommés Artedi, les deux embranchemens des poissons *malacoptérygiens* et *acanthoptérygiens;* malheureusement cette division est encore bien générale, et même pour l'appliquer on est obligé de faire abstraction des premiers rayons de la dorsale ou des pectorales dans certains cyprins et dans certains silures, où ces rayons présentent des épines fortes et solides : il est vrai que ces épines se forment dans ces deux genres de l'agglutination d'une multitude de petites articulations dont on y voit les traces.

Il y a bien encore quelques exceptions, au moins apparentes, pour certains poissons de la famille des labres et pour d'autres de celle des blennies, dont les épines sont si petites ou si faibles et si peu nombreuses, qu'ils ne paraissent pas en avoir; mais à ces petites irrégularités près, si cette division ne conduit pas assez loin, du moins elle n'égare pas et ne sépare aucun des poissons que la nature a rapprochés.

On ne peut pas en dire autant des distinctions que les naturalistes ont cherché à établir sur d'autres principes, ni des subdivisions que ceux qui ont adopté la grande division d'après les épines ont essayé d'introduire dans ses deux embranchemens.

Ainsi, la forme générale du corps et l'absence des ventrales employées par Ray, avant le caractère tiré des épines, l'oblige à mettre ensemble l'anguille, la lote et le gobie, le syngnathe, le xiphias et le poisson lune.

Linnæus, qui le premier, dans sa dixième édition, négligeant la distinction fondée sur les épines, a imaginé de diviser les poissons ordinaires en apodes, jugulaires, thoraciques et abdominaux, selon qu'ils manquent de ventrales, ou que leurs ventrales sont attachées en avant des pectorales ou sous elles ou plus en arrière, s'est vu obligé de rapprocher le xiphias, le trichiure et le stromatée de l'anguille et du gymnote, de mettre les gades entre les vives et les blennies, les pleuronectes entre les zeus et les chétodons, et les teuthis ou amphacanthes entre les silures et les loricaires. [1]

Gouan, en combinant les deux méthodes et divisant chacun des embranchemens d'Artedi d'après les quatre ordres de Linnæus, évite quel-

---

1. Voyez la note de la page 116.

ques rapprochemens peu naturels, et cependant il met encore le xiphias et le trichiure fort loin des scombres; il commet aussi des erreurs positives, en faisant de la donzelle et du silure des acanthoptérygiens, et du stromateus un malacoptérygien.

M. de Lacépède reprend les caractères de Pennant, et divise les poissons en cartilagineux et en osseux; chacun de ces embranchemens se subdivise sans égard aux épines, et d'après l'absence ou la présence, soit de l'opercule ou de la membrane branchiostège, ou de tous les deux; enfin, les dernières subdivisions sont prises de la position relative des ventrales et des pectorales; distribution fort régulière et qui donne trente-deux ordres conçus *à priori,* mais dont quinze n'ont pu être remplis, faute d'avoir trouvé dans la nature des poissons qui s'y rapportassent, et dont plusieurs ne paraissent même remplis que par l'erreur qui a fait croire que l'opercule ou la membrane manquent à des poissons qui les possèdent réellement, tels que les mormyres, les murènes et les synbranches. [1]

Cette méthode, outre le déplacement des baudroies et des lumps, et le mélange continuel des malacoptérygiens avec les acanthoptéry-

---

1. Voyez la note de la page 178.

giens, qui avait déjà lieu dans celle de Linnæus, aurait le désavantage de mettre les murènes et les synbranches fort loin des anguilles,
qui leur ressemblent tant, si relativement à
cette particularité de sa distribution elle n'était
fondée, comme nous venons de le dire, sur des
caractères qui n'ont pas d'existence réelle. Cependant M. Duméril a conservé ces ordres dans
la sienne, qui est au fond celle de M. de Lacépède, subdivisée d'après les formes du corps
et d'autres détails, pour se rapprocher autant
qu'il a été possible des familles naturelles; mais
l'intercalation des caractères pris des ventrales
empêchait d'arriver à ce but.

Aussi voit-on les baudroies avec les balistes
et les chimères, les gades avec les vives et les
uranoscopes. Une seule famille réunit les cécilies, les monoptères et les ophisures, qui sont
des anguilles; le notoptère, qui est un hareng;
les trichiures, qui se rapprochent des scombres, etc.[1]

Les mêmes causes ont conduit MM. Risso
et Rafinesque à des résultats semblables dans
les combinaisons qu'ils ont essayé de faire des
méthodes de Pennant et de Lacépède, soit entre
elles, soit avec les familles naturelles. On peut

----

1. Voyez la note des pages 184 et suivantes.

consulter à cet égard les tableaux que nous avons donnés de leurs distributions dans l'histoire de l'ichtyologie qui ouvre ce volume. [1]

Je ne vois pas que l'on ait été plus heureux dans les essais du même genre qui ont été tentés récemment en Allemagne. Ainsi M. Goldfuss, ne faisant à la division de Linnæus d'autres changemens que de réunir les jugulaires avec les thoraciques, et les branchiostèges avec les chondroptérygiens, s'est ôté tout moyen de ranger les familles dans l'ordre de leurs affinités. Les cycloptères et les baudroies n'iront jamais, comme il les place, entre les lamproies et les squales; jamais on ne pourra raisonnablement mettre, comme lui, le trichiure avec les anguilles et très-loin du lepidopus, qui lui ressemble presque en tout point; le gnathobolus, qui est un hareng, ne pourra jamais rester avec le stromateus, qui est presque un chétodon. [2]

L'auteur lui-même s'est vu obligé de manquer à sa règle pour le xiphias, qu'il laisse près des scombres parmi les subbrachiens, quoique bien certainement il soit apode.

M. Oken avait plus de facilité d'arranger ses familles, lui qui ne donnait à ses grands ordres,

---

1. Voyez les notes des pages 192 et 209.
2. Voyez la note de la page 225.

1.   36

à ses *poissons poissons*, ses *poissons reptiles*, ses *poissons oiseaux* et ses *poissons mammaux*[1], que des caractères presque indéterminés, et cependant, pour avoir encore employé la position des ventrales dans ses subdivisions, on le voit mettre les clupées entre les muges et les amphacanthes (buro), les gades près des gasterostes, les xiphias près des anarrhiques, et laisser les rhinchobdelles et les bogmares dans la même famille que les anguilles.

C'est après avoir étudié pendant près de quarante ans les poissons, non d'après les auteurs, mais sur eux-mêmes, sur leurs squelettes, sur leurs viscères, après en avoir disséqué plusieurs centaines d'espèces, que je me suis convaincu de la nécessité de ne mêler jamais aucun acanthoptérygien avec des poissons d'autres familles; que j'ai compris que les acanthoptérygiens, qui font les trois quarts des poissons connus, sont aussi le type que la nature a le plus soigné, et qu'elle a maintenu le plus semblable à lui-même dans toutes les variations de détail qu'elle lui a fait subir.

Tous les autres caractères n'ont dû être employés qu'en dessous de celui-là et sans jamais

---

1. Noms des quatre grandes divisions des poissons dans le système de M. Oken. Voyez les notes des pages 230 et suivantes.

le contrarier ; mais l'extrême constance du plan général et l'influence prédominante de ce caractère régulateur a rendu fort difficile de faire aux poissons où il existe des applications précises et sensibles, des caractères subordonnés : ainsi les différentes familles des acanthoptérygiens passent tellement les unes dans les autres, que l'on ne sait où l'une commence, ni où l'autre finit.

La famille des perches, par exemple, qui se distingue essentiellement de celle des sciènes par ses dents palatines, comprend un groupe assez considérable et bien naturel sous tous les autres rapports, dont une partie possède ces dents, tandis que l'autre en est dépourvue.

La même chose arrive dans la famille, d'ailleurs bien caractérisée, des joues cuirassées : la plus grande partie de ses genres se lie aux perches ; l'autre aux sciènes sous le rapport des dents au palais.

Il y a des passages sensibles d'une partie des genres de la famille des sciènes à ceux des chétodons, par les écailles qui revêtent plus ou moins leurs nageoires verticales, et cependant on est obligé de rapprocher d'un autre côté la famille des spares de plusieurs genres de sciènes qui n'ont pas de trace de ces mêmes écailles.

Des passages non moins marqués lient certains genres de spares, tels que les picarels et les gerres, avec d'autres genres, tels que les équules, que l'on ne peut éloigner des zeus, lesquels conduisent à leur tour à la famille des scombres, et cette dernière passe par des nuances si peu tranchées à ces poissons en forme de rubans, que l'on a nommés tænioïdes, qu'il est presque impossible de dire où l'on pourrait placer la borne qui séparerait les uns des autres.

Que reste-t-il donc aux naturalistes désireux de faire connaître les êtres d'après leurs véritables rapports, sinon d'avouer que les poissons acanthoptérygiens, qui forment les anciens genres des perches, des sciènes, des spares, des chétodons, des zeus et des scombres, jusques et compris les cépoles et autres poissons en forme de rubans, ne composent, malgré la quantité innombrable de leurs espèces, qu'une seule famille naturelle, dans laquelle on peut bien signaler des nuances, apercevoir des commencemens de groupes, de légères séparations, mais où il est impossible de tracer des circonscriptions parfaitement nettes, et qui ne rentreraient par aucun point les unes dans les autres.

Il n'en est pas tout-à-fait de même des baudroies, des batrachus, des gobies, des blennies et surtout des labres; leurs caractères sont assez précis et, quoiqu'en partie anatomiques, assez faciles à assigner et à saisir. La petite ouverture des ouïes du premier de ces groupes ; ses nageoires pectorales, dont la base s'alonge en forme de bras ; les pectorales semblables jointes à des ventrales à trois rayons du deuxième ; les aiguillons flexibles du dos du troisième et du quatrième ; les lèvres charnues du cinquième ; l'absence totale d'appendices cœcales dans presque tous ces genres, les séparent des autres acanthoptérygiens, et ce dernier caractère les rapproche même des silures et des cyprins, dont les familles commencent l'ordre des malacoptérygiens, et qui de leur côté, ainsi que nous l'avons dit, tiennent aux acanthoptérygiens par la forme épineuse que prennent quelques-uns de leurs rayons.

Les familles des malacoptérygiens offrent plus de différences et des traits plus faciles à reconnaître, et il en est plusieurs qui sont aussi naturelles que soumises à des limites fixes, tant chacune d'elles, en se séparant nettement des autres, conserve dans son intérieur une grande ressemblance de détails. Cette fixité est si sensible, que la plupart des familles naturelles que nous établirons dans cette partie de la classe, avaient déjà été saisies par Artedi, et présentées sous le nom de genres. Ses silures, ses cyprins, ses saumons, ses clupées, ses brochets, peuvent demeurer ensemble : il n'y a même aucun inconvénient à les distribuer d'après la présence et la position des ventrales, car ce caractère, tout léger qu'il est, ne varie dans aucune : seulement j'ai remarqué qu'il est impossible de conserver la distinction des jugulaires, des thoraciques et des abdominaux dans les termes où l'établit Linnæus[1]. Peu importe, en effet, que la ventrale se montre au dehors, un peu avant ou un peu après la pectorale, ou précisément sous elle ; mais la circonstance importante, et qui tient à la structure même du poisson, est de savoir si le bassin est attaché aux os de l'épaule ou s'il est simplement suspendu dans les chairs du ventre. J'ai donc imaginé le mot de subbrachien pour désigner les poissons de la première catégorie, quel que soit d'ailleurs le point où leurs ventrales se montrent, ce qui ne tient qu'au plus ou moins de longueur des os du bassin ; et j'ai laissé le nom d'abdominaux à ceux de la seconde. Les apodes se sont trouvés naturellement les malacoptérygiens sans ventrales.

Nous commencerons donc cette histoire des poissons par les acanthoptérygiens, qui en réa-

___

1. Ceux qui ont réuni les thoraciques et les jugulaires, ne l'ont fait que d'après mon Règne animal.

lité ne constituent presque qu'une seule et immense famille. Nous placerons à leur suite les diverses familles des malacoptérygiens, dans l'ordre où elles nous paraissent se rapprocher le plus des acanthoptérygiens; mais je ne voudrais pas que l'on crût qu'elles ne s'en rapprochent que sur une seule ligne et dans une seule série.

Si les malacoptérygiens abdominaux peuvent être rangés ainsi, et même commencer par ceux d'entre eux qui ont quelques rayons épineux, ce n'est pas à leur suite que doivent venir ni les apodes ni les subbrachiens.

Les gades, par exemple, tiennent d'aussi près qu'aucun abdominal à certains acanthoptérygiens, et il n'y aurait aucune raison de les placer après les abdominaux, s'il s'agissait de marquer leur rang dans la nature. Si nous n'en parlons qu'à leur suite, c'est que les faits que l'on expose dans un livre ne peuvent y être placés que les uns après les autres.

La même observation doit s'appliquer aux autres poissons, à ceux dont la mâchoire supérieure est fixée, à ceux dont les branchies sont en houppes, et surtout à la grande et importante famille des chondroptérygiens, par laquelle nous terminerons cette histoire.

C'est surtout dans cette dernière que se montre bien la vanité de ces systèmes qui tendent à ranger les êtres sur une seule ligne. Plusieurs de ses genres, les raies, les squales par exemple, s'élèvent fort au-dessus du commun des poissons, et par la complication de quelques-uns de leurs organes des sens, et par celle de leurs organes de la génération, plus développés dans quelques-unes de leurs parties que ceux même des oiseaux ; et d'autres genres, auxquels on arrive par des transitions évidentes, les lamproies, les ammocètes, se simplifient au contraire tellement, que l'on s'est cru autorisé à les considérer comme un passage des poissons aux vers articulés ; que bien certainement du moins les ammocètes n'ont plus de squelette, et que tout leur appareil musculaire n'a que des appuis tendineux ou membraneux.

Que l'on n'imagine donc point que, parce que nous placerons un genre ou une famille avant une autre, nous les considérerons précisément comme plus parfaits, comme supérieurs à cette autre dans le système des êtres. Celui-là seulement pourrait avoir cette prétention, qui poursuivrait le projet chimérique de ranger les êtres sur une seule ligne, et c'est un projet auquel nous avons depuis long-temps renoncé. Plus nous avons fait de progrès dans l'étude de la nature, plus nous nous sommes convaincus que cette idée est l'une des plus fausses que l'on ait jamais eue en histoire naturelle, plus nous avons reconnu qu'il est nécessaire de considérer chaque être, chaque groupe d'êtres en lui-même, et dans le rôle qu'il joue par ses propriétés et son organisation, de ne faire abstraction d'aucun de ses rapports, d'aucun des liens qui le rattachent soit aux êtres les plus voisins, soit à ceux qui en sont plus éloignés.

Une fois placé dans ce point de vue, les difficultés s'évanouissent, tout s'arrange comme de soi-même pour le naturaliste. Nos méthodes systématiques n'envisagent que les rapports les plus prochains; elles ne veulent placer un être qu'entre deux autres, et elles se trouvent sans cesse en défaut : la véritable méthode voit chaque être au milieu de tous les autres; elle montre toutes les irradiations par lesquelles il s'enchaîne plus ou moins étroitement dans cet immense réseau qui constitue la nature organisée; et c'est elle seulement qui nous donne de cette nature des idées grandes, vraies et dignes d'elle et de son auteur : mais dix et vingt rayons souvent ne suffiraient pas pour exprimer ces innombrables rapports.

Nous avertissons donc, une fois pour toutes, que c'est dans les descriptions mêmes que nous donnerons, qu'il faudra chercher l'idée que l'on doit se faire des degrés de l'organisation, et nullement dans la place que nous serons obligés d'assigner aux espèces[1] : et toutefois nous sommes loin de prétendre que des rapports n'existent pas; qu'il n'y a point de classification possible, et que l'on ne doit pas former des réunions d'espèces et les définir.

Buffon a eu parfaitement raison lorsqu'il a établi que des caractères absolus, des séparations tranchées entre les genres n'existent pas toujours; qu'il n'y a aucun moyen de les aligner sans contrainte dans nos cadres méthodiques; mais ce grand homme est allé trop loin quand il a rejeté tous les rapprochemens, quand il s'est refusé à toute ordonnance tirée des ressemblances des organisations.

Ces rapprochemens sont si réels, notre esprit y est entraîné par une pente tellement nécessaire, que le peuple même a eu dans tous les temps ses genres comme les naturalistes.

Nous rapprocherons donc ce que la nature

---

1. Je fais cette observation, parce qu'un auteur s'est cru fort habile de remarquer que les lamproies ne sont pas voisines des reptiles, et qu'en conséquence j'ai eu tort de les placer immédiatement après cette classe dans mon Règne animal; mais, de ce que cette fois je les placerai à l'autre extrémité de la classe des poissons, il ne faudra pas encore en conclure que je veux les mettre après tous les autres.

rapproche, sans contraindre d'entrer dans nos groupes les êtres qu'elle n'y a point placés ; et, ne nous faisant aucun scrupule, après avoir démontré, par exemple, toutes les espèces qui se laissent ranger dans un genre bien défini, tous les genres dont il est possible de composer une famille bien circonscrite, de laisser en dehors une ou plusieurs espèces isolées, un ou plusieurs genres qui ne se rattachent point aux autres d'une façon naturelle, aimant mieux reconnaître franchement ces sortes d'irrégularités, si l'on croit pouvoir les nommer ainsi, que d'induire en erreur, en laissant ces espèces et ces genres anomaux dans des séries dont les caractères ne les embrassent pas.

Notre liste des poissons, formée d'après ces principes, pourra être distribuée en familles à peu près de la manière qui est indiquée par le tableau suivant. Ne pouvant assigner à chaque famille un caractère univoque et exclusif, nous nous bornons en ce moment à les indiquer par les noms dérivés du genre le plus connu de chacune, de celui que l'on peut en considérer comme le type, et d'après lequel il est le plus aisé de s'en faire une idée.

En tête de chaque famille on trouvera une énumération plus étendue de ses caractères, ainsi que des combinaisons d'après lesquelles nous la subdivisons, et qui nous conduisent aux différens genres qui la composent.

POISSONS.

OSSEUX.

A branchies en peignes ou en lames.

A mâchoire supérieure libre.

ACANTHOPTÉRYGIENS.

Percoïdes.
Polynèmes.
Mulles.
Joues cuirassées.
Sciénoïdes.
Sparoïdes.
Chétodonoïdes.
Scombéroïdes.
Muges.
Branchies labyrinthiques.
Lophioïdes.
Gobioïdes.
Labroïdes.

MALACOPTÉRYGIENS.

ABDOMINAUX.

Cyprinoïdes.
Siluroïdes.
Salmonoïdes.
Clupéoïdes.
Lucioïdes.

SUBBRACHIENS.

Gadoïdes.
Pleuronectes.
Discoboles.

APODES.

Murénoïdes.

A mâchoire supérieure fixée.

Sclérodermes.
Gymnodontes.

A branchies en forme de houppes.

Lophobranches.

CARTILAGINEUX ou *CHONDROPTÉRYGIENS.*

FIN DU PREMIER VOLUME.

ERRATA.

ADDITIONS

AUX EXPLICATIONS DES PLANCHES DE CE VOLUME.

Addition à la page 454.

La figure VI de la planche VII montre la membrane argentée, *l*, enlevée sur une partie du globe de l'œil pour laisser voir la choroïde, *k*, et le bourrelet vasculaire.

La figure VII montre en *c* la lame externe de la cornée qui est un prolongement de la peau; en *c'*, la cornée proprement dite; *l* est l'iris tapissé en dessus par la membrane argentée et en dessous par l'uvée; *m*, la choroïde; *n*, la rétine; *o*, le corps vitré.

Addition à la note de la page 464.

a, le canal semi-circulaire, horizontal; *b*, l'antérieur vertical; *c*, le postérieur vertical; *d*, sont les ampoules; *e*, le vestibule membraneux; *f*, le sac; *g*, est la réunion des deux canaux semi-circulaires verticaux; *s, s*, les divers rameaux de la septième paire, qui se rendent aux ampoules et au sac.

Addition à la page 485.

Le n.° X de la planche VIII montre quatre écailles de la perche : *a* et *b* sont des grandes écailles des flancs; *c*, une écaille de la ligne latérale percée d'un tube, et *d*, une écaille du dos.

La figure II de la planche VIII et la figure I de la planche VII montrent en R la vessie natatoire. Dans la première elle est en place ; on l'aperçoit entre les côtes : dans la seconde elle a été, comme tous les intestins, abaissée, afin de laisser voir les reins, S, S, et la vessie urinaire, T. Ses parois sont couvertes en avant de groupes de pinceaux rouges et des vaisseaux qui les forment ; en arrière, des artères qu'elle reçoit des branches profondes des intercostales et des veines qui vont se réunir à celles de l'ovaire.

On peut également ajouter pour la connaissance de la figure I de la planche VII, que l'on voit dans l'orbite le nerf ophthalmique, 5^1, le nerf de la troisième paire, celui de la quatrième et celui de la sixième ; que l'on voit également le maxillaire supérieur, 5^2, le maxillaire inférieur, 5^3, le nerf operculaire, 5^5, le nerf de la huitième paire en 8, dont le dernier rameau se porte sur l'estomac en 8^1 : 9, 10, 11 et 12 sont les paires de nerfs qui vont à l'épaule, au bras et à la nageoire pectorale ; ceux de la nageoire ventrale sont fournis par des branches des intercostaux : 13, 14, 15, en X, X^1, X^2, sont les ouvertures de l'anus, des ovaires et de la vessie, placées, comme on voit, chez les poissons en sens inverse de celui des autres vertébrés.

Pour l'intelligence de la planche VIII.

On doit ajouter que la figure IV représente les testicules R, R, et la vessie, Q ; que la figure IX montre un ovaire fendu longitudinalement pour faire voir les nombreuses lames membraneuses dont il se compose, et qui se tapissent à chacune de leurs surfaces d'un nombre d'œufs si considérable, que, lorsqu'ils ont acquis leur développement, ils cachent entièrement la membrane à laquelle ils adhèrent.